U0264032

资助项目:国家自然科学基金项目(41765011)
西藏科技重点研发计划项目(XZ202001ZY0023N)

羌塘国家级自然保护区气候变化及其对生态环境的影响研究

杜 军 袁 雷 周刊社 石 磊 牛晓俊等 著

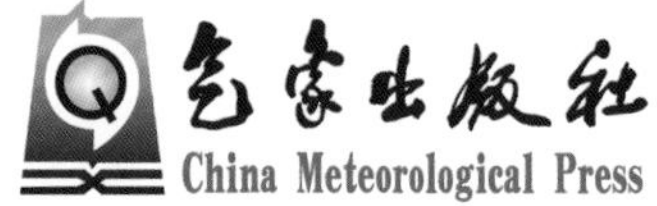

内容简介

本书为国家自然科学基金项目“羌塘国家级自然保护区气候变化及其对生态环境的影响(41765011)”和西藏科技重点研发计划项目“气候变化背景下西藏高原季节划分及农业气候资源时空变化特征研究(XZ202001ZY0023N)”的主要研究成果。利用最先进的数据挖掘技术和现代气候统计方法，基于地面气象观测资料和卫星遥感资料，本书揭示了20世纪70年代以来羌塘国家级自然保护区大气圈(日照、气温、降水、极端气候事件等)、冰冻圈(冰川、积雪、冻土)和陆表生态(地面温度、湖泊、植被、生态气候)等变化的科学事实，并利用全球气候模式预测结果评估了未来气候变化对自然保护区生态环境的可能影响，为政府制定保护高原生态环境、应对气候变化、防灾减灾等方面的政策提供基础性科技支撑。

本书可供气象、农牧、林草、水利、生态环境等部门从事气候和气候变化相关学科研究的专业技术人员和管理人员参考，也可供政府部门决策时参阅。

图书在版编目(CIP)数据

羌塘国家级自然保护区气候变化及其对生态环境的影响研究 / 杜军等著. -- 北京 : 气象出版社, 2022.7
ISBN 978-7-5029-7726-9

Ⅰ. ①羌… Ⅱ. ①杜… Ⅲ. ①羌塘高原－自然保护区－气候变化－影响－生态环境－研究 Ⅳ. ①X321.275

中国版本图书馆CIP数据核字(2022)第095999号

审图号:藏S(2022)005号

羌塘国家级自然保护区气候变化及其对生态环境的影响研究
Qiangtang Guojiaji Ziran Baohuqu Qihou Bianhua jiqi dui Shengtai Huanjing de Yingxiang Yanjiu

出版发行: 气象出版社
地　　址: 北京市海淀区中关村南大街46号　　**邮政编码:** 100081
电　　话: 010-68407112(总编室)　010-68408042(发行部)
网　　址: http://www.qxcbs.com　　**E-mail:** qxcbs@cma.gov.cn
责任编辑: 陈　红　　**终　　审:** 吴晓鹏
责任校对: 张硕杰　　**责任技编:** 赵相宁
封面设计: 博雅锦
印　　刷: 北京地大彩印有限公司
开　　本: 787 mm×1092 mm　1/16　　**印　　张:** 13.75
字　　数: 352千字
版　　次: 2022年7月第1版　　**印　　次:** 2022年7月第1次印刷
定　　价: 140.00元

《羌塘国家级自然保护区气候变化及其对生态环境的影响研究》编委会

主　编： 杜　军

副主编： 袁　雷　周刊社　石　磊　牛晓俊

成　员： 厉爱丽　曾　林　次旺顿珠　张伟华

次　旺　扎西欧珠　蒲桂娟　平措桑旦

路红亚　林志强　德吉央宗　巴　桑

次　白

参编单位

西藏高原大气环境科学研究所

西藏高原大气环境研究开放实验室

西藏自治区气候中心

前 言

IPCC(政府间气候变化专门委员会)第6次评估报告指出:自1850年以来,过去40年中的每10年都连续比之前任何10年更暖。21世纪初20年(2001—2020年)全球表面温度比1850—1900年高0.99 ℃(0.84～1.10 ℃)。其中,2011—2020年全球表面温度比1850—1900年高1.09 ℃(0.95～1.20 ℃)。

"世界第三极"青藏高原作为我国气候变化的"启动区"和全球气候变化的"放大器",其独特的地形、热力和动力强迫作用对东亚、南亚地区乃至全球的气候变化均有重大影响。正是青藏高原在全球气候变化中拥有特殊地位,近年来,越来越多的科学家聚焦于该地区气候、生态环境等方面的研究。开展青藏高原气候变化和生态环境的研究,可以清楚地了解青藏高原气候与生态环境背景,客观、准确地认识青藏高原气候变化和生态环境的演变事实,对区域应对气候变化、保护生态环境、实现地区经济与环境的可持续发展有重要意义;而且对保障我国生态安全屏障,提升我国的环境保护责任大国形象也具有十分重要的战略意义。

羌塘国家级自然保护区位于西藏自治区西北部,昆仑山、可可西里山以南,冈底斯山和念青唐古拉山以北,面积约29.8万 km^2。羌塘国家级自然保护区于1993年经西藏自治区人民政府批准成立,2000年4月4日经国务院批准晋升为国家级自然保护区。它是我国第二大自然保护区,也是仅次于丹麦东北格陵兰国家公园的世界第二大陆地自然保护区。行政上隶属西藏阿里地区北部3县(日土、改则、革吉)和那曲市西部3县(尼玛、双湖、安多)。

羌塘国家级自然保护区有大小湖泊9 563个,以小湖泊为主,湖面总面积为10 340.78 km^2。其中,超过1 km^2 的湖泊有960个,总面积约9 424.08 km^2,分别占全国湖泊总数量和总面积的32.8%和10.4%。大于300 km^2 的湖泊有多尔索洞错(400 km^2)、多格错仁(393.3 km^2)、鲁玛江冬错(324.8 km^2);200～300 km^2 的湖泊有郭扎错(252.6 km^2)和多格错仁强错(207.5 km^2);100～200 km^2 的湖泊有拜惹布错(128.8 km^2)、美马错(140.5 km^2)。

羌塘国家级自然保护区也是我国高原现代冰川分布最广的地区。这里有念青唐古拉山现代冰川、羌塘高原现代冰川、唐古拉山现代冰川、昆仑山现代冰川等众多山系现代冰川。这些冰川的总面积超过2.5万 km^2,主要分布在羌塘高原的东、南、北以及中心地区。普若岗日冰川是自然保护区最大的由数个冰帽型冰川组合成的大冰原,2018年冰川面积为395.46 km^2,较1973年退缩16.6%。

羌塘国家级自然保护区是极具高原生态特征的生态地理单元,地处世界上海拔最高、气候条件最恶劣的高原。由于其地理位置的特殊性,目前该区域还存在大片的气象观测空白区,无法满足天气预报、气候预测的需要,尤其是缺乏一些重要的对气候变化响应敏感的要素(例如冻土、积雪、冰川等)有针对性的、连续的监测。基础数据的严重不足导致人们对区域气候变化的幅度和影响程度都还不十分清楚,拿不出准确的科学数据,说服力不强,给政府应对和减缓气候变化决策带来极大困难，影响了区域经济社会的协调发展，增大了区域生态环境保护的难度。因而，我们在无气象站区域利用再分析气象资料研究自然保护区气候、水体、生态系统和陆表环境等的变化，对区域生态环境演变进行评价，评估未来气候变化对区域生态环境的可能影响，制定长远环境变化影响应对战略和中近期环境变化影响应对措施，为高原生态环境保护和应对气候变化提供科学依据。

《羌塘国家级自然保护区气候变化及其对生态环境的影响研究》共分 5 章。第 1 章：羌塘国家级自然保护区自然地理和气候概况，介绍了羌塘自然保护区地貌、湖泊、冰川、河流和植被情况，以及气候特点。第 2 章：羌塘国家级自然保护区气候特征，分析了羌塘国家级自然保护区 1981—2010 年日照时数、总辐射、气温、降水量、蒸发量、平均风速等气象要素的基本气候特征，以及主要气象灾害的时空分布和发生规律等。第 3 章：羌塘国家级自然保护区大气圈的变化，系统地分析了 1971—2020 年羌塘国家级自然保护区日照时数、气温、降水、蒸发量、风速等气象要素的年际和年代际变化特征，得到了区域气候变化事实；并预估了未来 80 年自然保护区气候的变化趋势。第 4 章：羌塘国家级自然保护区冰冻圈的变化，重点分析了冰川、积雪和冻土的时空变化特征。第 5 章：羌塘国家级自然保护区陆面生态的变化，分析了地面温度、湖泊、植被的时空变化特征，并依据生态环境评价指数揭示了自然保护区生态质量的变化特征。

本书各章节执笔如下：第 1 章：杜军、袁雷；第 2 和第 3 章：杜军、石磊、次旺顿珠、次旺、平措桑旦、巴桑、次白、蒲桂娟；第 4 章：杜军、曾林、牛晓俊、扎西欧珠；第 5 章：袁雷、周刊社、杜军、牛晓俊、张伟华、德吉央宗；统稿：杜军、周刊社。资料收集处理：厉爱丽、路红亚、林志强。制图：袁雷、牛晓俊、曾林。

本书得到了国家自然科学基金项目“羌塘国家级自然保护区气候变化及其对生态环境的影响(41765011)”和西藏科技重点研发计划项目“气候变化背景下西藏高原季节划分及农业气候资源时空变化特征研究(XZ202001ZY0023N)”资助，同时还得到了西藏自治区气象局各位领导的关心，以及西藏自治区气候中心扎西央宗、李林、拉巴等专家的帮助，在此表示最诚挚的感谢。

作者

2021 年 8 月 18 日

目　录

第 1 章　羌塘国家级自然保护区自然地理和气候概况

1.1　自然地理

1.1.1　地理位置

“羌塘”的藏语意思为“北方旷野”，在地理上没有严格的界限，泛指藏北高原内流水系的连片区域，面积约 70 万 km^2。羌塘国家级自然保护区（以下简称羌塘自然保护区）位于西藏自治区西北部，昆仑山、可可西里山以南，冈底斯山和念青唐古拉山以北，地处 32°12′～36°29′N、79°59′～90°26′E，平均海拔在 5 000 m 以上，被称为“世界屋脊的屋脊”。羌塘自然保护区于 1993 年经西藏自治区人民政府批准成立，2000 年 4 月 4 日经国务院批准晋升为国家级自然保护区。保护区面积约 29.8 万 km^2，它是我国第二大自然保护区，也是仅次于丹麦东北格陵兰国家公园的世界第二大陆地自然保护区，是平均海拔最高的自然保护区。行政上隶属西藏那曲市西部 3 县（安多、尼玛、双湖）和阿里地区北部 3 县（改则、日土、革吉）。

1.1.2　地形地貌

羌塘自然保护区地处低山、丘陵与湖盆相间的藏北高原上，是我国地势最高的一级台阶，海拔为 4 371～7 131 m（图 1.1）。自然保护区地势由西北向东南倾斜，横亘于高原上的数条宽谷，被分割成大小不一的无数盆地，盆地之间和盆地边缘分布着低山、中山和丘陵，间或也有高耸的雪山，盆地底部则是大小不一的湖泊或湖泊退缩后形成的湖积平原（杨逸畴 等，1983）。

羌塘自然保护区地处昆仑山脉、喀喇昆仑山脉和冈底斯—念青唐古拉山脉所环绕的一个半封闭式的高原北部，周围山脊海拔高度在 5 500～7 000 m。其南部位于羌塘高原中部，以高原湖泊、河流地貌为主，平均海拔在 4 500 m 以上；西北部的河流短浅并多为间歇河，湖泊高度盐化，寒冻风化和冰缘融冻作用十分强烈，风沙地貌发育，在羌塘高原北缘的昆仑山，平均海拔在 5 000～6 000 m，雪线降至 5 700～6 000 m；在 32°～33°N 以北的羌塘高原北部，地势平缓，除西部多中山而地势差异稍大外，大多是丘陵起伏，低山与盐湖相间，湖成平原宽广平坦，雪山偶见，地势相对高差约 200～300 m，海拔多在 4 800 m 以上，其北部与新疆交界的木孜塔格峰海拔 7 723 m，山峰附近广泛发育现代大陆性冰川（张久华，2012）。

根据《西藏地貌》（杨逸畴 等，1983），羌塘自然保护区地貌属于藏北高原湖盆区，包含了 3 个区和 9 个亚区，分别为南羌塘山原湖盆区（包括冈底斯—念青唐古拉高山亚区、日土—革吉

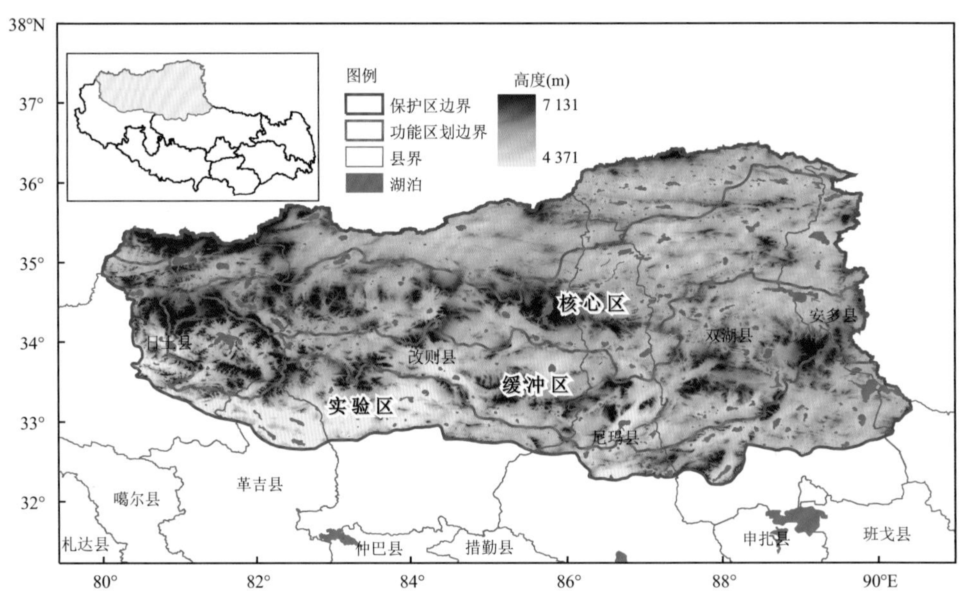

图 1.1 羌塘自然保护区地理位置及海拔高度

山原宽谷亚区、措勤—班戈山原湖盆亚区、那曲山原宽谷盆底亚区)、北羌塘山原湖盆区(包括喀喇昆仑山原湖盆亚区、雅根错山原丘陵湖盆亚区、唐古拉山亚区)和昆仑山区(包括唐古拉山亚区、可可西里高原湖盆亚区)。

1.2 湖泊

羌塘自然保护区是世界上湖泊数量最多、湖面最高的高原湖区(图 1.2)。根据地理信息系统湖泊数据和《中国湖泊志》(王苏民 等,1998)统计,羌塘自然保护区有大小湖泊 9 563 个,以小湖泊为主,湖面总面积为 10 340.78 km^2。其中,超过 1 km^2 的湖泊有 960 个,总面积约 9 424.08 km^2,分别占全国湖泊总数量和总面积的 32.8%和 10.4%。大于 300 km^2 的湖泊有多尔索洞错(400 km^2)、多格错仁(393.3 km^2)、鲁玛江冬错(324.8 km^2);200～300 km^2 的湖泊有郭扎错(252.6 km^2)和多格错仁强错(207.5 km^2);100～200 km^2 的湖泊有拜惹布错(128.8 km^2)、美马错(140.5 km^2)。闫立娟等(2016)分析认为,2009 年多尔索洞错面积达到 476.31 km^2。

1.2.1 郭扎错

郭扎错(34°58′～35°05′N,80°55′～81°15′E),又名里田湖、明亮湖。位于西藏自治区日土县北部,西昆仑山山间盆地内,西与阿克赛钦湖仅以低缓岗地相隔(图 1.3)。滨湖北、东部分布多条古湖岸砂堤,高出湖面 60.0 m,并有一沙咀伸入湖中,长 1.0 km,宽 0.5 km;其他方位为海拔 5 600～6 900 m 的山地和冰川雪山,山体兀立,湖岸陡峭。湖面似腰鼓状,长轴呈东西向,水位 5 080.0 m,长 30.4 km,最大宽度 11.6 km,平均宽度 8.31 km,最大水深 81.9 m,面积 252.6 km^2。岸线长 104.0 km,发育系数 1.85。集水面积 2 369.4 km^2,补给系数 9.4。湖水主要依赖冰雪融水补给,集水域内分布现代冰川 62 条,冰雪覆盖面积 544.34 km^2,水资源丰富。据调查,北部湖水 pH 为 9.18,矿化度 11.66 g/L;中部湖水 pH 为 8.29,矿化度

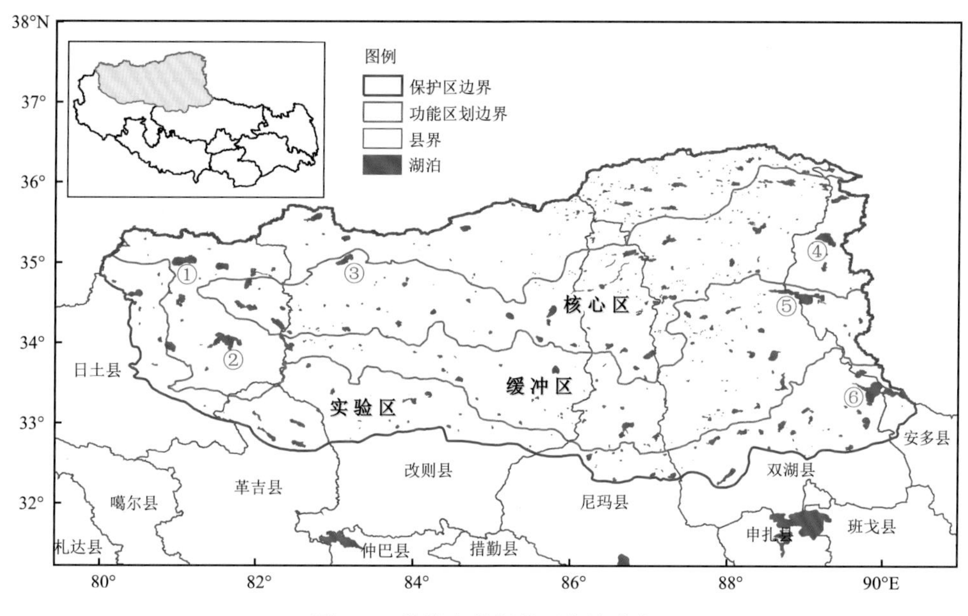

图 1.2　羌塘自然保护区湖泊分布
(①郭扎错,②鲁玛江东错,③拜惹布错,④多格错仁强错,⑤多格错仁,⑥多尔索洞错)

3.84 g/L;东南部湖水 pH 为 8.94,矿化度 3.46 g/L。湖水矿化度北部明显高于南部(王苏民 等,1998)。

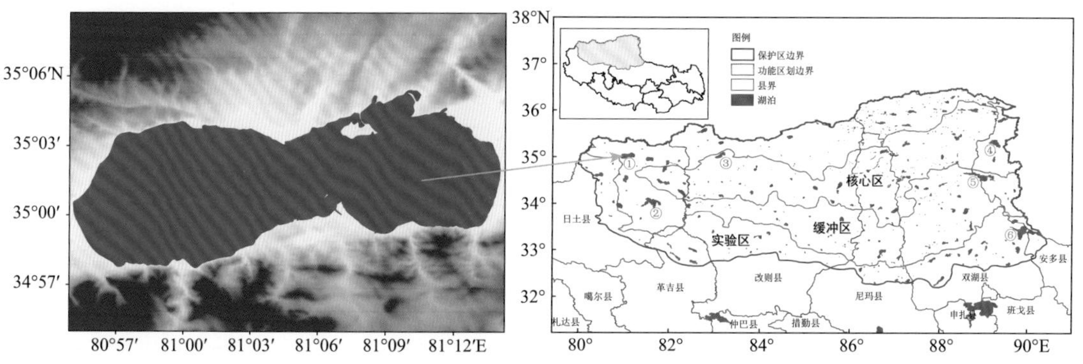

图 1.3　郭扎错地理位置示意图

1.2.2　鲁玛江冬错

鲁玛江冬错(33°54′～34°07′N,81°27′～81°49′E),又名措作错、查罗尔错,位于西藏自治区日土县东部(图 1.4)。滨湖北部为砂砾、戈壁覆盖的洪基—冲积平原;东南部为分布成片盐碱地的河谷带,地势较为开阔。湖泊形状呈近似鸟足,水位 4 810.0 m,长 38.9 km,最大宽度 19.6 km,平均宽度 8.35 km,面积 324.8 km^2。湖岸陡峭曲折多湾,岸线长 146.0 km,发育系数 2.29。集水面积 9 030.2 km^2,补给系数 27.8。湖水主要依赖东南部入湖的尔玛好尔毛河地表径流和冰雪水渗漏形成的地下径流补给,属于内陆尾闾湖(王苏民 等,1998)。

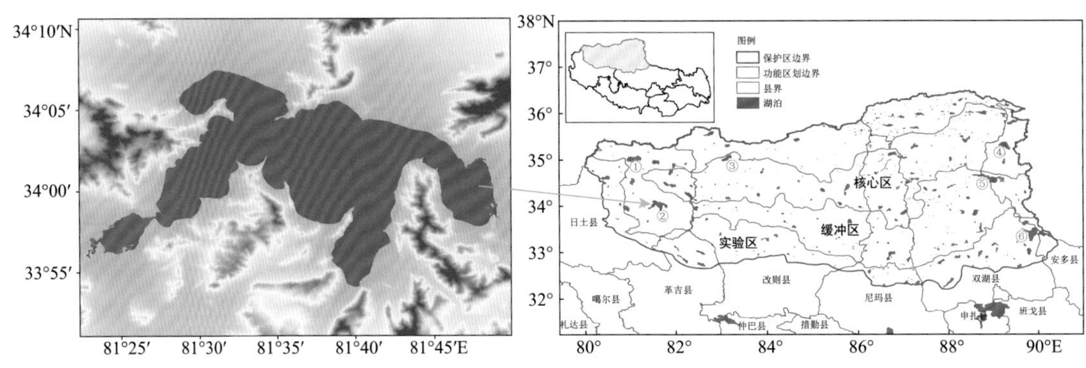

图 1.4 鲁玛江冬错地理位置示意图

1.2.3 拜惹布错

拜惹布错(34°58′～35°07′N,83°00′～83°14′E),又名麻克哈湖、麻哈木错,藏语意为吉祥湖(图 1.5)。位于西藏自治区改则县西北部,西昆仑山南部第四纪沉积盆地内,盆地外围东部为较宽阔的洪积台地,余为低山丘陵;滨湖西南部有多条古湖岸砂堤,最高的高出湖面约 20 m。湖面呈东北—西南向,水位 4 958.0 m,长 22.3 km,最大宽度 7.1 km,平均宽度 5.78 km,面积 128.8 km^2。湖中近东岸有 2 个小岛,面积均为 0.05 km^2。集水面积 3 840.0 km^2,补给系数 28.8。湖水主要依赖冰雪融水径流和泉集河补给(王苏民 等,1998)。

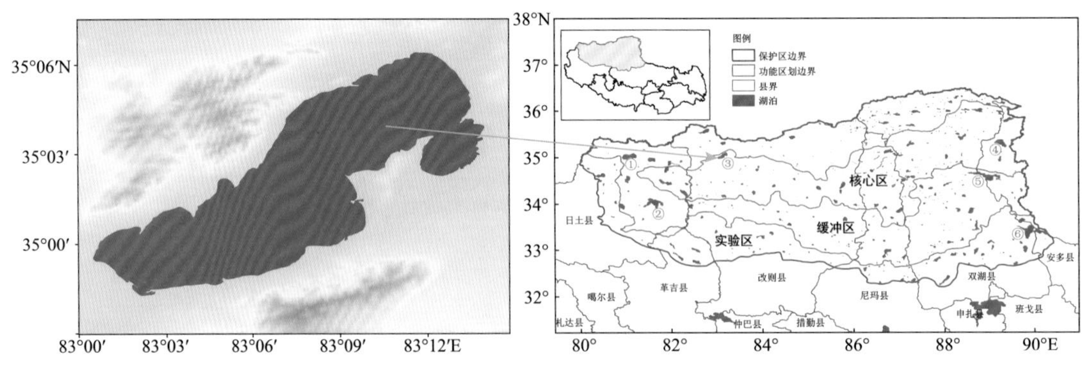

图 1.5 拜惹布错地理位置示意图

1.2.4 多格错仁强错

多格错仁强错(35°13′～35°23′N,89°07′～89°23′E),位于西藏自治区安多县北部(图 1.6),东距青海省治多县 6.0 km。滨湖多为盐碱沼泽,地势开阔,南部分布多条古湖岸砂堤,最长 1 条 8.0 km,高出湖面 33.0 m,沿湖残丘间有众多小型湖泊点缀,面积 0.01～3.0 km^2。湖面水位 4 787.0 m,长 27.3 km,最大宽度 12.3 km,平均宽度 7.6 km,面积 207.5 km^2。岸线长 91.0 km,发育系数 1.78。湖西近岸区有 2 个砂质小岛,面积分别为 0.05 km^2 和 0.08 km^2。集水面积 1 799.5 km^2,补给系数 23.1。湖水主要依赖冰雪融水和泉集河补给,入湖河流有五泉河、大沙河、天台河等(王苏民 等,1998)。

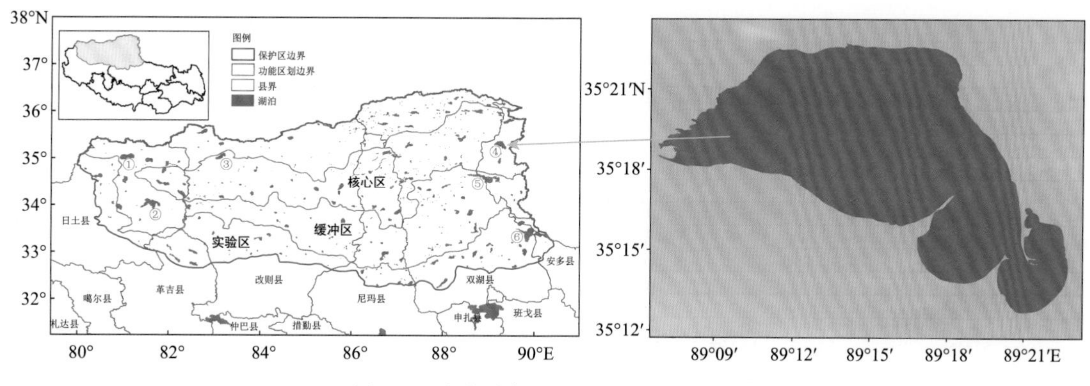

图 1.6　多格错仁强错地理位置示意图

1.2.5　多格错仁

多格错仁(34°29′～34°41′N,88°32′～89°14′E),藏语意为北石梯长湖。位于西藏自治区双湖县和安多县的交界处,冬布勒山与强仁温杂山之间的断陷盆地内(图 1.7)。长轴呈东西向,水位 4 814.0 m,长 68.4 km,最大宽度 13.5 km,平均宽度 5.75 km,面积 393.3 km^2。岸线曲折,多半岛、湖湾,岸线长 280.0 km,发育系数 3.98。集水面积 6 229.9 km^2,补给系数 15.8。湖水主要依赖冰雪融水径流和泉水补给,集水域内有河流 32 条,其中时令河 22 条,泉眼 60 多个,主要入湖河流有长水河、东温河、长龙河等。据 1960 年调查,湖水 pH 为 6.5,矿化度 266.35 g/L,属氯化物型盐湖,湖水钾含量高,可开发利用(王苏民 等,1998)。

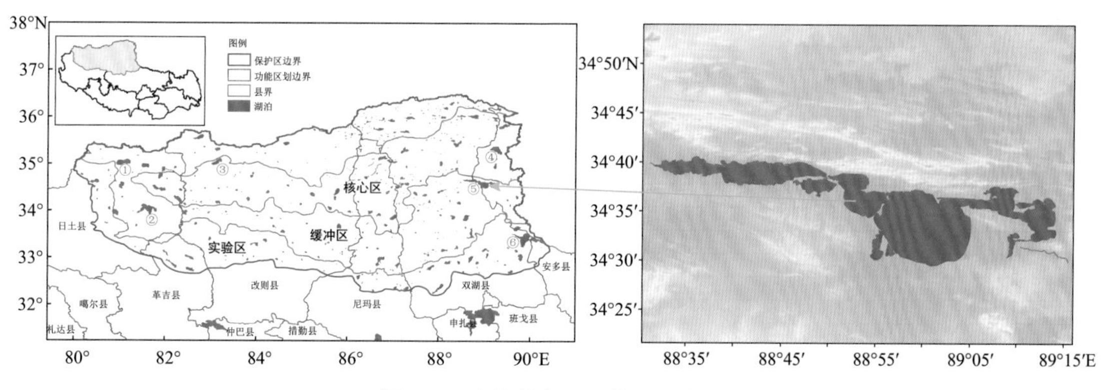

图 1.7　多格错仁地理位置示意图

1.2.6　多尔索洞错

多尔索洞错、米提江占木错和赤布张错位于唐古拉山腹地,自西向东排列,因湖水扩张,3 个湖于 2006 年连通。多尔索洞错(33°14′～33°32′N,89°37′～89°59′E),位于西藏自治区双湖县东部(图 1.8),唐古拉山腹地,东临米提江占木错,湖面海拔 4921 m。湖泊长 29.7 km,最大宽度 22.3 km,平均宽度 13.47 km,面积约 400.0 km^2。

米提江占木错(33°18′～33°40′N,89°59′～90°25′E),又名赤布张错。跨西藏自治区安多县和青海省格尔木市,羌塘高原东部晚第三世纪以来形成的山间盆地内。湖盆外围被海拔 5 600～

6 500 m祖尔肯乌拉山和唐古拉山包围；滨湖为大片砂砾地，并分布多条古湖岸砂堤，河流入湖口为广袤的冲积—洪积平原；原与西南部的多尔索洞错相通，后因湖泊退缩而分离。水位4 931.0 m，长66.0 km，最大宽度16.0 km，平均宽度7.2 km，面积476.8 km²，其中青海省境内面积297.6 km²。集水面积6 137.0 km²，补给系数11.9。湖水主要依赖冰川融水径流补给，入湖河流7～8条。其中切尔藏布长60.0 km，流域面积1 150.0 km²，源于尕恰迪如岗雪山，冰雪覆盖面积96.0 km²；曾松曲长86.0 km，流域面积1 860.0 km²，源于唐古拉山格拉丹冬雪山，冰雪覆盖面积92.0 km²；错纳查曲长29.0 km，流域面积248.0 km²，源于唐古拉山（王苏民 等，1998）。

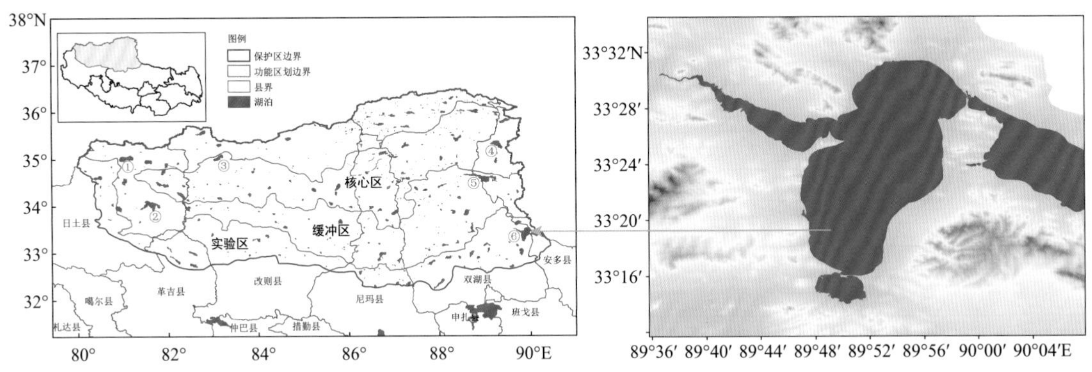

图 1.8　多尔索洞错地理位置示意图

1.3　冰川

青藏高原是世界上中低纬度地区最大的现代冰川分布区，在全球气候系统中起着重要的作用（施雅风，2000；郑度，2003）。作为青藏高原主体的羌塘高原冰川变化幅度是小冰期以来中国西部冰川变化幅度中最小的，仅为7%（秦大河 等，2002）。冰川的发育受气候和地形条件的制约，羌塘高原处于青藏高原腹部，周围被高山阻隔，降水稀少，不利于冰川发育。同时由于受后期强烈构造活动的影响，晚第三纪的夷平面不仅被整体抬升而构成现代辽阔而完好的高原面，还发生了东西向、南北向、北西西、北东东等大断裂，只能在突兀其上的断块山地发育了许多以高峰或高大山体为中心，呈星斑状辐射分布的冰帽型或平顶型冰川群（李吉均 等，1986；施雅风，2000）（图1.9，表1.1）。位于羌塘高原的土则岗日、布若岗日、藏色岗日、色乌岗日、普若岗日等冰川群，大致呈东西向排列，是羌塘高原最大的冰帽冰川分布区，其中普若岗日是羌塘高原上最大的冰帽，也是青藏高原上面积最大的冰原（施雅风 等，2005）。

由于羌塘高原的地形和气候等自然条件对冰川发育的不利影响，在2000年面积广阔的羌塘高原上仅有1 006条冰川，总面积为1 985.112 km²，是青藏高原各山系发育冰川最小的地区。其中，北羌塘高原和南羌塘高原的冰川条数分别为490条和516条，冰川面积分别为1 508.079 km²和477.034 km²，分别占全部冰川面积的75.97%和24.03%（王利平 等，2011）。

藏北最大的冰帽位于羌塘高原的土则岗日、布若岗日、藏色岗日、色乌岗日、普若岗日等，面积大约占整个羌塘高原冰川面积的40%以上（李吉均 等，1986）。李德平等（2009）认为羌塘高原中西部的土则岗日、布若岗日、藏色岗日、色乌岗日等冰川群，共有150条冰川，面积约为556.40 km²。面积在2 km²以内的冰川多达104条，占区域冰川总数的69.3%，但这个面积

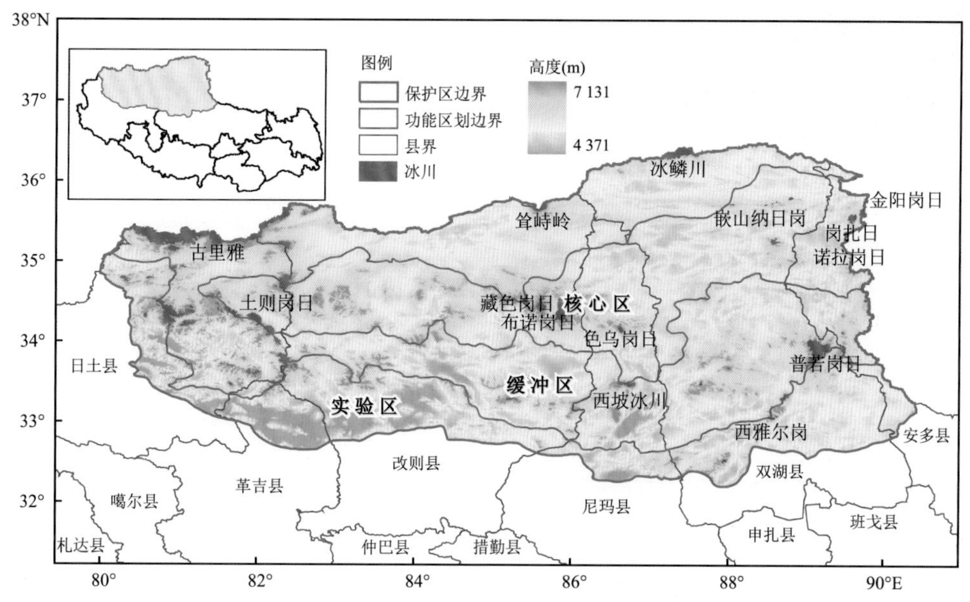

图 1.9　羌塘自然保护区冰川分布

区间的冰川总面积仅占全部冰川面积的 12%，最小的冰川面积仅为 0.05 km²（编码 5Z634B8）。而面积超过 15 km² 的冰川有 9 条，仅占全部冰川条数的 6%，由于平均规模大，冰川总面积占全部冰川面积的 52.4%。但面积大于 45 km² 的冰川只有编码 5Z631E1 冰川 1 条，是区域最大的冰川，面积约为 70.91 km²。

表 1.1　羌塘高原主要冰川情况（李吉均 等，1986）

名称	经度(°E)	纬度(°N)	海拔高度(m)	面积(km²)	类型
耸峙岭	85°38′	35°41′	6 371	89.00	冰帽
岗扎日	89°35′	35°33′	6 305	63.50	冰帽悬冰川
金阳岗日	89°45′	35°37′	6 167	104.50	冰帽
岗盖日	89°35′	34°54′	6 035	19.00	冰帽
土则岗日	82°15′～82°27′	34°39′～34°50′	6 356	140.65	冰帽山谷冰川
藏色岗日	85°51′	34°21′	6 460	199.00	冰帽
普若岗日	89°15′	33°55′	6 482	420.00	冰帽
都古尔	85°34′	33°30′	6 058	4.00	悬冰川
玛依岗日	86°35′～86°49′	33°29′～33°31′	6 266	50.00	冰帽冰斗冰川
西雅尔岗	88°33′	33°04′	6 304	15.50	冰帽
木嘎各波	87°23′	32°24′	6 289	26.00	冰帽
隆格尔	83°20′～83°54′	31°20′～31°37′	6 610	208.04	冰斗冰川山沟冰川
夏康坚	85°02′～85°08′	31°33′～31°44′	6 822	47.50	冰斗冰川悬冰川
青扒贡垄山	86°45′～86°52′	31°18′～31°29′	6 336	21.00	冰斗冰川，悬冰川
申扎杰岗	88°35′～88°42′	30°29′～30°53′	6 444	87.67	悬冰川，冰斗冰川
波波嘎屋峰	86°24′～86°35′	30°28′～30°44′	6 566	91.48	悬冰川，山谷冰川

1.3.1 古里雅冰川

古里雅冰川位于青藏高原西北边缘的西昆仑山，横跨西藏自治区和新疆维吾尔自治区，大部分冰盖位于西藏日土县境内(图 1.10)，是目前在中低纬度发现的最高、最大、最厚和温度最低的冰帽。该冰帽总面积可达 376.05 km^2，平均厚度约为 200 m(姚檀栋 等，1992)。该冰帽是一个极地型冰川，不仅冰温、冰川性质与极地冰相近，而且冰面气候环境特征也同极地冰盖一样具有明显的空间变化特征。古里雅冰帽还是迄今在中国发现的最稳定的冰川。

古里雅冰川是西昆仑山最大的 1 个平顶冰川，由 3 条穹形的平坦山岭组成，南面为平顶冰川的主体，面积 131.75 km^2，最高顶 6 667 m，向南约为 11 km 的雪原，平均坡度 4°。冰帽边缘高程在 5 800 m 左右。冰川外围仍然是残留山顶夷平面，海拔高度稍低，为 5 700～5 800 m。山顶波状起伏，残留湖泊可能与古冰川侵蚀有关。如青蛙湖长 4 km，宽 300～1 000 m。海拔 6 667 m 的雪原向西、向北为 1 个宽缓的海拔 5 960～6 000 m 的鞍部，与西面海拔 6 300 m 左右的雪原相连，两雪原向北发育有宽 4 km 的大冰流，长 14 km，末端海拔 5 280 m。冰流坡度仅 2°左右，冰舌下段宽 4～5 km，发育了美丽的冰塔林。此处在西面和东北面还有 2 条冰川与此相连，加在一起的冰川总面积达 376.05 km^2(李吉均 等，1986)。

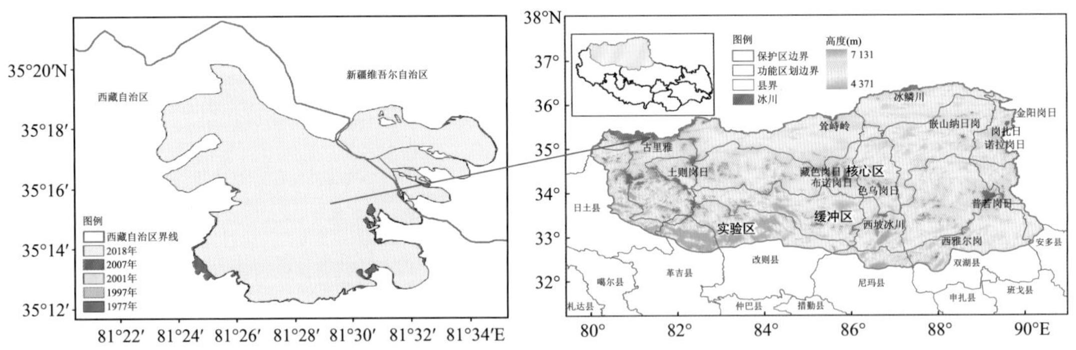

图 1.10 羌塘自然保护区古里雅冰川地理位置示意图

1.3.2 普若岗日冰川

普若岗日冰川位于西藏自治区双湖县，是羌塘国家级自然保护区最大的由数个冰帽型冰川组合成的大冰原(图 1.11)。冰川分布于 33°44′～34°04′N，89°20′～89°50′E，覆盖总面积为 422.58 km^2，冰储量为 52.5153 km^3，冰川雪线海拔 5 620～5 860 m，是世界上最大的中低纬度冰川，也被确认为世界上除南极、北极以外最大的冰川(姚檀栋，2000)。

普若岗日山体南北展布，中部向东突出，鸟瞰普若岗日冰原为一平铺的大三角形。山体北部宽广，南部狭长，由此决定了冰川分布的差异。根据冰川融水的汇流和补给的区域，可将普若岗日冰原的冰川划分为三大块，北坡为源泉河，流入多格错仁，西坡流入东湖(令戈错)，东南坡为托拉藏布，流入赤布张错(蒲健辰 等，2002)。

普若岗日冰原北部冰川面积 192.01 km^2，占普若岗日冰原冰川总面积的 45.4%。北坡冰川雪线在海拔 5 620～5 860 m。冰川向外伸出的冰舌有 20 多条，末端海拔 5 400～5 840 m。北坡山体陡峻，形成了以山谷型冰川为主的组合体。积累区粒雪盆多围谷形，冰舌区冰川运动

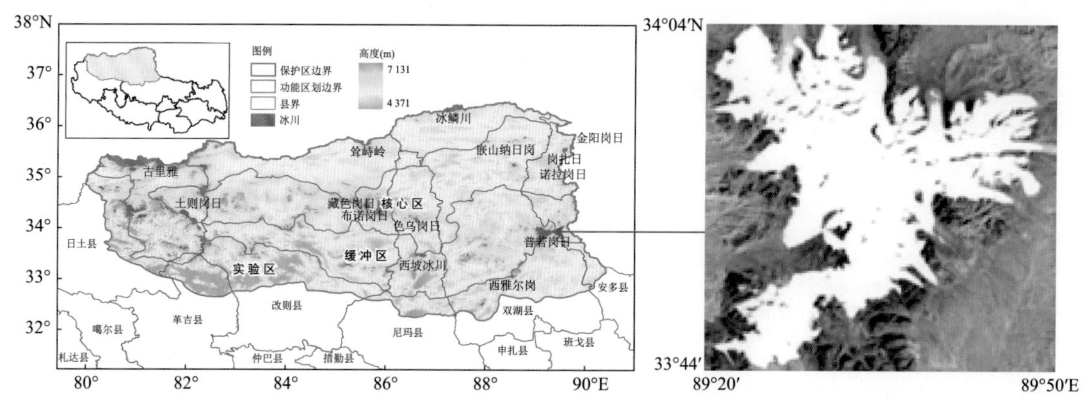

图 1.11　羌塘自然保护区普若岗日冰川地理位置示意图

形成许多横向裂缝，冰体破碎，冰体中含有较多的内碛砾石块，其砾石大小差异较大，最大的长轴直径可超过 1 m。受差别消融的影响，许多冰舌区发育有壮观的冰塔林。以大片的锥形冰塔和连座冰塔林为主，孤立冰塔甚少。冰塔体一般为基座宽大的低矮型，而高峭危悬型的较少（蒲健辰 等，2002）。

西部汇入东湖的冰川面积 158.10 km^2，占普若岗日冰川总面积的 37.4%。冰川雪线海拔 5 740～5 820 m，平均海拔 5 800 m，在普若岗日为雪线最高的坡向。冰川向下伸出的冰舌有 15 条，末端海拔 5 390～5 720 m，略低于北部而高于东南部。在东南部，冰川面积 72.47 km^2，占普若岗日冰川总面积的 17.2%。虽是本区冰川面积最小的流域区，但冰川作用有许多特殊之处。冰川雪线海拔 5 660～5 820 m，冰川向下伸出 13 条冰舌，末端海拔 5 350～5 770 m，是普若岗日冰原区冰舌较高的区域（蒲健辰 等，2002）。

1.3.3　藏色岗日冰川

藏色岗日冰川（34°21′N，85°51′E）位于西藏自治区改则县东北部（图 1.12），主峰海拔 6 460 m，雪线高度 5 700～5 940 m（Shi et al.，2008）。藏色岗日冰川是羌塘高原第 2 个大冰帽冰川，南北长 25 km，东西宽 12 km，面积 119.0 km^2，加上附近 2 个小冰帽，共 215.7 km^2。藏色岗日冰帽的南面伸出 2 个宽大的冰舌，东面的称北山沟冰川，冰舌长 6 km，宽 2 km，雪线

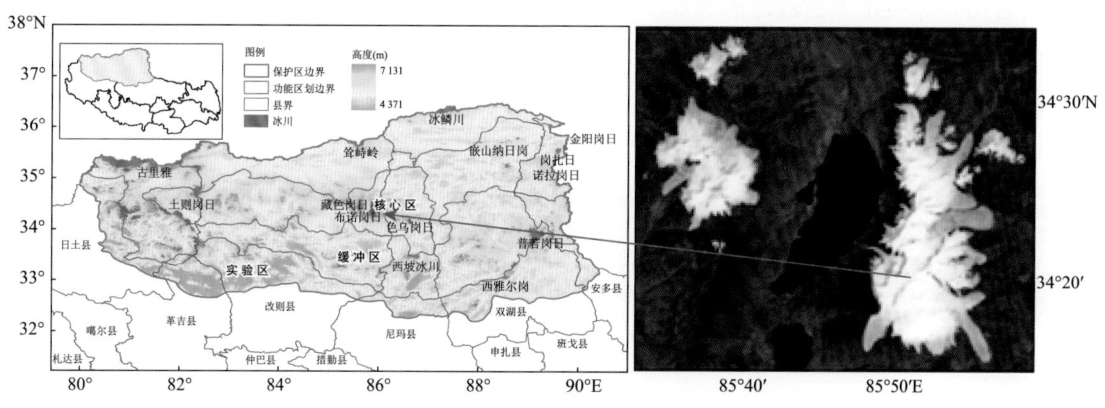

图 1.12　羌塘自然保护区藏色岗日冰川地理位置

海拔 5 840 m，冰舌末端海拔 5 460 m；西南的宽大冰舌称雪原冰川，长 4 km，最宽处 2.4 km；在藏色岗日北面的一条大冰川为甜水河冰川，朝向东，长 11 km，冰舌最宽处 3.5 km，面积 35.1 km^2，积累区大于消融区（李吉均 等，1986）。

贾博文等(2020)通过对地形图和 Landsat 系列影像的目视解译分析认为，2015 年藏色岗日有冰川 84 条，冰川面积(297.65±4.29) km^2。从冰川规模看，小于 1 km^2 的冰川有 56 条，总面积 18.4 km^2，占研究区冰川面积的 6.30%；大于 5 km^2 的冰川有 12 条，面积 241.31 km^2，占研究区冰川面积的 81.07%。从冰川朝向看，东北、东和南三个朝向的 31 条冰川面积达到 223.70 km^2，占研究区冰川总面积的 75.15%，冰川规模较大；其他朝向的 53 条冰川面积共计 73.95 km^2，占研究区冰川面积的 24.85%，冰川规模较小。

1.3.4 土则岗日冰川

土则岗日冰川（34°39′～34°50′N，82°15′～82°27′E）位于西藏自治区日土县东北部（图 1.13），主峰海拔 6 365 m，是羌塘高原第 3 大的冰帽冰川，由 3 个大的冰帽联合而成。冰川总面积 140.65 km^2。周围的冰川有 13 条，其中有 5 条大的山谷冰川，如月牙湖冰川，位于土则岗日冰帽的西北面，上限海拔 6 340 m，雪线海拔 5 800 m，由 2 条山谷冰川汇合而成，冰川长 8 km，宽 1.2 km，末端海拔 5 360 m，面积 32.98 km^2；淡水河冰川，发源于高峰东坡，由 3 条山谷冰流汇合而成，长 6.5 km，末端海拔 5 440 m，雪线海拔 5 800 m，冰川面积达 37.34 km^2。土则岗日冰帽的一个特点是下伏山顶夷平面完整，但仍具有宽的雪原区，积累区大于消融区2～4倍(李吉均 等，1986)。

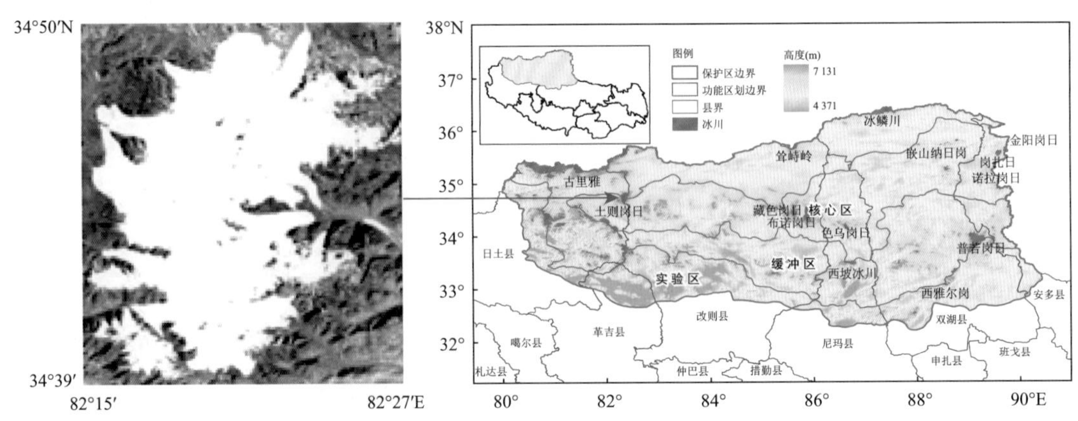

图 1.13　羌塘自然保护区土则岗日冰川地理位置示意图

1.3.5 木孜塔格冰川

木孜塔格冰川位于西藏自治区双湖县北部与新疆维吾尔自治区交界处，处于昆仑山中部，为一巨大而地形起伏相对较缓的不规则金字塔形山体，是昆仑山仅次于昆仑峰的第二大冰川分布区。山岭沿线海拔 6 000 m 以上的山峰达 30 余座，峰岭平均海拔 6 200 m。主峰木孜塔格峰海拔6 973 m，雪线海拔 5 500～5 750 m，在其四周发育冰川有 116 条，冰川面积 681.17 km^2，冰储量为 92.13 km^3，是昆仑山中部最大的冰川作用中心（施雅风，2005；郭万钦 等，2012；图 1.14）。木孜塔格的冰川每年向周围河流提供约 39.3 亿 m^3 的融水（杨惠安，

1990)，其中南坡冰川分属于青藏高原内陆水系的向阳湖、雪景湖和阿其格库勒湖流域，冰川条数、面积和储量分别占整个地区的 54.3%、54.6%和 51%，北坡冰川则属于塔里木盆地车尔臣河流域。据中国第二次冰川编目(Guo et al.，2014)中的数据统计，木孜塔格地区及其周围发育冰川有 214 条，冰川面积约 662.8 km^2。

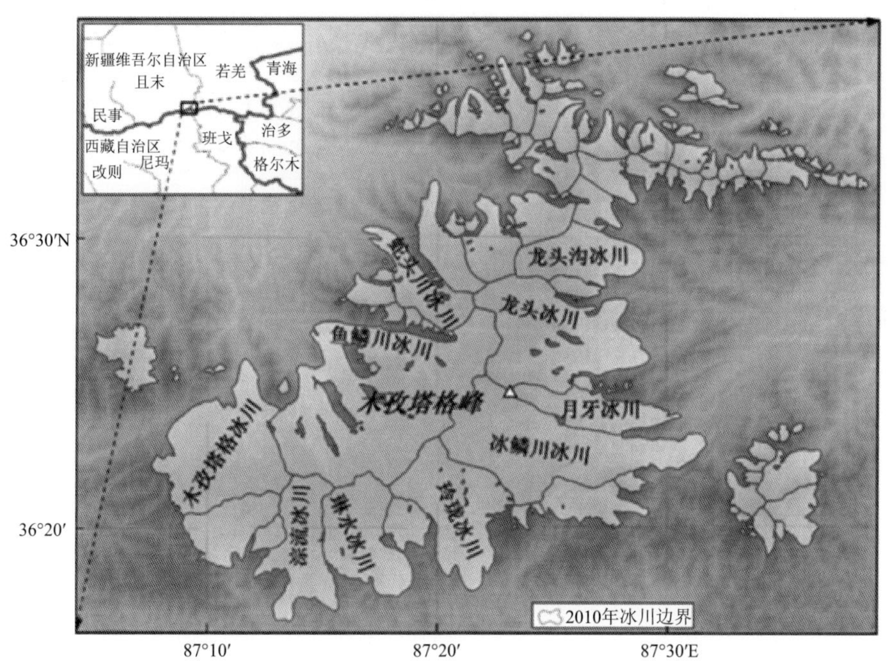

图 1.14　木孜塔格地区冰川分布图(郭万钦 等，2012)

1.4　土壤

羌塘自然保护区土壤类型有高山草原土、高山荒漠草原土及高原荒漠土。分布最广的土类是高山草原土，主要分布在 35°N 以南的地区，发育于 5 200 m 以下的排水良好的低山、丘陵和湖岸平原上，上层厚度一般在 40 cm 左右。土壤表层常具粒状团块状结构，亚表层多呈块状结构，含石砾较多，高达 30%以上；表层石砾含量在 1%～2%，个别达 3%；碳氮比接近 10，pH 为 8.0～9.0。随着纬度升高，土质更粗、更干，生草过程渐趋削弱，35°N 以北是高山荒漠草原土，由于气候更加寒冷和干旱，生物作用显著削弱，表层有机质含量仅 0.5%左右，碳氮比只有 6，pH 为 9.0 左右；表层有脆薄易碎的疏松结皮，并具有冻融作用形成的鳞状颗粒，土层一般厚约 30 cm，下部为永冻层，石砾含量可达 20%～30%。在山地垂直带上还发育有一些高山草甸土和寒冻土，湖滨分布有盐渍土。

王宇坤(2016)研究认为，羌塘高原寒旱核心区土壤分布具有明显的垂直地带性(图 1.15)和水平地带性分布特点。海拔一定程度上决定了区域内的水热组合和地表覆被情况，其分布为：海拔最高的是寒冻土，其次是石质土、粗骨土，且二者交错分布，随着海拔降低发育有寒钙土、淡寒钙土、寒漠土、新积土、盐化钙土、寒原盐土类、风沙土、潜育草甸土等。寒钙土和淡寒钙土是本区的主体土壤类型，前者分布平均海拔稍高于后者，寒钙土分布于海拔 4 900～5 600 m，其中在海拔 5 100～5 400 m 内集中分布，但寒钙土集中分布在海拔 4 900～5 200 m；盐碱性土壤多沿湖泊河流分布，海拔相对较低，草原风沙土是分布海拔最低的土壤类型。在水平方向上区域内整体南部相对暖湿，北部相对冷干，寒钙土多分布在南部地区，淡寒钙土和寒漠土多分布在北部区域，盐化钙土、寒原盐土类多沿湖泊河流分布，冲积土和新积土则在河谷地带发育。

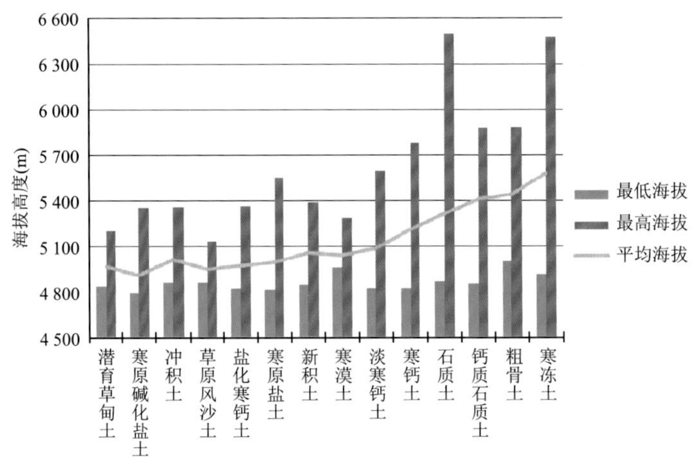

图 1.15　不同土壤类型的海拔分布(王宇坤,2016)

1.5　植被

图 1.16 给出了羌塘自然保护区的植被类型，主要包括高原草原、高原草甸、高原荒漠和高山植被。羌塘高原草原区，幅员辽阔，地势起伏平缓，草场资源比较丰富，主要为草原植被，沼泽草甸、高山草甸和灌丛等面积很小。主要的牧草为针茅藜、苔草等属植物。

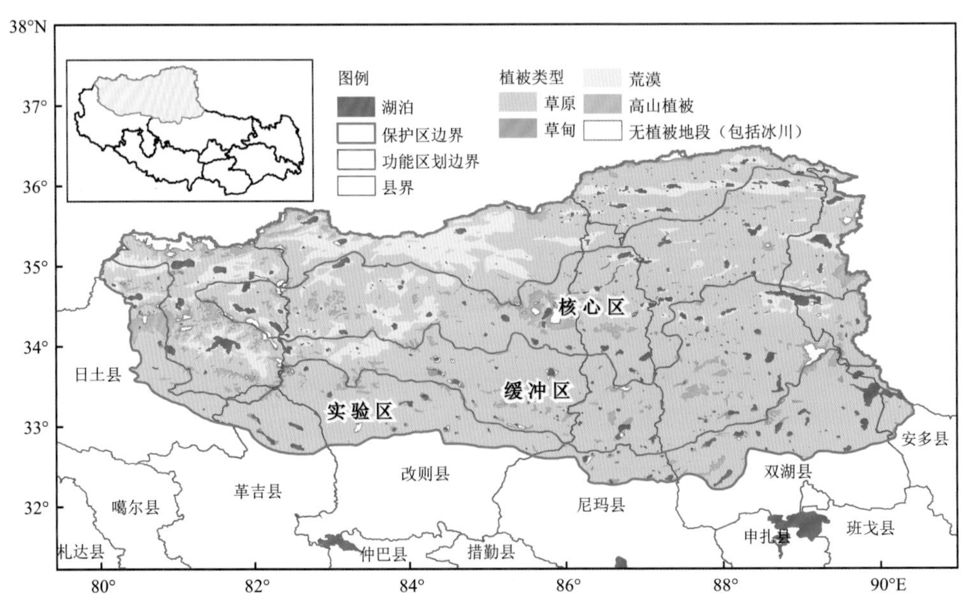

图 1.16　羌塘自然保护区植被类型

北羌塘高原荒漠草原亚区，在本区内主要为以青藏苔草、垫状驼绒藜、沙生针茅等植物占优势的荒漠化草原群落。自然保护区西南部沙生针茅草原广泛分布于海拔 4 750 m 以上山坡、阶地、干旱湖盆和宽谷；紫花针茅群落分布在海拔 4 750～5 100 m 的山坡和宽谷；海拔 5 200 m 以上发育有紫花针茅和青藏苔草组成的群落。

藏西北高原荒漠区，以荒漠植被为主，藜科、菊科、禾本科较为突出，十字花科、豆科、紫草科、沙草科次之，在亚高山荒漠和高山荒漠土上广泛分布着小半灌木驼绒藜、木亚菊和垫型小半灌木、垫状驼绒藜。在山地上，广泛分布有草原和小半灌木草原，而在高山上则生长有垫状植物群落。

羌塘自然保护区以高寒草原和高寒荒漠草原为代表，分别占该区草地面积的 63.60％和 18.71％(图 1.17)。地带性草地以紫花针茅类型和沙生针茅类型为主，植物组成较为单纯，主要植被有紫花针茅、青藏薹草、固沙草、藏沙蒿、沙生针茅、戈壁针茅、垫状驼绒藜等。目前发现的种子植物有近 500 种，其中 50 多种为药用植物。羌塘草原植物生长期很短，一些种类，如红景天在短短的几十天内就完成发芽、生长、开花、结果的生长期，然后转入休眠期(西藏自治区农牧厅，2018)。

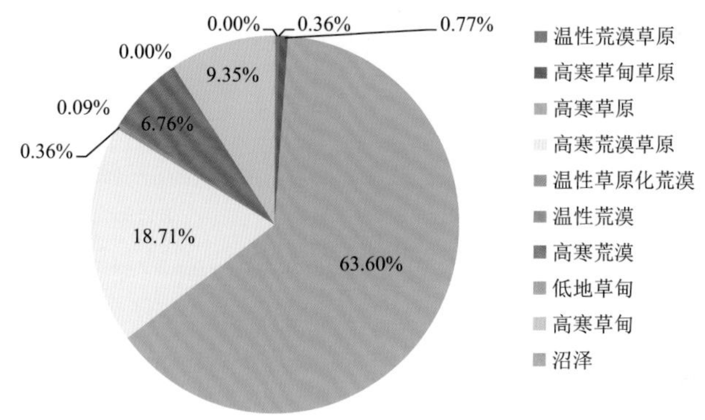

图 1.17　羌塘自然保护区草地类型及占比例

刘务林(2002)分析认为，羌塘自然保护区植被类型以高山荒漠草原为主，植物组成较单纯，山地植被的垂直分布带也简单，通常以紫花针茅为主，包括固沙草、三角草等组成的高寒草原带。在海拔较高的地区被青藏苔草为主的高寒草甸草原所代替，并在局部阴湿的山坡有零星的高山草甸斑块。植被覆盖率为 20％～50％，平均高度为 12～16 cm。在季节性干河床的砾石滩上有部分垫状驼绒藜植被，其覆盖率也在 20％左右。已记录种子植物有 40 科 147 属 470 多种。

羌塘自然保护区草地面积为 2 555.79 万 hm^2，约占自然保护区土地面积的 84.57％；可利用草地面积为 2 002.90 万 hm^2，约占自然保护区草地面积的 78.37％。单产草量为1 355.64 kg/hm^2，总产草量为 927 876.54 万 kg，可承载 372.82 万羊单位(表 1.2)。

表 1.2 羌塘自然保护区草地概况(西藏自治区农牧厅,2018)

草地类型	草地面积（万 hm^2）	可利用草地面积（万 hm^2）	单产（kg/hm^2）	总产草量（万 kg）	载畜量（万羊单位）
温性荒漠草原	9.17	7.52	1 067.25	8 024.11	3.32
高寒草甸草原	19.66	16.17	566.85	9 168.61	3.98
高寒草原	1 625.53	1 262.65	312.15	394 206.88	168.46
高寒荒漠草原	478.18	355.83	250.80	89 258.55	24.00
温性草原化荒漠	9.24	6.85	293.25	2 007.88	0.66
温性荒漠	2.24	1.89	256.20	483.34	0.15
高寒荒漠	172.86	150.08	277.20	41 612.95	0.38
低地草甸	0.01	0.01	723.30	4.34	0.00
高寒草甸	238.87	201.88	1 896.9	382 962.18	171.82
沼泽	0.03	0.02	7 912.50	147.70	0.05
合计	2 555.79	2 002.90	1 355.64	927 876.54	372.82

1.6 动物

羌塘自然保护区是中国面积最大的荒漠类型自然保护区，主要保护青藏高原特有的藏羚羊、野牦牛、藏野驴、藏原羚等珍稀野生动物和荒漠生态系统。其中藏羚羊、野牦牛的种群数量占世界藏羚羊、野牦牛种群总量的50%以上。近几十年来，随着畜牧业增长、自然保护事业发展，家畜和野生动物均有增加。

徐增让等(2018)研究表明，1988—2010 年羌塘自然保护区牲畜存栏量年均增加 0.22%，波动明显。由 1988 年 569.4 万羊单位增加到 1993 年的 658.4 万羊单位，1994 年雪灾导致牲畜存栏量急剧下降，到 2000 年降至 539.3 万羊单位的低点。2001 年后恢复增长，到 2004 年增加到 682.3 万羊单位的历史峰值。之后由于围栏禁牧、草原生态保护等政策因素，牲畜存栏量下降并稳定在 600 万羊单位左右。1970 年之前，西藏有藏羚羊 100 多万只，但 20 世纪 90 年代中期，因偷猎造成藏羚羊种群急速下降到约 5 万只。随着自然保护强化，西藏野生动物种群得到较好恢复，到 2012 年西藏藏羚羊恢复到约 15 万只，藏野驴恢复到约 10 万头，野牦牛发展到 9 000 头。

魏子谦等(2020)采用野外调查与物种分布模型相结合的方法分析认为，藏羚羊在非繁殖季节较为集中地分布在羌塘高原东南部，围绕在色林错等水系周围，其越冬区面积约为 26 万 km^2。倾向选择海拔 4 800 m 以上、气候温暖、靠近水源且食物资源丰富的区域。藏羚羊在繁殖季节栖息地明显呈向北部扩散的趋势，多在水系周围呈小片状分布于羌塘东北、西北和南部区域，产羔区面积约为 30 万 km^2。

刘务林(2002)调查认为自然保护区大、中型野生动物储量较多，种类虽然贫乏，但多数是青藏高原特有种。已记录的哺乳动物有 28 种，鸟百余种，爬行动物 3 种，两栖动物 1 种，鱼 15 种，昆虫 340 余种，节肢动物达 20 余种。被国家列为一级重点保护动物有 6 种，二级保护动物有 19 种。最具有代表性的几种动物有野牦牛、藏羚羊、西藏野驴、盘羊、藏原羚、藏狐、西藏棕熊、高原兔、黑颈鹤、斑头雁、棕头鸥、喜山兀鹫、藏雪鸡、西藏毛腿沙鸡、雪雀等。

从徐志高等(2010)的研究可知，自然保护区野生动物在以美马错、玛依、若拉 3 个核心区为中心的保护区范围内广泛分布。野牦牛分布在没有或几乎没有人类活动的边缘地区，如针茅—苔草地区，因曾经遭到人类的大肆捕杀，对人类非常警惕，只要有人类活动，野牦牛就退出该区域，目前由于牧民的游牧范围向北推进，野牦牛的活动区域在进一步萎缩。藏羚羊主要分布在相对干燥的针茅草原，12 月交配季节和 5—6 月聚集成群向北迁徙，6 月末 7 月初在非栖息和荒凉地区产仔，7 月末 8 月初返回南部栖息地。藏原羚通常以不足 15 只的小群体广泛分布在自然保护区，特别是针茅属植物占优势的地区它们的数量最为丰富，常与家畜混群觅食，而在荒凉的北部大多数地区它们却非常稀少乃至没有分布。藏野驴常集中于山谷与盆地。盘羊数量少，呈斑块状零星分布于险峻的碎砾山地。岩羊分布于波状起伏的山峦，群体数量从不到 20 只到超过 50 只不等。

1.7　气候概况

按照《西藏气候》(宋善允 等，2013)气候区划，羌塘国家级自然保护区属于高原亚寒带季风半干旱、高原亚寒带季风干旱气候区和高原寒带季风干旱气候区(图 1.18)。

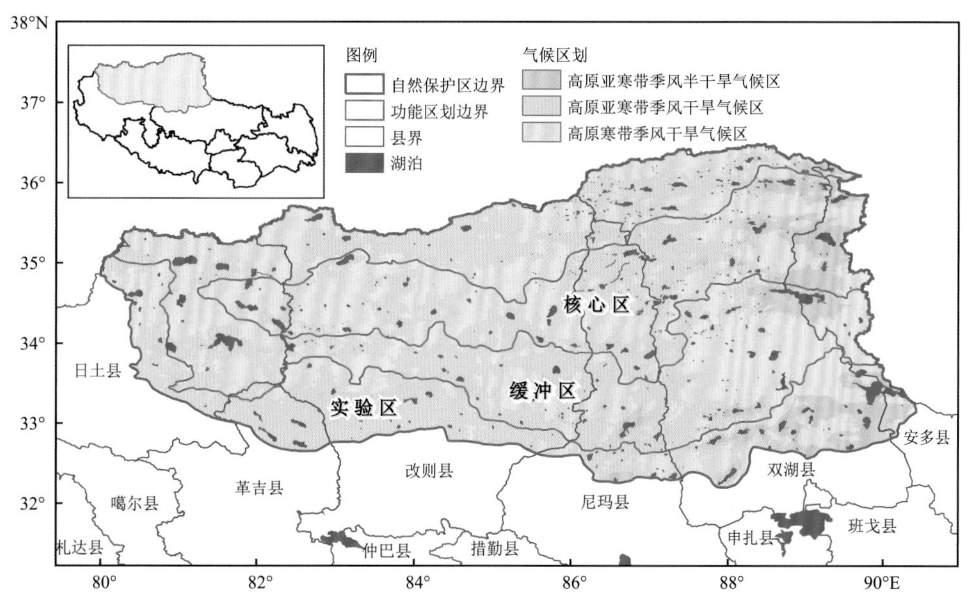

图 1.18　羌塘自然保护区气候区划

(1)辐射强，日照多，太阳能资源丰富

羌塘自然保护区年太阳总辐射为 3 500～7 575 MJ/m^2，其中大部地方高于 6 000 MJ/m^2。一般 5 月最大，12 月最小，春、夏季大，秋、冬季小。年日照时数为 2 763.6～3 510.4 h，总体呈自西向东递减的分布特征；西部在 3 200 h 以上，东部低于 3 000 h。自然保护区太阳能资源最丰富区和很丰富区所占面积极大，约占自然保护区总面积的 99.79%。其中，最丰富区约占自然保护区总面积的 30.51%，主要分布在自然保护区的南部。

(2)气温低,昼夜温差大,积温少

羌塘自然保护区年平均气温为－16.6～1.5 ℃,总体上呈纬向型分布。其中,自然保护区西南角年平均气温在 0 ℃以上;自然保护区 50.6%的区域年平均气温为－7.9～－4.0 ℃,主要分布在北部。月平均气温 7 月最高,1 月最低。狮泉河是自然保护区极端最高气温最高的地方,达32.1 ℃,出现在 2010 年 7 月 25 日;极端最低气温发生在改则,为－44.6 ℃,是 1987 年 2 月 25 日观测到的。

气温日变化大是羌塘自然保护区气候的又一显著特点。自然保护区各地气温年较差为 23.7～29.4 ℃,自东向西递增。各地气温日较差为 11.9～18.6 ℃,以 12 月最大,8 月最小。气温日较差冬季大、夏季小。

自然保护区地势高寒,积温明显偏少,各地≥0 ℃积温为 1 244.3～1 815.3 ℃・d,呈自西向东递减分布。其中,东部不足 1 500 ℃・d。而各地≥10 ℃积温更少,在 71.5～1 294.1 ℃・d,其中东部低于 250 ℃・d。

(3)降水时空分布不均,西部少东部多,降水强度小

羌塘自然保护区各站年降水量在 70.6～464.1 mm,呈自西向东递增分布,东、西部差异明显。其中,西部小于 200 mm,东部在 340 mm 以上。降水高度集中在夏季,秋季多于春季,冬季极少。

昼晴夜雨是羌塘自然保护区降水的特征之一。自然保护区各站年夜雨率为 48.7%～63.7%,其中,西部高,大于 60%,以改则最高;东部低,班戈不到 50%,为少夜雨区。20—06 时降水量较大,以 05 时最大。

降水强度小,各地年平均降水强度为 2.26～3.82 mm/d,其中安多最大。日降水量≥50.0 mm 历史上仅安多站出现 1 次(2019 年 9 月 4 日出现了 54.2 mm 的暴雨),其他各站从未出现过。各站均以小雨为主,小雨日数占总降水日数的 90.2%～93.1%。

(4)东部夏季对流强,冰雹和雷暴多

羌塘自然保护区年冰雹日数为 1.0～19.7 d,其中东部在 10 d 以上,以班戈最多,为 19.7 d;西部较少,不足 10 d,尤其是狮泉河很少,仅有 1.0 d。年雷暴日数为 14.2～71.4 d,也呈西少东多的分布特征;自然保护区平均年雷暴日数为 49.2 d,以安多最多,属于强雷暴区。

(5)干季时间长,多大风

干季一般从 10 月到翌年 5 月,但各地干季长短不一,东部短、西部长。西部的狮泉河除 7—8 月外,其他月份均属于极干旱期;改则 10 月至翌年 5 月湿润度小于 0.13,极干旱期达 8 个月;班戈、安多在 6—9 月湿润度大于 0.6,属于半湿润、湿润期。

受西风急流影响,羌塘自然保护区年大风日数在 22.7～101.4 d,呈自西向东递增的分布特征。其中西部少于 70 d,东部在 80 d 以上,以安多最多,为 101.4 d,历史上最多高达 283 d,为一个典型的大风区,这一地带海拔在 4 500 m 以上,山脉与急流走向一致,地形开阔,极易受急流动量下传的影响。

第2章 羌塘国家级自然保护区气候特征

气候要素是表征某一特定地区和特定时段内的气候特征或状态的参量，主要包括日照、气温、降水、湿度、气压、风、云等，这些要素是目前气象台站所观测的基本项目。因羌塘自然保护区内无长时间序列观测资料的气象站，本研究选取了其周边安多、班戈、申扎、改则和狮泉河5个气象站(图2.1)，利用5个气象站1961—2020年逐日气象资料，采用气象统计方法，建立了逐月、季和年气象资料。本研究除特殊说明外，均以此资料来分析羌塘自然保护区的气候特征。常年值采用1991—2020年平均值，极值为1961年以来的统计值。

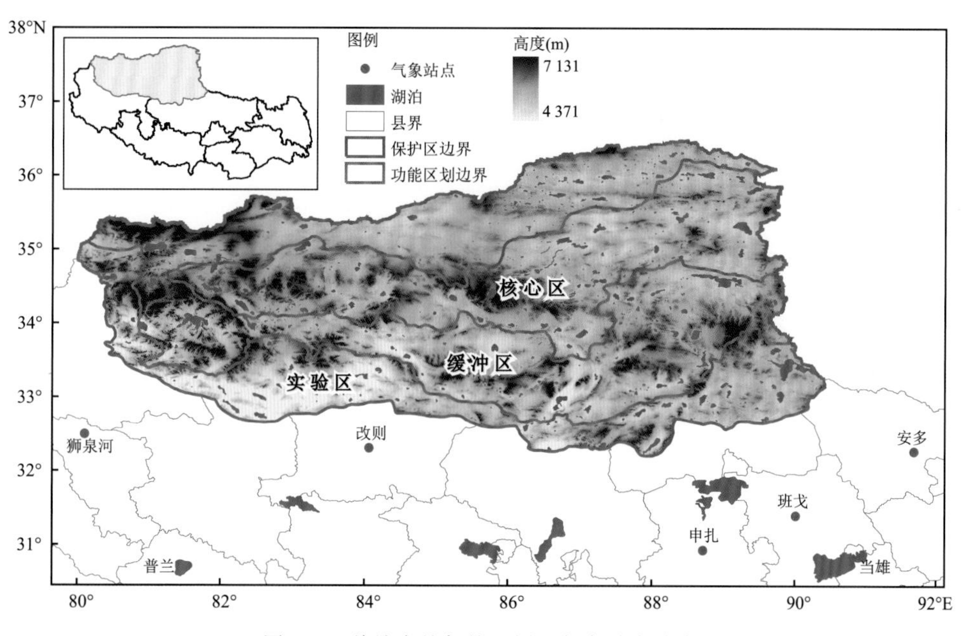

图2.1 羌塘自然保护区周边气象站点分布

2.1 云量、日照和辐射

2.1.1 总云量和低云量

2.1.1.1 总云量

羌塘自然保护区平均总云量的月变化呈单峰型(图2.2a)，1—8月总云量呈逐月增多态势，8 月达到最高，为 6.5 成；随后呈快速减少，11 月降至最低，为 2.1 成，12 月略有增多。在季尺度上(图 2.2b)，夏季(6—8 月)总云量最多，为 6.1 成；春季(3—5 月)次之，为 5.0 成；冬季(上年 12 月至当年 2 月)最少，为 3.1 成。

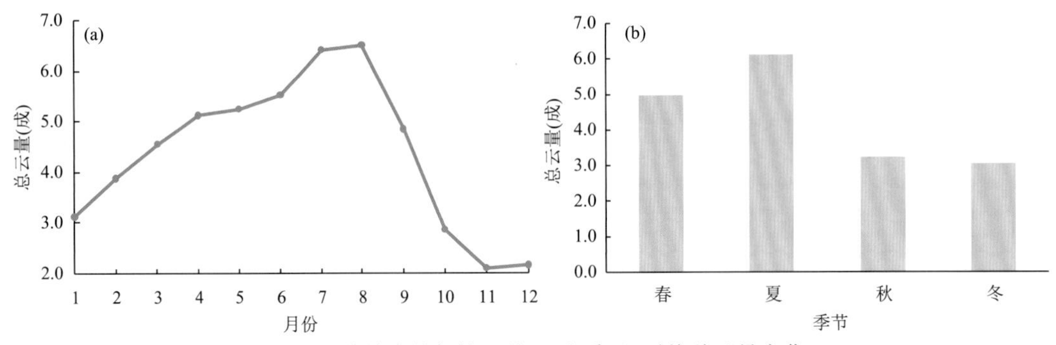

图 2.2 羌塘自然保护区月(a)和季(b)平均总云量变化

从地域分布来看(表 2.1)，各站年平均总云量为 3.4～5.0 成，呈自西向东递增的分布特征，最高值出现在安多，狮泉河为最低值。冬季(2.9～3.4 成)总云量最低值出现在狮泉河、改则和申扎，最高值在安多；春季(3.9～5.7 成)、夏季(4.8～6.7 成)和秋季(9—11 月，2.1～4.2 成)总云量最高值均出现在安多，最低值也都出现在狮泉河。

表 2.1 羌塘自然保护区各站平均总云量(成)

站点(区域)	1月	2月	3月	4月	5月	6月	7月	8月	9月	10月	11月	12月	年
狮泉河	3.1	3.6	3.6	4.0	4.0	3.9	5.1	5.3	3.1	1.6	1.7	2.1	3.4
改　则	3.1	3.7	4.4	5.0	5.1	5.0	6.1	6.4	4.1	2.2	1.9	2.0	4.1
班　戈	3.1	4.0	4.9	5.4	5.5	6.1	7.0	6.9	5.5	3.3	2.2	2.2	4.7
安　多	3.4	4.4	5.3	5.8	6.0	6.5	6.8	6.7	5.9	4.1	2.7	2.4	5.0
申　扎	2.9	3.7	4.6	5.4	5.6	6.1	7.1	7.2	5.6	3.1	2.0	2.1	4.6
自然保护区	3.1	3.9	4.6	5.1	5.2	5.5	6.4	6.5	4.8	2.9	2.1	2.2	4.4

2.1.1.2 低云量

羌塘自然保护区平均低云量的月变化也呈单峰型(图 2.3a)，1—8 月低云量呈直线增加态势，8 月达到最高，为 5.9 成；之后趋于快速减少，11—12 月降至最低，为 1.6 成。在季尺度上(图 2.3b)，低云量最高值出现在夏季，为 5.5 成；春季次之，为 4.3 成；冬季最低，为 2.4 成。

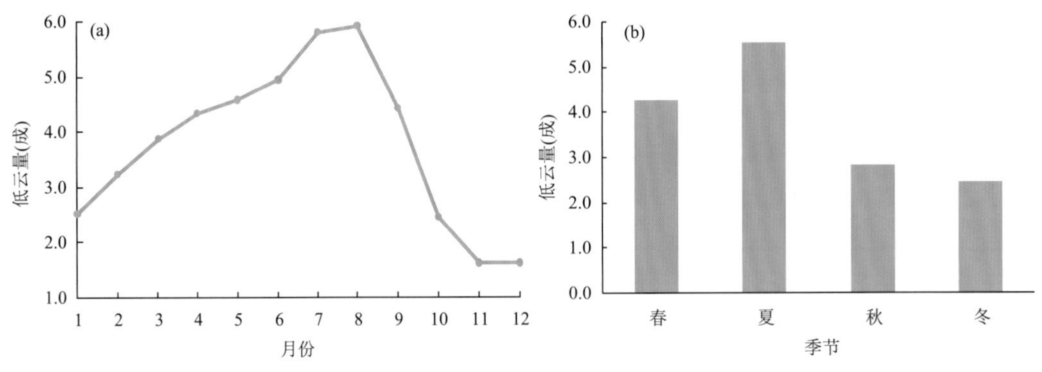

图 2.3 羌塘自然保护区月(a)和季(b)平均低云量变化

各站年平均低云量为 2.6～4.7 成，分布与总云量相同，为东多西少。春季(2.9～5.3 成)、秋季(1.6～4.0 成)和冬季(2.0～3.1 成)低云量最低值都出现在狮泉河，最高值出现在安多；而夏季(3.9～6.5 成)低云量最高值出现在申扎，最低值出现在狮泉河(表 2.2)。

表 2.2 羌塘自然保护区各站平均低云量(成)

站点(区域)	1月	2月	3月	4月	5月	6月	7月	8月	9月	10月	11月	12月	年
狮泉河	2.1	2.6	2.6	3.0	3.2	3.2	4.1	4.5	2.7	1.2	1.0	1.3	2.6
改　则	2.3	3.0	3.7	4.2	4.4	4.2	5.3	5.6	3.5	1.8	1.3	1.4	3.4
班　戈	2.4	3.1	3.8	4.2	4.5	5.3	6.2	6.1	4.8	2.7	1.7	1.5	3.8
安　多	3.2	4.1	5.0	5.4	5.6	6.2	6.6	6.5	5.7	3.8	2.4	2.1	4.7
申　扎	2.6	3.4	4.3	4.9	5.2	5.8	6.8	6.9	5.4	2.8	1.7	1.8	4.3
自然保护区	2.5	3.2	3.9	4.3	4.6	4.9	5.8	5.9	4.4	2.5	1.6	1.6	3.8

2.1.1.3 晴天和阴天日数

按总云量<2 成为晴天，≥8 成为阴天，统计了羌塘自然保护区各站的晴、阴天日数(表 2.3)。

(1)空间分布

羌塘自然保护区各站平均年晴天日数为 76.1～134.1 d，总体上呈自东向西递增的分布特征。其中，西部在 100.0 d 以上，以狮泉河最高，为 134.1 d，历史上晴天最多年可达 160 d(1999 年)；东部晴天日数相对较少，以安多最少，为 76.1 d。各站平均年阴天日数为 25.2～74.5 d，分布与晴天日数正好相反，呈自东向西递减，其中东部的安多最高，历年上阴天最多年为 153 d(1977 年)。

表 2.3 羌塘自然保护区各站平均晴阴天日数

站点(区域)	晴天日数(d)					阴天日数(d)				
	春季	夏季	秋季	冬季	年	春季	夏季	秋季	冬季	年
狮泉河	22.2	17.1	53.9	40.9	134.1	4.8	12.6	2.6	5.2	25.2
改　则	10.7	9.0	44.5	37.5	101.7	9.5	21.8	4.3	3.2	38.8
班　戈	11.1	6.4	32.7	38.4	88.6	15.3	35.0	9.4	5.9	65.6
安　多	8.3	6.1	26.9	34.8	76.1	18.4	36.4	12.4	7.3	74.5
申　扎	11.9	4.7	34.3	39.6	90.5	12.9	36.9	9.6	4.9	64.3
自然保护区	12.8	8.7	38.5	38.2	98.2	12.2	28.5	7.7	5.3	53.7

(2)月变化

羌塘自然保护区月平均晴天日数呈“U”形变化(图 2.4a)，以 7 月和 8 月最少，之后快速增多，12 月达到峰值。月平均阴天日数呈“∧”形变化(图 2.4b)，1—6 月逐步增多，7 月和 8 月达到最大，随之急剧减少，11 月降至最少。

(3)季变化

从羌塘自然保护区各站平均晴天日数的季变化来看(表 2.3)，西部秋季最多，东部冬季最多，分别占年晴天日数的 40.2%～43.8%和 43.8%～45.7%；夏季各站均最少，仅占年晴天日数的 5.2%～12.8%。从平均阴天日数的季节变化来看(表 2.3)，各地以夏季最多，占年阴天日数的 48.9%～56.2%；除狮泉河以秋季最少外，其他各站均以冬季最少，占年阴天日数的 7.6%～9.8%。

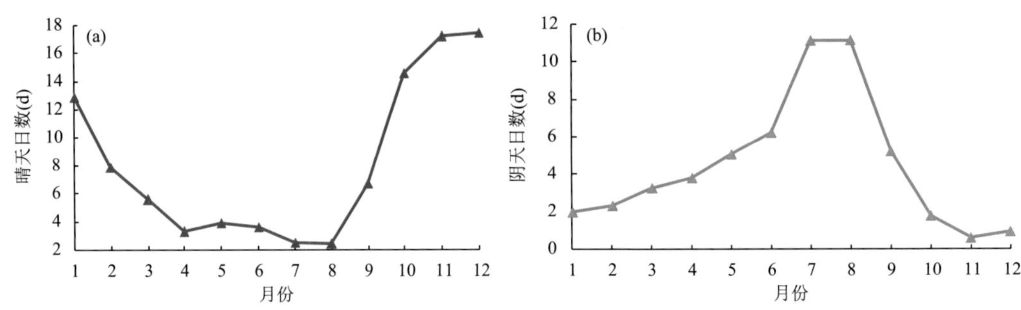

图 2.4 羌塘自然保护区平均晴天日数(a)和阴天日数(b)的月变化

2.1.2 日照时数和日照百分率

日照时数是表征一地太阳光照时间长短的特征量，它表示某地太阳能可被利用时间的多少。日照时数分为可能日照时数和实际日照时数，可能日照时数不仅取决于当地的纬度和季节，也受当地地形、坡度的影响，而实际日照时数只受天气条件的影响。实际日照时数占可能日照时数的百分比，即气象上的日照百分率。

2.1.2.1 日照时数

(1)空间分布

羌塘自然保护区年日照时数为 2 763.6～3 510.4 h，总体呈自西向东递减的分布特征(表 2.4)。西部在 3 200 h 以上，东部为 2 763.6～2 913.1 h。四季和年日照时数分布基本一致，呈西多东少。季日照时数的最高值均在狮泉河，最低值分布不同，春、夏两季在班戈，秋季在安多，而冬季出现在申扎。

表 2.4 羌塘自然保护区各站年日照时数、四季日照时数及季占年日照时数的百分比

站点(区域)	年	春季		夏季		秋季		冬季	
	S(h)	S(h)	Pav(%)	S(h)	Pav(%)	S(h)	Pav(%)	S(h)	Pav(%)
狮泉河	3 510.4	939.4	26.8	932.7	26.6	884.2	25.2	754.1	21.5
改　则	3 224.7	836.7	25.9	845.1	26.2	834.6	25.9	708.3	22.0
班　戈	2 763.6	741.8	26.8	625.2	22.6	722.9	26.2	673.7	24.4
安　多	2 835.5	751.9	26.5	669.3	23.6	722.3	25.5	692.0	24.4
申　扎	2 913.1	792.5	27.2	687.1	23.6	760.6	26.1	672.9	23.1
自然保护区	3 049.5	812.5	26.6	751.9	24.7	784.9	25.7	700.2	23.0

注：*S* 表示日照时数，Pav 表示季占年日照时数的百分比。

(2)月变化

由于太阳高度角的季节变化和云量的影响，羌塘自然保护区各站日照时数的月变化呈双峰型(图 2.5)，两个峰值分别出现在 5 月和 10 月，以 5 月最高；两个谷值则对应于太阳高度角较小的 2 月和雨季的 8 月，其中西部以 2 月最低，东部以 8 月最低。

(3)季变化

各站日照时数的季节变化也存在比较明显的地域性(图 2.6a)，西部春、夏季大，秋、冬季小；东部春、秋季大，夏、冬季小。就自然保护区日照时数而言（图 2.6b），春季最高，占年日照时数的 26.6%；其次是秋季，占年日照时数的 25.7%；冬季最低，占年日照时数的 23.0%。

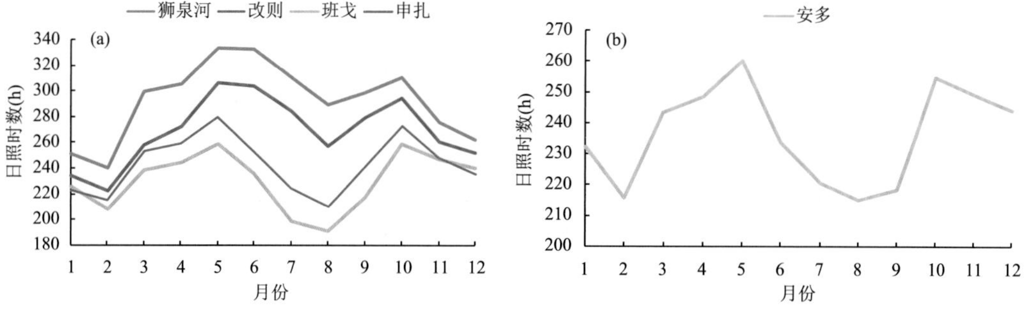

图 2.5　羌塘自然保护区各站日照时数的月变化

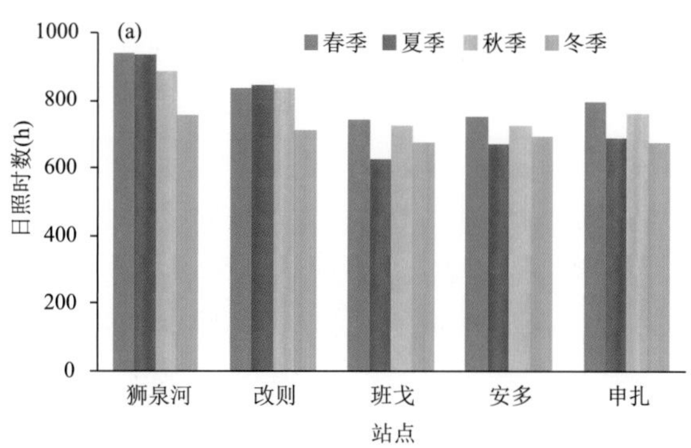

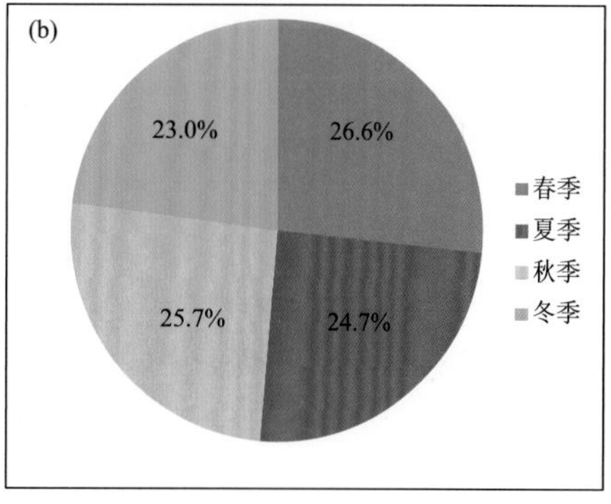

图 2.6　羌塘自然保护区日照时数的季变化

（a. 各站，b. 自然保护区）

2.1.2.2　日照百分率

(1)空间分布

羌塘自然保护区各地年平均日照百分率为 63%～80%（表 2.5），以班戈最小，狮泉河最大，总体上呈东低西高分布；四季平均日照百分率的空间分布与年分布基本一致，最大值均在狮泉河，一年四季最小值不仅出现在班戈站，还出现在秋季的安多站和冬季的申扎站。

表 2.5　羌塘自然保护区各站平均日照百分率(%)

站点(区域)	春季	夏季	秋季	冬季	年
狮泉河	79	74	87	80	80
改　则	70	67	82	75	73
班　戈	62	50	71	71	63
安　多	63	53	71	73	65
申　扎	66	55	74	71	67
自然保护区	68	59	77	74	70

(2)月变化

羌塘自然保护区各站月日照百分率呈“V”形变化(图 2.7),最高值出现在 10 月或 11 月,为 79%~90%,其中西部出现在 10 月,东部出现在 11 月;最低值发生在 7 月或 8 月,为 46%~71%,其中西部出现在 8 月,东部出现在 7 月。

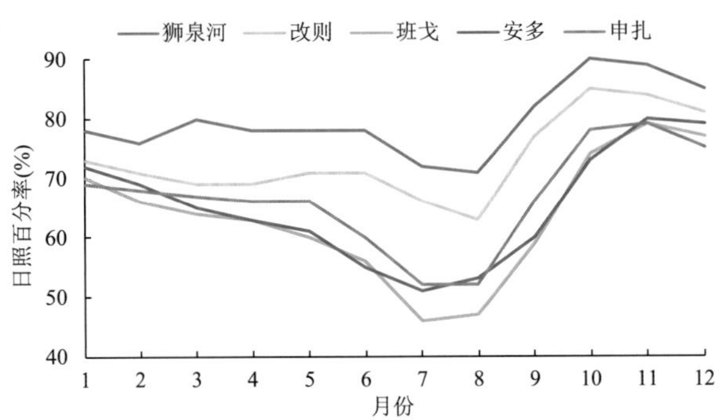

图 2.7　羌塘自然保护区各站日照百分率的月变化

(3)季变化

羌塘自然保护区各站夏季日照百分率为 50%~74%,是日照百分率最低的季节;而春季日照百分率为 62%~79%,仅高于夏季;秋季日照百分率为 71%~87%,大部分站点的最高值出现在此季节;冬季日照百分率为 71%~80%,为大部分站点的第二高值,但安多最高值发生在该季节。就羌塘自然保护区平均而言,日照百分率以秋季最高,为 77%;其次是冬季,为 74%;夏季最低,为 59%。

2.1.3　太阳总辐射

太阳辐射由于太阳与地球相对位置在时间上与空间上的变化而不同,通常由两部分组成:一部分是太阳辐射通过大气直接到达地表面的平行光辐射称为直接辐射,另一部分是太阳辐射被空气分子和大气中浮游的灰尘所散射的来自天穹各个部分的光辐射称为散射辐射。故水平地表面上接受的太阳直接辐射与散射辐射之和称为太阳总辐射。

杜军等(2011)利用西藏及其周边气象站观测资料、NOAA-AVHRR 遥感数据(反演地表反照率),以 1 km×1 km 的数字高程模型(DEM)反映地形状况的主要数据,采用基于 DEM 数据的起伏地形下太阳总辐射分布式模拟模型,计算得到了羌塘国家级自然保护区月、年太阳总辐射。

2.1.3.1　空间分布

羌塘自然保护区各地年太阳总辐射在 3 500~7 575 MJ/m^2(图 2.8),其中,自然保护区大部在 6 001~7 000 MJ/m^2,占自然保护区总面积的 81.5%;总辐射为 5 001~6 000 MJ/m^2,主要分布于改则县北部、双湖县西北部以及日土县北部等地,约占自然保护区总面积的 17.9%;总辐射低于 5 000 MJ/m^2 和高于 7 000 MJ/m^2 的地方极少,多集中在日土县,仅占自然保护区总面积的 0.6%。

1 月各地太阳总辐射在 200~578 MJ/m^2(图 2.9a),其中,总辐射为 301~400 MJ/m^2 占自然保护区总面积的比例最大,约为 82.0%,广泛分布于自然保护区;总辐射为 401~500 MJ/m^2,所占比例约为 11.3%，主要位于自然保护区南部；总辐射低于 300 MJ/m²，主要分布在日土县、改则县北部和双湖县北部，约占自然保护区总面积的 6.6%；总辐射大于 500 MJ/m² 很少，只占自然保护区总面积的 0.1%，零星分布于自然保护区的南部。

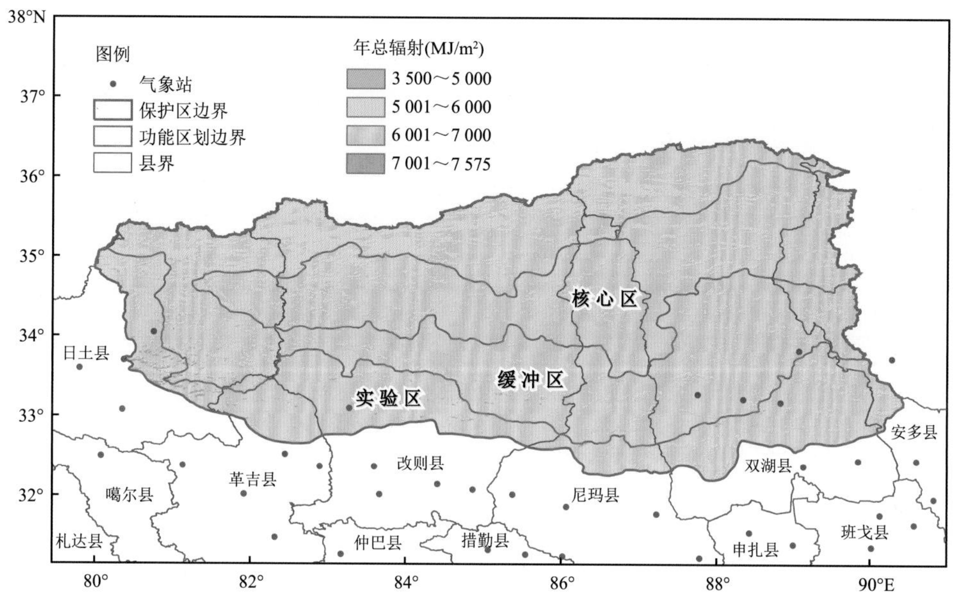

图 2.8　羌塘自然保护区年太阳总辐射的空间分布

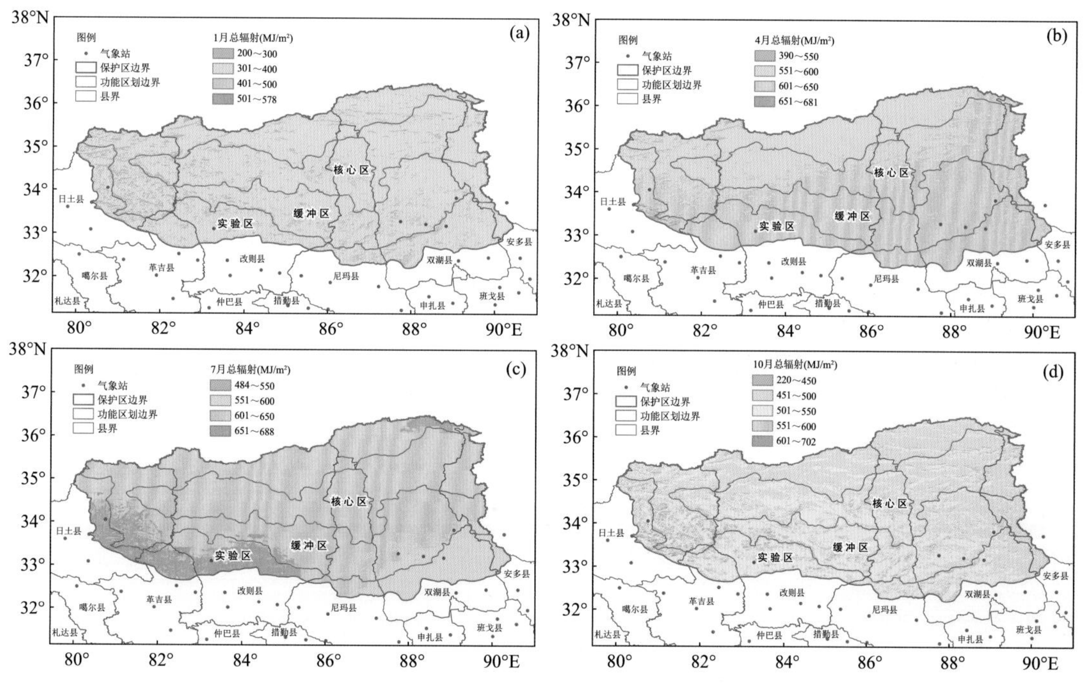

图 2.9　羌塘自然保护区代表月太阳总辐射的空间分布

（a. 1 月，b. 4 月，c. 7 月，d. 10 月）

4 月自然保护区各地太阳总辐射在 390～681 MJ/m²，总体上呈纬向型分布(图 2.9b)。其中，总辐射为 601～650 MJ/m² 占自然保护区总面积的比例最大，约为 56.4%，分布于自然保护区南部和东部；总辐射为 551～600 MJ/m²，所占比例约为 42.0%，主要位于自然保护区北部；总辐射低于 550 MJ/m²，主要分布在日土县北部、改则县北部，仅占自然保护区总面积的 1.3%；总辐射大于 650 MJ/m²，主要分布于日土县西南角，约占自然保护区总面积的 0.3%。

7 月自然保护区各地太阳总辐射介于在 484～688 MJ/m²(图 2.9c)，总辐射以 601～650 MJ/m² 为主，广泛分布于自然保护区，约占自然保护区总面积的 76.9%；总辐射低于 660 MJ/m²，主要分布在自然保护区的东南角，约占自然保护区总面积的 11.6%；总辐射为 651～688 MJ/m²，主要分布在自然保护区的西南部和东北角，约占自然保护区总面积的 11.5%。

10 月自然保护区各地总辐射在 220～702 MJ/m²(图 2.9d)，总辐射以 451～500 MJ/m² 所占自然保护区总面积比例最高，为 49.0%，多分布于北部；总辐射为 501～550 MJ/m²，所占比例为 41.5%，主要分布在南部；总辐射低于 450 MJ/m²，主要分布在日土县和双湖县，约占自然保护区总面积的 4.0%；总辐射大于 550 MJ/m²，主要分布于日土县、改则县和尼玛县，约占自然保护区总面积的 5.5%。

2.1.3.2 时间变化

(1)月变化

羌塘自然保护区太阳总辐射量的月变化呈单峰型(图 2.10a)，5 月最高，为 723.2 MJ/m²；12 月最低，为 354.4 MJ/m²。从各县来看，太阳总辐射量的月变化均呈单峰型(图 2.10b，c)，最高值出现在 5 月或 6 月，其中改则、日土 2 个县太阳总辐射量最高值出现在 6 月，分别为 744.2 MJ/m² 和 757.0 MJ/m²；而其他各县均出现在 5 月，为 705.1～760.6 MJ/m²。最低值各县都出现在 12 月，为 315.5～371.5 MJ/m²(革吉县最大、日土县最小)。

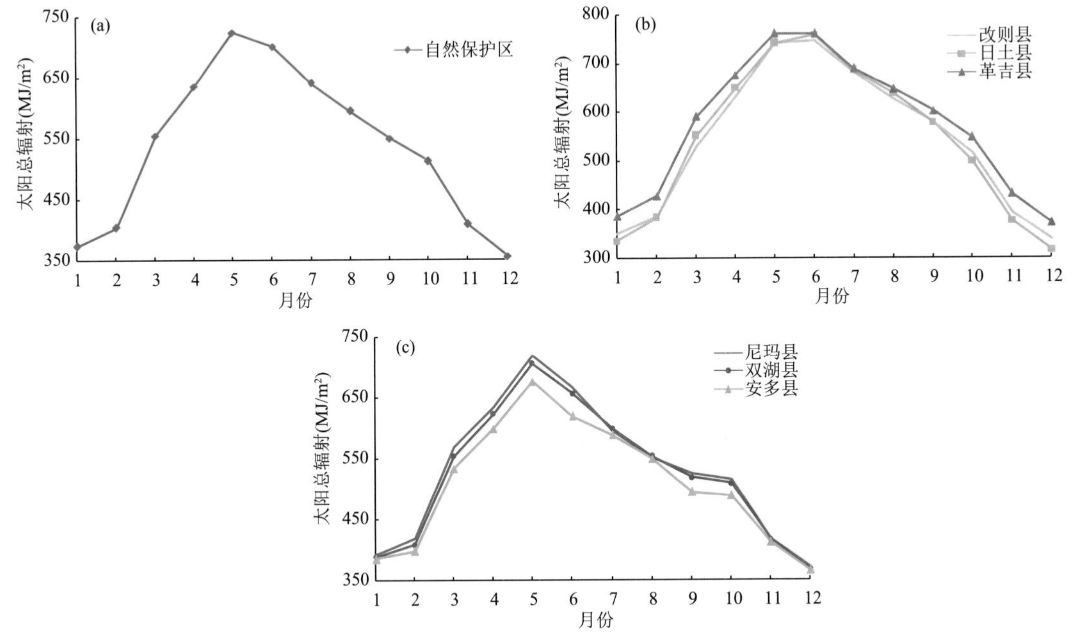

图 2.10 羌塘自然保护区太阳总辐射量的月变化

（2）季变化

就自然保护区平均而言（表 2.6），四季太阳总辐射量以夏季最多，占年太阳总辐射的 30.0%；其次是春季，占年太阳总辐射量的 29.7%；冬季最少，仅占年太阳总辐射量的 17.5%。从各县四季太阳总辐射量上看（表 2.6），阿里地区 3 个县以夏季最高，其次是春季，冬季最低；那曲市 3 个县以春季最高，其次是夏季，冬季最低。

表 2.6　羌塘自然保护区各县年太阳总辐射、四季太阳总辐射及季占年太阳总辐射的百分比

县名（区域）	年 Rs（MJ/m²）	春季		夏季		秋季		冬季	
		Rs（MJ/m²）	Pav（%）	Rs（MJ/m²）	Pav（%）	Rs（MJ/m²）	Pav（%）	Rs（MJ/m²）	Pav（%）
改 则	6 508.0	1 901.1	29.2	2 049.1	31.5	1 485.8	22.8	1 072.0	16.5
日 土	6 500.9	1 939.5	29.8	2 078.6	32.0	1 449.6	22.3	1 033.2	15.9
革 吉	6 885.8	2 026.0	29.4	2 094.4	30.4	1 579.3	22.9	1 186.0	17.2
尼 玛	6 363.3	1 918.8	30.2	1 809.7	28.4	1 455.4	22.9	1 179.5	18.5
双 湖	6 291.3	1 880.3	29.9	1 806.5	28.7	1 440.5	22.9	1 164.1	18.5
安 多	6 101.9	1 806.4	29.6	1 754.4	28.8	1 393.4	22.8	1 147.7	18.8
自然保护区	6 441.9	1 912.0	29.7	1 932.1	30.0	1 467.3	22.8	1 130.4	17.5

注：Rs 表示太阳总辐射，Pav 表示季占年 Rs 的百分比。

2.1.4　太阳能资源

2.1.4.1　日照时数大于 6 h 日数

（1）空间分布

表 2.7 给出了羌塘自然保护区各站年、季日照时数大于 6 h 日数（Sd_{6h}），从表中可知，各地年 Sd_{6h} 为 260.9～328.4 d，总体上呈东少西多分布，以狮泉河最高，班戈最低。春、夏、冬 3 季 Sd_{6h} 与年 Sd_{6h} 的分布基本一致，而秋 Sd_{6h} 最高值仍出现在狮泉河，但最低值在安多。

表 2.7　羌塘自然保护区各站年 Sd_{6h}、四季 Sd_{6h} 及季占年 Sd_{6h} 的百分比

站点（区域）	年 Sd_{6h}(d)	春季		夏季		秋季		冬季	
		Sd_{6h}(d)	Pav（%）	Sd_{6h}(d)	Pav（%）	Sd_{6h}(d)	Pav（%）	Sd_{6h}(d)	Pav（%）
狮泉河	328.4	84.4	25.7	80.1	24.4	85.8	26.1	78.1	23.8
改则	307.7	78.8	25.6	74.5	24.2	82.1	26.7	72.3	23.5
班戈	260.9	68.7	26.3	51.8	19.9	70.8	27.1	69.6	26.7
安多	264.0	69.6	26.4	53.8	20.4	69.9	26.5	70.7	26.8
申扎	281.3	74.2	26.4	60.2	21.4	76.6	27.2	70.3	25.0
自然保护区	288.4	75.2	26.1	64.0	22.2	77.0	26.7	72.2	25.0

注：Pav 表示季占年 Sd_{6h} 的百分比。

（2）时间分布

羌塘自然保护区月 Sd_{6h} 呈双峰型变化（图 2.11），第 1 峰值出现在 11 月，第 2 峰值出现在 5 月，谷值出现在雨季的 8 月。从各站来看，第 1 峰值，西部出现在 10 月，东部出现在 11 月；第 2 峰值除狮泉河出现在 4—6 月（相同），其他站点均出现在 5 月。谷值，西部出现在 2 月，而东部却出现在 8 月。

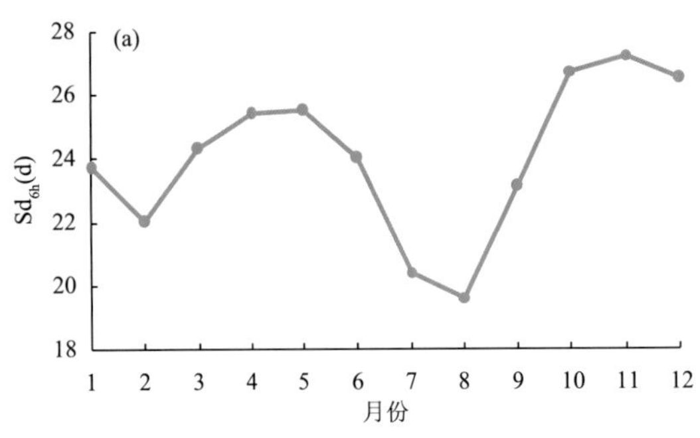

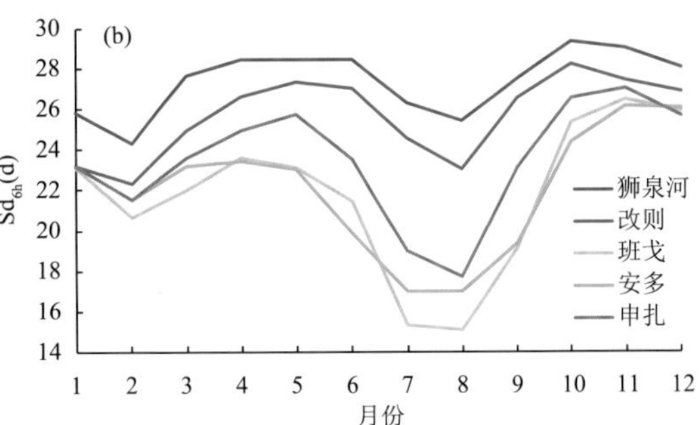

图 2.11 羌塘自然保护区日照超过 6 h 日数的月变化
（a. 自然保护区，b. 各站）

从羌塘自然保护区各站 Sd_{6h} 的季变化来看（表 2.7），各站均以秋季最多，最少的季节有所不同，除改则发生在冬季外，其他站点均出现在夏季。就自然保护区而言，Sd_{6h} 以秋季最大，春季次之，夏季最小。

2.1.4.2 太阳能资源稳定度分布

太阳能资源稳定度用各月日照时数大于 6 h 的最大值与最小值的比值表示，见式（2.1），其等级见表 2.8。该指标是太阳能资源评估的重要指标之一，该值越小说明该地区日照越充裕、越稳定，受天气变化影响越小，越有利于太阳能资源的开发利用。

$$K = \frac{\max(\mathrm{Day}_1, \mathrm{Day}_2, \cdots, \mathrm{Day}_{12})}{\min(\mathrm{Day}_1, \mathrm{Day}_2, \cdots, \mathrm{Day}_{12})} \tag{2.1}$$

式中，K 为太阳能资源稳定度指标，为无量纲数；$\mathrm{Day}_1, \mathrm{Day}_2, \cdots, \mathrm{Day}_{12}$ 分别为 1—12 月各月日照时数大于 6 h 天数，单位为天（d）；max（ ）、min（ ）分别是求最大值和最小值的函数。

根据式（2.1）计算得到羌塘自然保护区各站的 K 值，为 1.21～1.75，其中狮泉河最小，其次是改则，为 1.26，班戈最大。按照表 2.8 的指标，各站的太阳能资源稳定度指标均<2，说明自然保护区太阳能资源稳定，受天气变化影响小，有利于太阳能资源的开发利用。

表 2.8 太阳能资源稳定度等级

太阳能资源稳定度指标	稳定度
<2	稳定
2～4	较稳定
>4	不稳定

2.1.4.3 太阳能资源丰富程度评估

以太阳总辐射的年总量为指标进行太阳能资源丰富程度评估（中国气象局，2008；朱飚等，2010），其等级见表 2.9。

表 2.9 太阳能资源丰富程度评估等级

太阳总辐射年总量（MJ/m²）	资源丰富程度
>6300	资源最丰富
5040～6300	资源很丰富
3780～5040	资源丰富
<3780	资源一般

利用复杂地形下太阳辐射分布式模拟模型计算得到的羌塘自然保护区太阳总辐射年总量，按照表 2.9 评估指标，得到羌塘自然保护区太阳能资源丰富程度如图 2.12 所示，从图中可知，羌塘自然保护区绝大部分地区太阳能资源丰富，具体分区如下：

(1)太阳能资源最丰富区。区域面积较大，约占自然保护区总面积的 30.51%，主要分布在自然保护区的南部。

(2)太阳能资源很丰富区。区域面积最大，约占自然保护区总面积的 69.28%，主要分布于自然保护区的北部和东部。

(3)太阳能资源丰富区。区域面积很小，只占自然保护区总面积的 0.13%，零星分布于日土县北部和改则县中部。

(4)太阳能资源一般区。区域范围最少，仅占自然保护区总面积的 0.08%，零星分布于日土县北部。

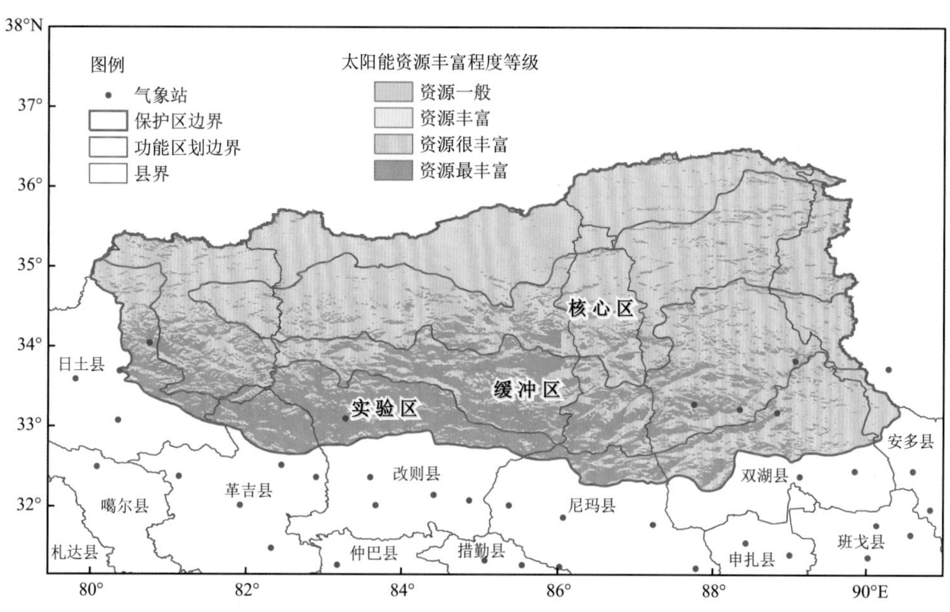

图 2.12　羌塘自然保护区太阳能资源丰富程度区划

2.2　气温

鉴于自然保护区站点稀少，本研究利用自然保护区周边 41 个无人气象站和西藏 38 个气象站 2020 年的气温资料，建立了平均气温、平均最高气温、平均最低气温与纬度、经度和海拔高度的气候学方程(表 2.10)。从表中可知，气温气候学方程的复相关系数均在 0.81 以上，达到极显著性检验($P<0.001$)。

表 2.10　羌塘自然保护区气温的气候学方程

气温	时间	回归方程	复相关系数
平均气温（T_m）	春季	$T_m=58.7040-0.1321\lambda-0.5795\varphi-0.0065h$	0.951
	夏季	$T_m=61.3096-0.2678\lambda-0.02358\varphi-0.0058h$	0.905
	秋季	$T_m=43.7038+0.0216\lambda-0.5686\varphi-0.0055h$	0.933
	冬季	$T_m=67.2240-0.0597\lambda-1.3619\varphi-0.0064h$	0.962
	年	$T_m=57.9475-0.1113\lambda-0.6331\varphi-0.0061h$	0.955
平均最高气温（T_{max}）	春季	$T_{max}=59.6877-0.0889\lambda-0.4861\varphi-0.0066h$	0.899
	夏季	$T_{max}=63.0069-0.2631\lambda+0.1894\varphi-0.0063h$	0.811
	秋季	$T_{max}=48.0387+0.0547\lambda-0.5325\varphi-0.0056h$	0.861
	冬季	$T_{max}=75.9329-0.0088\lambda-1.5065\varphi-0.0065h$	0.933
	年	$T_{max}=67.1713-0.1285\lambda-0.6095\varphi-0.0062h$	0.922
平均最低气温（T_{min}）	春季	$T_{min}=56.0564-0.1062\lambda-0.7484\varphi-0.0066h$	0.935
	夏季	$T_{min}=54.6596-0.1745\lambda-0.2875\varphi-0.0055h$	0.907
	秋季	$T_{min}=30.7073+0.1464\lambda-0.7267\varphi-0.0055h$	0.902
	冬季	$T_{min}=55.6071-0.0306\lambda-1.2519\varphi-0.0067h$	0.905
	年	$T_{min}=43.6073+0.0107\lambda-0.7263\varphi-0.0061h$	0.955

注：λ 表示经度(°E)，φ 表示纬度(°N)，h 表示海拔高度(m)。

2.2.1　平均气温

2.2.1.1　空间分布

根据气温气候学方程(表 2.10)，绘制了羌塘自然保护区年、季平均气温的空间分布图。从图 2.13 中可看出，自然保护区年平均气温为－16.6～1.5 ℃，总体上呈纬向型分布。其中，自然保护区西南角年平均气温在 0 ℃以上，约占自然保护区总面积的 1.5％；低于－8.0 ℃的区域主要分布在与新疆维吾尔自治区交界的西昆仑山，约占自然保护区总面积的 1.5％；年平均气温为－7.9～－4.0 ℃的区域，约占自然保护区总面积的 50.6％，主要分布于北部；年平均气温为－3.9～0.0 ℃的区域，约占自然保护区总面积的 46.4％，主要分布在南部。

从自然保护区季平均气温的分布来看，基本上呈纬向型分布。春季平均气温为－18.7～0.4 ℃(图 2.14a)，高值区主要位于自然保护区革吉县境内，在 0℃以上，仅占自然保护区总面积的 0.1％；低值区位于与新疆维吾尔自治区交界的西昆仑山，平均气温低于－12.0 ℃，此区域约占自然保护区总面积的 0.3％；自然保护区 78.5％的区域，平均气温在－7.9～－4.0 ℃；平均气温为－3.9～0.0 ℃的区域所占面积比例次之，约为 15.6％；平均气温为－11.9～－8.0 ℃的区域，主要分布在冰川附近，所占面积比例约为 5.5％。

如图 2.14b 所示，夏季各地平均气温为－2.8～13.4 ℃，高值区位于革吉县，在 12.0 ℃以上，主要分布在自然保护区西南角，仅占自然保护区总面积的 1.2％；平均气温低于 0.0 ℃的区域，零星分布在与新疆维吾尔自治区交界的西昆仑山，面积很小，可忽略不计；自然保护区绝大部分的平均气温在 4.1～8.0 ℃和 8.1～12.0 ℃两个区间，分别占自然保护区总面积的 46.7％和 51.0％；平均气温为 0.1～4.0 ℃的区域所占面积比例很低，约为 1.1％，主要分布在西昆仑山冰川和普若岗日冰川附近。

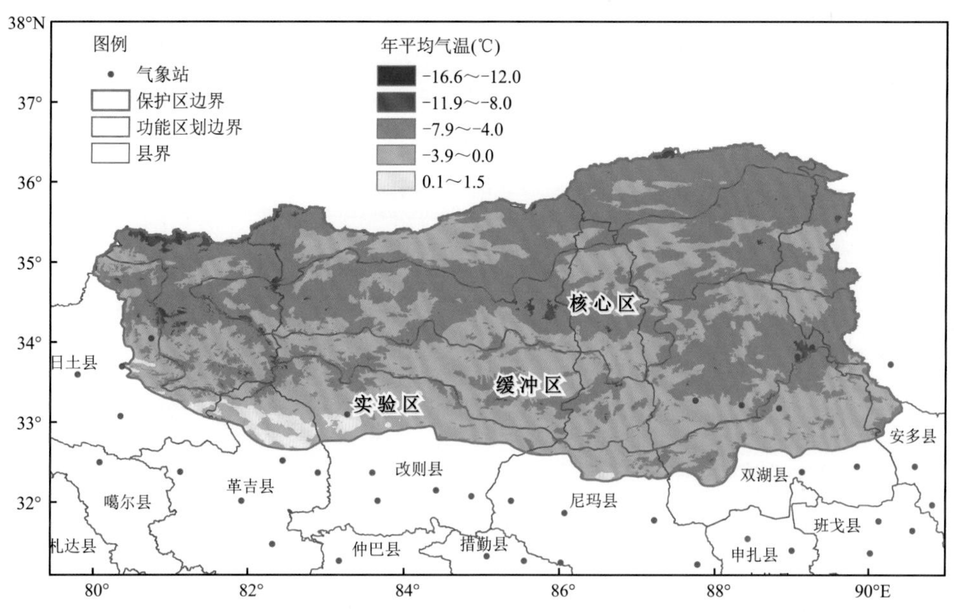

图 2.13　羌塘自然保护区年平均气温的空间分布

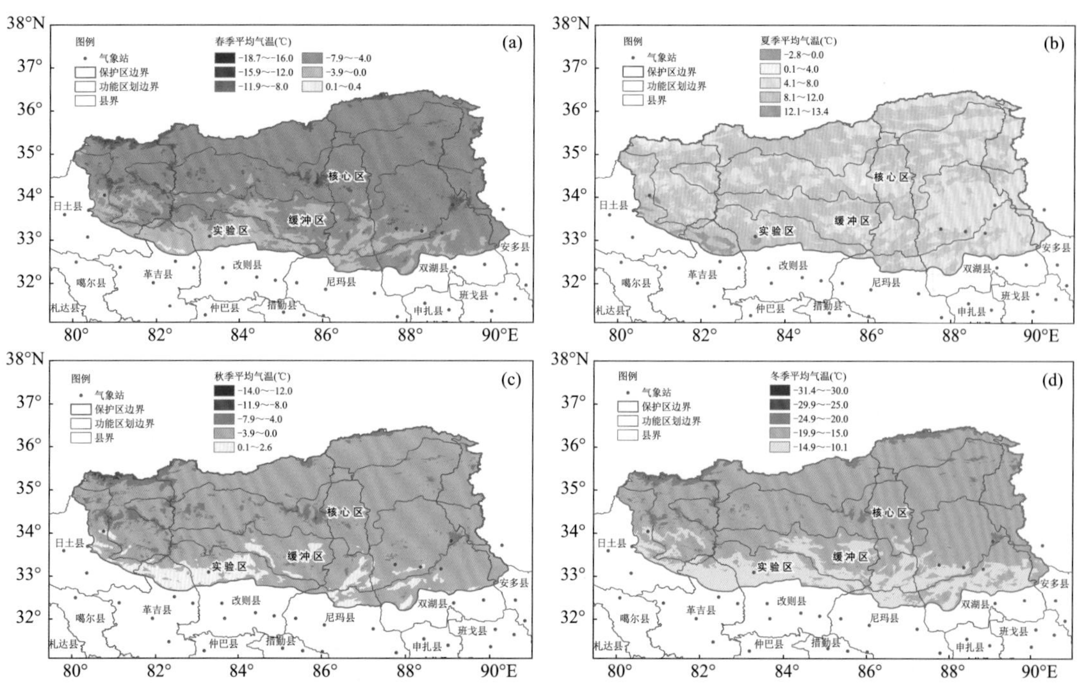

图 2.14　羌塘自然保护区季平均气温的空间分布

(a. 春季,b. 夏季,c. 秋季,d. 冬季)

从图 2.14c 中可看出,秋季各地平均气温为－14.0～2.6 ℃,其中,自然保护区 84.4%的区域,平均气温为－3.9～0.0 ℃;气温在 0 ℃以上的区域主要在自然保护区南部,约占自然保护区总面积的 7.2%;与新疆维吾尔自治区交界处的西昆仑山,平均气温低于－8.0 ℃,约占自然保护区总面积的 0.3%；平均气温为－7.9～－4.0 ℃的区域所占面积比例约为 8.1%，主要分布在冰川附近。

由图 2.14d 可见，冬季各地平均气温为－31.4～－10.1 ℃，其中，自然保护区 75.8%的区域平均气温为－19.9～－15.0 ℃；自然保护区南部的平均气温多在－14.9～－10.1 ℃，约占自然保护区总面积的 19.1%；与新疆维吾尔自治区交界处的西昆仑山，平均气温极低(低于－25.0 ℃)，部分地方可降至－31.4 ℃，这些地区约占自然保护区总面积的 0.1%；平均气温为－24.9～－20.0 ℃的区域所占面积比例约为 5.0%，多集中在冰川附近。

2.2.1.2　时间分布

(1)日变化

通过分析 2009—2020 年自然保护区 5 个自动气象站不同季节逐时气温的变化(图 2.15)，自然保护区日最低气温出现时间，季节差异较为明显，除安多出现在 07 时外，其余站点均出现在 08 时；夏季，东部出现在 07 时，西部出现在 08 时；秋季，除狮泉河出现在 09 时外，其他各站均出现在 08 时；冬季各站均出现在 09 时。

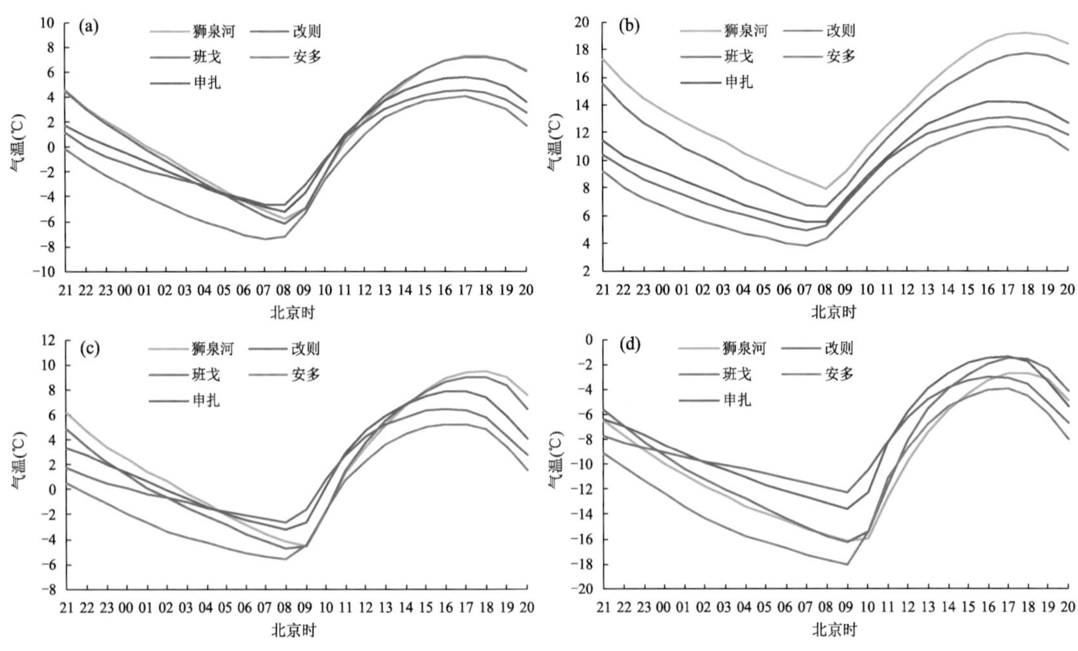

图 2.15　羌塘自然保护区气温的日变化

(a. 春季，b. 夏季，c. 秋季，d. 冬季)

各站日最高气温出现时间主要在 16—18 时。春季，西部出现在 17—18 时，东部均出现在 17 时。夏季，申扎站出现较早，为 16 时；西部较晚，为 18 时；剩余的 2 个站均出现于 17 时。秋季，东部日气温最高值出现在 16—17 时，西部出现在 18 时。冬季，西部出现在 17—18 时，东部的班戈出现较早，在 16 时；而东部的安多、申扎却出现在 17 时。

(2)月变化

羌塘自然保护区各站平均气温的月变化曲线呈单峰型(图 2.16)，1 月最低，为－13.6～－9.4 ℃，其中安多最低，申扎最高；7 月最高，为 8.4～15.0 ℃，以狮泉河最高，安多最低。

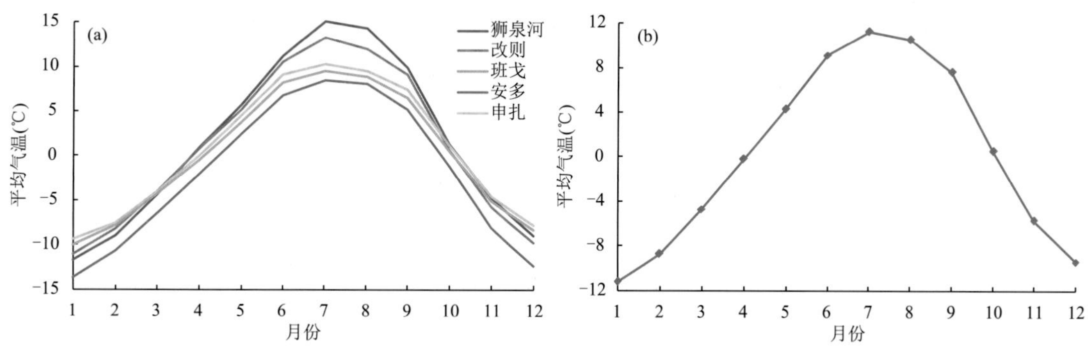

图 2.16　羌塘自然保护区平均气温的月变化
(a. 各站，b. 自然保护区)

(3)季变化

在季尺度上(表 2.11)，羌塘自然保护区各站平均气温均以夏季最高，为 7.7～13.5 ℃；其次是秋季，为－1.4～2.1 ℃；冬季最低，为－12.2～－8.3 ℃。四季平均气温的最低值均出现在安多，最高值除冬季出现在申扎外，其他 3 季出现在狮泉河。

表 2.11　羌塘自然保护区各站季平均气温(℃)

站点(区域)	春季	夏季	秋季	冬季
狮泉河	0.7	13.5	2.1	－9.9
改　则	0.6	11.8	1.3	－9.7
班　戈	－0.4	8.8	0.6	－8.7
安　多	－2.1	7.7	－1.4	－12.2
申　扎	0.1	9.6	1.3	－8.3
自然保护区	－0.2	10.3	0.8	－9.8

2.2.2　平均最高气温

2.2.2.1　空间分布

根据气候学方程(表 2.10)，绘制了羌塘自然保护区年平均最高气温的空间分布(图 2.17)，从图中可看出，各地年平均最高气温为－9.2～9.3 ℃，其中，自然保护区 82.8%的区域年平均最高气温在 0.1～5.0 ℃；平均最高气温为 5.1～9.3 ℃的区域约占自然保护区总面积的 14.9%，主要分布在自然保护区的南部；平均最高气温低于 0.0 ℃的区域主要分布在西昆仑冰川、雄色岗日冰川、普若岗日冰川和冈底斯山冰川等附近，这些地方约占自然保护区总面积的 2.3%。

如图 2.18a 所示，自然保护区各地春季平均最高气温为－12.0～7.4 ℃，其中，自然保护区 82.2%的区域平均最高气温在 0.1～5.0 ℃；平均最高气温为－4.9～0.0 ℃的区域约占自然保护区总面积的 13.9%，主要分布在西昆仑冰川、雄色岗日冰川、普若岗日冰川和冈底斯山冰川等地；平均最高气温高于 5.0 ℃的区域主要分布在自然保护区的西南部，约占自然保护区总面积的 3.6%；平均最高气温低于－5.0 ℃的区域主要分布在与新疆维吾尔自治区交界处的西昆仑山，仅占自然保护区总面积的 0.3%。

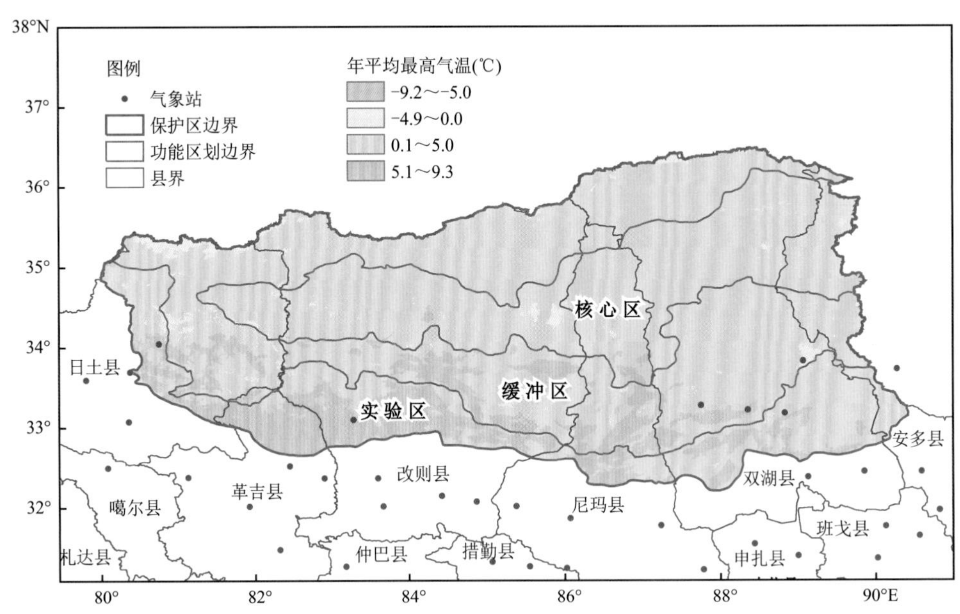

图 2.17　羌塘自然保护区年平均最高气温的空间分布

夏季平均最高气温为 3.7～20.5 ℃(图 2.18b),其中,自然保护区 53.7%的区域平均最高气温高于 15.0 ℃;平均最高气温为 10.1～15.0 ℃的区域也分布较广,约占自然保护区总面积的 45.7%;剩余 0.6%的区域平均最高气温低于 10.0 ℃,主要分布在西昆仑冰川、普若岗日冰川等地。

从图 2.18c 中可知,各地秋季平均最高气温为－6.3～10.5 ℃,其中,自然保护区 76.6%的区域平均最高气温高于 5.0 ℃;平均最高气温为 0.1～5.0 ℃的区域约占自然保护区总面积的 23.0%,主要分布于日土县、改则县中部以及双湖县的局地;平均最高气温低于 0.0 ℃的区域主要分布在与新疆维吾尔自治区交界处的西昆仑山,约占自然保护区总面积的 0.4%。

由图 2.18d 可看出,自然保护区各地冬季平均最高气温在－24.6～－2.7 ℃,其中,自然保护区 50.2%的区域平均最高气温为－9.9～－5.0 ℃,主要分布于自然保护区的南部;平均最高气温为－14.9～－10.0 ℃的区域分布也较广,约占自然保护区总面积的 45.7%,多集中在自然保护区的北部;低于－15.0 ℃的区域主要分布在与新疆维吾尔自治区交界处的西昆仑山和冈底斯山冰川群等附近,约占自然保护区总面积的 1.2%;自然保护区西南部、尼玛县南边等地为高值区,平均最高气温在－4.9～－2.7 ℃,约占自然保护区总面积的 2.9%。

2.2.2.2　时间分布

(1)月变化

如图 2.19 所示,羌塘自然保护区各站月平均最高气温的变化为单峰型,峰值出现在 7 月,为 14.4～22.0 ℃,其中狮泉河最高,安多最低;最低值均出现在 1 月,为－5.5～－2.0 ℃,以申扎最高,安多最低。

(2)季变化

在季尺度上(表 2.12),羌塘自然保护区各站平均最高气温以夏季最高(13.9～20.4 ℃),其次是秋季(5.8～9.7 ℃),冬季最低(－4.0～－0.9 ℃)。各站四季平均最高气温的最低值

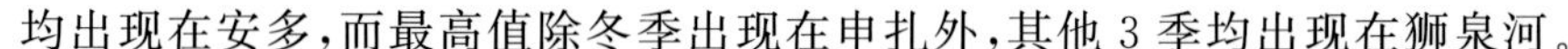

均出现在安多，而最高值除冬季出现在申扎外，其他 3 季均出现在狮泉河。

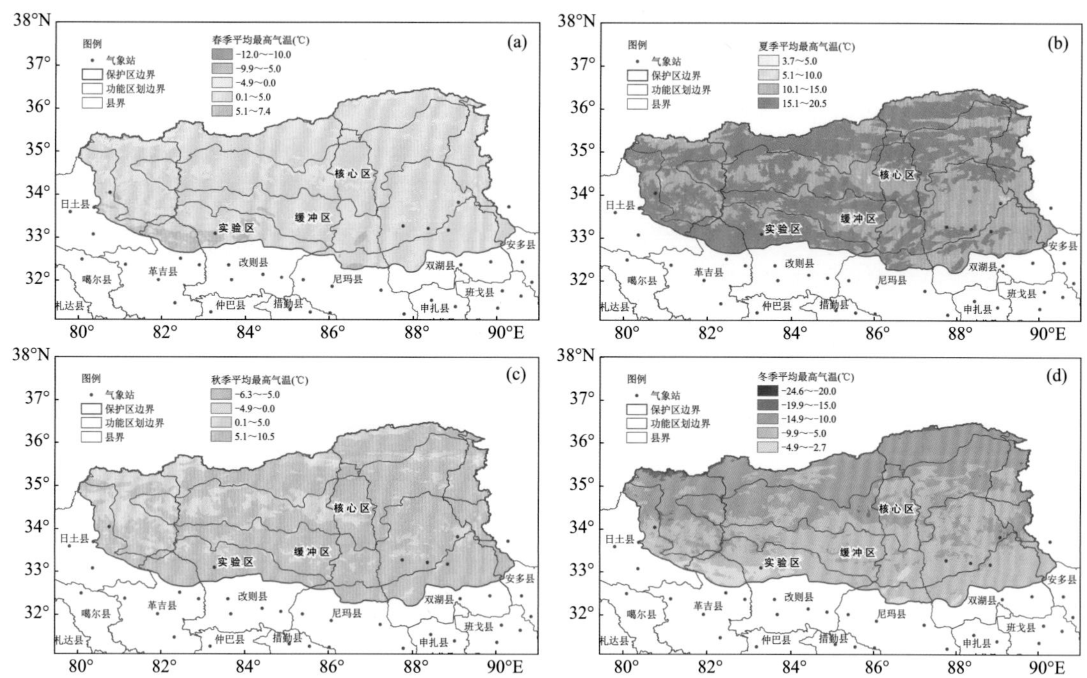

图 2.18　羌塘自然保护区四季平均最高气温的空间分布

（a. 春季，b. 夏季，c. 秋季，d. 冬季）

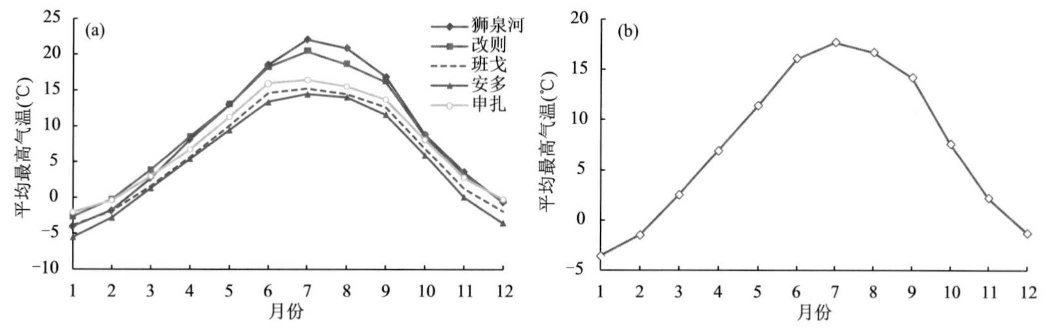

图 2.19　羌塘自然保护区平均最高气温的月变化

（a. 各站，b. 自然保护区）

表 2.12　羌塘自然保护区各站季平均最高气温(℃)

站点(区域)	春季	夏季	秋季	冬季
狮泉河	8.0	20.4	9.7	−2.0
改　则	8.4	19.1	9.4	−1.2
班　戈	5.8	14.7	6.9	−2.6
安　多	5.4	13.9	5.8	−4.0
申　扎	7.0	15.9	8.2	−0.9
自然保护区	6.9	16.8	8.0	−2.1

2.2.3 平均最低气温

2.2.3.1 空间分布

根据表 2.10 中的气候学方程,绘制了羌塘自然保护区年平均最低气温的空间分布(图 2.20),从图中可看出,各地年平均最低气温为－24.2～－5.9 ℃,其中,年平均最低气温在－14.9～－10.0 ℃的区域广泛分布于自然保护区,约占自然保护区总面积的 78.1%;平均最低气温为－9.9～－5.9 ℃的区域约占自然保护区总面积的 19.6%,主要分布在自然保护区的南部;平均最低气温低于－15.0 ℃的区域多分布在西昆仑山冰川、冈底斯山冰川、雄色岗日冰川和普若岗日冰川等附近,约占自然保护区总面积的 2.3%。

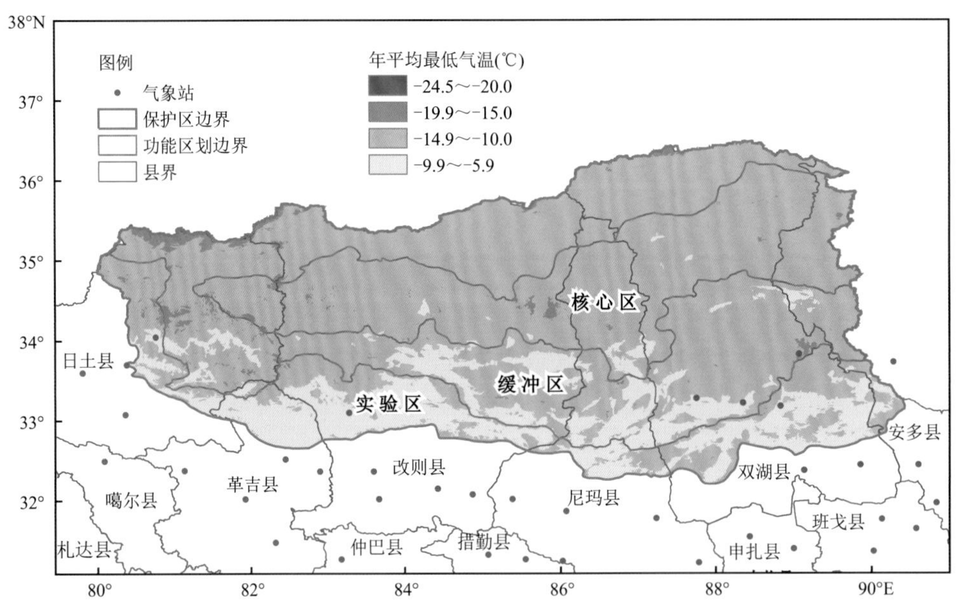

图 2.20 羌塘自然保护区年平均最低气温的空间分布

从图 2.21a 中可看出,自然保护区各地春季平均最低气温为－26.1～－6.1 ℃。其中,平均最低气温为－14.9～－10.0 ℃的区域分布最广,约占自然保护区总面积的 84.8%;平均最低气温为－9.9～－6.1 ℃的区域约占自然保护区总面积的 9.6%,多集中在自然保护区的南部;平均最低气温低于－15.0 ℃的区域主要分布在西昆仑冰川、冈底斯山冰川、雄色岗日冰川和普若岗日冰川等地,这些地方约占自然保护区总面积的 5.6%。

根据图 2.21b 显示,自然保护区各地夏季平均最低气温为－8.7～6.9 ℃。其中,自然保护区 90.1%的区域平均最低气温为 0.1～5.0 ℃;平均最低气温高于 5.0 ℃的区域约占自然保护区总面积的 3.1%,主要位于自然保护区的西南部;平均最低气温低于 0.0 ℃的区域主要分布在西昆仑冰川、冈底斯山冰川、雄色岗日冰川和普若岗日冰川等地,这些地方约占自然保护区总面积的 6.8%。

如图 2.21c 所示,各地秋季平均最低气温在－22.3～－4.7 ℃。其中,自然保护区 61.2%的区域平均最低气温为－9.9～－5.0 ℃;平均最低气温为－14.9～－10.0 ℃的区域约占自然保护区总面积的 38.1%,主要位于自然保护区的北部;平均最低气温低于－15.0 ℃的区域

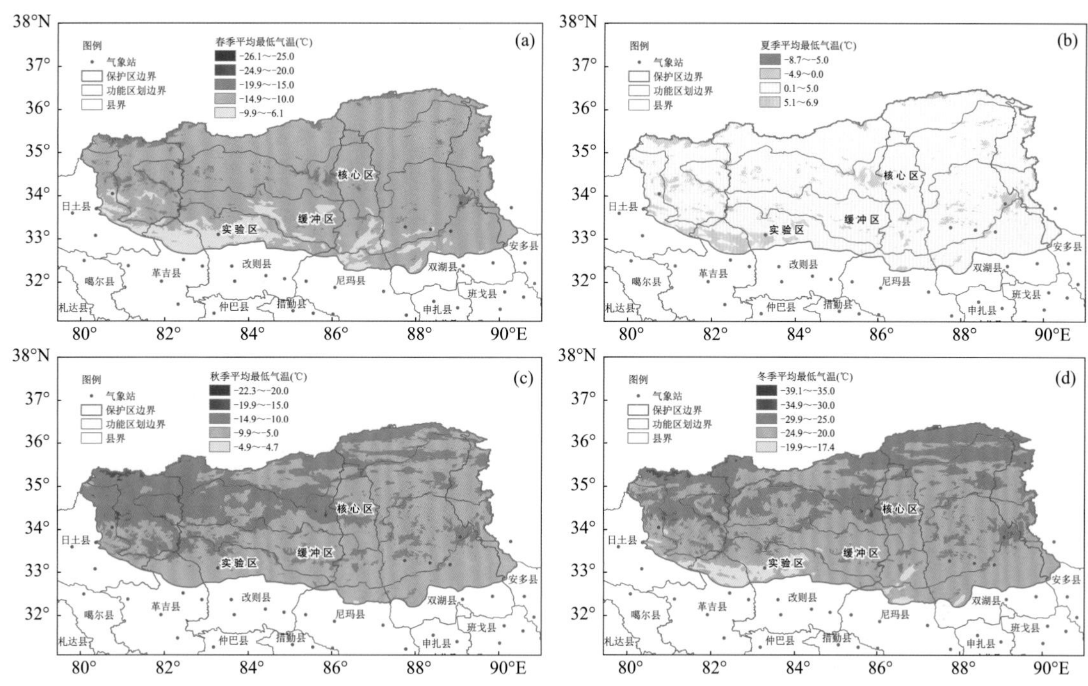

图 2.21　羌塘自然保护区四季平均最低气温的空间分布
(a. 春季，b. 夏季，c. 秋季，d. 冬季)

主要分布在西昆仑冰川，约占自然保护区总面积的 0.7%。

由图 2.21d 可知，在冬季，各地平均最低气温为－39.1～－17.4 ℃。其中，自然保护区 62.0%的区域平均最低气温在－24.9～－20.0 ℃；平均最低气温为－29.9～－25.0 ℃的区域约占自然保护区总面积的 33.5%，多集中在自然保护区的北部；平均最低气温低于－30.0 ℃的区域主要分布在西昆仑冰川附近，只占自然保护区总面积的 0.8%；平均最低气温高于－20.0 ℃的区域主要分布于自然保护区的西南部，约占自然保护区总面积的 2.9%。

2.2.3.2　时间分布

(1)月变化

羌塘自然保护区各站月平均最低气温的变化为单峰型(图 2.22)，1 月最低，为－20.8～－16.3 ℃，以安多最低，班戈和申扎最高；峰值均出现在 7 月，在 3.8～8.5 ℃，以狮泉河最高，安多最低。

(2)季变化

就四季而言(表 2.13)，羌塘自然保护区各站平均最低气温以夏季最高，为 2.9～6.9 ℃；其次是秋季，为－6.8～－4.5 ℃；冬季最低，为－19.5～－15.0 ℃。各站四季平均最低气温的最低值均出现在安多，而最高值季节间有所差异，春季和冬季都出现在班戈，夏季发生在狮泉河，秋季却在申扎。

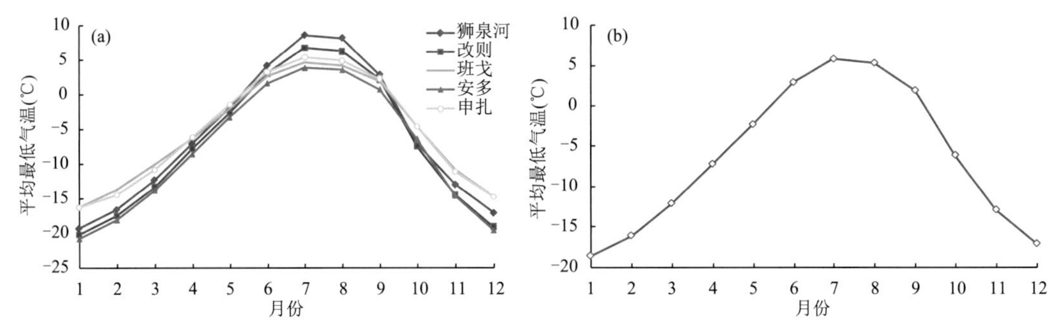

图 2.22 羌塘自然保护区平均最低气温的月变化
（a. 各站，b. 自然保护区）

表 2.13 羌塘自然保护区各站季平均最低气温(℃)

站点(区域)	春季	夏季	秋季	冬季
狮泉河	−7.1	6.9	−5.7	−17.7
改 则	−8.0	5.3	−6.7	−19.0
班 戈	−6.1	3.8	−4.6	−15.0
安 多	−8.6	2.9	−6.8	−19.5
申 扎	−6.2	4.4	−4.5	−15.2
自然保护区	−7.2	4.7	−5.7	−17.3

2.2.4 极端最高气温与极端最低气温

极端气温是指历年中给定时段(如某日、月、年)内所出现的气温极端值。可分为极端最高气温和极端最低气温。

2.2.4.1 极端最高气温

羌塘自然保护区各地年极端最高气温为 23.2～32.1 ℃(表 2.14)，以狮泉河最高，出现在 2010 年 7 月 25 日；班戈最低，出现在 1998 年 6 月 20 日。极端最高气温出现在 6 月或 7 月，西部出现在 7 月，东部出现在 6 月。从年极端最高气温发生的年份来看，西部发生在 21 世纪初 10 年，东部发生在 20 世纪 90 年代中后期。

表 2.14 羌塘自然保护区各站月极端最高气温(℃)及年极值出现日期(年/月/日)

站名	1月	2月	3月	4月	5月	6月	7月	8月	9月	10月	11月	12月	年
狮泉河	7.3	9.5	13.4	16.2	20.4	27.6	32.1	26.4	24.8	19.7	12.5	10.2	32.1 2010/7/25
改 则	10.1	10.5	18.6	16.7	24.3	26.8	27.6	25.0	22.6	18.4	12.9	9.2	27.6 2002/7/11
班 戈	9.4	9.5	14.0	14.2	19.7	23.2	22.5	20.6	19.1	17.0	11.6	10.8	23.2 1998/6/20
安 多	7.3	8.0	13.5	14.1	19.5	23.5	22.3	20.2	18.4	16.2	9.8	9.6	23.5 1995/6/9
申 扎	12.5	10.8	15.4	15.5	20.7	25.1	24.2	21.1	19.6	17.9	12.4	11.5	25.1 1998/6/20

2.2.4.2　极端最低气温

羌塘自然保护区各地年极端最低气温为－44.6～－31.1 ℃(表 2.15)，出现在 1 月或 2 月。其中，西部出现在 2 月，东部出现在 1 月。改则站 1987 年 2 月 25 日出现了－44.6 ℃的低温，为羌塘自然保护区有气象观测记录以来的最低值。根据年极端最低气温出现的年份分析，东部出现在 20 世纪 60 年代，西部的狮泉河发生在 21 世纪 10 年代，而改则出现在 20 世纪 80 年代后期。

表 2.15　羌塘自然保护区各站月极端最低气温(℃)及年极低值出现日期(年/月/日)

站名	1月	2月	3月	4月	5月	6月	7月	8月	9月	10月	11月	12月	年
狮泉河	－36.6	－36.7	－26.7	－17.9	－12.3	－8.0	－1.8	－1.3	－10.9	－18.5	－34.6	－34.5	－36.7 2013/2/9
改　则	－44.0	－42.4	－32.1	－22.9	－15.7	－9.2	－3.3	－3.7	－11.9	－23.5	－34.9	－44.6	－44.6 1987/2/25
班　戈	－42.9	－37.6	－30.5	－19.6	－15.2	－7.7	－6.6	－4.6	－9.2	－21.7	－39.4	－42.7	－42.9 1961/1/3
安　多	－36.7	－34.1	－25.5	－20.8	－14.2	－8.5	－4.5	－4.7	－12.0	－21.3	－35.1	－35.7	－36.7 1968/1/17
申　扎	－31.1	－27.3	－23.0	－18.8	－11.7	－5.0	－2.2	－2.7	－7.0	－16.9	－23.5	－29.6	－31.1 1966/1/7

2.2.5　气温日较差与年较差

高原气候的一个显著特点是气温的年较差大，日较差小，日较差全年都比同纬度东部平原地区大得多(高由禧 等，1984；杜军 等，2007b)，而在西藏东南部的察隅、波密、林芝等地以及喜马拉雅山南坡，气温的日较差比较小，具有明显的海洋性气候特点(宋善允 等，2013)。

2.2.5.1　气温日较差

(1)空间分布

基于自然保护区周边 41 个无人自动气象站和西藏 38 个气象站 2020 年的气温资料，采用 ArcGIS 中反距离权重插值法，绘制了羌塘自然保护区年、季平均气温日较差的空间分布(图 2.23)。如图 2.23a 所示，年平均气温日较差为 11.9～18.6 ℃，总体上呈经向型分布。其中，改则县东部为高值区，气温日较差大于 16.0 ℃；双湖县、安多县为低值区，气温日较差小于 14.0 ℃；其他地区为 14.1～16.0 ℃。

在季尺度上，春季各地平均气温日较差为 12.5～17.6 ℃，最大值为改则县先遣站(图 2.23b)。其中，自然保护区大部地区气温日较差在 14.1～16.0 ℃；双湖县和安多县的大部地区，气温日较差小于 14.0 ℃。由图 2.23c 可知，夏季平均气温日较差为 10.7～15.7 ℃，呈自东向西递增的分布特征。其中，双湖县东部、安多县气温日较差小于 12.0 ℃；改则县大部地区和日土县，气温日较差大于 14.0 ℃。秋季平均气温日较差为 12.3～21.2 ℃(图 2.23d)，最大值出现在改则县先遣站、最小值在普若岗日站。其中，改则、日土、革吉县气温日较差在 16.0 ℃以上；尼玛县大部地区、双湖县和安多县，气温日较差小于 16.0 ℃。从图 2.23e 可看出，冬季平均气温日较差为12.2～20.1 ℃，最大值仍为改则县先遣站。其中，改则县、革吉县和日土县东部的气温日较差大于16.0 ℃；双湖县城和普若岗日站气温日较差小于14.0 ℃；其他各地为14.1～16.0 ℃。

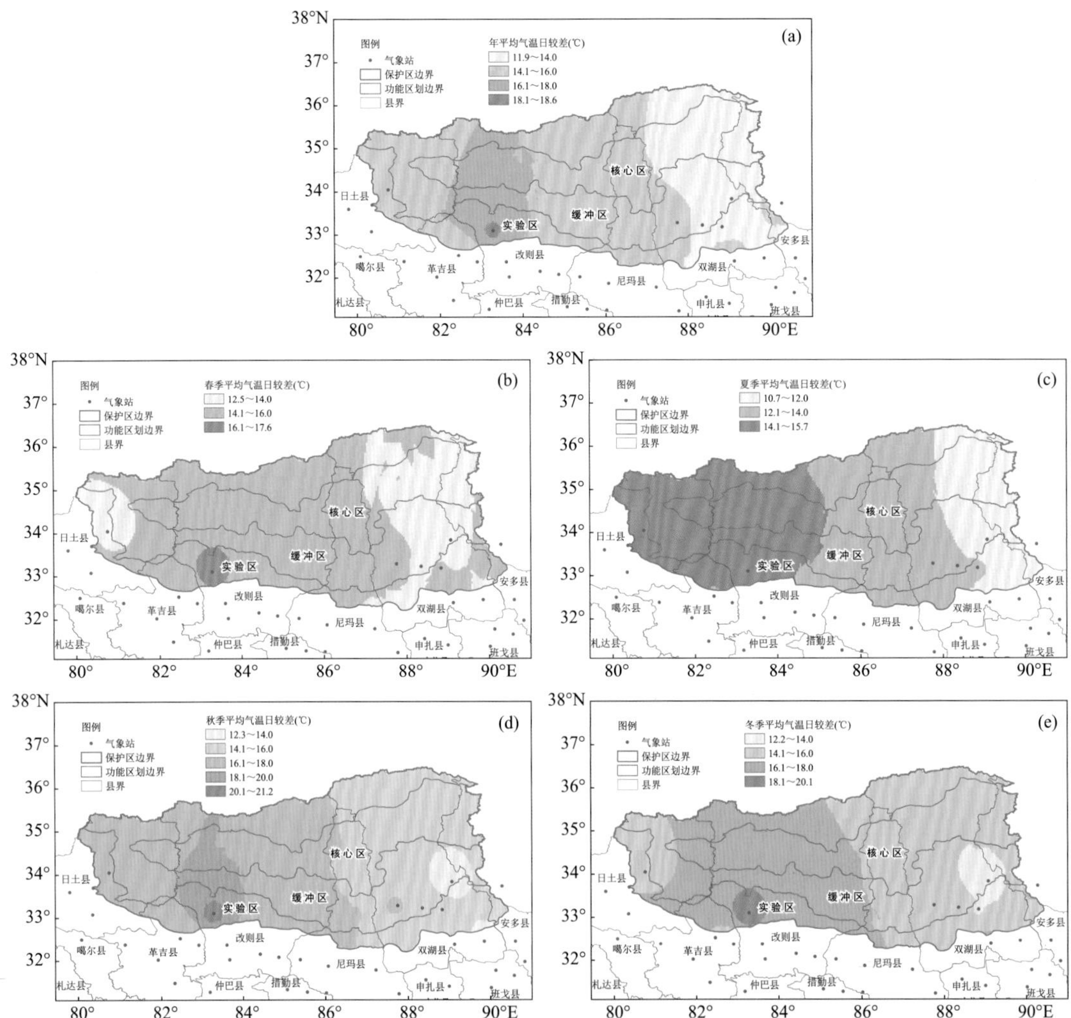

图2.23 羌塘自然保护区年、季平均气温日较差的空间分布
(a. 年，b. 春季，c. 夏季，d. 秋季，e. 冬季)

(2)时间分布

羌塘自然保护区各站气温日较差的月变化呈"V"形(图2.24)，谷值出现在8月，为10.3～12.7 ℃，以班戈最小，狮泉河最大；最大值出现在12月，为12.9～18.7 ℃，以改则最大，班戈最小。

在季尺度上，各站气温日较差的最大值均出现在冬季，为12.4～17.8 ℃；其次是春季，为11.9～16.4 ℃；夏季最小，为10.9～13.8 ℃。各季平均气温日较差的最大值均出现在改则，而最小值也都出现在班戈。

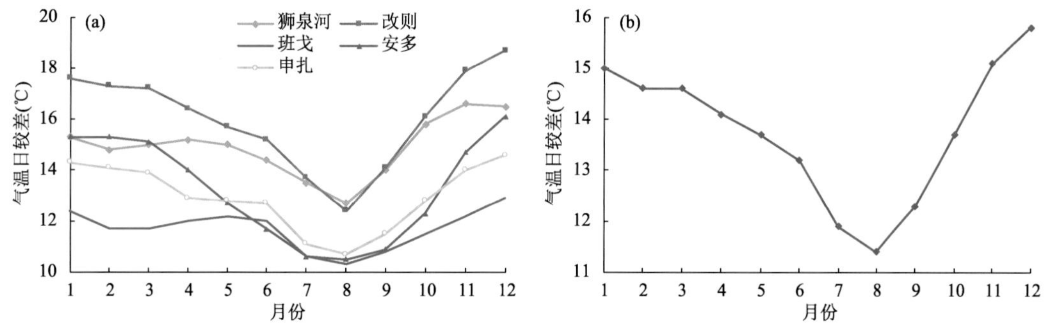

图 2.24　羌塘自然保护区平均气温日较差的月变化
（a. 各站，b. 自然保护区）

2.2.5.2　气温年较差

本研究利用自然保护区周边 41 个无人自动气象站和西藏 38 个气象站 2020 年的月平均气温，采用 ArcGIS 中反距离权重插值法，绘制了羌塘自然保护区各地气温年较差的空间分布（图 2.25）。从图中可知，各地气温年较差为 23.7～29.4 ℃，呈自东向西逐渐增大的分布特征。其中，自然保护区那曲市 3 县气温年较差小于 26.0 ℃，双湖站最小，为 23.7 ℃；阿里地区 3 县气温年较差大于 26.0 ℃，尤其是日土县西部超过 28.0 ℃。

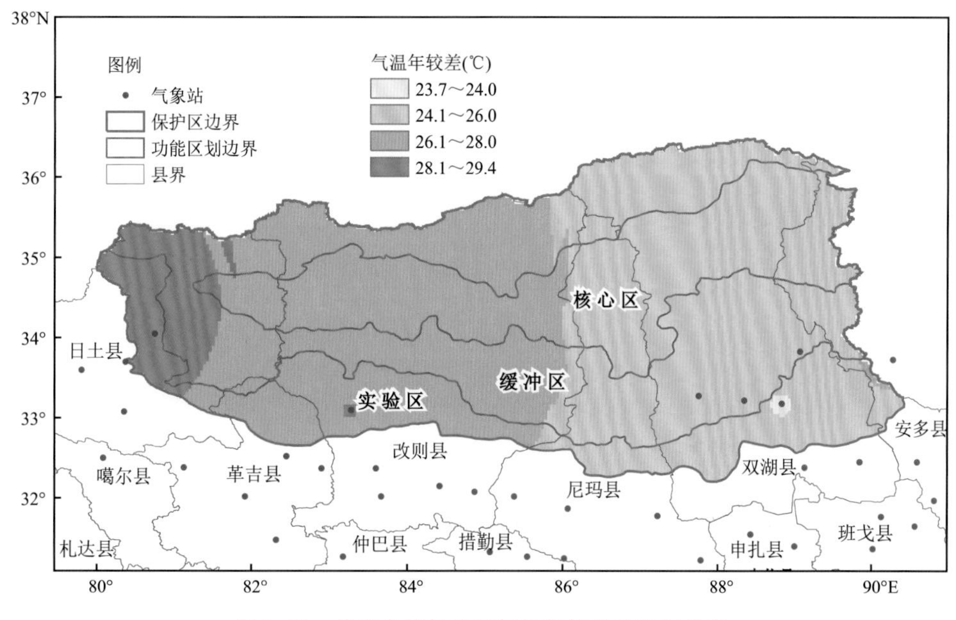

图 2.25　羌塘自然保护区气温年较差的空间分布

2.2.6　界限温度与积温

积温是某一时期内大于或小于某一界限温度的日平均温度的总和，单位为度・日（℃・d），是表示某地或某时段温度特点的常用指标之一。低于 0 ℃的积温为负积温，某地或某时期内正、负积温的多少可表示其冷暖程度。积温能表示温度的累积效应，在农业生产中有重要意义，生物所需积温值可用来作为确定生长期的温度指标(程德瑜，1994)。

0 ℃、5 ℃、10 ℃等界限温度可用来鉴定该地区不同类型作物可能生长期到来与结束的迟早、可能生长期的长短，可供利用的总热量以及春、秋季升温、降温速度等(杜军 等，2005)。表2.16给出了羌塘自然保护区各站界限温度出现的初日、终日、持续日数及积温。

表 2.16 羌塘自然保护区各站界限温度出现的初日、终日、持续日数及积温

站点(区域)	≥0 ℃				≥5 ℃				≥10 ℃			
	初日(月-日)	终日(月-日)	持续日数(d)	积温(℃·d)	初日(月-日)	终日(月-日)	持续日数(d)	积温(℃·d)	初日(月-日)	终日(月-日)	持续日数(d)	积温(℃·d)
狮泉河	04-15	10-18	185.4	1 815.3	05-19	10-03	137.5	1 649.3	06-15	09-15	92.7	1 294.1
改　则	04-16	10-16	182.4	1 612.8	05-26	09-28	126.8	1 403.8	06-24	08-27	65.0	840.9
班　戈	05-22	09-25	126.4	1 175.2	06-02	09-17	107.8	945.5	07-09	07-20	11.6	128.9
安　多	04-27	10-16	172.1	1 244.3	06-09	09-08	91.7	735.4	07-15	07-22	6.6	71.5
申　扎	04-25	10-18	176.2	1 313.6	05-29	09-28	122.7	1 124.6	07-06	07-27	21.9	246.1
自然保护区	04-27	10-13	168.5	1 432.3	05-30	09-23	117.3	1 171.7	07-02	08-11	39.6	516.3

2.2.6.1 ≥0 ℃初日、终日、间隔日数和积温

(1)≥0 ℃初日

气温稳定通过0 ℃以后，土壤化冻，牧草萌动。羌塘自然保护区≥0 ℃初日为4月15日—5月22日，总体上呈自西向东推迟的分布(表2.16)，其中狮泉河最早，班戈最迟，两者相差37 d。

(2)≥0 ℃终日

≥0 ℃终日与土壤开始冻结，牧草休眠的时间相当。其分布总趋势与初日相反，由西向东逐渐提前(表2.16)。班戈最早结束，出现在9月下旬，狮泉河结束得最迟，为10月中旬，两站相差23 d。

(3)≥0 ℃间隔日数

≥0 ℃的持续日数在羌塘高原可表示为牧草生长天数。从表2.16中可知，自然保护区各站在126.4～185.4 d，以狮泉河最多，班戈最少。

(4)≥0 ℃积温

≥0 ℃的积温用来反映一个地区牧事季节内的热量资源。羌塘自然保护区≥0 ℃积温为1 244.3～1 815.3℃·d，呈自西向东递减分布(表2.16)。其中，东部地区不足1 500 ℃·d；狮泉河最高，为1 815.3 ℃·d，历史上最高可达2 158.8 ℃·d，出现在2013年，较常年偏高343.5 ℃·d。

2.2.6.2 ≥5 ℃初日、终日、间隔日数和积温

(1)≥5 ℃初日

≥5 ℃初日总的分布呈自西向东推迟(表2.16)。东部地区≥5 ℃初日出现在5月下旬至6月上旬，西部地区偏早，出现在5月中下旬。其中，安多开始的最迟，为6月9日；狮泉河开始的最早，为5月19日；两者相差21 d。

(2)≥5 ℃终日

如表 2.16 所示，≥5 ℃终日安多最早，为 9 月上旬；申扎、改则在 9 月下旬，狮泉河 10 月上旬才结束，最早与最迟相差 25 d。

(3)≥5 ℃间隔日数

从表 2.16 可知，自然保护区东部地区≥5 ℃的持续日数不到 125 d，其中安多低于 100 d，为 97.1 d；西部地区≥5 ℃的持续日数大于 125 d，以狮泉河最多，为 137.5 d。

(4)≥5 ℃积温

羌塘自然保护区≥5 ℃积温为 735.4～1 649.3 ℃·d，呈自西向东递减分布特征(表 2.16)。其中，安多和班戈积温较小，不足 1 000 ℃·d；申扎为 1 124.6 ℃·d；西部的狮泉河最大，为 1 649.3 ℃·d，历史上最大可达 2 010.6 ℃·d，出现在 2016 年，较常年偏高 361.3 ℃·d。

2.2.6.3　≥10 ℃初日、终日、间隔日数和积温

(1)≥10 ℃初日

羌塘自然保护区各站≥10 ℃初日在 6 月 15 日至 7 月 15 日，也呈自西向东推迟的分布特征(表 2.16)。与≥0 ℃初日相比，各站偏晚 48～79 d。

(2)≥10 ℃终日

由表 2.16 看出，≥10 ℃终日班戈出现最早，为 7 月 20 日；改则为 8 月下旬，狮泉河出现最晚，为 9 月 15 日；最晚与最早相差 57 d。与≥0 ℃终日相比，各站早 33～86 d。

(3)≥10 ℃间隔日数

分析表 2.16 可知，羌塘自然保护区的东部≥10 ℃的持续日数少于 30 d，其中安多更少，仅 6.6 d；西部地区在 65.0～92.7d，以狮泉河最多。

(4)≥10 ℃积温

羌塘自然保护区≥10 ℃积温为 71.5～1 294.1 ℃·d，呈西高东低分布特征(表 2.16)。其中，东部地区≥10 ℃积温很小，不足 250 ℃·d；西部地区≥10 ℃积温大于 840.0 ℃·d，以狮泉河最高，历史上最高可达 1 564.2 ℃·d，出现在 2020 年，较常年偏高 270.1 ℃·d。

2.3　降水

2.3.1　降水量

2.3.1.1　空间分布

羌塘自然保护区各站年降水量在 70.6～464.1 mm，呈自西向东递增分布(表 2.17)。其中，西部小于 200 mm，东部在 340 mm 以上；以狮泉河最少，安多最多。四季降水量的分布与年分布一致，东多西少。春季降水量为 5.3～50.3 mm，其中西部的狮泉河最少，不足 10.0 mm。夏季降水量为 54.0～316.2 mm，以狮泉河最少，安多最多。秋季降水量在 7.5～90.5 mm，其中东部大于 50.0 mm。冬季降水量为 1.6～7.2 mm，高值区仍位于安多，而最低值出现在改则站。

表 2.17　羌塘自然保护区各站年降水量、季降水量及季占年降水量的百分比

站点（区域）	春季		夏季		秋季		冬季		年
	降水量（mm）	Pav(%)	降水量（mm）	Pav(%)	降水量（mm）	Pav(%)	降水量（mm）	Pav(%)	降水量（mm）
狮泉河	5.3	7.5	54.0	76.5	7.5	10.6	3.7	5.2	70.6
改　则	11.7	5.9	158.6	80.2	25.8	13.1	1.6	0.8	197.7
班　戈	35.5	10.2	235.9	68.0	68.5	19.8	6.8	2.0	346.8
安　多	50.3	10.8	316.2	68.1	90.5	19.5	7.2	1.6	464.1
申　扎	29.7	8.6	253.5	73.6	57.4	16.7	3.7	1.1	344.3
自然保护区	26.5	9.3	203.6	71.5	49.9	17.5	4.6	1.6	284.6

注：Pav 表示季占年降水量的百分比。

本研究利用自然保护区周边 41 个无人自动气象站（冬季无降水观测）和西藏 38 个气象站 2020 年 5—9 月降水量资料，建立了汛期（5—9 月）降水量与纬度、经度和海拔高度的气候学方程：

$$R_{5-9}=-2436.6282+30.0554\lambda+2.1035\varphi-0.00342h \qquad (2.2)$$

式中，R_{5-9} 为汛期降水量（mm），λ 为经度（°），φ 为纬度（°），h 为海拔高度（m），复相关系数为 0.788（$P<0.001$）。

根据汛期降水量气候学方程，绘制了自然保护区汛期降水量的空间分布（图 2.26）。从图中可知，各地汛期降水量为 22.8～333.5 mm，呈明显的经向型分布，自东向西递减。其中，尼玛县、双湖县和安多县在 200.0 mm 以上，日土县小于 100.0 mm，甚至不足 50.0 mm。

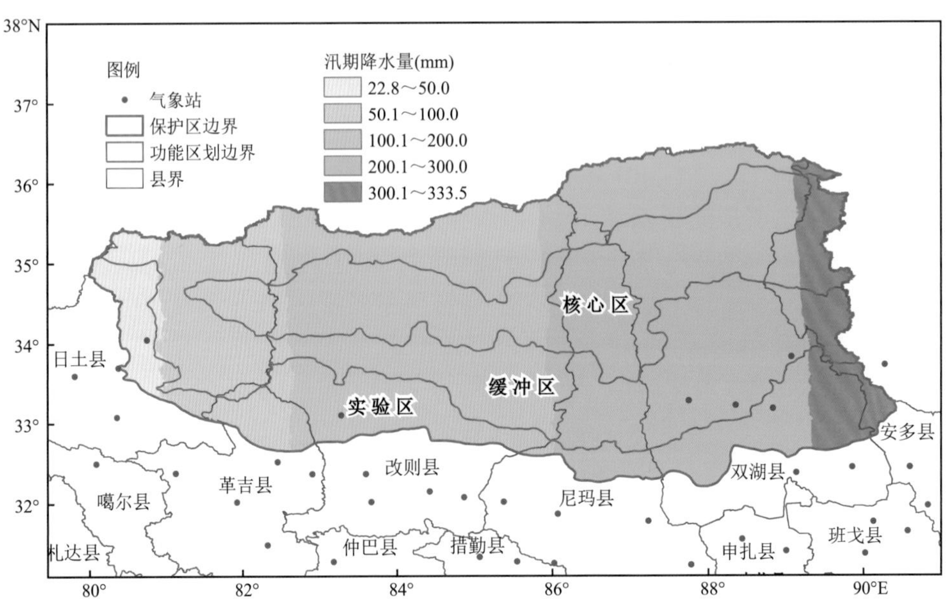

图 2.26　自然保护区汛期降水量的空间分布

2.3.1.2　时间分布

(1)日变化

降水的日变化也十分明显，主要表现为白天晴朗、降水多发生在夜间，因此昼晴夜雨也是羌塘自然保护区降水的一大特征。各站年夜雨量为 44.1～241.0 mm，占年降水量的百分率(简称夜雨率)在 48.7%～63.7%(表 2.18)，其中西部高，大于 60%，以改则最高，达 63.7%；东部低，班戈夜雨率不到 50%，为少夜雨区。

表 2.18　羌塘自然保护区各站年、季夜雨量和夜雨率

站点(区域)	春季		夏季		秋季		冬季		年	
	夜雨量(mm)	夜雨率(%)	夜雨量(mm)	夜雨率(%)	夜雨量(mm)	夜雨率(%)	夜雨量(mm)	夜雨率(%)	夜雨量(mm)	夜雨率(%)
狮泉河	3.0	56.6	35.2	65.2	7.3	97.3	2.2	59.5	44.1	62.5
改　则	6.8	58.1	102.9	64.9	22.3	86.4	0.9	56.3	126.0	63.7
班　戈	19.7	55.5	112.4	47.6	55.8	81.5	3.9	57.4	168.9	48.7
安　多	25.0	49.7	170.9	54.0	68.2	75.4	4.2	58.3	241.0	51.9
申　扎	17.4	58.6	156.1	61.6	53.6	93.4	2.0	54.1	210.2	61.1
自然保护区	14.4	54.3	115.5	56.7	41.4	83.0	2.6	56.5	173.9	61.1

此外，利用 2011—2020 年自然保护区 5 个站汛期(5—9 月)逐时降水量资料，分析了汛期降水量的日变化，结果显示，各站小时降水量的最大值出现时间差异较为明显(图 2.27a)，狮泉河、改则出现在 05 时，申扎出现在 02 时，班戈和安多分别出现在 17 时和 20 时；最小值除狮泉河出现在 15—16 时外，其他各站均出现在 12 时。就自然保护区平均而言，降水量的日变化呈“V”形(图 2.27b)，最大值出现 05 时，最小值在 12 时；20—06 时降水量偏大，07 时之后降水量明显减弱，至 12 时降至最小，随后开始快速增大，总体上白天小时降水量明显要小于夜间。

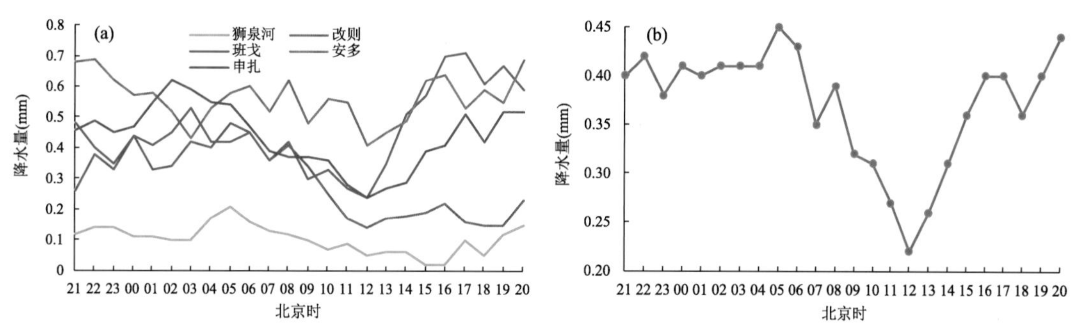

图 2.27　自然保护区汛期(5—9 月)降水量的日变化
(a. 各站，b. 自然保护区)

(2)月变化

如图 2.28a 所示，羌塘自然保护区各站降水量的月变化呈单峰型，峰值出现在 7 月(或 8 月)，其中班戈、安多出现在 7 月，其他 3 站出现在 8 月。谷值一般出现在 11 月(或 12 月)，只

有狮泉河站出现 11 月，其他各站均在 12 月。就自然保护区平均而言(图 2.28b)，1—4 月降水稀少，总量为 11.4 mm，仅占年降水量的 4.3%；进入 5 月后降水快速增多，7—8 月降水达到最高，在 78.0 mm 左右，之后降水急剧减少，11—12 月降至 2.0 mm 以下。降水量高度集中在 5—9 月，占年降水量的 92.4%。

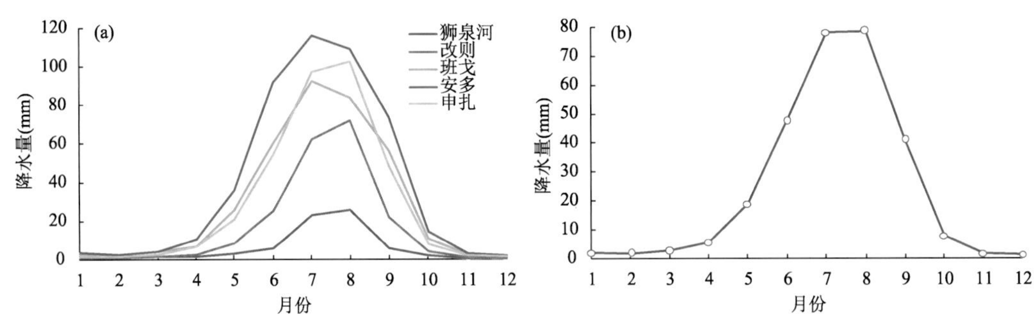

图 2.28　羌塘自然保护区降水量的月变化
(a. 各站，b. 自然保护区)

(3)季变化

降水量的季节变化明显，各站夏季降水量最多，其次是秋季，冬季最少(表 2.18)。夜雨率也有明显的季节变化，各站秋季夜雨率都最高，而夜雨率最低的季节出现分异，其中，狮泉河、安多在春季，班戈在夏季，而改则和申扎却在冬季。就自然保护区平均而言，季夜雨率的高低排序为：秋季＞夏季＞冬季＞春季。

2.3.2　降水日数和降水强度

2.3.2.1　降水日数

(1)空间分布

气象上将日降水量≥0.1 mm 称为有降水日。从表 2.19 羌塘自然保护区各站不同等级降水量的年降水日数分析来看，降水量≥0.1 mm 的年降水日数为 31.3～121.5 d，分布规律与降水量基本一致，其中安多最多，历史上最多可达 170 d(1997 年)，最少也有 70 d(2015 年)。降水量≥1.0 mm 的年降水日数为 15.7～79.9 d，≥5.0 mm 的年降水日数为 4.2～32.6 d，≥10.0 mm 的年降水日数为 1.2～11.9 d，≥25.0 mm 的年降水日数为 0.1～0.7 d，以上不同等级降水量的降水日数均以狮泉河最少、安多最多。降水量≥50.0 mm 的年降水日数，历史上仅安多有 1 d(2019 年 9 月 4 日出现了 54.2 mm 的暴雨)，其他各站从未出现过。

按照气象标准，统计了各站小雨(0.1～9.9 mm)、中雨(10.0～24.9 mm)、大雨(25.0～49.9 mm)不同等级降水日数，结果显示：各站均以小雨日数为主，占总降水日数的 90.2%～93.1%，其中班戈最为明显；中雨日数在 1.1～11.2 d(安多最多、狮泉河最少)，占总降水日数的 3.5%～9.2%；各站大雨日数显著偏少，仅为 0.1～0.7 d，只占总降水日数的 0.3%～0.6%。

各站春、夏、秋 3 季降水日数与年值的分布特征基本一致(表 2.20)，最大值在安多，最小值在狮泉河；而冬季降水日数的最大值在班戈，最小值在改则。降水量≥0.1 mm 的汛期降水日数为 23.6～91.3 d，占年值的 74.3%～84.8%，其分布与年降水日数一致。

表 2.19　羌塘自然保护区各站不同等级降水量的年降水日数(d)

不同等级降水量	狮泉河	改则	班戈	安多	申扎	自然保护区
≥0.1 mm	31.3	55.3	117.6	121.5	99.1	85.0
≥1.0 mm	15.7	34.3	66.3	79.9	59.3	51.1
≥5.0 mm	4.2	13.7	23.4	32.6	22.7	19.3
≥10.0 mm	1.2	4.7	8.1	11.9	9.5	7.0
≥25.0 mm	0.1	0.3	0.3	0.7	0.5	0.4
≥50.0 mm	0.0	0.0	0.0	0.1	0.0	0.0

表 2.20　羌塘自然保护区各站四季、汛期≥0.1 mm 降水日数及季占年降水日数的百分比

站点(区域)	春季		夏季		秋季		冬季		汛期	
	P_d(d)	Pav(%)	P_d(d)	Pav(%)	P_d(d)	Pav(%)	P_d(d)	Pav(%)	P_d(d)	Pav(%)
狮泉河	4.3	13.7	18.4	58.8	4.2	13.4	4.4	14.1	23.6	75.4
改　则	7.4	13.4	36.3	65.6	8.8	15.9	2.8	5.1	46.9	84.8
班　戈	23.7	20.2	58.5	49.7	25.2	21.4	10.2	8.7	87.4	74.3
安　多	24.2	19.9	60.4	49.7	27.9	23.0	9.0	7.4	91.3	75.1
申　扎	16.9	17.1	56.7	57.2	20.0	20.2	5.5	5.5	80.7	81.4
自然保护区	15.3	18.0	46.1	54.2	17.2	20.2	6.4	7.5	66.0	77.6

注:P_d 表示≥0.1 mm 降水日数,Pav 表示季占年降水日数的百分比。

(2)时间分布

羌塘自然保护区各站月≥0.1 mm 降水日数均呈单峰型分布(图 2.29a),最大值出现在 7 月或 8 月,为 8.7～21.3 d,其中班戈、安多出现在 7 月,其他各站出现在 8 月。最少值发生在 11 月或 12 月,为 0.4～1.8 d,其中狮泉河、班戈出现在 11 月,其他 3 个站出现在 12 月。就自然保护区平均而言(图 2.29b),1—7 月降水日数逐渐增多,8 月达到最大,为 17.1 d,随后降水日数快速减少,12 月降至最少,仅有 1.4 d。

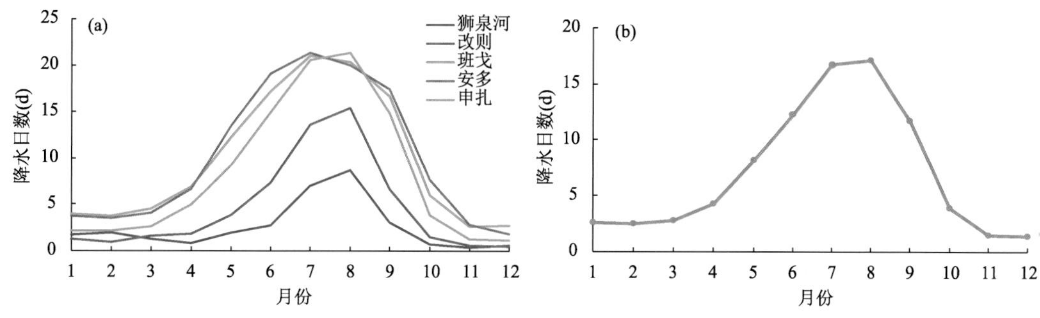

图 2.29　羌塘自然保护区≥0.1mm 降水日数的月变化
(a. 各站,b. 自然保护区)

在季尺度上(表 2.20),各站≥0.1 mm 降水日数最大值出现在夏季,占年降水日数的 49.7%～65.6%。最小值,除狮泉河出现在秋季,仅占年降水日数的 13.4%外,其他各站均出

现在冬季，占年降水日数的5.1%～8.7%。就自然保护区平均而言，最大值出现在夏季，占年降水日数的54.2%；其次是秋季，占年降水日数的20.2%；冬季最小，占年降水日数的7.5%。

2.3.2.2 降水强度

降水强度一般用平均降水强度和最大降水强度（即一日最大降水量）来表示，平均降水强度由下式计算：

平均降水强度＝降水量/≥0.1 mm降水日数

平均降水强度数值大，表示该地只要出现降水，便有比较大的降水；反之，则表示即使出现降水现象，降水量也是不大的。计算得出羌塘自然保护区各站平均降水强度（表2.21），由表可见，各地平均年降水强度为2.26～3.82 mm/d，其中安多最大，改则次之，狮泉河最小；汛期降水强度分布与年降水强度一致。在季尺度上，各地均是夏季降水强度最大，其次是秋季，冬季最小。

1 d最大降水量为34.6～54.2 mm（表2.22），以安多最大，出现在2016年9月4日；狮泉河最小，出现1985年7月26日。大部分站点1 d最大降水量出现21世纪10年代，这也说明近来极端降水愈来愈频繁。

表2.21 羌塘自然保护区各站年、季降水强度(mm/d)

站点（区域）	春季	夏季	秋季	冬季	汛期	年
狮泉河	1.23	2.93	1.79	0.84	2.64	2.26
改　则	1.58	4.37	2.93	0.57	4.02	3.58
班　戈	1.50	4.03	2.72	0.67	3.63	2.95
安　多	2.08	5.24	3.24	0.80	4.66	3.82
申　扎	1.76	4.47	2.87	0.67	3.99	3.47
自然保护区	1.73	4.42	2.90	0.72	3.98	3.35

表2.22 羌塘自然保护区各站1 d最大降水量及出现日期

站点	1 d最大降水量（mm）	出现日期（年-月-日）
狮泉河	34.6	1985-07-26
改　则	48.7	2019-08-25
班　戈	44.9	1988-08-19
安　多	54.2	2016-09-04
申　扎	39.8	2011-08-03

2.3.2.3 最长连续降水时段、日数及降水量

连续降水是指连续每天出现≥0.1 mm的降水现象。羌塘自然保护区各地最长连续降水时段出现在降水最集中的夏季，持续时间为12～27 d，时段总降水量为41.0～137.2 mm（表2.23）。最长连续降水持续时间最短、总降水量最少均出现在狮泉河，而持续时间最长出现在申扎，总降水量最大却出现在安多，达137.2 mm（占年降水量的29.4%）。各站最长连续降水时段，最早开始于6月中旬，最迟结束在9月上旬。

表 2.23 羌塘自然保护区各站最长连续降水起止时间、日数及降水量

站点	起止时间	日数(d)	降水量(mm)
狮泉河	2006 年 8 月 3—14 日	12	41.0
改 则	1985 年 8 月 9—26 日	18	53.7
班 戈	1984 年 7 月 1—24 日	24	92.2
安 多	1982 年 6 月 13 日至 7 月 7 日	25	137.2
申 扎	2008 年 8 月 11 日至 9 月 6 日	27	117.3

2.3.2.4 最大连续降水量和日数

表 2.24 给出了羌塘自然保护区各地最大连续降水量和日数，从表 2.24 可以看出，各站最大连续降水量为 63.1～190.0 mm，持续日数为 8～27 d。其中，最大连续降水量最小、持续日数最少仍出现在狮泉河；最大连续降水量最大出现在安多，高达 190.0 mm(占当年总降水量的 35.8%)，但持续日数最多却出现在申扎，为 27 d。

表 2.24 羌塘自然保护区各站最大连续降水量起止时间和持续日数

站点	起止时间	持续日数(d)	降水量(mm)
狮泉河	1999 年 7 月 28 日至 8 月 4 日	8	63.1
改 则	2017 年 7 月 18—29 日	11	93.4
班 戈	2003 年 6 月 16 日至 7 月 4 日	19	125.1
安 多	2007 年 8 月 9 日至 9 月 2 日	24	190.0
申 扎	2008 年 8 月 11 日至 9 月 6 日	27	117.3

2.3.2.5 最长连续无降水时段和日数

连续无降水是指连续＜0.1 mm 的降水日，故最长连续无降水时段又称最长干旱时段。由表 2.25 分析，羌塘自然保护区最长连续无降水时段出现在 10 月至翌年 5 月的少雨期，最长连续无降水日数在 90 d 以上。其中，最长达 263 d，出现在狮泉河的 2015 年 8 月 22 日至 2016 年 5 月 11 日；其次是改则，为 206 d，发生在 2014 年 10 月 15 日至 2015 年 5 月 9 日；班戈最少，为 95 d。

表 2.25 羌塘自然保护区各站最长连续无降水时段和日数

站点	起止时间	日数(d)
狮泉河	2015 年 8 月 22 日至 2016 年 5 月 11 日	263
改 则	2014 年 10 月 15 日至 2015 年 5 月 9 日	206
班 戈	2005 年 10 月 31 日至 2006 年 2 月 3 日	95
安 多	2009 年 10 月 12 日至 2010 年 1 月 19 日	99
申 扎	1993 年 10 月 3 日至 1994 年 1 月 16 日	105

此外，结果还显示，羌塘自然保护区大部分站点最大连续降水量和最长连续无降水时段均出现在 21 世纪初 20 年。这也说明，近年来羌塘自然保护区极端降水趋于频繁，势必会增大遭受旱涝灾害的风险，因此加强对青藏高原极端降水事件的深入研究很有必要。

2.3.3 降水变率

降水量年际变化大，对农业稳产、高产极为不利。雨量不稳定，不仅影响农作物的生长发育和农事活动，而且对保证农业生产的水利设施、水库的调节作用都会造成一定的困难。因此，评价一个地区降水条件的优劣，除了考察其多年平均状况外，还需分析降水的年际变化。

降水量的年际变化可以用降水量相对变率 R_v（简称降水变率）来表示，其公式为：

$$R_v = \frac{1}{N \cdot \overline{R}} \sum_{i=1}^{N} | R_i - \overline{R} | \cdot 100\% \tag{2.3}$$

式中，R_i 为降水量历年值，$\overline{R}$ 为多年平均降水量，N 为年数。

降水变率表示年际降水变化的大小，从而表明降水量的稳定程度和可利用的价值。降水变率小，表示年际变化小，降水量比较稳定；反之，降水变率大，表示年际变化大，旱涝发生的概率就大，对牧业生产的影响也愈大。

羌塘自然保护区各地年降水变率在 11.6%～42.8%（表 2.26），总的分布特点是降水量愈大的地区，变率愈小；降水量愈小的地区，变率愈大。东部年降水变率较小，为 11.6%～18.0%；干旱的西部年降水变率较大，在 20.0%以上，其中狮泉河最大，达 42.8%。在季尺度上，冬季降水变率最大值在改则、最小值在班戈，其他 3 季降水变率的分布与年降水变率基本一致。

表 2.26 羌塘自然保护区各站年、季降水变率(%)

站点	春季	夏季	秋季	冬季	年
狮泉河	84.9	56.2	87.1	60.0	42.8
改　则	73.0	22.7	57.1	88.8	20.3
班　戈	42.9	22.2	30.1	44.5	18.0
安　多	36.1	16.9	30.1	55.0	11.6
申　扎	53.2	20.3	44.1	63.5	17.3

从时间分布来看，各站月降水变率呈“V”形变化（图 2.30），最大值出现在 11 月或 12 月，为 102.0%～166.7%，其中狮泉河、班戈在 11 月，其他 3 站在 12 月；最小值出现在 7 月或 8 月，在 26.9%～71.4%，除改则在 7 月外，其他 4 站在 8 月。大部分站点冬、春季降水变率大于夏、秋季；最小降水变率各站均出现在夏季，最大降水变率除狮泉河在秋季，其他站点均在冬季。

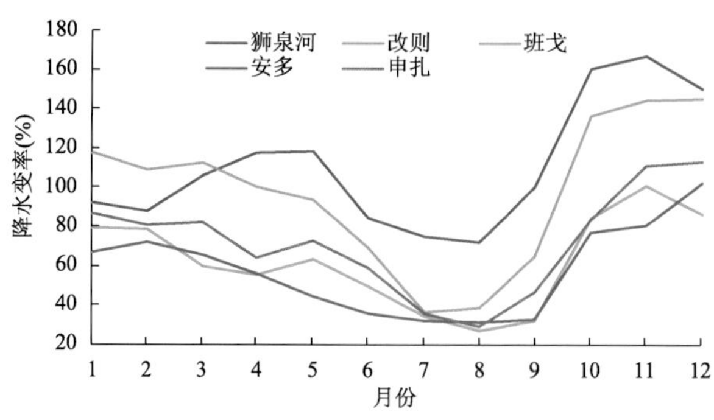

图 2.30 羌塘自然保护区各站降水变率的月变化

2.3.4 降雪和积雪

2.3.4.1 降雪日数

(1)空间分布

羌塘自然保护区各站年降雪日数为 27.7～88.4 d(表 2.27),以狮泉河最少,安多最多,总体上呈自东向西递减的分布规律。夏、秋两季降雪日数与年降雪日数的分布基本一致,以狮泉河最少,安多最多;春季降雪日数为 12.0～35.3 d,仍以狮泉河最少,而最多值出现在班戈;冬季降雪日数为 8.4～16.8 d,最多值仍出现在班戈,但最少值却出现在改则。

表 2.27　羌塘自然保护区各站年降雪日数、季降雪日数及季占年降雪日数的百分比

站点(区域)	年	春季		夏季		秋季		冬季	
	SF_d(d)	SF_d(d)	Pav(%)	SF_d(d)	Pav(%)	SF_d(d)	Pav(%)	SF_d(d)	Pav(%)
狮泉河	27.7	12.0	43.3	2.5	9.0	3.4	12.3	9.8	35.4
改　则	37.0	16.5	44.6	5.2	14.1	6.9	18.6	8.4	22.7
班　戈	82.6	35.3	42.7	10.0	12.1	20.5	24.8	16.8	20.3
安　多	88.4	35.1	39.7	12.8	14.5	24.9	28.2	15.6	17.6
申　扎	58.1	26.9	46.3	7.2	12.4	12.8	22.0	11.2	19.3
自然保护区	58.9	25.2	42.8	7.5	12.7	13.8	23.4	12.4	21.1

注:SF_d 表示降雪日数,Pav 表示季占年降雪日数的百分比。

(2)时间分布

羌塘自然保护区各站月降雪日数呈双峰型变化(图 2.31a),第 1 峰值出现在 5 月,为 4.8～16.2 d;第 2 峰值出现在 9 月或 10 月,除申扎在 9 月外,其他各站均在 10 月;谷值均发生在 7 月或 8 月,为 0.1～1.7 d,其中改则出现在 8 月,其他各站都出现在 7 月。就自然保护区而言,第 1 峰值和第 2 峰值分别出现在 5 月和 10 月,谷值出现在 7 月(图 2.31b)。

在季尺度上(表 2.27),各站春季降雪日数最多,占年降雪日数的 39.7%～46.3%;夏季降雪日数最少,占年降雪日数的 9.0%～14.5%;降雪日数次多值,西部发生在冬季,东部出现秋季。

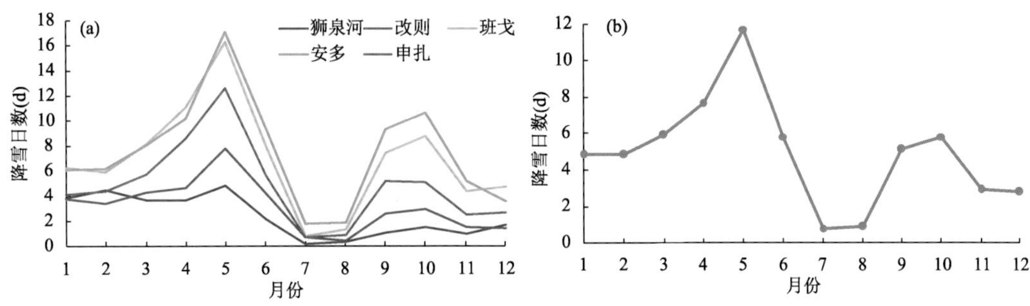

图 2.31　羌塘自然保护区降雪日数的月变化

(a. 各站,b. 自然保护区)

2.3.4.2 积雪日数和最大积雪深度

(1)空间分布

从多年平均积雪要素的空间分布来看(表 2.28),羌塘自然保护区各站年积雪日数为 18.4～67.0 d,总体上呈自西向东递增的分布态势,并随海拔升高而增加;最多年积雪日数可达 178 d,出现在 1997—1998 年的安多站,较平均值多 111 d;最少年发生在狮泉河站,2016 年无积雪日数。就羌塘自然保护区平均而言,年积雪日数为 38.7 d,最多年为 78.6 d,发生在 1997—1998 年,较平均值多 39.9 d;最少为 14.4 d,出现在 2009—2010 年,较平均值少 24.3 d。与青藏高原其他区域积雪日数(汪箫悦 等,2016)相比,自然保护区积雪日数明显少于南部的喜马拉雅山脉和念青唐古拉山地区,以及西部的帕米尔高原和喀喇昆仑山脉地区,也少于祁连山地、东部的唐古拉山和巴颜喀拉山以及西南部的冈底斯山脉地区,但多于藏南山地、柴达木盆地和青海东祁连山地南部。

表 2.28 羌塘自然保护区各站积雪要素多年平均值

站点(区域)	积雪日数(d)					积雪初日	积雪终日	积雪日数	年积雪深度(cm)	
	秋季	冬季	春季	夏季	年	(月-日)	(月-日)	(d)	平均值	最大值
狮泉河	1.2	13.5	4.3	0.2	19.2	11-18	04-22	157.0	3.5	13
改　则	3.4	8.8	5.2	1.0	18.4	10-27	05-26	213.0	5.2	24
班　戈	12.7	24.3	19.8	2.5	59.3	09-23	06-20	270.6	7.9	15
安　多	17.6	26.0	19.9	3.5	67.0	09-17	06-25	281.3	7.5	20
申　扎	7.5	9.9	11.0	1.4	29.8	09-30	06-13	256.7	5.3	20
自然保护区	8.5	16.5	12.0	1.7	38.7	10-11	06-02	235.7	5.9	24

羌塘自然保护区各站积雪初日平均出现在 9 月中旬至 11 月中旬,最早为 9 月 1 日(改则、安多),最晚至翌年 3 月 27 日(狮泉河);终日平均出现在 4 月下旬至 6 月下旬,最早至 1 月 21 日(狮泉河),最晚至 8 月 28 日(改则),地域性差异较大;持续日数为 157.0～281.3 d,最短只有 18 d(狮泉河,2008—2009 年),最长可达 352 d(改则和班戈,均发生于 1975—1976 年)。总体来看,随着海拔高度的升高,积雪初日提早、终日推迟、持续日数增多。就自然保护区平均而言,积雪平均初日为 10 月 11 日,最早为 9 月 3 日(1993 年),最晚为 11 月 30 日(2015 年);平均终日为 6 月 2 日,最早为 4 月 11 日(1998 年),最晚为 8 月 11 日(1976 年);平均持续日数为 235.7 d,最短为 149 d(2015—2016 年),最长可达 324 d(1975—1976 年)。

羌塘自然保护区各站平均年最大积雪深度为 3.5～7.9 cm,以狮泉河最小、班戈最大;最大积雪深度极大值为 13～24 cm,最小值仍出现在狮泉河(2012—2013 年),而最大值出现在改则(1980—1981 年)。自然保护区平均年最大积雪深度为 5.9 cm,极大值为 24 cm,与青藏高原其他区域(除多 等,2018)雪深相比,自然保护区最大积雪深度要小于高原南部和东南部边缘地区,大于柴达木盆地、雅鲁藏布江河谷及其东部地区。

(2)时间分布

羌塘自然保护区积雪日数月变化呈双峰型(图 2.32a),9 月开始出现积雪,随后快速增加,翌年 1 月达到最大,之后趋于减少,至 5 月有所增加,为第 2 峰值,6—8 月积雪日数迅速减少,7—8 月降至最少,出现概率分别约为 26%和 30%。从单站积雪日数月变化来看(图表略),西部的狮泉河和改则为单峰型，最大值出现在 1 月，最小值出现在 7 月或 8 月；其余站点呈双峰型，第 1 峰值，安多和班戈出现在 1 月，而申扎出现在 5 月；第 2 峰值，安多和班戈出现在 5 月，申扎出现在 10 月。

在季节尺度上(图 2.32b)，自然保护区积雪日数以冬季最多，为 16.5 d，占年积雪日数的 42.6%；春季次之，为 12.0 d，占年积雪日数的 31.1%；夏季也有出现，仅为 1.7 d，占年积雪日数的 4.4%。

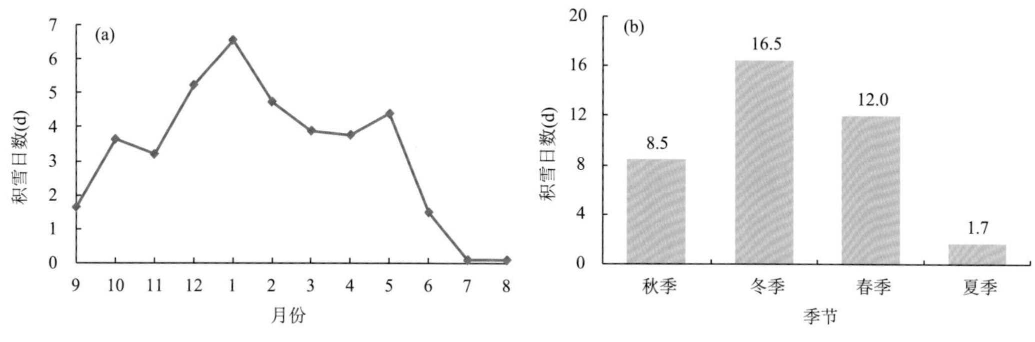

图 2.32 羌塘自然保护区积雪日数月(a)和季(b)变化

2.4 湿度与水汽压

2.4.1 相对湿度

2.4.1.1 空间分布

羌塘自然保护区各站年平均相对湿度为 31%～52%，呈自西向东递增分布(表 2.29)，以狮泉河最低，安多最高。夏、秋两季平均相对湿度的分布特征与年相对湿度一致，最高值在安多，最低值出现在狮泉河。春、冬两季平均相对湿度的最高值仍为安多，但最低值出现在改则。

表 2.29 羌塘自然保护区各站年、季平均相对湿度(%)

站点(区域)	春季	夏季	秋季	冬季	年
狮泉河	29	37	28	32	31
改　则	28	47	33	25	33
班　戈	37	61	46	29	44
安　多	46	66	55	42	52
申　扎	37	59	45	30	43
自然保护区	35	54	41	32	41

2.4.1.2 时间分布

羌塘自然保护区各站平均相对湿度的月变化呈单峰型(图 2.33a)，峰值出现在 8 月或 9 月，安多出现在 9 月，为 68%；其他各站均出现在 8 月，为 42%～65%。最小值出现月份差异较大，主要在 2 月、3 月、11 月或 12 月，为 24%～38%。在季尺度上，相对湿度最大值均出现在夏季，最小值除狮泉河在秋季外，其他各站均发生在冬季。就自然保护区平均而言，月平均相对湿度呈单峰型变化(图 2.33b)，8 月最大，为 59%；12 月最小，为 30%。夏季平均相对湿度最大，为 54%；其次是秋季，为 41%，冬季最小，只有 32%。

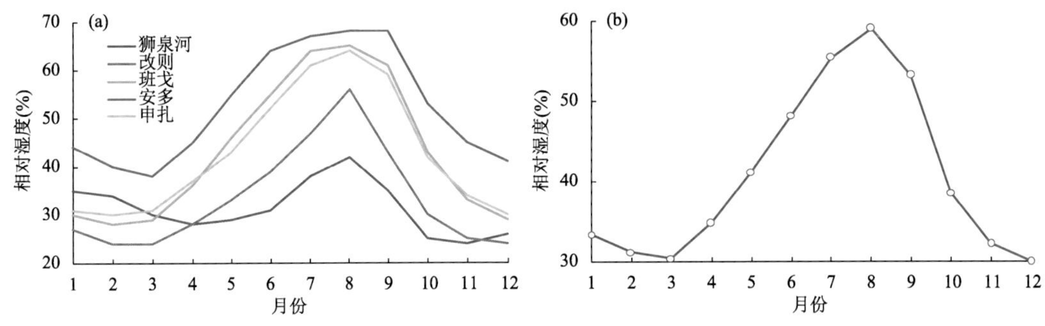

图 2.33 羌塘自然保护区平均相对湿度的月变化
(a. 各站，b. 自然保护区)

2.4.2 水汽压

2.4.2.1 空间分布

羌塘自然保护区各站年平均水汽压为 2.5～3.4 hPa，与相对湿度的分布相似，呈自西向东递增分布(表 2.30)，以狮泉河为最低，安多最高。夏、秋两季平均水汽压的分布特征与年平均水汽压一致，最高值在安多，最低值在狮泉河。春、冬两季平均水汽压的最高值仍为安多，但最低值出现在改则。

表 2.30 羌塘自然保护区各站年、季平均水汽压(hPa)

站点(区域)	春季	夏季	秋季	冬季	年
狮泉河	1.8	5.3	2.2	0.9	2.5
改　则	1.7	6.1	2.4	0.7	2.7
班　戈	2.2	6.7	3.2	0.9	3.2
安　多	2.4	6.8	3.4	1.0	3.4
申　扎	2.3	6.7	3.3	1.0	3.3
自然保护区	2.1	6.3	2.9	0.9	3.0

2.4.2.2 时间分布

羌塘自然保护区各站月平均水汽压变化呈单峰型(图 2.34a)，峰值出现在 7 月或 8 月，西部出现在 8 月，为 6.3～7.3 hPa；东部出现在 7 月，为 7.2～7.3 hPa。最低值出现在 1 月或 12 月，为 0.7～0.9 hPa。在季尺度上，各站平均水汽压最高值均出现在夏季，次高值在秋季，冬季最低。

就自然保护区平均而言，月平均水汽压也呈单峰型变化(图 2.34b)，8 月最高，为7.0 hPa；1 月最低，为 0.8 hPa。夏季平均水汽压最高，为 6.3 hPa；其次是秋季，为 2.9 hPa，冬季最低，仅为 0.9 hPa。

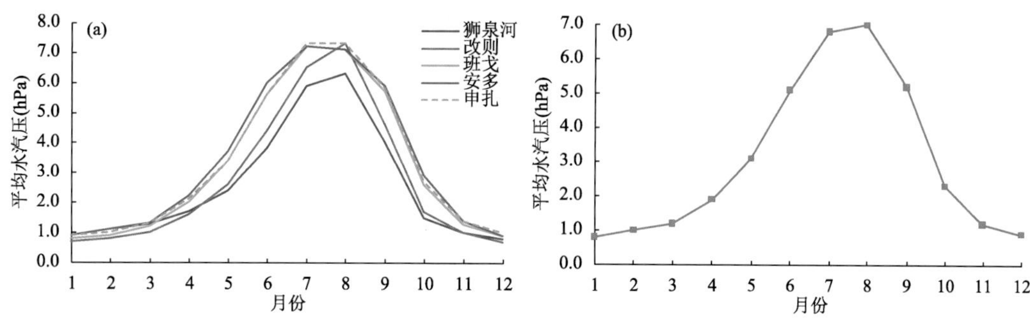

图 2.34　羌塘自然保护区平均水汽压的月变化
(a. 各站，b. 自然保护区)

2.5　蒸发皿蒸发量

2.5.1　空间分布

羌塘自然保护区各站年蒸发皿蒸发量(简称为蒸发量)为 1 571.7～2 557.5 mm，呈自西向东递减的分布特征(表 2.31)。其中，西部在 2 200 mm 以上，以狮泉河为最大；东部低于 2 000 mm，安多最小。春、夏、秋 3 季蒸发量的空间分布特征与年蒸发量基本相同，春季蒸发量为 488.1～679.9 mm，夏季蒸发量为 515.2～1 109.5 mm，秋季蒸发量为 338.8～547.9 mm，季低值区均在安多，高值区为狮泉河。冬季蒸发量以班戈最大，为 333.5 mm；申扎次之，为 309.2 mm；狮泉河最小，为 220.2 mm。

表 2.31　羌塘自然保护区各站年、季蒸发量(mm)

站点(区域)	春季	夏季	秋季	冬季	年
狮泉河	679.9	1 109.5	547.9	220.2	2 557.5
改　则	631.4	842.8	484.1	259.5	2 217.8
班　戈	589.6	584.7	433.5	333.5	1 941.3
安　多	488.1	515.2	338.8	229.6	1 571.7
申　扎	560.0	640.5	436.0	309.2	1 945.7
自然保护区	589.8	738.5	448.1	270.4	2 046.8

2.5.2　时间分布

如图 2.35a 所示，羌塘自然保护区各站月蒸发量呈明显的单峰型变化，峰值出现在 5—7 月，为 191.9～386.0 mm，其中西部在 7 月，东部的班戈、安多在 5 月，而申扎在 6 月。最小值都出现在 1 月，为 63.9～104.8 mm。各站蒸发量夏季最大，占年蒸发量的 30.1%～43.4%；春季次之，占年蒸发量的 26.6%～31.1%；冬季最小，仅占年蒸发量的 8.6%～17.2%。

就自然保护区平均而言，月蒸发量呈单峰型变化(图 2.35b)，6 月最大，为266.6 mm；1 月最小，为 83.5 mm。夏季蒸发量最大，占年蒸发量的 36.1%；其次是秋季，占年蒸发量的

28.8%，冬季最小，只占年蒸发量的13.2%。

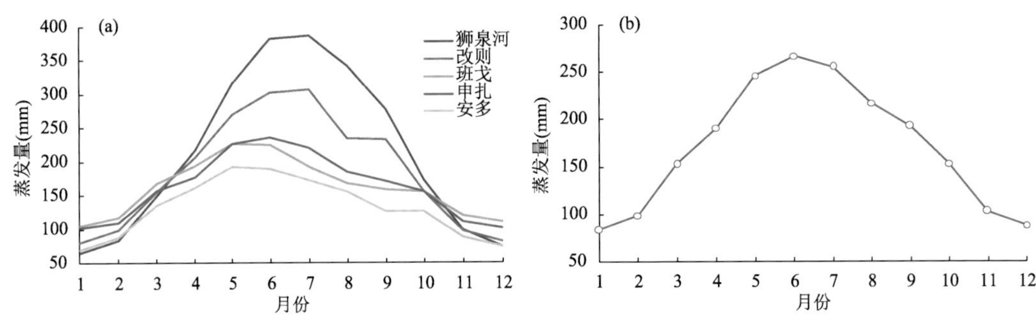

图 2.35　羌塘自然保护区蒸发量的月变化
（a. 各站，b. 自然保护区）

2.6　水分盈亏和湿润度

2.6.1　水分盈亏

水分盈亏在不考虑人为控制因子影响（如灌溉、排水）和地表径流、地下渗漏等情况下，主要取决于降水量和蒸发量，它可表征某地水分收与支的相互关系，表征当地水分可能供给量与作物群体需求量的关系。水分盈亏量，由下式计算（欧阳海 等，1990；程德瑜，1994）：

$$V=R-B_0 \tag{2.4}$$

$$B_0=0.0018(T+25)^2(100-f) \tag{2.5}$$

式中，V 为水分盈亏量（mm），R 为降水量（mm），B_0 为最大可能蒸发量（mm），T 为平均气温（℃），f 为平均相对湿度（%）。当 $V>0$ 时，表示降水量大于蒸发量，水分盈余；当 $V<0$ 时，表示降水量小于蒸发量，水分亏缺；当 $V=0$ 时，表示水分收入和支出相当，达到平衡。

表2.32给出的羌塘自然保护区年水分盈亏量为−1 070～−62 mm，水分严重亏缺，总的分布呈自东向西负值越来越大，水分越亏缺。其中，西部全年水分亏缺，以狮泉河最为突出；班戈、申扎在7—8月水分有盈余，安多有4个月的水分存在盈余，集中在6—9月。在月尺度上，西部6月水分亏缺量最大，东部4—5月水分最为亏缺。

表 2.32　羌塘自然保护区各站年、月水分盈亏量(mm)

站点(区域)	1月	2月	3月	4月	5月	6月	7月	8月	9月	10月	11月	12月	年
狮泉河	−19	−29	−52	−86	−118	−157	−156	−135	−137	−92	−56	−34	−1 070
改　则	−25	−38	−59	−83	−102	−113	−77	−36	−98	−79	−49	−31	−790
班　戈	−26	−36	−51	−63	−55	−30	16	12	−14	−56	−46	−34	−382
安　多	−10	−20	−34	−42	−26	27	49	46	21	−34	−26	−15	−62
申　扎	−29	−37	−52	−64	−68	−46	10	25	−30	−63	−48	−36	−438
自然保护区	−21	−31	−49	−67	−72	−61	−27	−15	−49	−64	−44	−30	−530

2.6.2　湿润度

一个地区的降水量表示水分的收入，也是土壤水分的主要来源，蒸发量是土壤水分的主要支出项目，降水量与最大可能蒸发量之比称为湿润度（或湿润系数），它是表征当地干、湿程度的指标。计算湿润度的方法很多，本书采用伊万洛夫经验公式计算（欧阳海 等，1990；程德瑜，1994）：

$$K=R/B_0 \tag{2.6}$$

式中，K 为湿润度，R 为降水量（mm），B_0 为最大可能蒸发量（mm）。

伊万洛夫湿润度的分级标准和对应的自然植被景观见表 2.33。

表 2.33　湿润度分级及对应的自然植被景观

分级	湿润	半湿润	半干旱	干旱	极干旱
K	＞1.0	0.6～1.0	0.3～0.6	0.13～0.3	＜0.13
植被带	森林	森林草原	草原	半荒漠	荒漠

根据羌塘自然保护区各站年湿润度的分布来看（表 2.34），东部的安多属于半湿润地区，班戈、申扎属于半干旱地区，西部属于干旱地区，其中狮泉河属于极干旱地区。

从各月湿润度变化来看（表 2.34），狮泉河除 7—8 月外，其他 10 个月湿润度小于 0.13，属于极干旱期；改则 10 月至翌年 5 月湿润度小于 0.13，极干旱期达 8 个月，仅 8 月属于半湿润期；班戈、安多在 6—9 月湿润度大于 0.6，属于半湿润、湿润期；申扎也有 2 个月的湿润期，为 7—8 月。就自然保护区平均而言，7—8 月为半湿润期，11 月至翌年 4 月属于极干旱期。

表 2.34　羌塘自然保护区各站年、月湿润度

站点（区域）	1月	2月	3月	4月	5月	6月	7月	8月	9月	10月	11月	12月	年
狮泉河	0.07	0.06	0.02	0.01	0.02	0.04	0.13	0.16	0.04	0.02	0.00	0.01	0.05
改　则	0.04	0.02	0.02	0.03	0.08	0.18	0.44	**0.66**	0.18	0.04	0.01	0.01	0.19
班　戈	0.09	0.06	0.07	0.09	0.32	**0.67**	**1.20**	**1.16**	**0.80**	0.15	0.05	0.05	0.44
安　多	0.24	0.10	0.11	0.20	0.58	**1.41**	**1.74**	**1.73**	**1.40**	0.30	0.10	0.10	**0.81**
申　扎	0.04	0.03	0.04	0.09	0.23	0.54	**1.12**	**1.33**	**0.62**	0.11	0.03	0.03	0.41
自然保护区	0.08	0.05	0.05	0.07	0.21	0.44	**0.74**	**0.84**	0.46	0.11	0.03	0.04	0.32

注：蓝色加粗数字表示半湿润、湿润。

2.7　气压与风

2.7.1　平均气压

2.7.1.1　空间分布

羌塘自然保护区年平均气压为 573.1～604.7 hPa，呈自西向东递减的分布特征（表 2.35）。其中，东部低于 580.0 hPa，以班戈为最低，为 573.1 hPa；西部高于 590.0 hPa，以狮泉河最高，为 604.7 hPa。四季平均气压的空间分布与年平均气压一致。

表 2.35　羌塘自然保护区各站年、季平均气压(hPa)

站点(区域)	春季	夏季	秋季	冬季	年
狮泉河	604.7	604.9	606.7	602.3	604.7
改　则	593.5	595.0	596.1	591.1	593.9
班　戈	572.2	575.2	575.4	569.5	573.1
安　多	573.2	576.6	576.6	570.4	574.2
申　扎	575.4	578.1	578.4	572.9	576.2
自然保护区	583.8	585.9	586.6	581.2	584.4

2.7.1.2　时间分布

(1)月变化

羌塘自然保护区各站平均气压的月变化呈单峰型(图 2.36),峰值出现在 9 月或 10 月,为 576.8～606.6 hPa,其中西部在 9 月,东部在 10 月;最小值都出现在 1 月,为 568.5～601.3 hPa。就区域平均而言,月平均气压变化也呈单峰型,最大值出现在 9 月,为 587.5 hPa;最小值出现在 1 月,为 580.2 hPa。

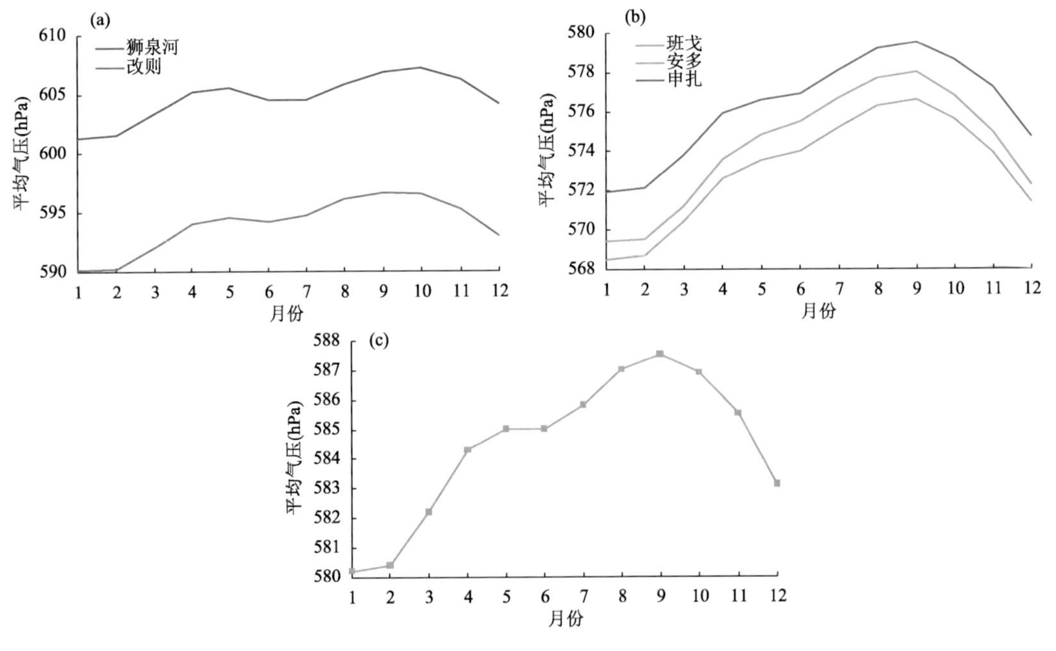

图 2.36　羌塘自然保护区平均气压的月变化
(a 和 b. 各站,c. 自然保护区)

(2)季变化

在季尺度上(表 2.35),各站平均气压最大值均出现在秋季,次大值在夏季,冬季最小。从自然保护区季平均气压高低排序来看,秋季＞夏季＞春季＞冬季。

2.7.2　平均风速

2.7.2.1　空间分布

羌塘自然保护区各站年平均风速为 2.5～3.8 m/s，呈自西向东递增的分布特征（表 2.36）。其中，班戈最大，其次是申扎，为 3.5 m/s，狮泉河最小。除夏季外，其他 3 季平均风速的空间分布特征与年平均风速基本一致，春季平均风速为 3.0～4.2 m/s，高值区位于班戈，低值区在狮泉河。夏季平均风速为 2.9～3.3 m/s，以改则为最高，狮泉河最低。秋、冬季平均风速分别为 2.2～3.4 m/s 和 2.1～4.5 m/s，高值区都在班戈，仍以狮泉河为最低。

表 2.36　羌塘自然保护区各站年、季平均风速(m/s)

站点(区域)	春季	夏季	秋季	冬季	年
狮泉河	3.0	2.9	2.2	2.1	2.5
改　则	3.8	3.3	2.8	3.4	3.3
班　戈	4.2	3.2	3.4	4.5	3.8
安　多	3.8	3.0	2.9	3.4	3.3
申　扎	3.9	3.0	2.9	4.1	3.5
自然保护区	3.7	3.1	2.8	3.5	3.3

2.7.2.2　时间分布

(1)月变化

羌塘自然保护区各站平均风速具有较明显的月变化，可分为 2 种类型：

第 1 种为单峰型，狮泉河站属于此类型（图 2.37a），最大平均风速出现在 5 月，最小平均风速在 11 月和 12 月。

第 2 种为双峰型，改则、班戈、申扎和安多属于这一类型（图 2.37b），最大峰值出现在 2 月或 3 月，其中安多出现在 3 月；次峰值除改则出现于夏季的 7 月和 8 月外，其他 3 个站都出现在冬季的 12 月。最小平均风速，改则出现在 10 月和 11 月，其他 3 个站风速在 8 月或 9 月。就羌塘自然保护区平均而言，月平均风速变化也属于此类型（图 2.37c），最大峰值出现在 2 月和 3 月，次峰值出现在 12 月，最小值出现在 8—10 月。

(2)季变化

在季尺度上（表 2.36），各站平均风速最大值，狮泉河、改则和安多出现在春季，班戈、申扎出现在冬季；最小值，狮泉河在冬季，班戈在夏季，其他 3 个站均发生在秋季。从自然保护区季平均风速大小排序来看，春季＞冬季＞夏季＞秋季。

2.7.3　极大风速和最大风速

2.7.3.1　空间分布

羌塘自然保护区各地年极大风速为 28.1～33.2 m/s（表 2.37），其中大于 30.0 m/s 的高值区位于东部，以班戈为最高（33.2 m/s）；低值区分布在西部，以狮泉河为最小（28.1 m/s）。

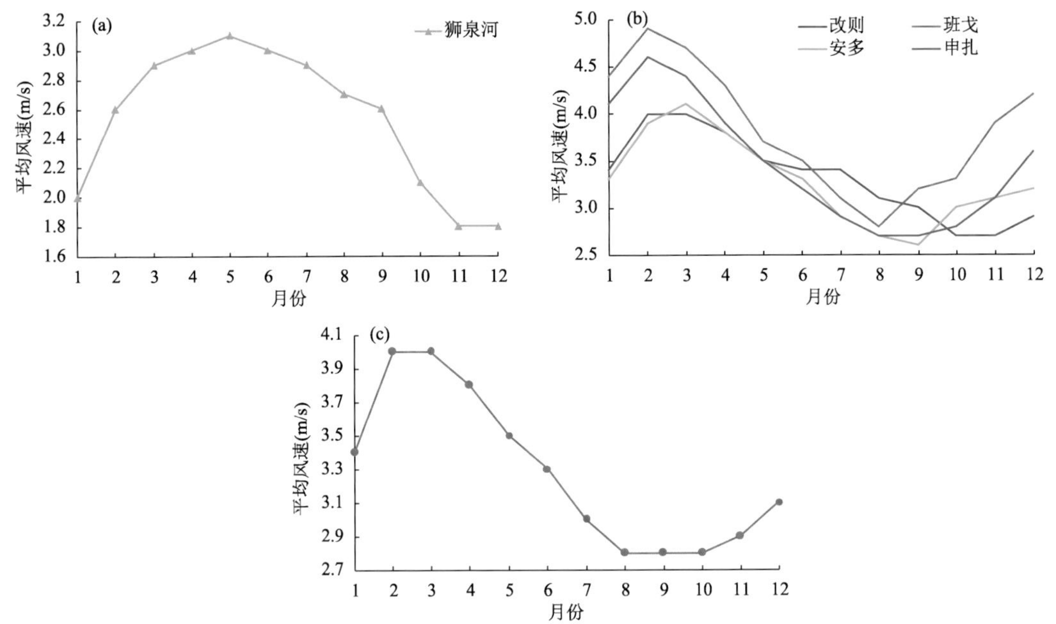

图 2.37 羌塘自然保护区平均风速的月变化
（a 和 b. 各站，c. 自然保护区）

表 2.37 羌塘自然保护区各站月、年极大风速(m/s)

站点	1月	2月	3月	4月	5月	6月	7月	8月	9月	10月	11月	12月	年
狮泉河	22.9	25.9	28.1	22.6	27.9	21.7	22.3	22.8	20.4	22.0	21.5	23.1	28.1
改 则	27.7	24.9	29.6	29.7	24.9	25.6	26.5	25.2	23.2	24.9	24.2	24.0	29.7
班 戈	27.9	31.7	26.4	23.2	26.9	25.9	33.2	20.7	23.9	22.4	26.7	26.3	33.2
安 多	28.6	32.2	27.6	29.0	24.8	23.0	21.3	19.7	26.4	24.5	27.3	27.5	32.2
申 扎	31.1	30.3	30.1	25.1	26.1	25.4	23.3	21.0	23.6	23.4	25.6	29.4	31.1

羌塘自然保护区各地年最大风速为 18.7～28.0 m/s(表 2.38)，其中东部大于 20.0 m/s，以安多最高，为 28.0 m/s；西部年最大风速低于 20.0 m/s，以狮泉河最小，为 18.7 m/s。

表 2.38 羌塘自然保护区各站月、年最大风速(m/s)

站点	1月	2月	3月	4月	5月	6月	7月	8月	9月	10月	11月	12月	年
狮泉河	18.7	16.0	15.1	14.6	12.9	13.7	13.6	17.2	11.6	12.3	13.7	15.1	18.7
改 则	17.2	16.1	17.0	15.5	19.7	14.3	16.2	15.8	14.9	12.5	13.5	14.1	19.7
班 戈	21.0	22.7	23.0	18.3	18.0	23.0	21.3	19.0	18.3	17.0	17.3	26.0	26.0
安 多	26.3	27.0	28.0	25.3	25.0	25.3	19.0	21.0	19.1	23.0	23.0	25.0	28.0
申 扎	22.3	23.5	20.1	24.6	18.0	18.0	17.0	17.1	18.8	17.4	17.4	21.5	24.6

2.7.3.2 时间分布

羌塘自然保护区各站月极大风速波动较大(图 2.38a)，最大峰值西部出现在 3 月，班戈站出现在 7 月，申扎、安多分别出现在 1 月和 2 月；最小值西部出现在 9 月，而东部均出现在 8

月。各站最大风速的月波动也较大(图 2.38b),最大峰值出现时间各不相同,主要集中在 1—4 月;最小值狮泉河、改则和班戈出现在 9—10 月,申扎、安多出现在 7 月。

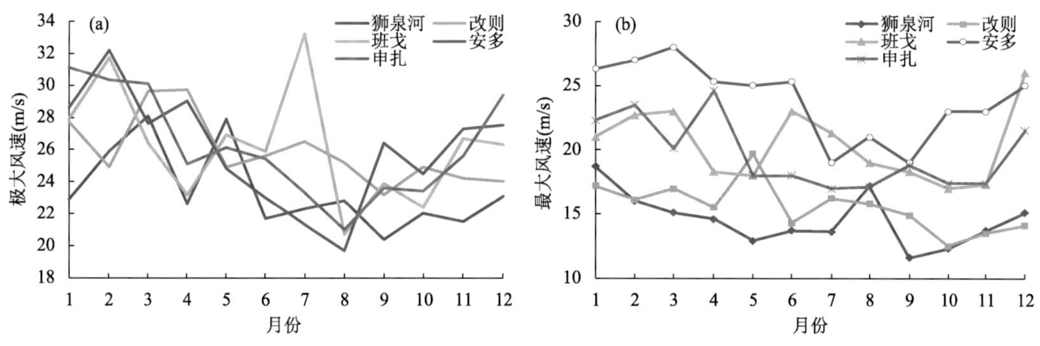

图 2.38　羌塘自然保护区各站极大风速(a)和最大风速(b)的月变化

2.7.4　风向

2.7.4.1　空间分布

表 2.39 列出了羌塘自然保护区各站年主导风向,从表 2.39 可知,西部主导风向为西南偏西,东部主导风向各不相同,其中班戈为西南,申扎为西北,安多为东北偏北。从各站年主导风向频率来看,狮泉河为 18%,其他各站为 12%～13%。

表 2.39　羌塘自然保护区各站月、年主导风向和频率

站点		1月	2月	3月	4月	5月	6月	7月	8月	9月	10月	11月	12月	年
狮泉河	最多风向	WSW	WSW	WSW	WSW	WSW	WSW	WSW	WSW	WSW	WSW	WSW	WSW	WSW
	频率(%)	17	21	24	22	19	18	15	14	16	16	15	15	18
改　则	最多风向	WSW	WSW	W	W	W	W	ESE	ESE	WSW	WSW	WSW	WSW	WSW
	频率(%)	18	21	20	17	15	12	12	13	11	12	13	16	13
班　戈	最多风向	WSW	WSW	WSW	WNW	S	S	S	S	S	SW	SW	WSW	SW
	频率(%)	18	20	18	15	11	14	14	16	14	14	15	17	12
安　多	最多风向	W	W	W	W	NE	NE	NE	NE	NE	NNE	NNE	NNE	NNE
	频率(%)	14	17	16	12	12	13	13	14	11	14	18	17	12
申　扎	最多风向	W	W	W	NW	NW	NW	SE	SE	SE	W	W	W	NW
	频率(%)	15	18	17	17	14	12	14	13	12	11	12	13	12

从各站各风向出现频率来看(图 2.39),大部分站点以西南偏西风为主。其中,狮泉河主导风为西南偏西风,频率为 16%;次多风为西风,频率为 12%。改则主导风为西南偏西风或西

风，频率均为 13%。班戈主导风为西南偏西风，频率均为 12%；次多风为西风，频率为 11%。申扎主导风为西风，频率均为 12%；次多风为西北风，频率为 11%。安多主导风为东北偏北风，频率均为 12%；次多风为西北风，频率为 11%。

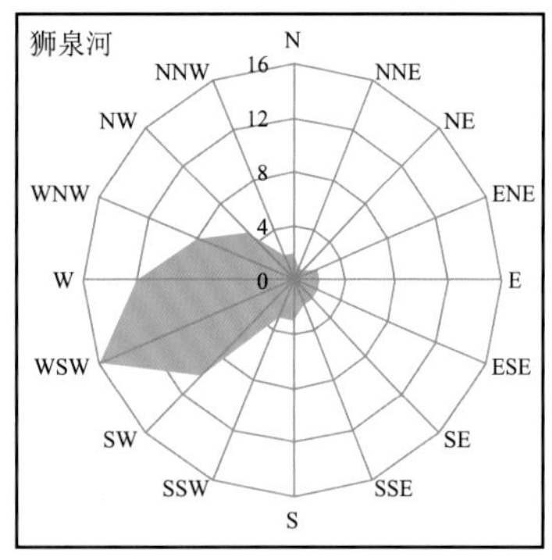

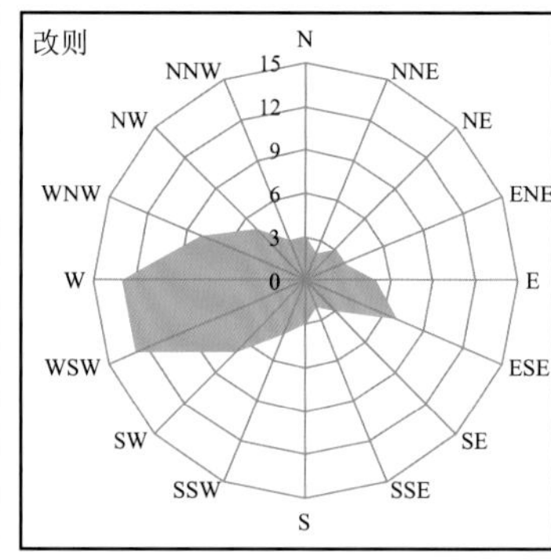

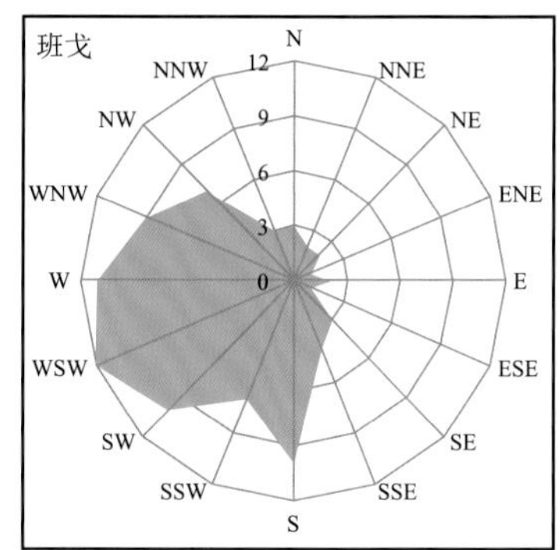

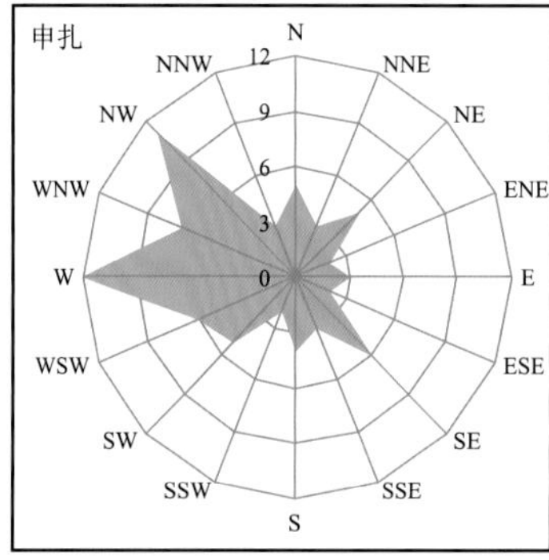

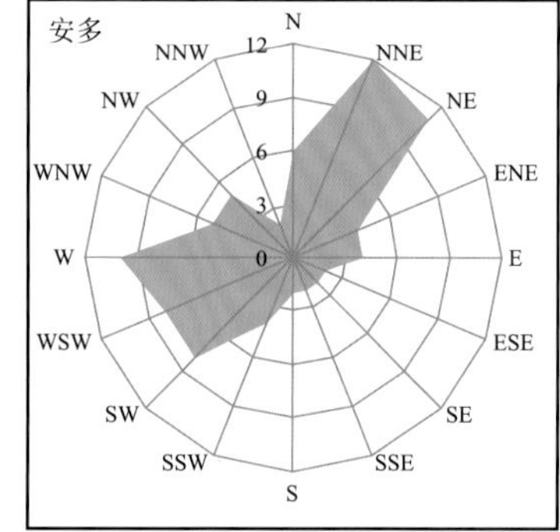

图 2.39　羌塘自然保护区各站各风向出现频率

2.7.4.2　时间分布

如表 2.39 所示，羌塘自然保护区各站月风向，除狮泉河全年 12 个月均为西南偏西外，其他各站月风向不尽相同，其中，改则在 9 月至翌年 2 月连续 6 个月为西南偏西，3—6 月为西，7—8 月为东南偏东；班戈在 1—4 月、12 月为西南偏西，汛期(5—9 月)为南，10—11 月为西南；申扎在 10 月至翌年 3 月连续 6 个月为西，4—6 月为西北，7—9 月为东南；安多在 1—4 月为西，5—12 月为东北或东北偏北。

2.8　地温与冻土

2.8.1　地温

2.8.1.1　空间分布

(1)浅层地温

浅层地温是指 0～20 cm 深度土层的温度。根据羌塘自然保护区周边 5 个气象站观测的地表(0 cm)平均温度资料(1991—2020 年)分析(表 2.40)，自然保护区各站年平均地表温度为

2.0～6.8 ℃，呈自东向西递增的分布特征。其中，西部高于 5.0 ℃，东部不足 5.0 ℃，以狮泉河为最高(6.8 ℃)；其次是改则，为 5.1 ℃；安多最低(2.0 ℃)。四季平均地表温度的分布与年平均地表温度基本一致。

表 2.40　羌塘自然保护区各站年、季平均地表温度(℃)

站点(区域)	春季	夏季	秋季	冬季	年
狮泉河	8.1	22.1	5.7	−8.7	6.8
改　则	6.5	18.0	4.2	−8.3	5.1
班　戈	4.8	13.5	3.5	−7.4	3.6
安　多	2.8	13.2	2.2	−10.3	2.0
申　扎	5.8	15.5	4.7	−7.2	4.7
自然保护区	5.6	16.5	4.1	−8.4	4.4

羌塘自然保护区地表极端最高温度出现在夏季，各站年地表极端最高温度为 63.5～77.1 ℃，其中狮泉河最高(77.1 ℃)，出现在 2012 年 7 月 31 日；其次为申扎，2012 年 7 月 1 日出现的 70.6 ℃；班戈最低，为 63.5 ℃，出现在 2013 年 6 月 12 日。年地表极端最低温度出现在冬季，各地年地表极端最低温度为−51.7～−37.1 ℃，狮泉河最低(−51.7 ℃)，出现在 1993 年 12 29 日；次低值是改则 1987 年 12 月 19 日和 25 日出现的−47.3 ℃；班戈最高，为−37.1 ℃，出现在 1987 年 12 月 15 日。

羌塘自然保护区各站地表极端最高温度的月变化呈单峰型(图 2.40a)，峰值出现在 6—8 月，其中班戈在 6 月，安多在 8 月，其他 3 站在 7 月。谷值出现在 1 月或 12 月，其中安多、申扎在 12 月，其他 3 站在 1 月。如图 2.40b 所示，各站地表月极端最低温度变化也呈单峰型，西部地区的峰值出现在 8 月，谷值在 12 月；东部地区的峰值在 7 月，而谷值出现时间分异，其中班戈在 12 月，安多在 1 月，申扎却在 2 月。

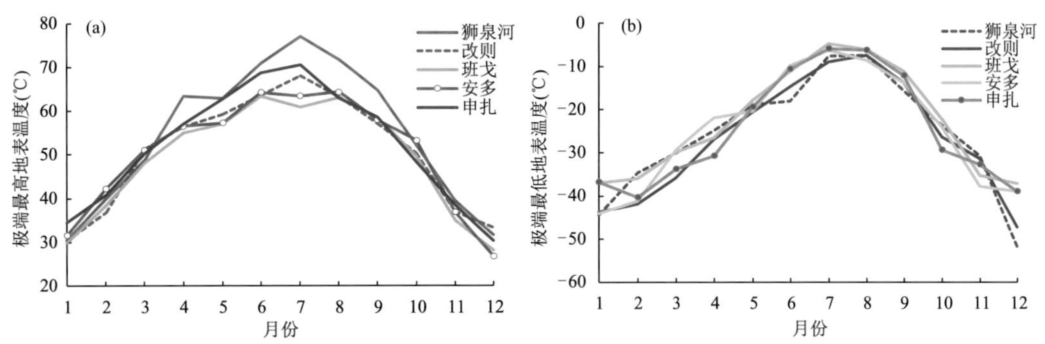

图 2.40　羌塘自然保护区各站地表极端最高温度(a)和极端最低温度(b)的月变化

表 2.41 列出了羌塘自然保护区各站年、季平均 5 cm 地温，从表 2.41 中可知，各站年平均 5 cm 地温为 3.4～6.8 ℃，呈自东向西递增的分布特征。其中，最高值在狮泉河，最低值在安多；狮泉河、改则 5 cm 地温与地表温度相同。四季平均 5 cm 地温的分布与年平均 5 cm 地温基本一致。

表 2.41　羌塘自然保护区各站年、季平均 5 cm 地温(℃)

站点(区域)	春季	夏季	秋季	冬季	年
狮泉河	7.6	21.0	6.6	−8.1	6.8
改　则	5.8	16.8	5.2	−7.2	5.1
班　戈	5.2	13.5	5.1	−5.6	4.5
安　多	3.5	13.2	4.3	−7.5	3.4
申　扎	5.9	15.2	5.4	−6.3	5.1
自然保护区	5.6	15.9	5.3	−6.9	5.0

从表 2.42 中可看出，各站年平均 10 cm 地温为 3.6～6.7 ℃，也呈自东向西递增的分布特征。其中，最高值在狮泉河，最低值位于安多；西部 10 cm 地温低于 5 cm 地温，而东部 10 cm 地温高于 5 cm 地温。四季平均 10 cm 地温的分布与年平均 10 cm 地温相同。

表 2.42　羌塘自然保护区各站年、季平均 10 cm 地温(℃)

站点(区域)	春季	夏季	秋季	冬季	年
狮泉河	6.8	20.3	7.1	−7.5	6.7
改　则	4.7	16.0	5.6	−6.5	5.0
班　戈	4.6	13.2	5.5	−4.8	4.6
安　多	3.2	13.0	4.7	−6.5	3.6
申　扎	5.8	15.2	6.1	−5.4	5.4
自然保护区	5.0	15.5	5.8	−6.1	5.1

根据表 2.43 中可知，各站年平均 20 cm 地温为 3.7～6.6 ℃，空间分布呈东低西高的态势。其中，狮泉河最高，安多最低；西部 20 cm 地温低于 10 cm 地温，而东部大部分站 20 cm 地温略高于 10 cm 地温。四季平均 20 cm 地温与年平均 20 cm 地温的空间分布一致。

表 2.43　羌塘自然保护区各站年、季平均 20 cm 地温(℃)

站点(区域)	春季	夏季	秋季	冬季	年
狮泉河	5.8	19.0	7.9	−6.4	6.6
改　则	3.5	14.7	6.1	−5.7	4.7
班　戈	4.0	12.8	6.0	−4.1	4.7
安　多	2.6	12.5	5.3	−5.7	3.7
申　扎	4.7	14.3	6.5	−4.7	5.2
自然保护区	4.1	14.7	6.4	−5.3	5.0

(2)深层地温

羌塘自然保护区各站 40 cm 年平均地温为 3.2～7.6 ℃，呈西高东低的分布特征(表 2.44)。其中，狮泉河最高，安多最低；除安多站外，其他各站 40 cm 地温均高于 20 cm 地温，偏高 0.4～1.0 ℃。四季平均 40 cm 地温与年平均 40 cm 地温的空间分布基本一致。80 cm 年平均地温为 3.2～7.7 ℃，除狮泉河略高于 40 cm 地温外，其他各站略低或相同。160 cm 年平均地温为 3.4～8.5 ℃，除改则与 80 cm 地温相同外，其他各站均高于 80 cm 地温。320 cm 年平均地温为3.4～8.5 ℃，与 160 cm 地温相比，狮泉河、班戈略低 0.1 ℃，改则相同，申扎、安多略高 0.1 ℃。

表 2.44　羌塘自然保护区各站年、季平均 40 cm 地温(℃)

站点(区域)	春季	夏季	秋季	冬季	年
狮泉河	6.3	19.5	9.6	−5.1	7.6
改　则	3.9	15.1	7.5	−4.1	5.6
班　戈	3.8	11.9	6.5	−2.5	4.9
安　多	1.5	10.9	5.3	−5.1	3.2
申　扎	4.4	13.5	7.4	−3.1	5.6
自然保护区	4.0	14.2	7.3	−4.0	5.4

2.8.1.2　时间分布

(1)月变化

羌塘自然保护区 0～320 cm 平均地温的月变化呈单峰型(图 2.41)，最高值出现在 7—9 月，其中 320 cm 深度在 9 月，80 cm 和 160 cm 深度在 8 月，其他各层均在 7 月。最低值在 0～80 cm 土层都出现在 1 月，160 cm 深度在 2 月，320 cm 深度在 3 月或 4 月。

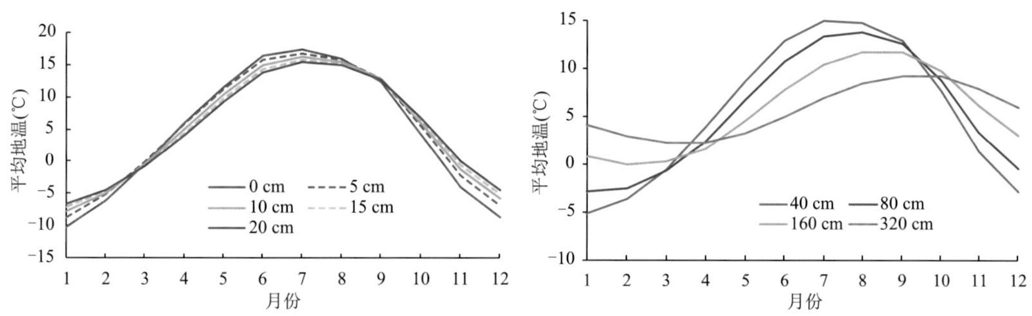

图 2.41　羌塘自然保护区各层平均地温的月变化

(2)季变化

在季尺度上(图 2.42)，羌塘自然保护区 0～320 cm 平均地温均以夏季最高，为 6.7～16.5 ℃；其次是秋季，为 4.1～9.1 ℃；冬季最低，−8.4～4.2 ℃，其中深度 160～320 cm 地温高于 1.0 ℃。

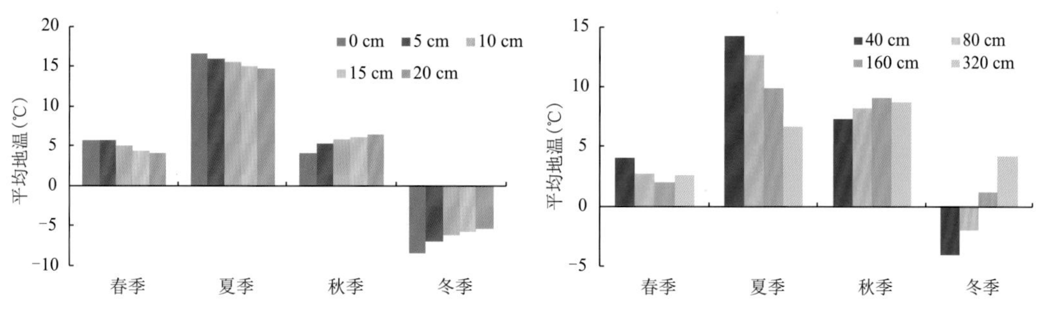

图 2.42　羌塘自然保护区各层平均地温的季变化

2.8.1.3 土壤温度的垂直变化

太阳辐射和地面反射辐射直接而又强烈地影响地面温度，同时通过热传导的形式间接地影响深层地温。如图 2.43 所示，随着土壤深度的增加，羌塘自然保护区春季平均地温逐渐下降，至 160 cm 降至最低，较 0 cm 平均地温偏低 3.6 ℃，平均每增加 10 cm 温度下降 0.23 ℃；之后有所升高，320 cm 地温较 160 cm 地温偏高 0.6 ℃，但仍比 0 cm 地温偏低 3.0 ℃。夏季平均地温随着土壤深度的增加快速降低，平均每增加 10 cm，地温降低 0.29 ℃；320 cm 地温较地表温度偏低 9.8 ℃。秋季平均地温在 0～80 cm 深度，温度随着土层的加深快速升高，80 cm 地温较地表温度偏高 4.1 ℃，平均递增率为 0.51 ℃/10cm；到 160 cm 后升温变缓，平均递增率仅为 0.11 ℃/10cm；至 320 cm 地温有所下降，较 160 cm 地温偏低 0.4 ℃。冬季平均地温与夏季正好相反，随着土壤深度的增加快速升高，地温平均每增加 10 cm 升高 0.36 ℃；320 cm 地温较地表温度偏高 12.6 ℃。

在 0～320 cm 范围内，春、夏季平均地温的垂直递减率分别为 0.09 ℃/10cm 和 0.29 ℃/10cm，其中夏季降温幅度最大；秋、冬季平均地温的垂直递增率分别为 0.14 ℃/10cm、0.36 ℃/10cm，冬季升温幅度明显大于秋季。

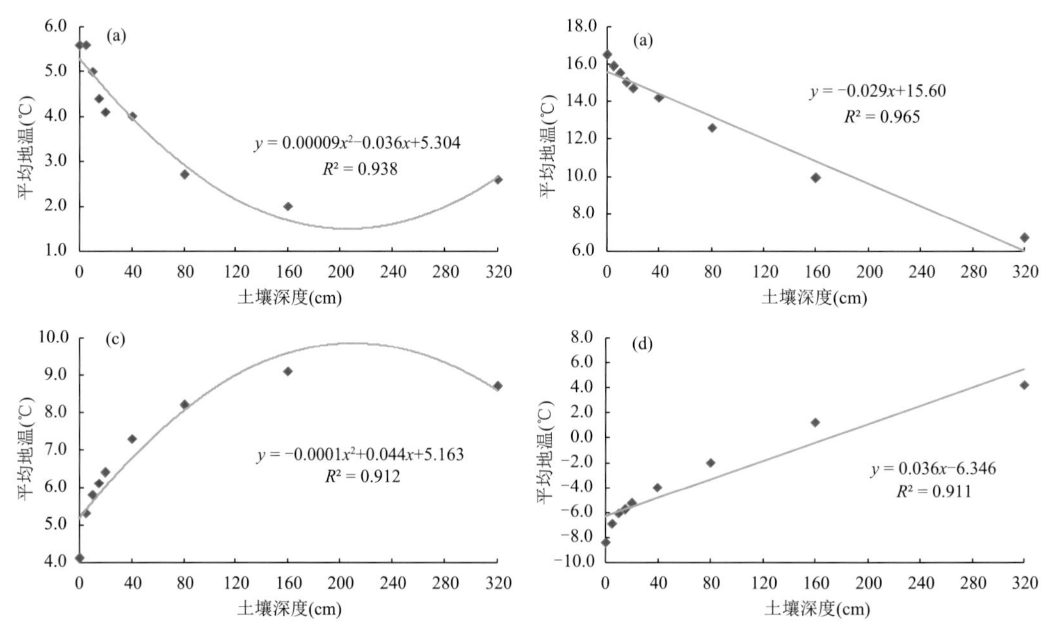

图 2.43 羌塘自然保护区四季平均地温随土壤深度的变化

（a. 春季，b. 夏季，c. 秋季，d. 冬季）

2.8.2 冻土

冻土是指土壤温度下降到 0 ℃以下，其水分和基质冻结的状态。冬季冻结而夏季全部融化的冻土为季节性冻土，冻结持续多年而不融化的冻土叫多年冻土。冻土是地球系统五大圈层之一的冰冻圈的重要组成部分，它覆盖了全球陆地表面的很大部分。由于冻土分布广泛且具有独特的水热特性，它成为地球陆地表面过程中一个非常重要的因子。青藏高原作为全球重要的冰冻圈区域，是中、低纬度地带多年冻土面积最广、厚度最大的地区，多年冻土面积约 150 万 km^2（周幼吾 等，1982）。

2.8.2.1　空间分布

受气候条件和地质条件的综合影响，青藏高原多年冻土平均厚度区域差异很大。赵林等（2019）基于对这些地温数据的分析研究，给出了青藏高原多年冻土地温的空间分布状态，并按照多年平均地温阈值（MAGT），将多年冻土分为极稳定型（MAGT＜－5 ℃）、稳定型（－5 ℃＜MAGT＜－3 ℃）、亚稳定型（－3 ℃＜MAGT＜－1.5 ℃）、过渡型（－1.5 ℃＜MAGT＜－0.5 ℃）和不稳定型（－0.5 ℃＜MAGT＜0.5 ℃）5 种类型（图 2.44a）。极稳定型多年冻土主要分布在喀喇昆仑山、阿尔金山；稳定型多年冻土主要分布可可西里、唐古拉山—桃儿九山、风火山；亚稳定型多年冻土主要分布在昆仑山垭口、可可西里低山丘陵；过渡型多年冻土分布在楚玛尔河高平原、北麓河盆地、开心岭；不稳定型多年冻土主要分布在西大滩谷地、沱沱河盆地、通天河盆地、布曲河谷地、温泉盆地、安多盆地、申格里贡山及以南地区（程国栋 等，2019）。从图 2.44b 来看，羌塘自然保护区大部分地区属于过渡型多年冻土，年平均地温＜－1.5 ℃，其中北部属于稳定型多年冻土。

赵林等（2019）通过拟合多年冻土厚度与 MAGT 的关系，计算得到青藏高原多年冻土厚度分布（图 2.44b）。从青藏高原来看，海拔高度极高的高山脊、岭地区多年冻土最厚，可以超过 200 m；山间丘陵地带次之（60～130 m），高平原及河谷地带最薄（＜60 m）。就羌塘自然保护区而言，大部分地区多年冻土厚度＞100 cm。

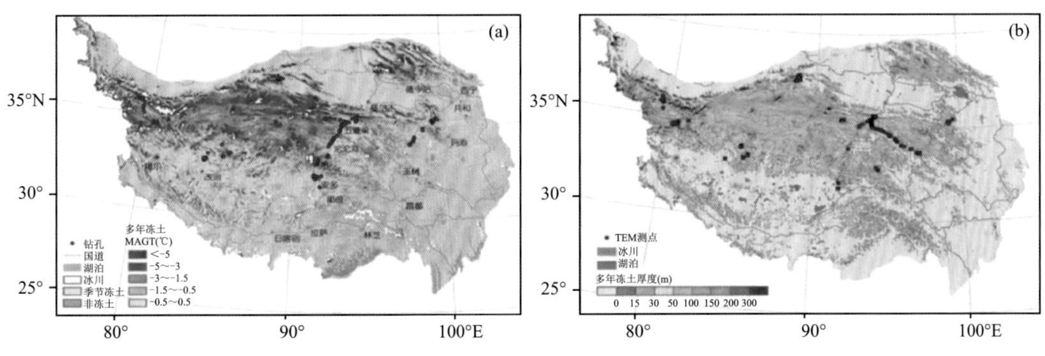

图 2.44　青藏高原多年冻土现状（程国栋 等，2019）
（a. 多年冻土分布及年平均地温，b. 多年冻土层厚度）

最大冻结深度是季节冻土变化的主要指标，也是季节冻土地区工程设计、建设、运营的重要参数。高思如等（2018）通过斯蒂芬（Stefan）方法计算了 1990—2014 年西藏地区季节冻土的最大冻结深度，绘制了其空间分布图（图 2.45）。从图 2.45 可知，羌塘自然保护区大部分地区属于多年冻土区，其边界南部最大冻结深度在 150～200 cm，局地大于 200 cm。

本研究根据 1991—2020 年羌塘自然保护区周边 3 个气象站观测资料分析（表 2.45），各站年最大冻结深度为 183～349 cm，以安多最大，狮泉河最小。

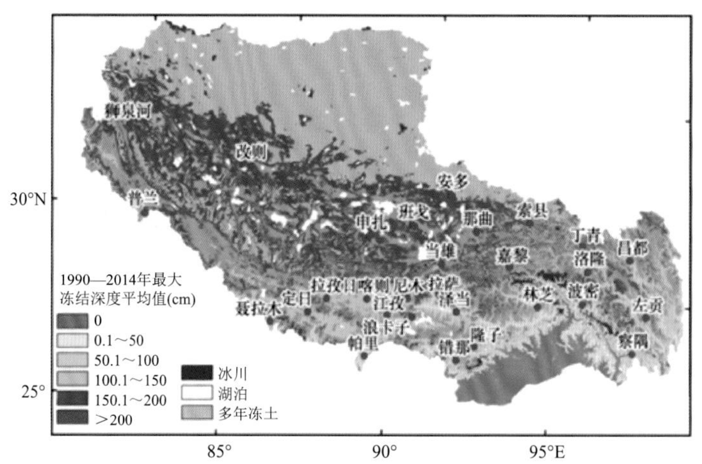

图 2.45　1990—2014 年西藏最大冻结深度的平均值(高思如 等,2018)

表 2.45　羌塘自然保护区各站月、年最大冻结深度(cm)

站点	1月	2月	3月	4月	5月	6月	7月	8月	9月	10月	11月	12月	年
狮泉河	164	183	183	136	0	0	0	0	0	11	60	133	183
改　则	181	190	191	254	0	0	0	0	0	32	73	138	254
安　多	284	341	344	342	341	349	0	0	5	18	120	202	349

2.8.2.2　时间分布

从羌塘自然保护区各站最大冻结深度的月变化来看(表 2.45),最大冻结深度出现在 3 月或 4 月,其中改则在 4 月。东部的安多在 7—8 月,西部的狮泉河和改则在 5—9 月无冻土;东部土壤冻结期长达 10 个月,西部土壤冻结期也有 7 个月。

2.9　主要气象灾害

2.9.1　干旱

干旱通常是指因长期没有降水或降水显著偏少,造成空气干燥、土壤缺水甚至干涸的气候现象。在羌塘自然保护区,若遇春季干旱,造成牧草返青推迟;夏季干旱,致使牧草生长缓慢或提前枯黄,严重时造成牧草死亡,影响草地生态环境。

2.9.1.1　指标

本研究使用国家标准《气象干旱等级》(GB/T 20481—2006)(全国气候与气候变化标准化技术委员会,2006)降水量距平百分率气象干旱等级来划分不同干旱程度(表 2.46),某时段降水量距平百分率(P_a)计算如下:

$$P_a = \frac{P - \overline{P}}{\overline{P}} \times 100\% \tag{2.7}$$

式中,P 为某时段降水量,$\overline{P}$ 为计算时段同期气候平均降水量。

表 2.46　降水量距平百分率干旱等级划分表

等级	类型	降水量距平百分率(P_a,%)	
		季尺度	年尺度
0	无旱	$-25<P_a$	$-15<P_a$
1	轻旱	$-50<P_a\leqslant-25$	$-30<P_a\leqslant-15$
2	中旱	$-70<P_a\leqslant-50$	$-40<P_a\leqslant-30$
3	重旱	$P_a\leqslant-70$	$P_a\leqslant-40$

2.9.1.2　时空分布

表 2.47 列出了羌塘自然保护区各地汛期(5—9 月)干旱发生频率,从表中可知,各站干旱发生频率为 12%～38%,其中狮泉河最高,平均 2～3 年一遇;安多最低,平均约 8 年一遇。汛期干旱等级以轻旱为主,发生频率为 12%～23%,以改则最高,平均约 4 年一遇。汛期东部不会出现重旱,其中安多也不会出现中旱。

羌塘自然保护区各站年干旱发生频率在 10%～38%(表 2.47),以狮泉河最高,平均约 2～3 年一遇,安多最低,平均 10 年一遇。年干旱等级也以轻旱为主,发生频率为 10%～24%,仍以狮泉河最高,平均约 4 年一遇。在年尺度上,东部不会出现重旱,其中安多、申扎也不会出现中旱。

表 2.47　羌塘自然保护区各站干旱频率(%)

站点	汛期				年			
	轻旱	中旱	重旱	合计	轻旱	中旱	重旱	合计
狮泉河	20	14	4	38	24	10	4	38
改　则	23	4	4	31	21	4	4	29
班　戈	14	2	0	16	12	2	0	14
安　多	12	0	0	12	10	0	0	10
申　扎	14	2	0	16	14	0	0	14

从汛期干旱的年代际变化上看(图 2.46a),东部地区主要发生在 20 世纪 70 年代,为 3～4 次;西部的狮泉河发生在 20 世纪 80 年代至 21 世纪初 10 年,以 21 世纪初 10 年最多,达 6 次;而改则集中在 20 世纪 70—90 年代,其中,80 年代发生次数最多,占一半的年份。在年干旱上(图 2.46b),与汛期干旱基本一致,不同的是申扎站,干旱以 80 年代最多,占 40%。

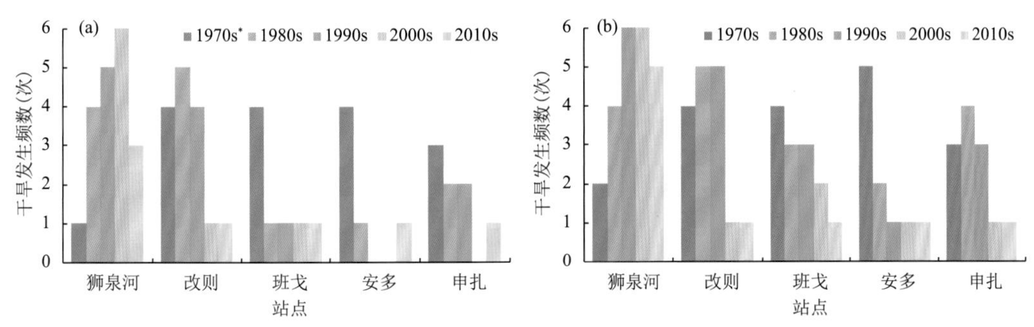

图 2.46　羌塘自然保护区各站汛期(a)和年(b)干旱频次的年代际变化

* 为方便制图,1970s 表示 20 世纪 70 年代,其余类推,全书同。

2.9.2 洪涝

洪涝灾害是指某一时段内降雨量达到某一界限值时而引起山洪暴发，江河水位上涨，淹没或冲毁作物、道路、房屋等的一种气象灾害。

2.9.2.1 指标

本研究使用降水量距平百分率(P_a)来划分洪涝等级(表 2.48)，P_a 的计算见式(2.7)。在半干旱和干旱区降水少，降水变率大，故该洪涝等级仅反映当地降水偏多的概率。

表 2.48 降水量距平百分率洪涝等级划分表

等级	类型	降水量距平百分率(P_a,%)	
		季尺度	年尺度
1	轻涝	$25 \leqslant P_a < 50$	$15 \leqslant P_a < 30$
2	中涝	$50 \leqslant P_a < 70$	$30 \leqslant P_a < 40$
3	重涝	$70 \leqslant P_a$	$40 \leqslant P_a$

2.9.2.2 时空分布

从羌塘自然保护区各地汛期(5—9 月)洪涝发生频率来看(表 2.49)，各站洪涝发生频率为 8%～32%，其中狮泉河最高，平均约 3 年一遇；安多最低，平均 12～13 年一遇。在汛期洪涝等级上，狮泉河以重涝为主，发生频率为 16%，平均约 6 年一遇；其他各站以轻涝居多，发生频率为 8%～15%。汛期东部地区不会出现重涝，其中班戈、安多也不会出现中涝。

羌塘自然保护区各站年洪涝发生频率为 6%～28%(表 2.49)，最高值位于狮泉河，平均 3～4 年一遇；最低值在安多，平均约 17 年一遇。就年洪涝等级而言，狮泉河轻涝、中涝发生频率相同，为 10%，平均 10 年一遇；其他各站均以轻涝占主导，发生频率为 6%～16%，以申扎最高，平均约 6 年一遇。在年尺度上，东部地区不会出现重涝，其中安多也不会出现中涝。

表 2.49 羌塘自然保护区各站洪涝频率(%)

站点	汛期				年			
	轻涝	中涝	重涝	合计	轻涝	中涝	重涝	合计
狮泉河	14	2	16	32	10	10	8	28
改　则	15	4	2	21	13	4	2	19
班　戈	16	0	0	16	12	2	0	14
安　多	8	0	0	8	6	0	0	6
申　扎	12	4	0	16	16	2	0	18

如图 2.47a 所示，汛期洪涝灾害除安多站主要发生在 20 世纪 70 年代且次数较少外，其他站多发生在 21 世纪初的 20 年，为 3～5 次，以狮泉河最多，达 5 次；20 世纪 90 年代除狮泉河有 2 次外，其余站点均未出现过洪涝。在年洪涝上(图 2.47b)，除安多发生次数偏少外，其他各站与汛期洪涝发生频数基本一致。其中，20 世纪 80—90 年代狮泉河各发生过 2 次洪涝外，申扎 90 年代有 1 次洪涝灾害，其余 3 站均未出现洪涝。

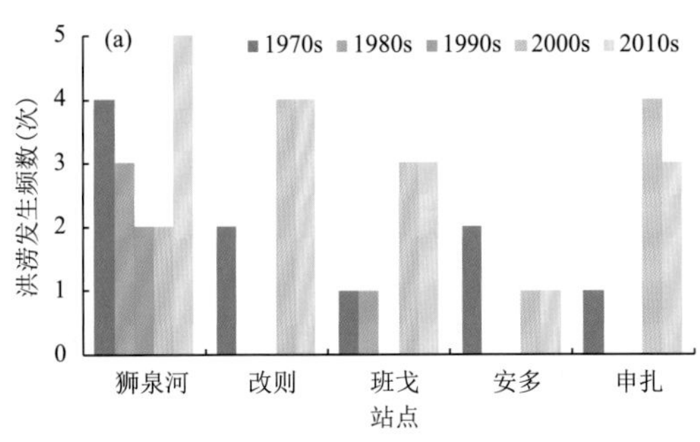

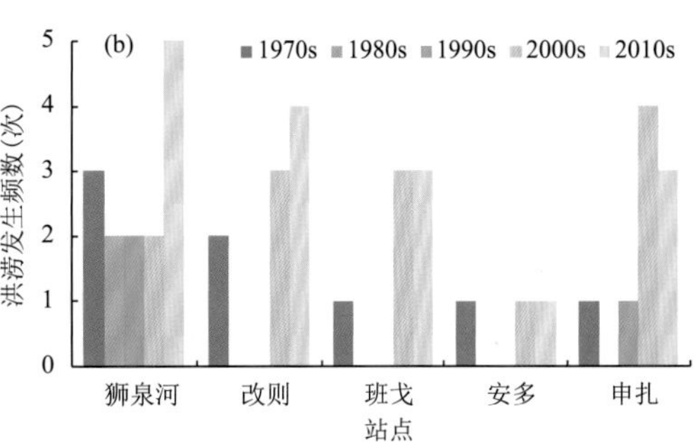

图 2.47　羌塘自然保护区各站汛期(a)和年(b)洪涝频次的年代际变化

2.9.3　雪灾

雪灾是指冬、春季一次强降雪天气或连续性的降雪天气过程后，出现大量积雪(或长时间的积雪)、强降温和大风天气，对农牧业生产和日常生活造成影响、危害的一种气象灾害。

雪灾是那曲地区冬春季最主要、影响最广、破坏力最大的气象灾害。冬、春季，如果出现频繁的降雪天气过程，加之雪后强降温，很容易造成藏北草原大面积的雪灾，其危害极其严重。因降雪时间过长或降雪量过大，积雪覆盖了草场，并且在表面结一层冰壳，使得积雪不能融化而成灾。一旦成灾，牲畜无草吃，膘情较差的牲畜在饥寒交迫下可能大批死亡。同时，大雪常常封路、封山，给交通运输、邮政通讯、国防建设、地质测绘等行业造成不可估量的损失。

2.9.3.1　指标

依据积雪深度和积雪持续日数 2 项要素，来确定冬季和春季牧区雪灾强度等级指标(假拉等，2008)。将雪灾强度等级划分为轻灾、中灾和重灾 3 级(表 2.50)。

表 2.50　雪灾强度等级

雪灾等级	雪灾强度	季节	积雪深度(cm)	积雪持续日数(d)
1	轻度雪灾	冬季	3～4	≥10
		春季	≥5	≥5
2	中等雪灾	冬季	5～9	≥10
		春季	≥10	≥5
3	严重雪灾	冬季	5～9	≥20
		春季	≥10	≥10

2.9.3.2　时空分布

根据羌塘自然保护区各站雪灾发生频率分析(表 2.51)，冬季雪灾主要发生频率为 4%～28%，以安多最高，为 28%，平均 3～4 年一遇；其次是班戈，为 24%，平均约 4 年一遇；申扎最低，为 4%，平均 25 年一遇。各站以轻度雪灾为主，发生频率为 2%～20%，仍以安多最高，平均 5 年一遇；申扎最低，平均 50 年一遇。中等雪灾出现频率在 0%～4%，其中狮泉河、安多较高，都为 4%，平均 25 年一遇；申扎未出现过。严重雪灾发生频率为 2%～4%，以狮泉河、班戈和安多最高，均为 4%，平均 25 年一遇，改则、申扎各出现过 1 次，平均 50 年一遇。春季雪灾仅在班戈、安多发生过，频率分别为 4%和 2%，分别平均 25 年一遇和 50 年一遇。

表 2.51 1971—2020 年羌塘自然保护区各站雪灾发生频率(%)

雪灾等级	雪灾强度	季节	狮泉河	改则	班戈	安多	申扎
1	轻度雪灾	冬季	8.0	6.3	18.0	20.0	2.0
		春季	0	0	4.0	2.0	0
2	中等雪灾	冬季	4.0	2.1	2.0	4.0	0
		春季	0	0	0	0	0
3	严重雪灾	冬季	4.0	2.1	4.0	4.0	2.0
		春季	0	0	0	0	0

羌塘自然保护区雪灾主要集中在10月至翌年2月。以狮泉河、安多为例来分析雪灾发生的时间变化。狮泉河雪灾发生时间主要集中在每年的10月下旬至翌年3月上旬,平均积雪持续日数在45 d以上,最多达134 d(1978—1979年);平均积雪深度为2.8～7.3 cm,最大积雪深度可达13 cm(2013年)。20世纪70—90年代雪灾发生频率较高(图2.48a),其中是1987—1989年连续3年发生雪灾(2次中等雪灾);1978年11月12日至1979年3月25日、2013年1月18日至3月7日发生了严重雪灾,积雪持续时间分别达134 d和49 d。

安多雪灾发生时间主要集中在每年的10月下旬至翌年3月下旬,平均积雪持续日数在32 d以上,最多达154 d(1997—1998年);平均积雪深度为2.3～10.3 cm,最大积雪深度可达16 cm(1997—1998年)。雪灾主要集中在20世纪70年代中期至90年代(图2.48b),其中1983年1月29日至2月18日、1997年10月21日至1998年3月23日发生了严重雪灾,积雪持续时间分别达154 d和21 d。进入21世纪10年代,降雪少,积雪深度浅,持续日数短,未出现过雪灾。

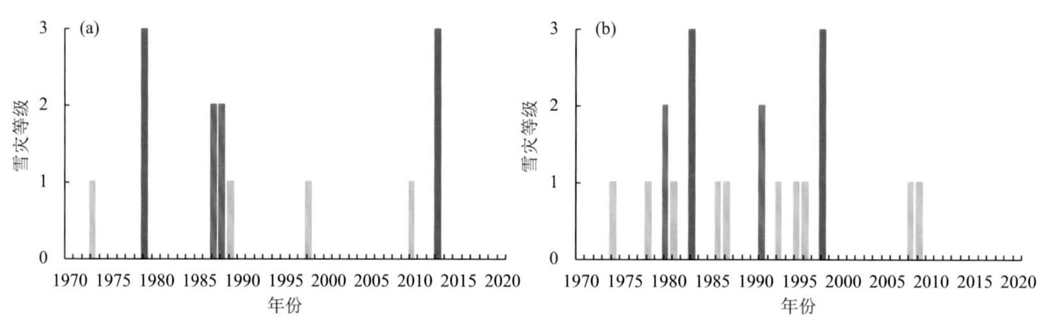

图2.48 1971—2020年羌塘自然保护区雪灾等级变化
(a. 狮泉河,b. 安多)

2.9.4 风灾

风灾指风对农业生产造成的直接和间接危害。直接危害主要是造成土壤风蚀沙化,对作物的机体造成损伤和产生生理危害,同时也影响农事活动和破坏农业生产措施;间接危害是指传播病虫害和扩散污染物等。

若瞬间风速达到17.2 m/s(8级风力)以上称为大风。冬、春季西藏大风特多,风沙较大,故称“风季”。特别是藏北地区,气候干旱,植被稀疏,沙尘和石砾易被风吹起,形成灾害。

2.9.4.1　空间分布

羌塘自然保护区平均年大风日数在 22.7～101.0 d，呈自西向东递增的分布特征（表 2.52）。其中，西部少于 70 d，东部在 80 d 以上，以申扎最多，为 101.0 d；历史上安多最多，高达 283 d（1976 年）。

大风的季节变化规律为冬、春季多，夏、秋季少。从季大风日数的空间分布来看，春季大风日数为 9.6～32.2 d，以安多最多，狮泉河最少。夏季大风日数较少，为 3.8～16.7 d，其中班戈最多，狮泉河最少。秋季大风日数为 2.7～17.9 d，其中东部在 13 d 以上，以申扎最多，狮泉河仍最少。冬季大风日数为 6.7～45.4 d，其中东部在 30 d 以上，以申扎最多，狮泉河最少。

表 2.52　羌塘自然保护区各站年大风日数、季大风日数和季占年大风日数的百分比

站点（区域）	春季		夏季		秋季		冬季		年
	DF(d)	Pav(%)	DF(d)	Pav(%)	DF(d)	Pav(%)	DF(d)	Pav(%)	DF(d)
狮泉河	9.6	42.3	3.8	16.6	2.7	11.7	6.7	29.4	22.7
改　则	22.6	35.6	10.8	17.0	7.4	11.7	22.6	35.6	63.4
班　戈	24.1	28.3	16.7	19.6	13.5	15.8	30.9	36.3	85.1
安　多	32.2	34.6	10.1	10.9	16.1	17.3	34.7	37.2	93.1
申　扎	29.8	29.5	7.9	7.9	17.9	17.7	45.4	45.0	101.0
自然保护区	23.7	32.3	9.8	13.4	11.6	15.8	28.3	38.6	73.4

注：DF 表示大风日数，Pav 表示季占年大风日数的百分比。

2.9.4.2　时间分布

（1）月变化

羌塘自然保护区各站大风日数的月变化为“V”形（图 2.49），1—3 月大风日数最多，而狮泉河 3—5 月大风日数最多；最少值西部出现在 9 月，东部出现在 8 月。就羌塘自然保护区平均而言，1—3 月大风日数较多，以 3 月最高，为 10.3 d；随后快速减少，8 月降至最低，为 1.8 d；进入秋季后，大风明显增多，12 月增至为 8.2 d。

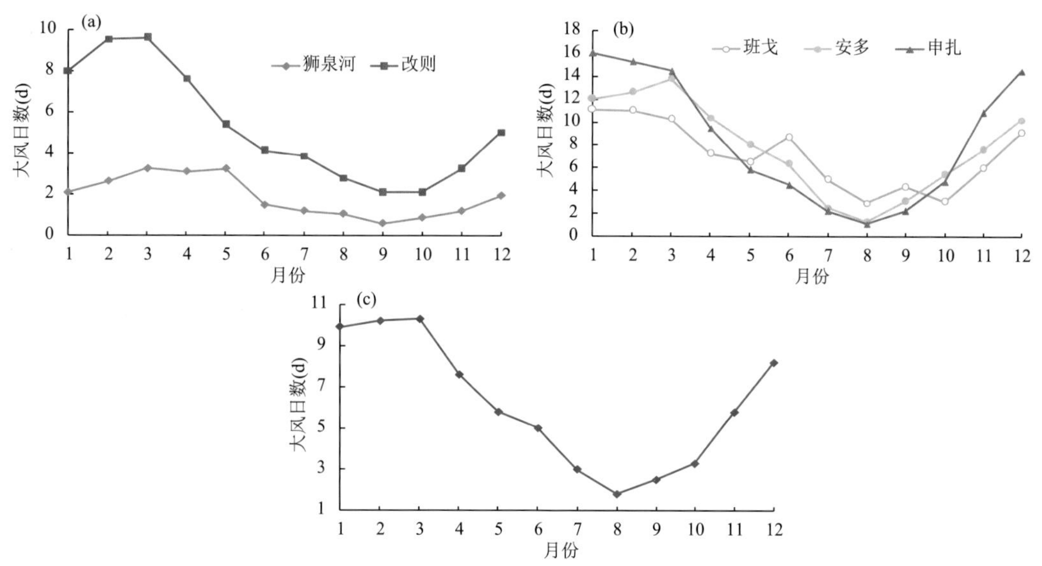

图 2.49　羌塘自然保护区大风日数的月变化
（a 和 b. 各站，c. 自然保护区）

(2)季变化

在季节尺度上(表 2.52),羌塘自然保护区以冬季大风日数最多,占年大风日数的 38.6%;春季次之,占年大风日数的 32.3%;秋季第 3 多,占年大风日数的 15.8%;夏季最少,占年大风日数的 13.4%。在站季大风日数上,狮泉河春季最多,冬季次之,秋季最少;改则春、冬季相当,排第 1,夏季次之,秋季最少;东部 3 站均是冬季最多,其次是春季,安多、申扎夏季最少,班戈秋季最少。

2.9.5 雷灾

雷电是在雷暴天气条件下发生于大气中的一种长距离放电现象,具有大电流、高电压、强电磁辐射等特征。雷暴灾害不仅被联合国列为“最严重的十种自然灾害之一”(Gensini et al.,2014),而且被国际电工委员会称为“电子时代的一大公害”(Ushio et al.,2015)。雷暴日数可表征不同地区雷电活动的频繁程度。

2.9.5.1 空间分布

表 2.53 列出了羌塘自然保护区各站年、季雷暴日数的空间分布,从表中可知,年雷暴日数为 14.2~71.4 d,呈西少东多的分布特征。自然保护区平均年雷暴日数为 49.2 d,以安多最多,狮泉河最少。季雷暴日数的分布与年雷暴日数一致,西部少、东部多。春季雷暴日数为 1.0~8.5 d,区域平均为 4.5 d。夏季是雷暴多发季,各地雷暴日数为 12.3~49.4 d,区域平均为 36.7 d。秋季是第二多雷暴季,各站为 0.9~13.5 d,区域平均为 8.0 d。冬季,区域无雷暴活动。

表 2.53 羌塘自然保护区各站年雷暴日数、季雷暴日数及季占年雷暴日数的百分比

站点(区域)	春季		夏季		秋季		年
	LB(d)	Pav(%)	LB(d)	Pav(%)	LB(d)	Pav(%)	LB(d)
狮泉河	1.0	7.0	12.3	86.6	0.9	6.3	14.2
改　则	2.7	6.5	32.4	78.5	6.2	15.0	41.3
班　戈	5.8	9.4	45.4	73.6	10.5	17.0	61.7
安　多	8.5	11.9	49.4	69.2	13.5	18.9	71.4
申　扎	4.7	8.2	44.0	76.5	8.8	15.3	57.5
自然保护区	4.5	9.1	36.7	74.6	8.0	16.3	49.2

注:LB 表示雷暴日数,Pav 表示季占年雷暴日数的百分比。

2.9.5.2 时间分布

(1)日变化

从羌塘自然保护区雷暴出现次数的日变化来看(图 2.50a),雷暴日变化呈单峰型。03—12 时(北京时,下同)为雷暴少发时段,13 时起雷暴活动开始增加,14—20 时为雷暴活动最集中时段,出现频率达到 72.7%,其中,16 时最为活跃,为 12.4%;夜间 21—02 时出现频率 17.9%。这主要是受太阳对地表加热的影响,地表温度迅速升高,加之复杂的地形抬升作用,对流急剧加强,造成 16—20 时雷暴活动频繁。从各站来看(图 2.50b),雷暴主要集中在 14—20 时,出现频率为 69.2%(改则)~74.4%(班戈)。各站雷暴峰值出现时间各异,班戈出现在 15 时,频率为 12.9%;改则和安多在 16 时,频率分别为 12.7%、12.9%;申扎、狮泉河分别出现在 17 时和 18 时,频率依次为 12.3%和 15.6%。

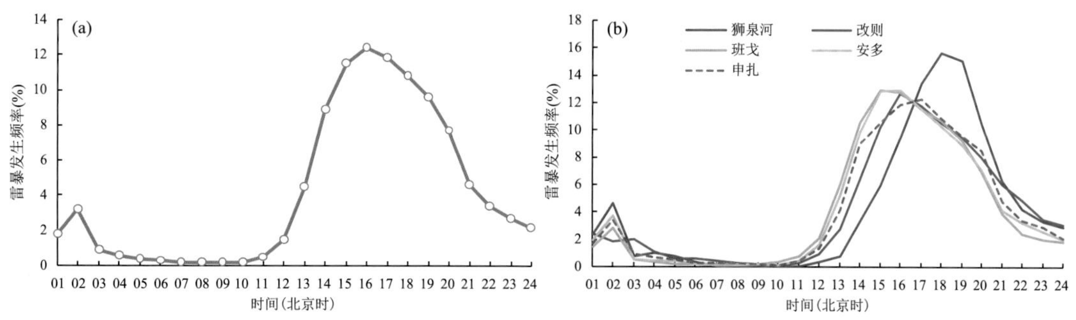

图 2.50　羌塘自然保护区雷暴的日变化
(a. 自然保护区，b. 各站)

(2)月变化

羌塘自然保护区雷暴日数的月变化呈单峰型(图 2.51a)，峰值出现在 7 月，为 13.6 d；8 月次之，为 13.5 d；11 月至翌年 3 月未出现雷暴。雷暴主要集中在 5—9 月，为 44.1 d，占年雷暴日数的 97.6%。从各站来看(图 2.51b)，雷暴也主要集中在 5—9 月，为 14.2～68.8 d，分别占年雷暴日数的 96.4%(安多)～100%(狮泉河)；雷暴峰值西部出现在 8 月，东部出现 7 月。

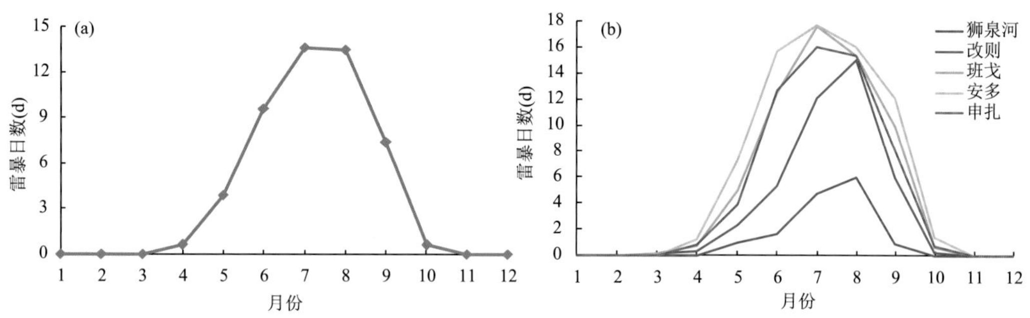

图 2.51　羌塘自然保护区部分站点雷暴日数的月变化
(a. 自然保护区，b. 各站)

(3)季变化

在季节尺度上(表 2.53)，羌塘自然保护区以夏季雷暴日数最多，占年雷暴日数的 74.6%；秋季次之，占年雷暴日数的 16.3%；春季也时有发生，占年雷暴日数的 9.1%；冬季无雷暴。

2.9.6　雹灾

冰雹是一种短时强烈的天气现象，虽然它的发生、发展及危害过程只有短短数十分钟，但常常会给农牧业生产造成严重损失，是在温暖季发生的一种局部性气象灾害。

2.9.6.1　空间分布

羌塘自然保护区年冰雹日数为 1.0～19.7 d，呈自西向东递增的分布特征(表 2.54)。其中，东部出现最多，在 10 d 以上，以班戈最多，为 19.7 d；其次是安多，为 18.7 d。西部出现冰雹日数较少，不足 10 d，尤其是狮泉河很少，仅有 1.0 d。各地春季冰雹日数不足 1.0 d，仅为

0.1～0.8 d。夏季是冰雹的最多季，雹日为 0.7～14.6 d，自然保护区平均雹日为 8.6 d，其分布与年雹日分布相同，以班戈最多，狮泉河最少。秋季冰雹日数为 0.2～4.5 d，其中安多最多，为 4.5 d。冬季各地均未出现过冰雹。

表 2.54　羌塘自然保护区各站年冰雹日数、季冰雹日数及季占年冰雹日数的百分比

站点(区域)	春季		夏季		秋季		年
	Bb(d)	Pav(%)	Bb(d)	Pav(%)	Bb(d)	Pav(%)	Bb(d)
狮泉河	0.1	6.9	0.7	72.4	0.2	20.7	1.0
改　则	0.4	5.3	5.6	74.8	1.5	19.9	7.5
班　戈	0.6	3.2	14.6	74.3	4.4	22.5	19.7
安　多	0.8	4.3	13.4	71.7	4.5	24.0	18.7
申　扎	0.4	3.5	8.5	74.0	2.6	22.5	11.5
自然保护区	0.5	4.3	8.6	73.5	2.6	22.2	11.7

注：Bb 表示冰雹日数，Pav 表示季占年冰雹日数的百分比。

2.9.6.2　时间分布

(1)日变化

自然保护区降雹具有明显的日变化特征，加勇次成等(2019)根据 1971—2017 年 5 个站 3754 次的降雹资料统计分析(图 2.52a)，自然保护区冰雹在一天 24 h 内任意时段均有发生，主要集中在午后至傍晚(12—20 时)，出现频率高达 83.7%。其中，以 12—18 时最为集中，频率为 72.2%；而 01—10 时，出现冰雹频率较低，为 5.2%。从各站来看(图 2.52b)，同样降雹集中在午后至傍晚，出现频率为 81.4%(申扎)～86.7%(狮泉河)。降雹峰值，东部出现在 14 时，频率为 13.8%～15.4%；西部的狮泉河、改则分别出现在 16 时和 15 时，频率分别为 21.2%和 14.2%。

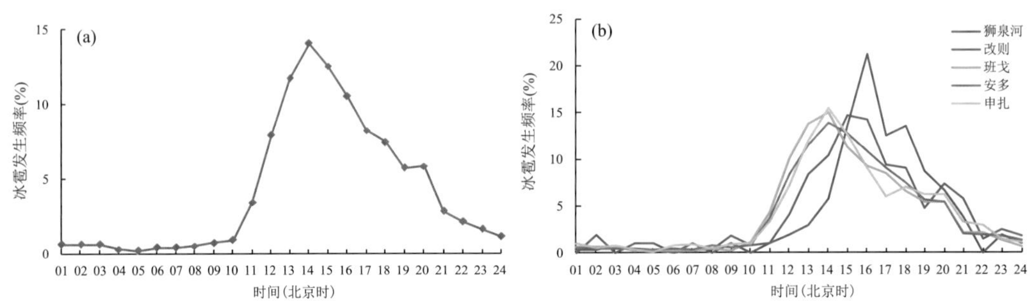

图 2.52　羌塘自然保护区冰雹的日变化
(a. 自然保护区，b. 各站)

由于对流云体的尺度、移动速度与观测站的相对位置以及观测人员的判断能力等因素差异较大，观测降雹持续时间的差异也有所不同。根据降雹资料分析(图 2.53)，自然保护区最长的降雹持续时间可达 67 min，最短则在 1 min 之内，降雹平均持续时间为 6.6 min。大多数降雹持续时间为 1～10 min，出现频率为 60.1%；持续时间在 1 min 之内的，出现频率为 18.6%；持续时间在 10 min 以上的，出现频率为 21.2%。

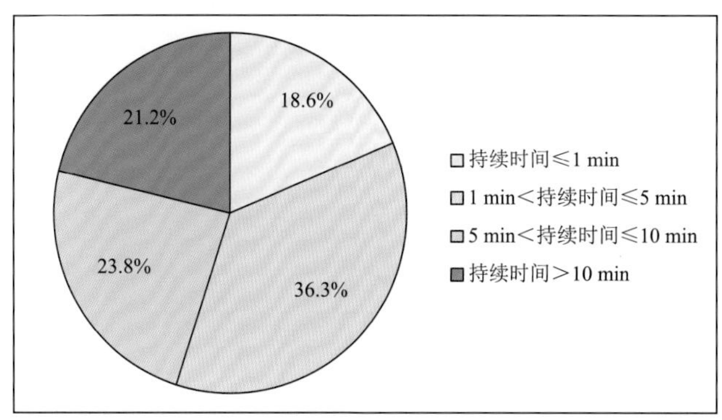

图 2.53　自然保护区冰雹持续时间发生频率

(2)月变化

羌塘自然保护区冰雹具有季节性强、雹日高度集中的特征。各站 11 月至翌年 3 月为无雹时段，冰雹主要出现在 6—9 月，除狮泉河外，其他 4 个站 4 月和 10 月都出现过冰雹(图 2.54a，b)。自然保护区冰雹日数月变化呈单峰型(图 2.54c)，1—3 月为无雹期，4—5 月冰雹开始出现，6 月雹日快速增加，6 月较 5 月约增加 7.5 倍，7—8 月各地冰雹日数达到峰值，9 月略有减少，而 10 月雹日急剧减少，11—12 月进入无雹时段。

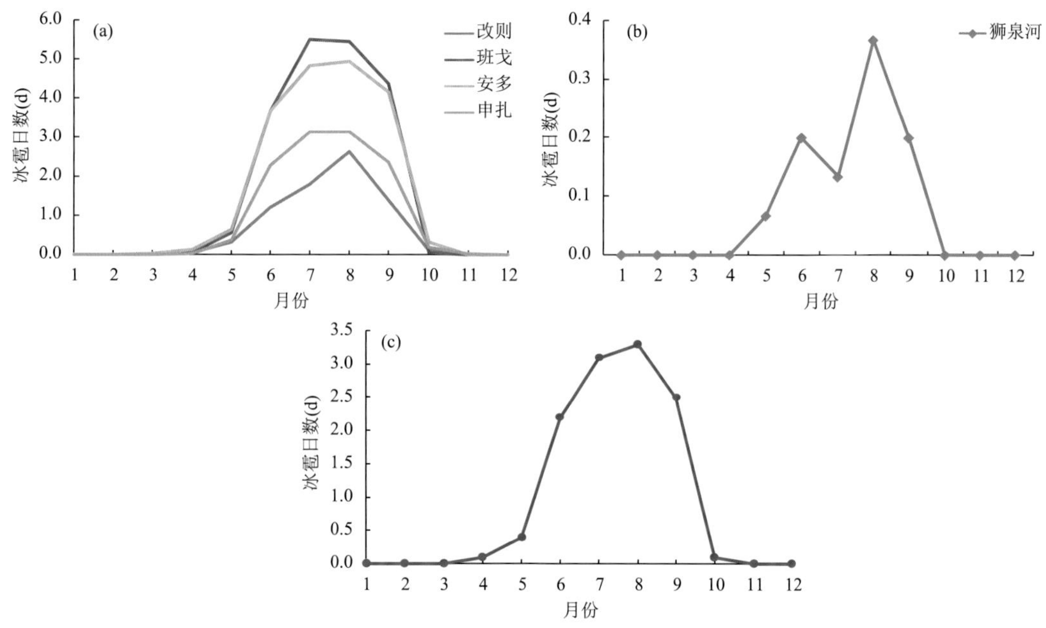

图 2.54　羌塘自然保护区部分站点冰雹日数的月变化
(a 和 b. 各站，c. 自然保护区)

(3)季变化

在季节尺度上(表 2.54)，羌塘自然保护区以夏季冰雹日数最多，占年冰雹日数的 73.5%；秋季次之，占年冰雹日数的 22.2%；春季也有发生，只占年冰雹日数的 4.3%；冬季无冰雹。

第3章　羌塘国家级自然保护区大气圈的变化

区域性的气候变化是在全球气候变化的背景下产生的，但由于区域内本身的自然影响因素的特殊性，使得即使在同一全球气候变化趋势下，各区域的气候变化也不尽相同，各具特点。近年来随着全球变化研究的深入，特殊生态系统、特殊地域对全球变化，特别是对气候变化的响应问题也渐渐成为科学研究的热点（Watson，2001）。本研究利用羌塘自然保护区 1971—2020 年的光、温、水等气象资料分析自然保护区近 50 年的气候变化特征，以说明羌塘自然保护区气候变化在全球气候变化中所体现出的区域特点。

3.1　基本气候要素

3.1.1　日照时数

随着气候变化影响的不断加剧，全球太阳辐射量呈逐年降低趋势，"全球变暗"成为全球变化研究的一个重要内容（Stanhill et al.，2001；Wild et al.，2005）。日照是太阳辐射最直观的表现形式，也是温度、风速和降水等气象要素的能量来源，其变化将影响到太阳辐射量、地面水平能见度，以及农作物的产量和品质，对人类生活可能造成一定影响。特别是近年来，针对全球变化和大气污染日趋严重背景下的日照时数的变化特征受到广泛的关注。

关于日照时数变化的研究，在中国已有大量成果，如青藏高原（毛飞 等，2006；杜军 等，2007a；祁栋林 等，2015）、黄河流域（徐宗学 等，2005；买苗 等，2006）、长江流域（韩世刚 等，2012；黄菊梅 等，2014）、华北地区（龚宇 等，2007；Yang et al.，2009）、西北地区（陈少勇 等，2010；肖莲桂 等，2017）、西南和华南地区（Li et al.，2011；Zong et al.，2012）等，这些地方大部区域日照时数持续下降，个别地方如南疆、青海的局地日照时数有增加。肖风劲等（2020）基于中国 2089 个气象台站 1961—2017 年的观测数据，分析了中国不同区域日照时数时空变化特征及影响因素。结果表明：中国年日照时数的空间分布特征为"南少北多"，并呈显著减少趋势，其速率为−45.8 h/10a；从季节上看，夏季下降速率最快，其次是秋季和冬季，春季变化幅度最小。在全球，大多数地区如美洲、欧洲、亚洲印度等地日照时数均呈现不同程度的减少（Power，2003；Matzarakis et al.，2006；Gianna et al.，2013；Urban et al.，2018）。

羌塘自然保护区太阳能资源丰富，日照时间长、辐射强。自然保护区年太阳总辐射为 3 500～7 575 MJ/m^2，年日照时数为 2 763.6～3 510.4 h。本研究采用现代气候统计分析方法，分析了羌塘自然保护区近 50 年（1971—2020 年）日照时数的年际、年代际变化和气候突变特征。

3.1.1.1　年际变化

从图 3.1 可知，1971—2020 年羌塘自然保护区年日照时数呈显著减少趋势，平均每 10 年减少 23.92 h(P<0.01)，主要表现在夏季，为－18.01 h/10a(P<0.001)；春、秋两季也趋于减少，分别为－5.80 h/10a 和－3.37 h/10a(均未通过显著性检验)；冬季日照时数却趋于增加，增幅为 2.87 h/10a(未通过显著性检验)。自 20 世纪 90 年代以来，四季日照时数均表现为减少趋势，为－3.04～－29.26 h/10a，仍以夏季减幅最明显(P<0.01)，其次是春季，为－16.67 d/10a(P<0.05)，冬季减幅最小；而年日照时数减幅变得更大，达－54.16 h/10a(P<0.01)。

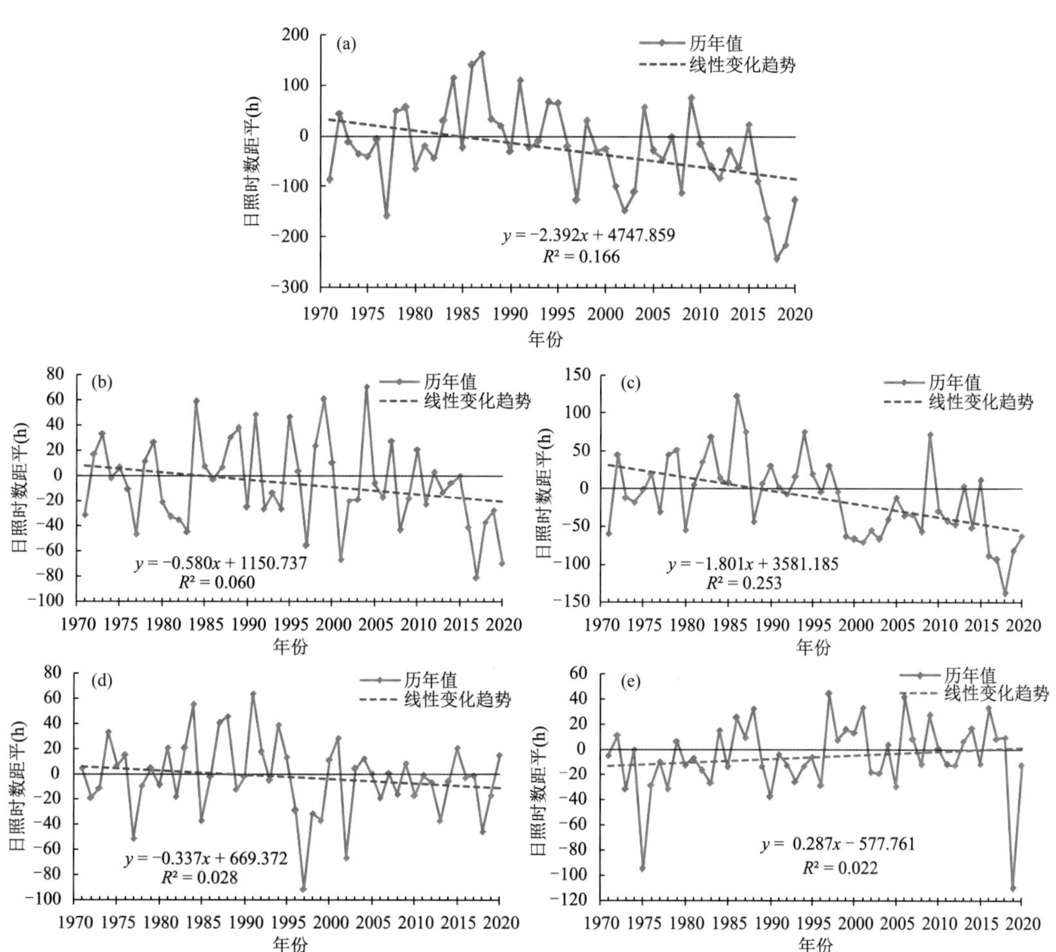

图 3.1　1971—2020 年羌塘自然保护区年、季日照时数变化

(a. 年，b. 春季，c. 夏季，d. 秋季，e. 冬季)

从日照时数变化趋势的空间分布来看(表 3.1)，近 50 年(1971—2020 年)羌塘自然保护区各站年日照时数均呈减少趋势，平均每 10 年减少 4.03～64.68 h，以班戈减幅最大(P<0.001)，其次是申扎，为－27.73 h/10a(P<0.05)，改则减幅最小。进入 20 世纪 90 年代以来，年日照时数在安多站基本无明显趋势变化，其他各站仍表现为减少趋势，为－13.83～－134.88 h/10a，其中狮泉河减幅最大，是最小值申扎的 9.75 倍；改则次之，为－70.75 h/10a

($P<0.01$)。就四季日照时数变化趋势而言，近50年夏、秋两季各地都表现为减少趋势，以夏季减幅明显；春季，除改则为增加趋势外，其他各站均趋于减少；而冬季，西部趋于增加，东部大部站点倾向于减少。近30年(1991—2020年)春、秋季各地日照时数均趋于减少，秋、冬两季日照时数安多和申扎2个站为增加趋势，其余3站均呈减少趋势。

表 3.1 1971—2020 年羌塘自然保护区各站年、季日照时数的变化趋势(h/10a)

时间	西部		东部		
	狮泉河	改 则	班 戈	安 多	申 扎
春季	−1.92/−36.01****	3.65/−20.75**	−17.47****/−14.57	−4.35/−4.11	−8.98*/−7.89
夏季	−17.92***/−58.29****	−19.03***/−39.76***	−33.70****/−31.22**	−9.33/−5.28	−16.12**/−11.79
秋季	−4.41/−16.93***	−2.56/−9.36	−10.11**/−2.30	−0.43/0.94	−1.97/4.30
冬季	1.12/−22.62****	13.61****/−1.03	−3.80/−3.22	6.29/9.94	−0.71/1.76
年	−22.74*/−134.88****	−4.03/−70.75***	−64.68****/−51.55**	−7.24/0.19	−27.73**/−13.83

注：*，**，***，****表示分别通过0.1,0.05,0.01和0.001显著性检验，下同；“/”前后数字分别表示1971—2020年和1991—2020年的变化趋势，下同。

3.1.1.2 年代际变化

根据近50年(1971—2020年)羌塘自然保护区年、季日照时数的年代际变化来看(表3.2)，在10年际变化尺度上，20世纪70年代一年四季日照时数偏少，以冬季最为明显；20世纪80—90年代年日照时数偏多，以80年代偏多明显，主要表现在夏、秋两季，而90年代偏多主要是春季日照时数偏多引起的；进入21世纪初10年，年日照时数明显偏少，较平均值偏少42.6 h，究其原因是因春、夏、秋3季日照时数均偏少造成的，尤其是夏季偏少最突出；在21世纪10年代，一年四季日照时数均偏少，以夏季最为明显，其次是春季。在30年际尺度上(图表略)，1991—2020年与1971—2000年相比，年日照时数偏少54.2 h，其中冬季偏多6.0 h，其他3季偏少7.4～41.1 h，减幅以夏季最大、秋季最小。

表 3.2 1971—2020 年羌塘自然保护区年、季日照时数年代际距平(h)

年份	春季	夏季	秋季	冬季	年
1971—1980年	−1.6	−1.2	−3.6	−19.4	−25.8
1981—1990年	0.1	32.9	11.2	−3.2	41.0
1991—2000年	7.2	0.0	−4.8	−0.7	1.7
2001—2010年	−7.2	−32.8	−6.4	3.8	−42.6
2011—2020年	−29.4	−59.2	−8.1	−8.3	−105.0

注：距平为各年代平均值与1981—2010年平均值的差，下同。

3.1.1.3 突变分析

从1971—2020年羌塘自然保护区年日照时数的M-K突变检验来看(图3.2a)，UF曲线在1971—1995年呈振动上升，之后快速下降，UF曲线在2017年超过了−1.96线，表明日照时数减少趋势明显。UF和UB曲线在2016年出现交叉，交叉点位于±1.96之间，即确定2016年发生了气候突变，由偏多期跃变为偏少期，突变后的日照时数较突变前偏少5.4%。同理，春、夏两季日照时数分别在2015年、2008年发生气候突变，也是由相对偏多期跃变为偏少期，突变后的日照时数较突变前分别偏少 4.4% 和 5.6%。秋、冬两季日照时数未发生气候突变（表 3.3）。

从图 3.2b 来看，班戈站年日照时数 UF 曲线在 1971—1987 年呈波动上升，1987 年以后转入下降阶段，UF 和 UB 曲线在 1995—1996 年出现交叉，交叉点位于 ±1.96 之间，1997 年后下降趋势通过 0.05 的显著性检验，突变后的日照时数较突变前偏少 6.6%。同理，申扎站有 3 个突变点，分别为 1991 年、2003 年和 2014 年，其中 2003 年是由下降阶段变为增加阶段的转折点，1991 年和 2014 年是由偏多阶段转为偏少阶段的突变点（表 3.3）。狮泉河年日照时数突变时间较晚，出现在 2016 年，是由偏多阶段跃变为偏少阶段的转折点。在季尺度上（表 3.3），春季日照时数只在班戈、申扎 2 个站上发生了突变，突变时间分别为 1993 年和 2014 年；夏季日照时数在狮泉河、改则和班戈 3 个站上发生了突变，其中班戈站突变时间较早，为 1998 年；秋季日照时数仅在班戈站 1991 年发生了由偏多阶段跃变为偏少阶段的突变；冬季日照时数，除班戈站没有发现突变点外，其他 4 个站均出现了不同于其他季节的突变点，是由偏少阶段跃变为偏多阶段，突变时间以狮泉河最早、安多最迟，分别为 1976 年和 2005 年，两者相差 29 年。

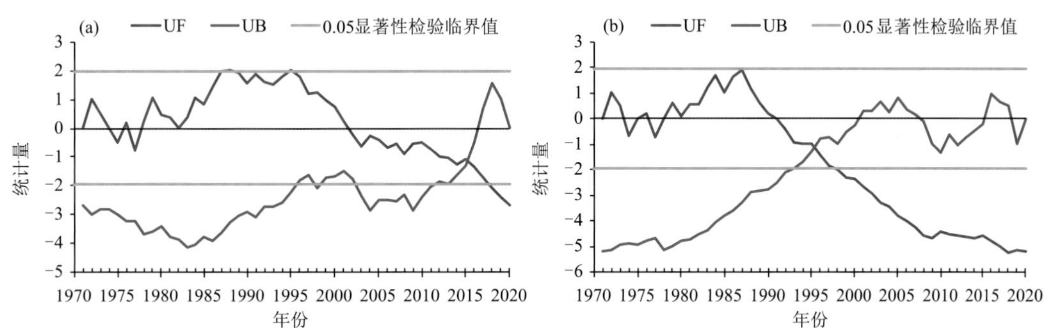

图 3.2　1971—2020 年羌塘自然保护区年日照时数的 M-K 检验

（a. 自然保护区，b. 班戈站）

表 3.3　1971—2020 年羌塘自然保护区各站年、季日照时数突变时间

站点（区域）	春季	夏季	秋季	冬季	年
狮泉河	/	2015↓	/	1976↑	2016↓
改　则	/	2013↓	/	1986↑	/
班　戈	1993↓	1998↓	1991↓	/	1994↓
安　多	/	/	/	2005↑	/
申　扎	2014↓	/	/	1999↑	1991↓ 2003↑ 2014↓
自然保护区	2015↓	2008↓	/	/	2016↓

注："/"表示无突变年，"↓"表示减少，"↑"表示增加。

3.1.2　平均气温

已有的研究表明，青藏高原地区年平均气温变化具有总体一致性，从 20 世纪 60 年代以来一直是逐渐升高的。近 50 年来高原的气温倾向率达到 0.37 ℃/10a，远高于全国的升温水平（0.16 ℃/10a），且研究时段距今越近，气温倾向率越大，表明近期变暖更为明显（刘晓东 等，

1998;蔡英 等,2003;李林 等,2010)。在空间分布上,青藏高原气温呈整体一致升高,并且有西高东低、南北反相的变化形态(宋辞 等,2012)。高原年平均气温呈波动上升趋势,在20世纪50年代较高,60—70年代则经历了一个相对较低的时期,80年代中期气温开始加速升高,90年代升温更加剧烈,1998年是高原近50年来最暖的一年。总体来讲,高原近50年气温变化可以分为3个时段,20世纪60年代初为暖期,60年代中期至80年代初为气候较冷期,80年代中后期为暖期(蔡英 等,2003)。高原的气温变化也存在季节性差异。高原四季气温普遍上升,其中秋、冬季变暖最为显著(任国玉 等,2005;刘桂芳 等,2010),尤其是在高海拔地区(刘晓东 等,1998)。而春、夏季升温并不明显,局部地区夏季表现出微弱降温趋势(刘晓东 等,1998;李林 等,2010;刘桂芳 等,2010)。低海拔地区则表现为春、冬季升温明显,夏、秋季不明显(周宁芳 等,2005)。西藏高原气温显示出快速升高的特征,1960—2012年,西藏高原气温升温率为0.3～0.4 ℃/10a,大约是全球同期升温率的2倍(Hartmann et al.,2013)。

本研究利用1971—2020年羌塘自然保护区周边5个气象站逐月平均气温资料,分析了近50年羌塘自然保护区年、季平均气温的时空变化特征。

3.1.2.1 年际变化

在全球变暖的大背景下,羌塘自然保护区气候呈显著变暖趋势(表3.4),近50年(1971—2020年)自然保护区年平均气温以0.46 ℃/10a的速率显著升高($P<0.001$,图3.3),明显高于同期全球平均地表温度的升温率(0.18 ℃/10a,$P<0.001$)和亚洲的升温率(0.31 ℃/10a,$P<0.001$,图3.4)。尤其是近30年(1991—2020年)升温更为明显,升温率达0.56 ℃/10a($P<0.001$)。从季节变化来看,近50年羌塘自然保护区四季平均气温升温率为0.36～0.53 ℃/10a($P<0.001$),升幅以冬季最大,其次是秋季,为0.52 ℃/10a,夏季最小;近30年冬季升温率达0.83 ℃/10a,是春季升温率(0.29 ℃/10a)的2.86倍。

表3.4　1971—2020年自然保护区各站年、季平均气温和气温年较差变化趋势(℃/10a)

站点(区域)	平均气温					气温年较差
	春季	夏季	秋季	冬季	年	
狮泉河	0.53****/0.63****	0.44****/0.32**	0.64****/0.67****	0.59****/0.53	0.55****/0.55****	−0.12/−0.53
改　则	0.47****/0.44****	0.43****/0.39**	0.55****/0.87****	0.74****/1.07****	0.45****/0.70****	−0.28/−0.64
班　戈	0.32****/0.11	0.40****/0.41***	0.51****/0.79****	0.52****/0.86****	0.45****/0.55****	−0.08/−0.31
申　扎	0.22****/0.06	0.28****/0.32**	0.36****/0.70****	0.33****/0.59***	0.31****/0.42****	−0.02/−0.08
安　多	0.22***/0.19	0.30****/0.42****	0.49****/0.82***	0.53****/1.06***	0.39****/0.64****	−0.34*/−1.01**
自然保护区	0.36****/0.29**	0.38****/0.38***	0.52****/0.77****	0.53****/0.83****	0.46****/0.56****	−0.14/−0.52

就平均气温变化趋势的空间分布而言(表3.4),近50年(1971—2020年)自然保护区各站年平均气温均呈升高趋势,平均每10年升高0.31～0.55 ℃($P<0.001$),以狮泉河升幅最大,其次是改则和班戈,均为0.45 ℃/10a,申扎升幅最小。就四季平均气温变化趋势而言,近50年四季各地平均气温都表现为升高趋势,升温率为0.22～0.74 ℃/10a,其中狮泉河、申扎2站秋季升温率最高,其他3站冬季升温率最高。近30年(1991—2020年),年平均气温在各站上仍表现为显著的升高趋势,为0.42～0.70 ℃/10a($P<0.001$),其中改则升幅最为明显,安多次之,申扎最小。春季除狮泉河升温率增大外,其他各站均有所变小,以申扎较为明显,仅为0.06 ℃/10a;夏季在西部升温率变小,东部升温率增大,以安多升温率最大,为0.42 ℃/10a;

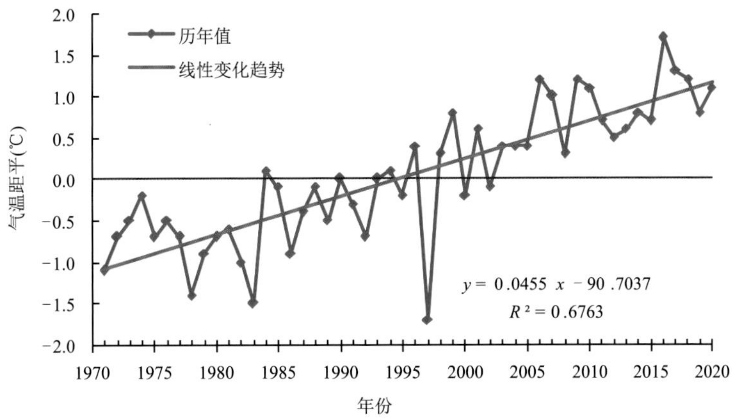

图 3.3　1971—2020 年羌塘自然保护区地表面年平均气温距平的变化

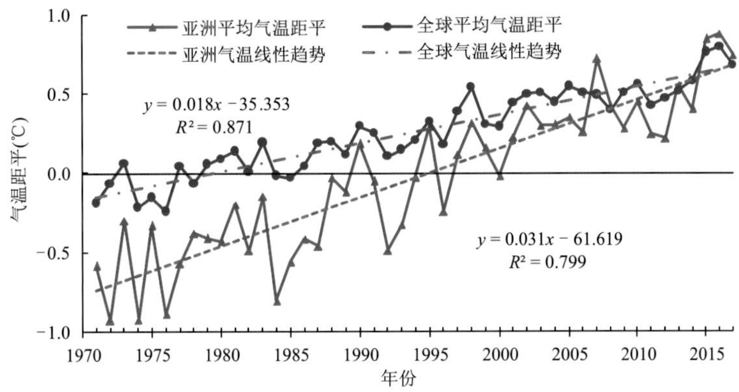

图 3.4　1971—2017 年全球和亚洲地表面年平均气温距平变化

秋季升温率在所有站上都增大，为 0.67～0.87 ℃/10a($P<0.01$)；冬季除狮泉河升温率变小外，其他各站均趋于增大，为 0.59～1.07 ℃/10a($P<0.01$)。

从气温年较差变化趋势的空间分布来看(表 3.4)，近 50 年(1971—2020 年)自然保护区各站气温年较差均表现为减小趋势，平均每 10 年减小 0.02～0.34 ℃，以安多减幅最大($P<0.10$)，其次是改则，为－0.28 ℃/10a，申扎减幅最小。近 30 年(1991—2020 年)，除申扎外，其他各站气温年较差的减幅更明显，为－0.31～－1.01 ℃/10a。就自然保护区平均而言，近 50 年气温年较差趋于变小，为－0.14 ℃/10a，尤其是近 30 年较为明显，平均每 10 年减小 0.52 ℃。

3.1.2.2　年代际变化

表 3.5 给出了近 50 年(1971—2020 年)自然保护区年、季平均气温的年代际变化，分析表明，在 10 年际变化尺度上，20 世纪 70—80 年代一年四季平均气温均偏低，其中，70 年代以夏、冬两季最为明显，80 年代以秋、冬两季最低；90 年代年平均气温偏低，主要表现在冬季；21 世纪初的 20 年，一年四季平均气温均偏高，其中 21 世纪初 10 年以冬季偏高最为明显，21 世纪 10 年代以秋季偏高最明显，其次是冬季。在 30 年际变化尺度上(图表略)，1991—2020 年与 1971—2000 年相比，年平均气温偏高 1.0 ℃，四季偏高 0.8～1.2 ℃，以冬季最大。

如图 3.5 所示，自然保护区气温年较差的年代际距平在 20 世纪 80—90 年代偏大，以 90 年代最明显，较常年偏大 0.9 ℃；20 世纪 70 年代和 21 世纪 10 年代正常；21 世纪初 10 年明显偏小，较常年偏小 1.2 ℃，是近 50 年里最小的 10 年。在 30 年际变化尺度上(图表略)，1991—2020 年与 1971—2000 年相比，气温年较差偏小 0.4 ℃。

表 3.5　1971—2020 年自然保护区年、季平均气温年代际距平(℃)

年份	春季	夏季	秋季	冬季	年
1971—1980 年	−0.7	−0.8	−0.6	−0.8	−0.7
1981—1990 年	−0.5	−0.3	−0.6	−0.6	−0.5
1991—2000 年	0.1	0.0	−0.1	−0.7	−0.2
2001—2010 年	0.5	0.3	0.5	1.3	0.7
2011—2020 年	0.6	0.7	1.4	1.0	0.9

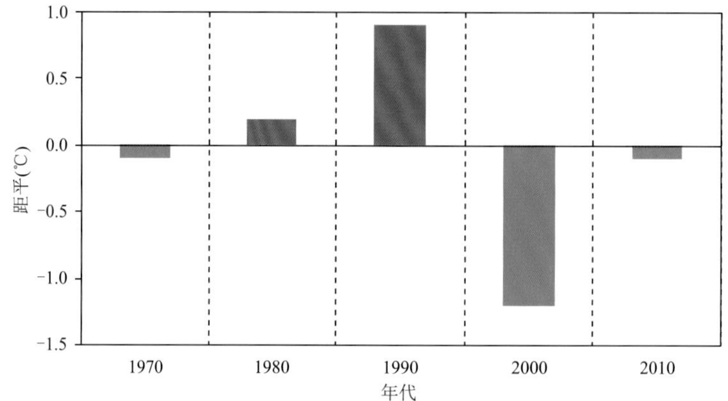

图 3.5　1971—2020 年自然保护区气温年较差的年代际变化

3.1.2.3　突变分析

采用 M-K 检验方法分析了 1971—2020 年自然保护区年平均气温的突变时间，如图 3.6a 所示，UF 曲线在 1971—1984 年呈“∧”形变化，之后至 2020 年快速上升，UF 曲线在 1991 年超过了＋1.96 线，表明平均气温升高趋势明显。UF 和 UB 曲线在 1996 年出现交叉，确定 1996 年发生了突变，由相对偏冷期跃变为相对偏暖期，突变后的年平均气温较突变前偏高了 1.2 ℃。同理，四季平均气温分别在 1996 年、1992 年、1997 年和 2002 年发生了气候突变(图 3.6b～e)，其中夏季突变时间较早，较冬季早了 10 年。突变都是由相对偏冷期跃变为偏暖期，突变后的平均气温较突变前分别偏高 1.0 ℃、1.0 ℃、1.3 ℃和 1.8 ℃，以冬季最为明显。气温年较差未发生突变。

3.1.3　平均最高气温和最低气温

在全球气候变化的背景下，青藏高原最高、最低气温变化也各有不同。研究表明，高原近 50 年来最高、最低气温升温幅度呈不对称性，最低气温升温率(0.41 ℃/10a)远高于最高气温升温率(0.18 ℃/10a)(Liu et al.,2006)。最高气温在 20 世纪 50 年代较高，60 年代开始下降，随后稳定慢升至今；最低气温在 1950—1962 年呈下降趋势，1963—1968 年较稳定，20 世纪 70

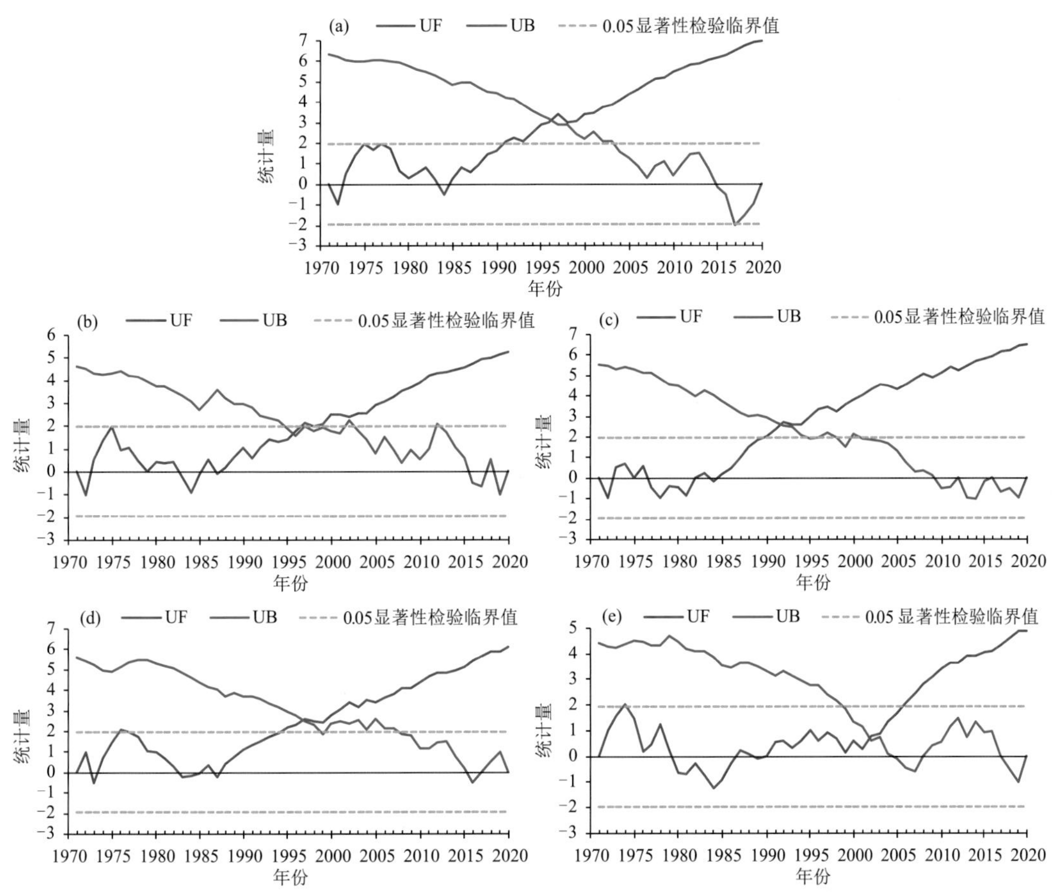

图 3.6　1971—2020 年羌塘自然保护区年、季平均气温的 M-K 检验
(a. 年，b. 春季，c. 夏季，d. 秋季，e. 冬季)

年代开始持续上升到 2000 年达到最高(宋辞 等，2012)。高原最高、最低升温呈季节性变化，升高主要在冬季，春、夏季不是很显著，春季最高气温在局部地区甚至有下降趋势，这可能与日照条件和西风指数的变化有关(刘新伟 等，2006)。最低气温四季都呈升高趋势，夏季最弱，这可能与大气水汽含量有关(翟盘茂 等，1997)。杜军(2003)分析认为，1971—2000 年西藏高原普遍存在非对称变化现象，以平均最高气温(T_{max})、平均最低气温(T_{min})显著上升，但 T_{min} 上升幅度大于 T_{max} 为主要类型。T_{max} 上升主要表现在夏季，T_{min} 上升以秋季最为明显。T_{min} 升幅随海拔高度的升高而增大，T_{max} 在 3 000～4 000 m 高度地区升温最大。

本研究利用 1971—2020 年羌塘自然保护区周边 5 个气象站逐月平均最高气温、最低气温资料，分析了近 50 年羌塘自然保护区年、季平均最高和最低气温的时空变化特征。

3.1.3.1　年际变化

近 50 年(1971—2020 年)自然保护区年 T_{max}、T_{min} 都表现显著的升高趋势(图 3.7)，升温率分别为 0.35 ℃/10a(P＜0.001)和 0.58 ℃/10a(P＜0.001)，主要表现在秋、冬两季(表 3.6)。近 30 年(1991—2020 年)，年 T_{max}、T_{min} 的升温幅度更为明显，平均每 10 年分别升高 0.52 ℃(P＜0.001)和 0.70 ℃(P＜0.001)，除秋季 T_{max}、T_{min} 升温率相当外(0.80 ℃/10a、

0.81 ℃/10a)，其他 3 季 T_{min} 升温率明显高于 T_{max} 升温率。

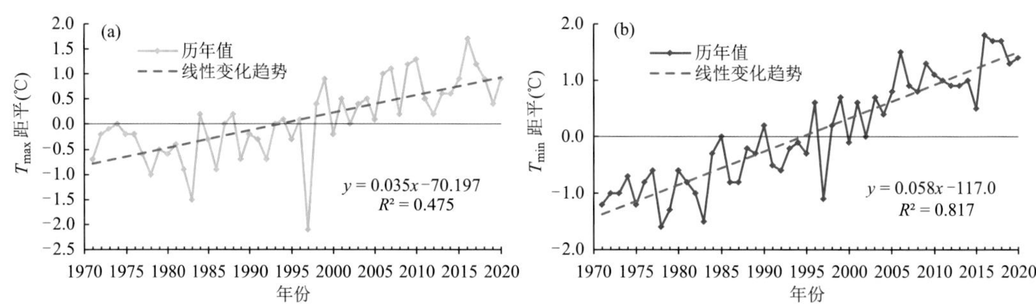

图 3.7　1971—2020 年羌塘自然保护区年 T_{max}(a)和 T_{min}(b)变化

从地域分布上来看(表 3.6)，各站年 T_{max} 均呈显著升高趋势，升幅为 0.27～0.42 ℃/10a($P<0.001$)，以狮泉河最大，安多最小；各地冬季 T_{max} 上升明显，升温率为 0.30～0.56 ℃/10a($P<0.01$)；夏季 T_{max} 升温率为 0.10～0.30 ℃/10a($P<0.10$)。大部分站点 T_{min} 升温幅度高于 T_{max}，年 T_{min} 升温率为 0.30～0.82 ℃/10a($P<0.001$)，以改则最大；四季 T_{min} 均呈显著升高趋势，以冬季 T_{min} 升幅最明显，为 0.34～1.03 ℃/10a($P<0.01$)，特别是近 30 年改则升温率达 1.36 ℃/10a($P<0.001$)。近 50 年夏季 T_{min} 升温率为 0.35～0.76 ℃/10a($P<0.01$)，其中狮泉河升幅最大、申扎最小。

表 3.6　1971—2020 年羌塘自然保护区各站 T_{max} 和 T_{min} 变化趋势(℃/10a)

站点(区域)	年	春季	夏季	秋季	冬季
狮泉河	0.42****/0.78****	0.43****/0.70****	0.26****/0.76****	0.43****/0.92****	0.56****/0.73****
改　则	0.38****/0.82***	0.30***/0.79****	0.27***/0.73****	0.41****/0.74****	0.55****/1.03****
班　戈	0.35****/0.59****	0.26***/0.47****	0.30****/0.56****	0.43****/0.61****	0.38***/0.59****
申　扎	0.30****/0.30****	0.20**/0.21****	0.27****/0.35****	0.44****/0.30***	0.30***/0.34****
安　多	0.27****/0.52****	0.36**/0.45****	0.10/0.47****	0.21**/0.57***	0.36**/0.61****
自然保护区	0.35****/0.58****	0.27***/0.51****	0.28****/0.57****	0.43****/0.62****	0.43****/0.65****

注:“/”前后数据分别表示 T_{max} 和 T_{min} 的变化趋势。

从表 3.7 中可以看出，近 50 年(1971—2020 年)自然保护区年气温日较差(DTR)除申扎站无变化外，其他站点表现为减小趋势，为−0.24～−0.44 ℃/10a($P<0.001$)，其中改则最大，其次是狮泉河，为−0.36 ℃/10a。在季节上，改则、安多以春季减小幅度明显，减幅分别为 0.50 ℃/10a 和 0.36 ℃/10a，狮泉河以夏、秋季变小最显著(−0.49 ℃/10a)，而班戈却以冬季减小最明显(−0.31 ℃/10a)。就自然保护区平均而言，四季 DTR 均呈变小趋势，尤其是夏季最为显著，为−0.29 ℃/10a($P<0.001$)。对比 T_{max} 和 T_{min} 的变化趋势，发现自然保护区 DTR 变小趋势主要是由于 T_{min} 明显升高造成的。近 30 年(1991—2020 年)，大部分站点年、季 DTR 减小趋势趋缓，但在申扎站秋、冬两季、班戈站秋季、安多站冬季的 DTR 出现了变大趋势。

表 3.7　1971—2020 年羌塘自然保护区各站 DTR 变化趋势(℃/10a)

站点(区域)	年	春季	夏季	秋季	冬季
狮泉河	−0.36****/−0.25**	−0.27***/−0.09	−0.49****/−0.54****	−0.49****/−0.22	−0.17*/−0.05
改　则	−0.44****/−0.48****	−0.50****/−0.65****	−0.45****/−0.54***	−0.33**/−0.16	−0.48****/−0.64**
班　戈	−0.24****/−0.09	−0.20***/0.00	−0.27****/−0.16	−0.18**/0.04	−0.31****/−0.11
申　扎	0.00/0.00	−0.01/−0.08	−0.08/−0.17	−0.14/0.25	−0.04/0.02
安　多	−0.26****/−0.07	−0.36***/−0.32	−0.26***/−0.07	−0.19*/−0.01	−0.25**/0.11
自然保护区	−0.23****/−0.17**	−0.24***/−0.23*	−0.29****/−0.30**	−0.18**/−0.02	−0.22***/−0.13

3.1.3.2　年代际变化

图 3.8a 给出了近 50 年(1971—2020 年)羌塘自然保护区年、季平均最高气温(T_{max})的 10 年际变化,从图中可知,20 世纪 70—80 年代一年四季 T_{max}均偏低,其中 70 年代以夏季最为明显,80 年代以春季最低;90 年代 T_{max}夏季正常,春季略偏高,秋冬两季均偏低;21 世纪初 10 年除夏季 T_{max}正常外,其他 3 季 T_{max}均偏高,以冬季最明显;21 世纪 10 年代,一年四季 T_{max}均偏高,其中以秋季偏高最为突出。在 30 年际变化尺度上(图表略),1991—2020 年与 1971—2000 年相比,年 T_{max}偏高 0.8 ℃,四季 T_{max}偏高 0.5～1.0 ℃,以冬季最大,秋季次之,偏高 0.9 ℃,夏季最小。

从近 50 年(1971—2020 年)自然保护区年、季平均最低气温(T_{min})的年代际变化来看,在 10 年际变化尺度上(图 3.8b),20 世纪 70—80 年代一年四季 T_{min}均偏低,其中 70 年代偏低明显,较常年偏低 0.8～1.1 ℃;90 年代 T_{min}春季略偏高,夏秋两季正常,冬季偏低;21 世纪初的 20 年,一年四季 T_{min}均偏高,其中 21 世纪初 10 年以冬季偏高最明显,21 世纪 10 年代却以秋季偏高最大。在 30 年际变化尺度上,1991—2020 年与 1971—2000 年相比,年 T_{min}偏高 1.2 ℃,四季 T_{min}偏高 1.0～1.4 ℃,以冬季最大,夏季次之,偏高 1.3 ℃,春季最小。

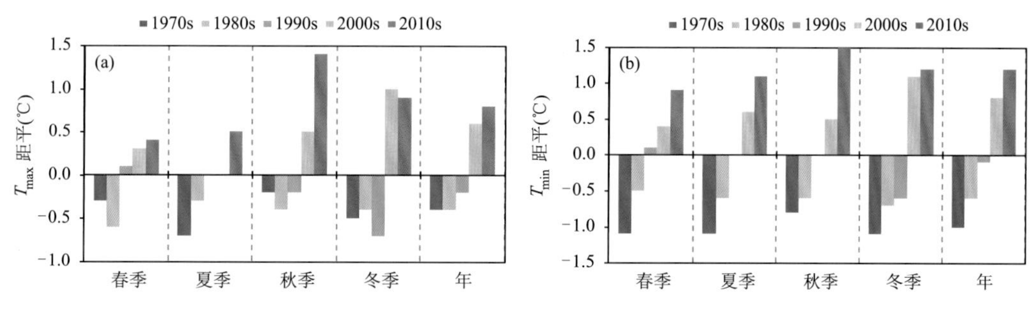

图 3.8　1971—2020 年羌塘自然保护区年、季 T_{max}(a)和 T_{min}(b)的年代际变化

从近 50 年(1971—2020 年)自然保护区年、季 DTR 的年代际变化(图 3.9)来看,在 10 年际变化尺度上,20 世纪 70 年代一年四季 DTR 均偏高,较常年偏高 0.5～0.8 ℃,以春季最大;80 年代 DTR 在春季偏低,其他 3 季偏高,以夏季最明显,较常年偏高 0.4 ℃;90 年代 DTR 在春季正常,夏季略偏高,秋冬两季略偏低;21 世纪初 10 年夏季 DTR 明显偏低,其他 3 季 DTR 正常;而进入 21 世纪 10 年代,秋季 DTR 正常,其他 3 季 DTR 均偏低,其中夏季最明显,较常年偏低 0.6 ℃。在 30 年际变化尺度上(图表略),1991—2020 年与 1971—2000 年相比,年

DTR 偏低 0.4 ℃，四季 DTR 偏低 0.3～0.6 ℃，以夏季偏低最明显，春、冬两季次之，均偏低 0.4 ℃，秋季偏低最小。

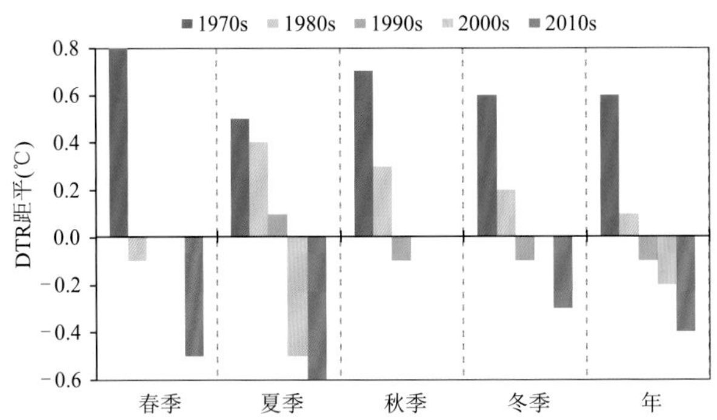

图 3.9 1971—2020 年羌塘自然保护区年、季 DTR 的年代际变化

3.1.3.3 突变分析

采用 M-K 检验方法分析了 1971—2020 年自然保护区年 T_{max} 的突变时间，如图 3.10a 所示，UF 曲线在 1971—1983 年呈"∧"形变化，1984—2020 年快速上升，UF 曲线在 2001 年超过了+1.96 线，表明 T_{max} 升高趋势明显。UF 和 UB 曲线在 2000 年出现交叉，交叉点位于 ±1.96 之间，即确定 2000 年发生由相对偏冷期跃变为相对偏暖期的突变，突变后年 T_{max} 较突变前平均偏高 1.1 ℃。同理，四季 T_{max} 分别在 1995 年、1992 年、2006 年和 2000 年发生了气候突变(表 3.8)，其中夏季 T_{max} 突变时间较早，较冬季 T_{max} 早了 8 年。突变均是由相对偏冷期跃变为偏暖期，突变后季 T_{max} 较突变前分别平均偏高 0.6～1.5 ℃，以冬季最大，其次是秋季，为 1.4 ℃，夏季最小。

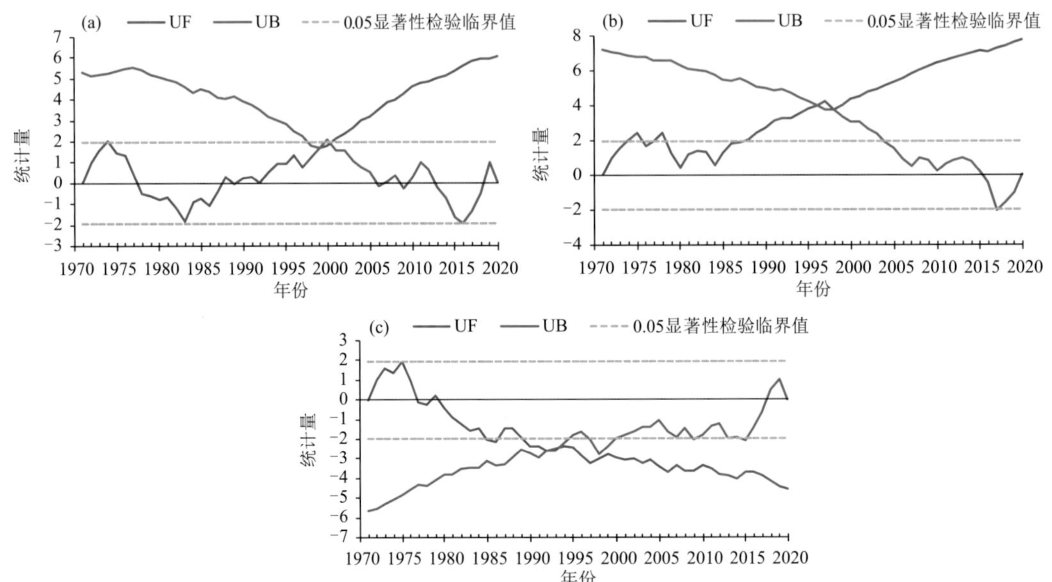

图 3.10 1971—2020 年羌塘自然保护区年 T_{max}(a)、T_{min}(b)和 DTR(c)的 M-K 检验

表 3.8　1971—2020 年羌塘自然保护区年、季 T_{max}、T_{min} 和 DTR 突变时间

气象要素	春季	夏季	秋季	冬季	年
T_{max}	1995↑	1992↑	2006↑	2000↑	2000↑
T_{min}	1993↑	1995↑	1996↑	2001↑	1996↑
DTR	1985↓	2000↓	1988↓	1983↓	1994↓

注："↑"表示升高，"↓"表示下降。

根据 1971—2020 年自然保护区年 T_{min} 的 M-K 检验分析，从图 3.10b 中可知，UF 曲线在 1971—1984 年呈振荡变化，之后至 2020 年呈明显的快速上升趋势，UF 曲线在 1989 年超过了 +1.96 线，表明 T_{min} 升高趋势显著。UF 和 UB 曲线在 1996 年出现交叉，即确定 1996 年为突变点，由相对偏冷期跃变为相对偏暖期，突变后年 T_{min} 较突变前平均偏高 1.5 ℃。同理，四季 T_{min} 分别在 1993 年、1995 年、1996 年和 2001 年发生了气候突变（表 3.8），其中春季 T_{min} 突变时间较早，较冬季 T_{min} 偏早 8 年。突变都是由相对偏冷期跃变为偏暖期，突变后季 T_{min} 较突变前分别平均偏高 1.2～2.0 ℃，以冬季最大，秋季次之，为 1.6 ℃，春季最小。

从 1971—2020 年自然保护区年 DTR 的 M-K 检验方法分析来看（图 3.10c），UF 曲线在 1971—1975 年呈上升趋势，1976—2020 年呈下降趋势，UF 曲线在 1989 年超过了 −1.96 线，表明 DTR 下降趋势明显。UF 和 UB 曲线在 1994 年出现交叉，即确定 1994 年发生了由相对偏大期跃变为相对偏小期的突变，突变后年 DTR 较突变前偏小 0.6 ℃。同理，四季 DTR 分别在 1985 年、2000 年、1988 年和 1983 年发生了气候突变（表 3.8），其中冬季 DTR 突变时间较早，较夏季 DTR 偏早 7 年。突变都是由相对偏大期跃变为偏小期，突变后季 DTR 较突变前分别平均偏小 0.5～0.9 ℃，以夏季最大，春季次之，为 0.8 ℃，秋季最小。

以上分析表明，从突变时间早晚来看，夏季 $T_{max}<T_{min}<$DTR，其他 3 季和年 DTR$<T_{min}<T_{max}$。

3.1.4　降水量

分析研究表明，最近几十年内青藏高原气温变化的总趋势是上升的，但降水的变化趋势还存在争议（林振耀 等，1996；刘晓东 等，1998；杜军 等，2004；韩熠哲 等，2017；徐丽娇 等，2019）。冯松（1999）通过分析指出：在冬季和春季，青藏高原降水近年来呈增加趋势，增加最明显的地区是高原中东部；夏季青藏高原降水是减少的，高原南部减少尤为明显；秋季高原中部、东南部降水呈增加趋势。康兴成（1999）认为青藏高原的降水量从 20 世纪 50 年代以来是趋于增加的。韦志刚等（2003）通过对青藏高原 46 个地面气象站 1962—1999 年的降水变化的分析，认为西藏南部、东南部以及藏北高原汛期降水呈增加趋势，20 世纪 80 年代后，雅鲁藏布江流域的汛期降水明显增多。段克勤等（2008）发现青藏高原南、北降水在百年时间尺度上也存在明显的差异，过去 600 年高原南、北降水变化都在 1740 年和 1850 年左右发生突变。1740 年以前，整个高原北部降水都在波动增加，而高原南部在减小；1740—1850 年，高原北部降水在波动减小，而高原南部在增加；1850 年以后，高原北部降水又在波动增加，而高原南部降水在减小。杨文才等（2016）分析认为，1971—2010 年西藏有 12.41％的地区年降水量减少 40 mm 以上，45.49％的地区呈增加趋势。降水量减少区域主要分布在阿里东北到那曲西北一带、日喀则西部到阿里狮泉河一带、日喀则南部以及林芝东南部。四季降水量差异较大，春季和夏季以增多为主，秋季和冬季以减少为主，其中冬季减少最多。

本研究利用1971—2020年羌塘自然保护区周边5个气象站逐月降水量资料，分析了近50年羌塘自然保护区年、季降水量的年际和年代际变化，以及气候突变特征。

3.1.4.1　年际变化

近50年(1971—2020年)羌塘自然保护区年降水量表现为明显的增加趋势(图3.11)，平均每10年增加11.07 mm($P<0.05$)，尤其是近30年(1991—2020年)增幅达19.33 mm/10a($P<0.05$)。从季节变化来看(表3.9)，近50年自然保护区春、夏两季降水量增幅较为明显，增幅分别为3.10 mm/10a($P<0.05$)、8.89 mm/10a($P<0.05$)；秋季降水量趋于弱的减少趋势，而冬季降水变化不大。近30年(1991—2020年)夏季降水量呈显著增加趋势，增幅达20.45 mm/10a($P<0.01$)；春季降水量也趋于增加，为4.98 mm/10a($P<0.10$)；而秋季和冬季降水量倾向于减少，以秋季减少较为明显，为−5.67 mm/10a。

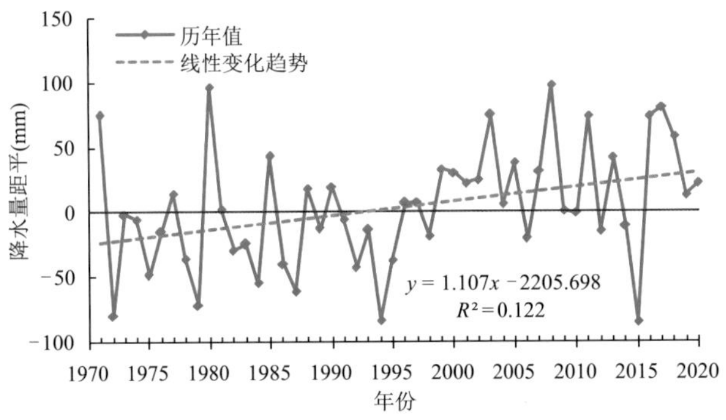

图3.11　1971—2020年羌塘自然保护区年降水量变化

从地域分布来看(表3.9)，近50年年降水量除狮泉河呈弱的减少趋势外，其余各站均为增加趋势，其中申扎增幅最为明显，为20.21 mm/10a($P<0.01$)；其次是班戈，为14.63 mm/10a($P<0.05$)；安多增幅最小，为12.64 mm/10a；特别是近30年(1991—2020年)各站年降水量增幅明显，为5.97～28.39 mm/10a，以班戈最大($P<0.10$)，其次是改则，为27.03 mm/10a($P<0.05$)，安多最小。季降水量也具有较明显的地域性差异，近50年各站春季降水量均为增加态势，以东部各站增幅最明显；夏季降水量各站均趋于增加，以申扎增幅最大，达16.43 mm/10a($P<0.001$)，改则次之，为15.92 mm/10a($P<0.05$)；秋季降水量仅在安多、班戈为弱的增加趋势，其他3站趋于减少，以改则减少最多；冬季降水量各站变化不大，在±1.0 mm/10a以内，不过近30年安多以−2.21mm/10a的速度呈显著减少趋势。

表3.9　1971—2020年羌塘自然保护区各站年、季降水量变化趋势(mm/10a)

站点(区域)	春季	夏季	秋季	冬季	全年
狮泉河	0.35/0.97	0.28/11.97	−1.62*/−3.40*	0.19/0.21	−0.81/9.82
改　则	0.97/1.85	15.92****/28.83***	−2.36/−3.34	−0.31/−0.28	14.21**/27.03**
班　戈	4.09**/6.02	9.12/29.51**	0.62/−7.17	0.89**/0.26	14.63**/28.39*
申　扎	4.96***/7.35*	16.43**/28.09**	−1.68/−10.18	0.56***/0.32	20.21***/25.37
安　多	6.11***/8.67*	6.33/3.89	0.33/−4.16	−0.03/−2.21**	12.64/5.97
自然保护区	3.10**/4.98*	8.89**/20.45***	−1.13/−5.67	0.26/−0.34	11.07**/19.33***

3.1.4.2　年代际变化

根据近 50 年羌塘自然保护区年、季降水量的年代际变化分析，在 10 年际变化尺度上(图 3.12)，20 世纪 70 年代降水量除夏季偏多外，其他 3 季均偏少，致使年降水量较常年偏少 7.8 mm；80 年代因春、夏、秋连续 3 季降水量偏少，造成年降水量明显偏少，较常年偏少 14.3 mm，是近 50 年最少的 10 年；90 年代年降水量仍偏少，其中春、夏两季降水量偏少，秋、冬两季降水量偏多；进入 21 世纪，虽秋、冬两季降水量偏少，但春、夏两季降水量明显偏多，致使年降水量明显偏多，其中 21 世纪初 10 年降水量是近 50 年最多的 10 年，较常年偏多 27.0 mm。在 30 年际变化尺度上(图表略)，1991—2020 年与 1971—2000 年相比，年降水量偏多 24.7 mm，春、夏季降水量分别偏多 6.6 mm、20.3 mm，秋季降水量偏少 2.5 mm，冬季降水量比较接近。

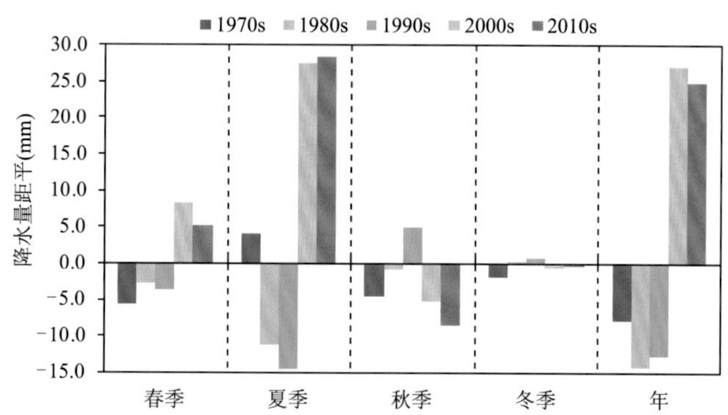

图 3.12　1971—2020 年羌塘自然保护区年、季降水量的年代际变化

3.1.4.3　突变分析

采用 M-K 检验方法分析了 1971—2020 年羌塘自然保护区年降水量的突变时间，如图 3.13a 所示，UF 曲线在 1971—1995 年呈波动振荡变化，之后至 2020 年呈上升趋势，UF 曲线在 2006 年超过了＋1.96 线，表明降水量增加趋势明显。UF 和 UB 曲线在 1998 年出现交叉，且交叉点位于±1.96 之间，即确定 1998 年发生了突变，由相对偏少期跃变为相对偏多期，突变后的年降水量较突变前偏多 15.2%。同理，春、夏季降水量分别在 1996 年、2002 年发生了气候突变(图 3.13b,c)，由相对偏少期跃变为偏多期，突变后平均降水量较突变前分别偏多 57.3%和 17.7%，以春季最为明显。秋、冬两季降水量未出现突变。

3.1.5　降水日数

干旱、洪涝等灾害的发生，不仅与降水量有关，还与不同量级降水日数有直接或间接的关系。已有研究表明，近年来在中国大多数地区，弱(强)量级降水出现的频率趋于下降(增加)(房巧敏 等，2007；林云萍 等，2009)。王颖等(2006)指出，1954—2000 年中国年雨日数呈明显减少趋势，雨日的减少比降水量的减少更加明显。格桑等(2008)分析认为，1971—2005 年西藏大部分地区年雨量、雨日呈显著增加趋势，而青海省大部分地区雨量、雨日却呈减少趋势。高原夏半年小雨雨日减少，雨量增加；中雨的雨日和雨量均呈增加趋势，大雨以上的雨日和雨量均减少。王传辉等(2011)研究表明，1961—2008 年夏半年高原北(南)部强降水量以增加

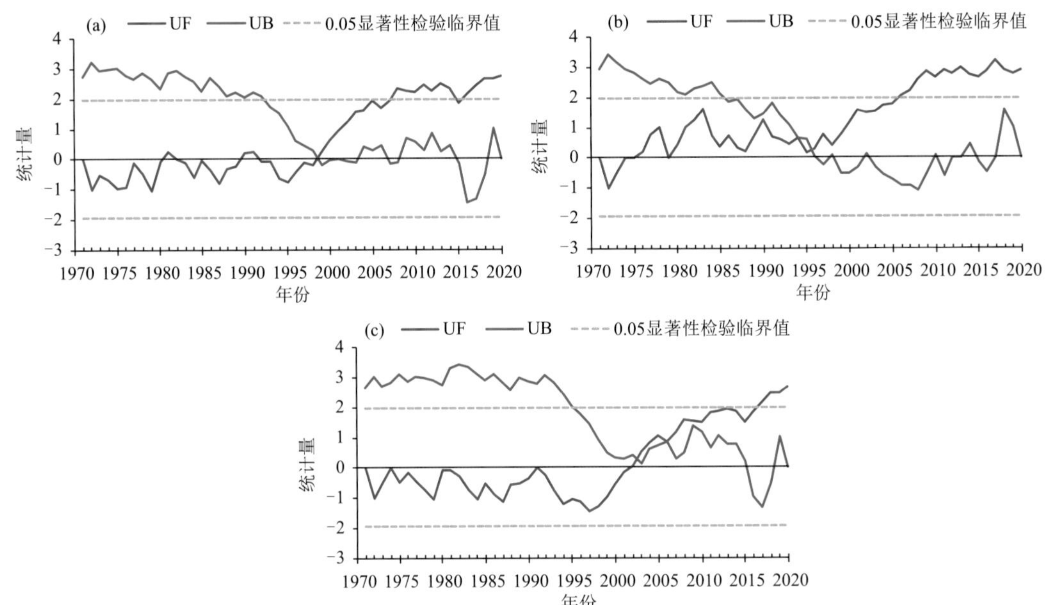

图 3.13　1971—2020 年羌塘自然保护区年、季降水量的 M-K 检验
（a. 年，b. 春季，c. 夏季）

（减少）趋势为主，强降水量呈微弱减少趋势，而冬半年高原大多数地区均呈明显增加趋势，在 1976 年发生突变。杜军等（2019）分析指出，1961—2018 年，西藏日降水量≥0.1 mm 年降水日数呈弱的增加趋势，平均每 10 年增加 0.17 d，主要表现在春季；夏、秋两季降水日数趋于减少。

本研究利用近 50 年（1971—2020 年）羌塘自然保护区周边 5 个气象站逐月降水日数资料，分析了近 50 年羌塘自然保护区年、季降水日数的气候变化特征。

3.1.5.1　年际变化

如图 3.14a 所示，近 50 年（1971—2020 年）羌塘自然保护区年≥0.1 mm 降水日数（P_d）的年际变化波动较大，总体上呈弱的增加趋势，平均每 10 年增加 0.60 d。近 24 年（1997—2020 年）年 P_d 表现为显著的减少趋势，平均每 10 年减少 6.61 d（$P<0.05$）。从季节变化来看，近 50 年自然保护区春、夏两季 P_d 呈弱的增加趋势（图 3.14b，c），分别为 0.30 d/10a 和 0.91 d/10a（$P<0.10$），秋季和冬季 P_d 均趋于减少（图 3.14d，e），分别为 −0.39 d/10a 和 −0.19 d/10a。近 30 年（1991—2020 年），春、夏两季 P_d 增幅变大，平均每 10 年分别增加 0.43 d 和 1.52 d；而秋、冬两季 P_d 减幅更明显，分别为 −1.02 d/10a 和 −1.65 d/10a（$P<0.001$），以冬季最显著。

表 3.10 给出了 1971—2020 年羌塘自然保护区各站 P_d 的变化趋势，近 50 年年 P_d 除狮泉河趋于减少外，其他各站均呈增加趋势，增幅为 1.21～2.07 d/10a，以申扎最大、改则最小。近 30 年（1991—2020 年）安多、班戈年 P_d 趋于减少，其中安多减幅最为明显；其他 3 站为增加趋势，以狮泉河增幅最大。在季尺度上，近 50 年春季 P_d 在西部为略减少趋势，东部为增加趋势，其中申扎增幅最大，为 1.13 d/10a（$P<0.10$）；夏季 P_d 在所有站上都表现为增加趋势，以改则增幅最大，为 1.86 d/10a（$P<0.05$）；秋季 P_d 在所有站上均呈弱的减少趋势，这种趋势在

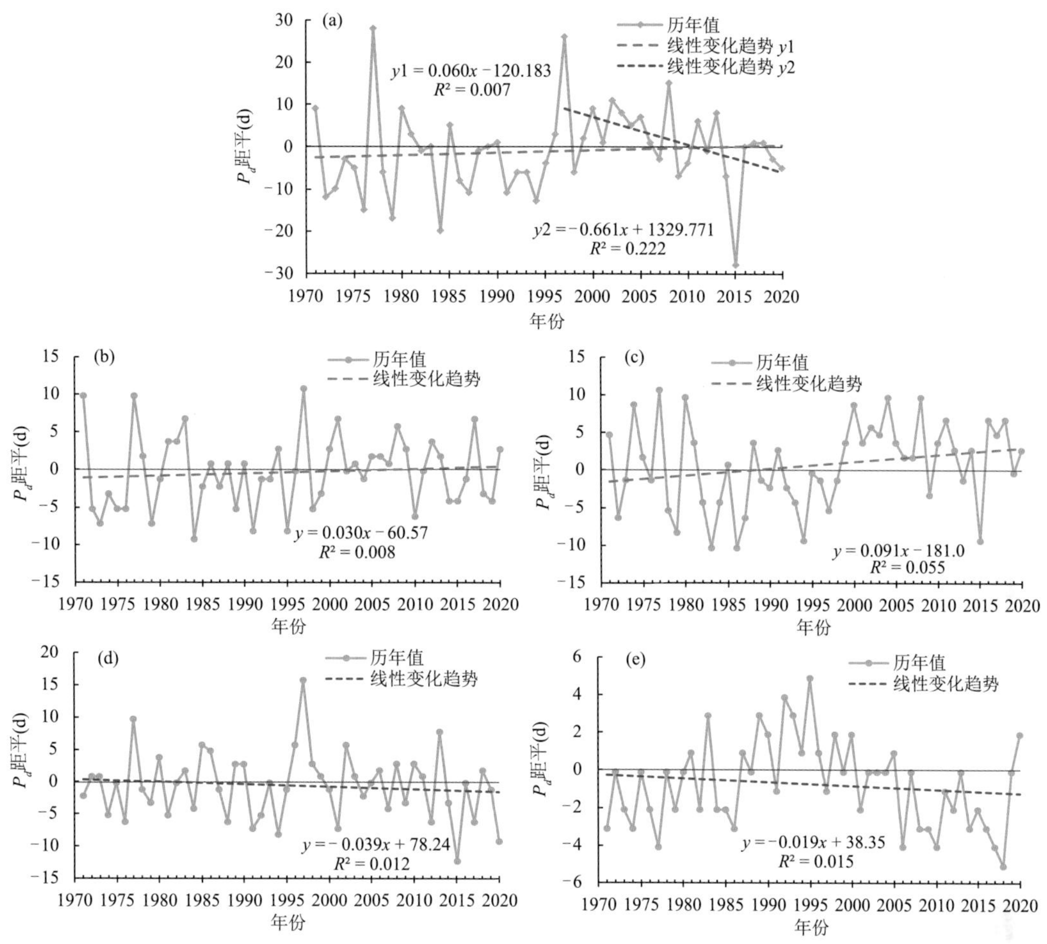

图 3.14　1971—2020 年羌塘自然保护区年、季≥0.1mm P_d 变化
（a. 年，b. 春季，c. 夏季，d. 秋季，e. 冬季）

近 30 年表现得更明显；冬季 P_d 在班戈、申扎两站上呈弱的增加趋势，其他 3 个站均趋于减少，近 30 年各站 P_d 都表现为减少趋势，特别是安多站，达−3.69 d/10a（$P<0.001$）。

表 3.10　1971—2020 年羌塘自然保护区各站年、季 P_d 变化趋势(d/10a)

站点(区域)	春季	夏季	秋季	冬季	全年
狮泉河	−0.56/−0.09	0.04/3.29**	−0.34/−0.56	−0.51**/−0.39	−1.37/2.37
改　则	−0.10/0.27	1.86**/2.64	−0.22/−1.01	−0.32/−0.77*	1.21/1.07
班　戈	0.79/0.53	0.93/0.72	−0.42/−0.58*	0.28/−2.39**	1.58/−1.61
申　扎	1.13*/1.64	1.43*/1.73	−0.68/−2.10	0.20/−1.20**	2.07/0.06
安　多	0.73/−0.15	1.15/−0.55	−0.08/−1.37	−0.54/−3.69****	1.27/−5.67
自然保护区	0.30/0.43	0.91*/1.52	−0.39/−1.02	−0.19/−1.65****	0.59/−0.76

此外，本研究还分析了近 50 年羌塘自然保护区年≥1.0 mm、≥5.0 mm 和≥10.0 mm P_d 的变化趋势（图 3.15），从图 3.15 可知，年≥1.0 mm、≥5.0 mm 和≥10.0 mm P_d 均表现为增

多趋势，平均每 10 年分别增多 1.02 d、0.75 d 和 0.46 d，以年≥1.0 mm P_d 增幅最大。近 30 年(1991—2020 年)，年≥1.0 mm、≥5.0 mm 和≥10.0 mm P_d 增幅都有不同程度的增大，其中年≥10.0 mm P_d 增幅最为显著($P<0.01$)。

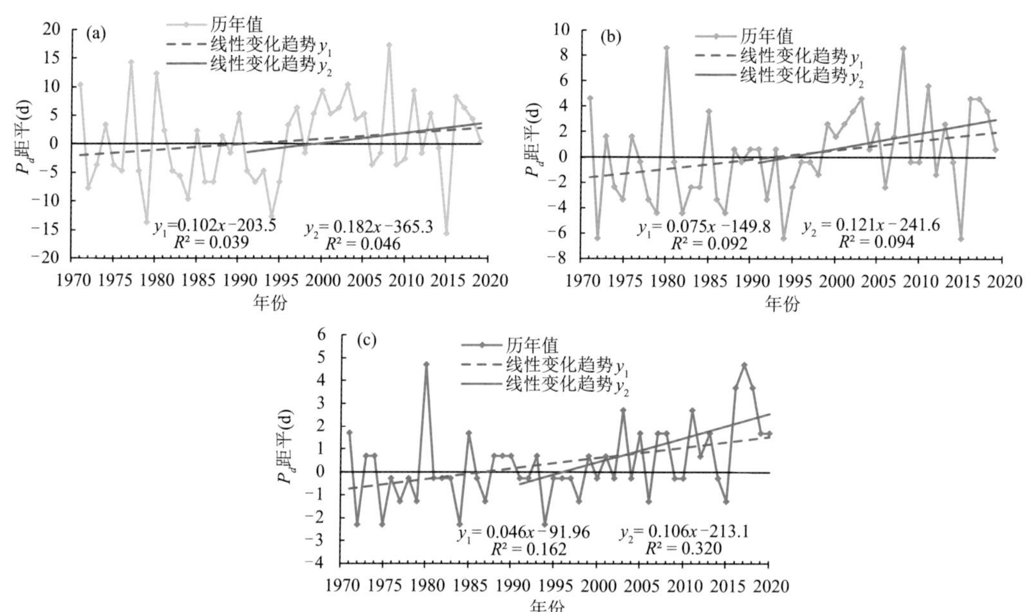

图 3.15 1971—2020 年羌塘自然保护区年、季不同等级 P_d 变化

(a. ≥1.0 mm P_d，b. ≥5.0 mm P_d，c. ≥10.0 mm P_d)

3.1.5.2 年代际变化

图 3.16 给出了近 50 年(1971—2020 年)羌塘自然保护区年、季 P_d 的 10 年际变化，从图中可看出，20 世纪 70 年代 P_d 在春、冬两季偏少，夏季偏多，秋季正常，年 P_d 较常年偏少2 d；80 年代因夏季 P_d 明显偏少，致使年 P_d 较常年偏少 3 d；90 年代 P_d 在春、夏两季略偏少，秋季正常，冬季偏多 2 d，而年 P_d 略偏少；21 世纪初 10 年 P_d 在夏季明显偏多，春季也偏多，造成年 P_d 偏多，是近 50 年唯一偏多的 10 年；21 世纪 10 年代，P_d 在春季正常，秋、冬两季偏少抵消了夏季偏多的贡献，致使年 P_d 较常年偏少 2 d。在 30 年际变化尺度上(图表略)，1991—2020 年与 1971—2000 年相比，年 P_d 偏多 2 d，春、夏季分别偏多 1 d 和 3 d，秋、冬两季均偏少 1 d。

3.1.5.3 突变分析

采用 M-K 检验方法分析了 1971—2020 年自然保护区年 P_d 的突变时间，如图 3.17a 所示，UF 曲线在 1971—1994 年呈波动振荡变化，1995—2008 年呈上升趋势，随后至 2020 年趋于下降。UF 和 UB 曲线在 1992 年出现交叉，且交叉点位于±1.96 之间，即确定 1992 年发生了突变，由相对偏少期跃变为相对偏多期，突变后年 P_d 较突变前偏多 3 d。同理，夏季 P_d 在 1999 年由相对偏少期跃变为偏多期(图 3.17b)，突变后平均降水量较突变前偏多 5 d。其他 3 季 P_d 未出现突变。

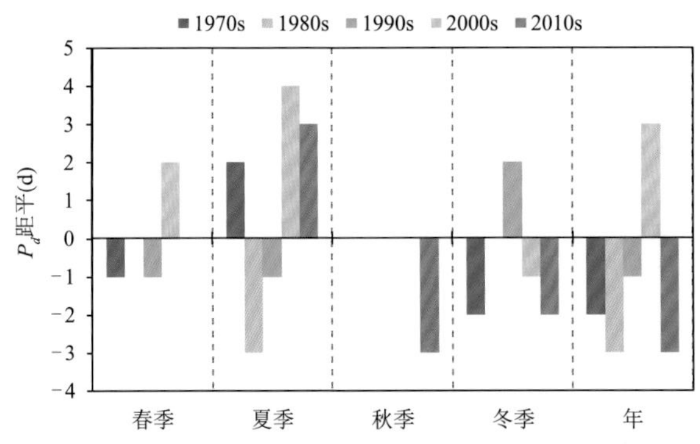

图 3.16　1971—2020 年羌塘自然保护区年、季 P_d 的年代际变化

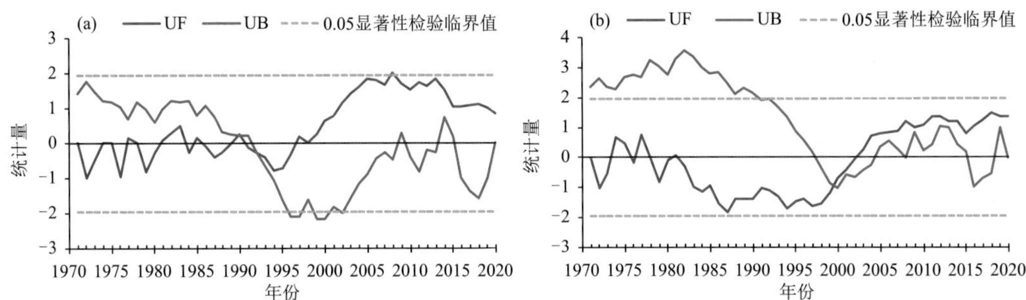

图 3.17　1971—2020 年羌塘自然保护区年(a)和夏季(b)P_d 的 M-K 检验

3.1.6　相对湿度

相对湿度是调节地表水分和能量平衡的重要因素，能够反映气温、降水等气候要素的综合影响。同时，相对湿度的变化与当地的大气能见度、自然生态环境以及人类生产活动都息息相关。近年来，国内一些学者开展了有关空气相对湿度的变化趋势以及时空差异等方面的研究工作，并取得了一定成果。如卢爱刚(2013)分析表明，1958—2007 年中国相对湿度在秦岭淮河一线以北范围变化明显，主要以相对湿度减小为主；秦淮以南相对湿度变化在区域上表现不明显；从季节分析看，夏季变化幅度不大，其他 3 个季节变化幅度大，特别是冬季变化幅度最大；从区域看，以青藏高原、东北和华北变化显著。Song 等(2012)指出 1961—2010 年中国东部绝大多数地区相对湿度呈显著下降趋势。Wu 等(2007)对青藏高原相对湿度进行探索，发现在 1971—2000 年，相对湿度在青藏高原的东南和西南部呈增加趋势。You 等(2015)指出，1961—2013 年青藏高原年均相对湿度呈减少趋势，并且此趋势在夏季达到最大。谢欣汝等(2018)研究表明，在 2000 年之前地表相对湿度在青藏高原中东部增加和减少的变化趋势并不显著，在高原中部偏南部相对湿度存在较弱的增加趋势而偏北部有减少的趋势。相比之下，2000 年之后高原整体出现大幅度的相对湿度减少的趋势，尤其是位于高原的中部偏南部地区，该地区相对湿度减少变化幅度最大达到－10%/10a。杜军等(2019b)分析指出，1961—2018 年，西藏年平均相对湿度呈“减—增—减”的年际变化。20 世纪 60 年代至 90 年代初，西藏相对湿度偏小；90 年代中期至 21 世纪最初的 6 年相对湿度偏大，之后相对湿度趋于减小。

从线性变化趋势来看，近 58 年西藏年平均相对湿度呈减小趋势，主要是由于夏、秋两季相对湿度减小引起的。

本研究利用羌塘自然保护区周边近 50 年（1971—2020 年）5 个气象站的逐月相对湿度资料，采用趋势分析、Mann-Kendall（M-K）等方法，分析了近 50 年羌塘自然保护区年、季相对湿度的变化特征。

3.1.6.1 年际变化

近 50 年（1971—2020 年）羌塘自然保护区年平均相对湿度（RH）波动较大，总体上表现为减少趋势（图 3.18a），未通过显著性检验），平均每 10 年减少 0.44%。其中，1971—1997 年呈增加趋势，增幅为 1.00%/10a；而 1997 年以后，年 RH 表现为显著的减少趋势，平均每 10 年减少 5.68%（$P<0.001$）。从季尺度来看（图 3.18b～e），近 50 年春季 RH 呈弱的增加趋势，平均每 10 年增加 0.22%/10a，其中 1997—2020 年 RH 趋于显著减少趋势，为 −4.01%/10a（$P<0.001$）。夏季 RH 呈“减—增—减”变化，1971—1986 年呈减少趋势，为 −3.80%/10a（$P<0.10$）；1986—2005 年趋于增加，增幅为 5.23%/10a（$P<0.001$）；2005—2020 年又倾向

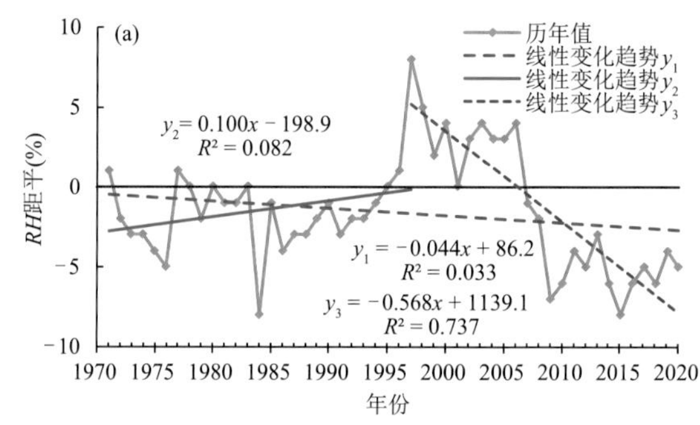

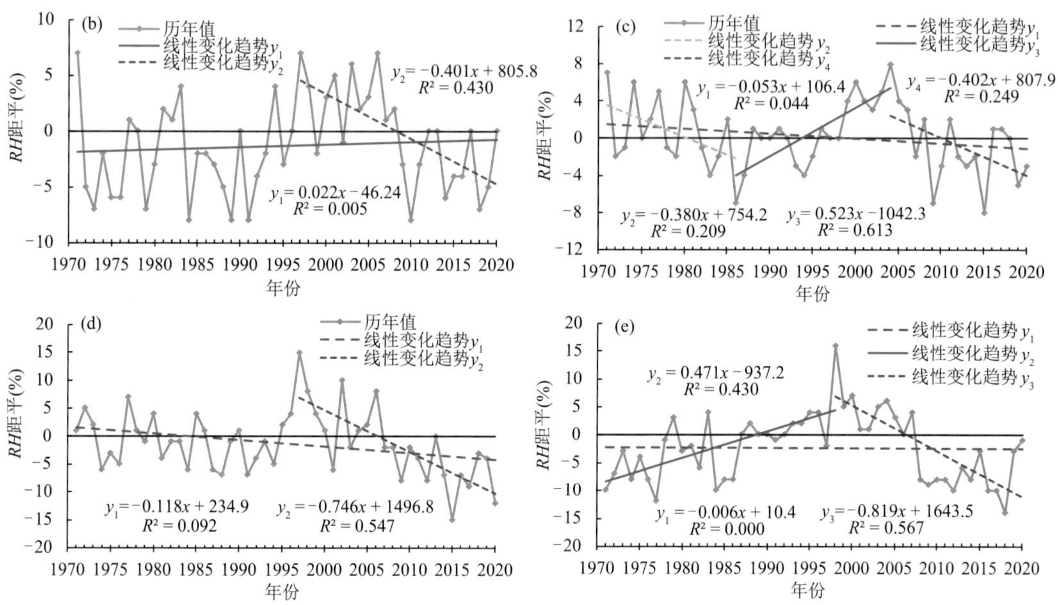

图 3.18　1971—2020 年羌塘自然保护区年、季 RH 变化

（a. 年，b. 春季，c. 夏季，d. 秋季，e. 冬季）

于减少，平均每 10 年减少 4.02%（P<0.05）；总体上近 50 年夏季 RH 表现为弱的减少趋势，为−0.53%/10a。秋季，过去 50 年里 RH 呈较明显的减少趋势，为−1.18%/10a（P<0.05），其中 1997 年以来 RH 减幅更明显，达−7.46%/10a（P<0.001）。冬季 RH 呈“∧”形变化，1971—1998 年以 4.71%/10a（P<0.001）的速度显著增加，1998—2020 年却以−8.19%/10a（P<0.001）的速度显著减少，但从近 50 年趋势来看，基本无变化。

就 1971—2020 年羌塘自然保护区各站年、季 RH 的变化趋势（表 3.11）而言，近 50 年除申扎站年 RH 趋于略增（0.36%/10a）外，其他各站均为减少趋势，为（−0.17%～−1.38%）/10a，减幅以狮泉河最大（P<0.001）、安多最小。近 30 年（1991—2020 年）年 RH 在所有站上都表现为减少趋势，为（−1.07%～−4.48%）/10a，其中安多减幅最大。在季尺度上，近 50 年春季 RH 仅在狮泉河站上表现为显著的减少趋势，为−1.59%/10a（P<0.001）；其他各站趋于增加，为（0.05%～1.20%）/10a，以申扎最大、改则最小。夏季，近 50 年除安多无变化外，其他各站都表现为弱的减少趋势，以狮泉河减幅最大，为−0.99%/10a（P<0.05）；不过近 30 年各站 RH 均趋于减少，减幅以申扎最大、改则最小。近 50 年秋季 RH 在所有站上均呈减少趋势，这种趋势在近 30 年表现得更明显，为（−2.17%～−4.43%）/10a，其中安多减幅最大（P<0.01），改则减幅最小。近 50 年冬季 RH 在班戈、申扎 2 个站上呈增加趋势，其他 3 个站趋于减少；近 30 年各站冬季 RH 都表现为减少趋势，特别是安多站，达−9.88%/10a（P<0.001），班戈次之，为−5.49%/10a（P<0.001），改则减幅最小，为−1.94%/10a。

表 3.11　1971—2020 年羌塘自然保护区各站年、季 RH 变化趋势（%/10a）

站点（区域）	春季	夏季	秋季	冬季	全年
狮泉河	−1.59****/−2.88***	−0.99**/−1.37	−1.64***/−3.21***	−1.13/−2.48*	−1.38****/−2.46***
改　则	0.05/0.10	−0.40/−0.07	−1.04/−2.17	−0.38/−1.94	−0.44/−1.07
班　戈	0.71/−1.22	−0.48/−1.27	−1.22*/−4.30***	0.16/−5.49****	−0.18/−3.14***
申　扎	1.20*/−0.86	−0.38/−2.31*	−0.60/−4.40***	1.48**/−4.71***	0.36/−3.14***
安　多	1.11/−2.02	0.02/−1.04	−0.89/−4.43***	−0.47/−9.88****	−0.17/−4.48***
自然保护区	0.23/−1.29	−0.53/−1.22	−1.18**/−3.64***	−0.06/−4.90****	−0.44/−2.90****

3.1.6.2　年代际变化

从近 50 年（1971—2020 年）羌塘自然保护区年、季 RH 的年代际变化来看，在 10 年际变化尺度上（图 3.19），20 世纪 70 年代 RH 在春、冬两季偏低，以冬季最明显，较常年偏低 5%；夏季和秋季 RH 略偏高，年 RH 偏低 2%。80 年代一年四季 RH 都偏低，以冬季最明显，较常年偏低 3%；年 RH 偏低 2%。90 年代 RH 在春、夏两季正常，秋、冬两季分别偏高 2%和 4%，年 RH 偏高 1%。在 21 世纪初 10 年，因春、夏两季 RH 略偏高 1%～2%，秋季和冬季 RH 正常，致使年 RH 接近常年。21 世纪 10 年代，一年四季 RH 均偏低，其中秋、冬两季最为明显，较常年偏低 7%，致使年 RH 偏低达 5%。在 30 年际变化尺度上（图表略），1991—2020 年与 1971—2000 年相比，年 RH 正常，其中夏、冬两季 RH 正常，春季偏高 1%，秋季偏低 2%。

3.1.6.3　突变分析

根据 1971—2020 年自然保护区年、季 RH 的 M-K 检验分析，从图 3.20a 可知，年 RH 的 UF 曲线在 1971—2005 年呈“W”形变化，2005—2020 年趋于快速下降。UF 和 UB 曲线分别

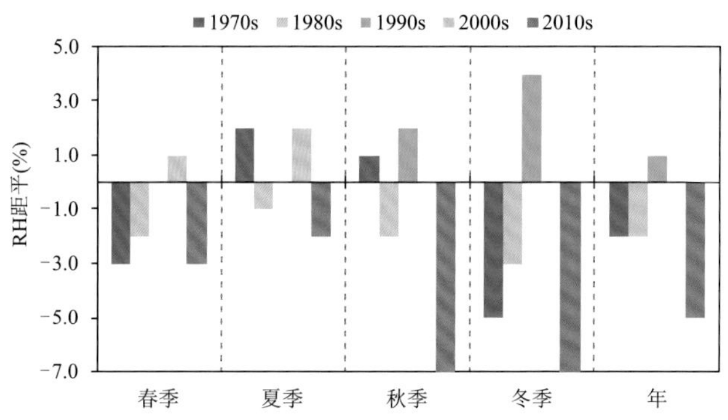

图 3.19　1971—2020 年羌塘自然保护区年、季 RH 的年代际变化

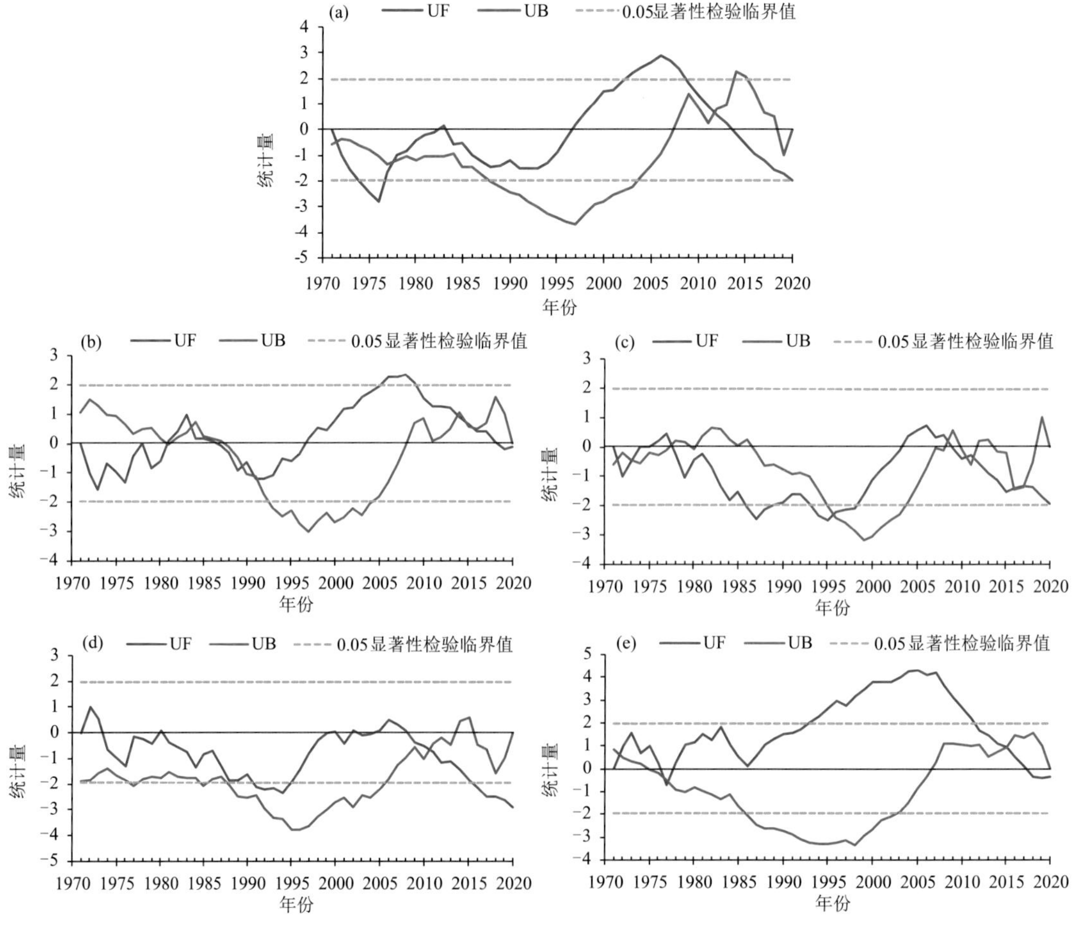

图 3.20　1971—2020 年羌塘自然保护区年、季 RH 的 M-K 检验
（a. 年，b. 春季，c. 夏季，d. 秋季，e. 冬季）

在 1978 年、2012 年出现交叉，且交叉点位于 ±1.96 之间，即确定 1978 年、2012 年发生了突变，其中 1978 年是由相对偏低期向相对偏高期的突变，而 2012 年是由相对偏高期向相对偏低期的突变。同理，春季 RH 分别在 1989 年和 2013 年出现了突变（图 3.20b），夏季和冬季 RH

也都出现了 2 个突变点，分别是 1995 年、2009 年(图 3.20c)和 1977 年、2015 年(图 3.20e)，其中第 1 个突变年是“低一高”的突变，第 2 个突变年是“高一低”的跃变。只有秋季 RH 有 1 个突变点(图 3.20d)，发生在 2011 年，由相对偏高期跃变为偏低期。

3.1.7 平均风速

风作为一种重要的气象要素，不仅可以反映大气流场的特征，同时也是一种重要的气候资源。风能是可再生的清洁能源，具有储量大、分布广的特点。在对风能资源进行评估时，通常会考虑有效风速、大风频率、风能密度的大小及稳定性等方面，而风速是其中重要的要素(王楠等，2019)。因此，了解风速变化的时空分布特征具有实际意义。已有研究表明，过去几十年中国年平均风速表现为显著的减小趋势。丁一汇等(2020)指出，1961—2016 年中国地面风速、对流层低层风速整体上呈下降趋势，其中地面风速下降大于高空，地面高风速段下降幅度大于低风速段；风速变化存在明显的区域和季节差异，中国北方的大部分地区和东南沿海等地减弱幅度较大，西南地区减弱幅度较小；春季减弱幅度最大，夏季最小。王楠等(2019)分析表明，1979—2014 年中国地面风速总体呈显著下降趋势，年平均风速变化速率为－0.142 (m/s)/10a，以春季下降最明显；青藏高原区和东北区风速下降趋势最明显，华北区下降趋势最小；中国地面风速在 20 世纪 80 年代下降趋势最显著，90 年代下降趋势减缓，2000—2014 年下降趋势最小。姚慧茹等(2016)认为在气候变暖的背景下，青藏高原春季风速在近 42 年(1971—2012 年)呈减小的趋势，近 10 多年变暖趋缓，风速的变化也趋于平稳。青藏高原春季气温的变化趋势也在 20 世纪 90 年代末发生了转变，并且与风速的转折期相对应。杜军等(2019b)分析得到，1961—2018 年西藏年平均风速呈显著减小趋势，平均每 10 年减小 0.07 m/s，比全国平均每 10 年减幅(－0.13 m/s)偏小；西藏平均风速变小主要表现在春季。

本研究利用羌塘自然保护区周边近 50 年(1971—2020 年)5 个气象站的逐月平均风速资料，采用趋势分析、Mann-Kendall(M-K)检验等方法，分析了近 50 年羌塘自然保护区年、季平均风速的气候变化特征，以期为西藏风能资源开发利用和规划提供参考。

3.1.7.1 年际变化

图 3.21a 显示近 50 年(1971—2020 年)羌塘自然保护区年平均风速(Ws)呈显著减小趋势，平均每 10 年减小 0.28 m/s($P<0.001$)。在季节上(图 3.21b～e)，Ws 均趋于减少，其中春、冬两季减幅较大，分别为－0.37 (m/s)/10a($P<0.001$)和－0.36 (m/s)/10a($P<0.001$)；夏季 Ws 减幅为－0.21 (m/s)/10a($P<0.001$)，秋季 Ws 减幅最小，为－0.19 (m/s)/10a($P<0.001$)。近 30 年(1991—2020 年)，春、夏两季 Ws 减幅趋缓，分别为－0.21 (m/s)/10a($P<0.05$)和－0.05 (m/s)/10a；而秋、冬两季 Ws 转为增大趋势，平均每 10 年分别增大 0.09 m/s 和0.12 m/s；年 Ws 基本无明显趋势变化。

表 3.12 列出了 1971—2020 年羌塘自然保护区年、季 Ws 变化趋势，近 50 年春季各站 Ws 均呈减小趋势，平均每 10 年减小 0.24～0.60 m/s($P<0.001$)，其中安多减幅最大，改则次之，为－0.42 (m/s)/10a，狮泉河最小。夏季，各站 Ws 平均每 10 年减小 0.12～0.27 m/s($P<0.001$)，其中申扎减幅最大，其次是安多，为－0.25 (m/s)/10a，狮泉河最小。秋季各站 Ws 平均每 10 年减小 0.08～0.38 m/s($P<0.05$)，其中安多减幅最大，改则次之，为－0.24 (m/s)/10a，仍是狮泉河最小。冬季各站 Ws 也表现为一致的减小趋势，为－0.22～－0.65 (m/s)/10a($P<0.001$)，以安多减幅最大，改则次之，为－0.35 (m/s)/10a，狮泉河最小。各站年 Ws 均呈显著减小趋势，平

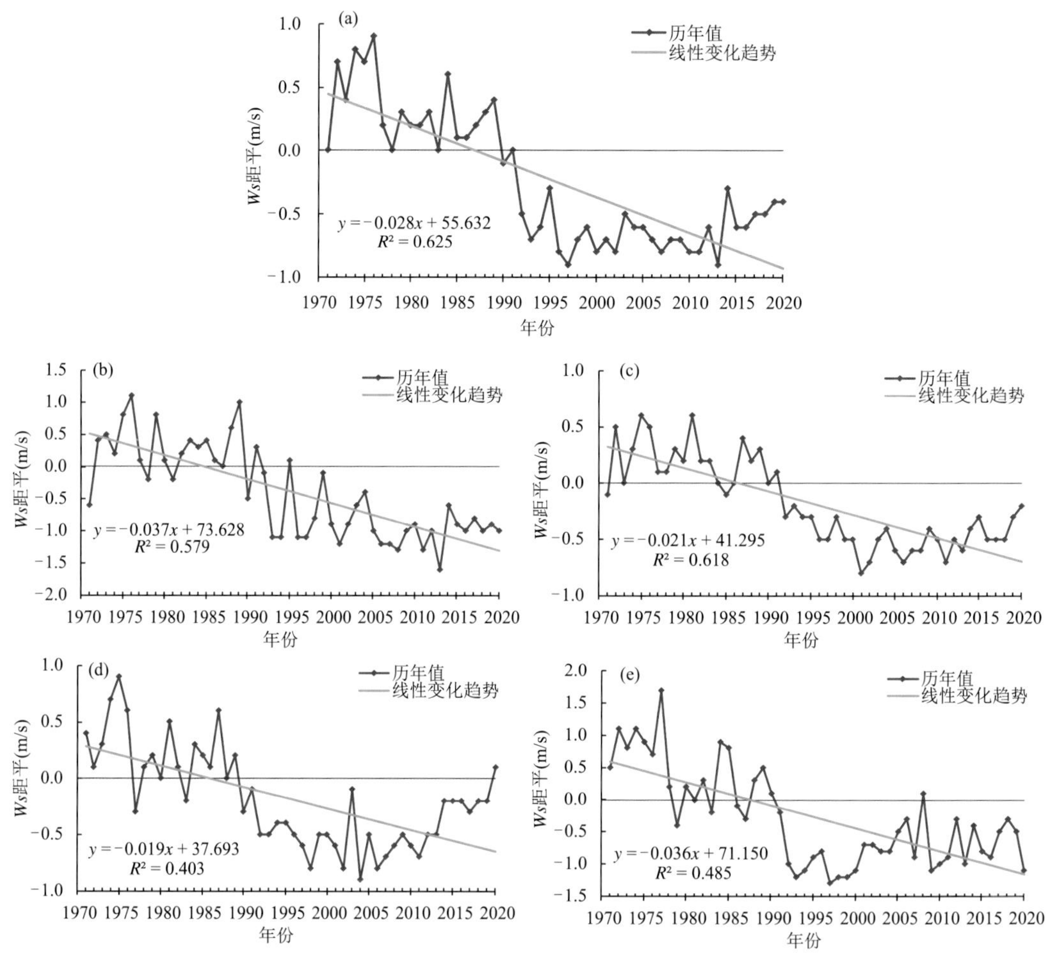

图 3.21　1971—2020 年羌塘自然保护区年、季 *Ws* 变化

（a. 年，b. 春季，c. 夏季，d. 秋季，e. 冬季）

均每 10 年减小 0.16～0.47 m/s($P<0.001$)，减幅以安多最大、狮泉河最小。近 30 年，各站四季 *Ws* 减幅趋缓或转为增加趋势，其中申扎冬季 *Ws* 增幅最大，为 0.30 (m/s)/10a($P<0.05$)，狮泉河秋季 *Ws* 次之，为 0.28 (m/s)/10a($P<0.001$)。

表 3.12　1971—2020 年羌塘自然保护区各站年、季 *Ws* 变化趋势((m/s)/10a)

站点(区域)	春季	夏季	秋季	冬季	全年
狮泉河	−0.24**** /0.06	−0.12**** /0.12*	−0.08** /0.28****	−0.22**** /0.19*	−0.16**** /0.18***
改　则	−0.42**** /−0.41**	−0.24**** /−0.19***	−0.24**** /−0.19***	−0.35**** /−0.04	−0.31**** /−0.16***
班　戈	−0.29**** /−0.25**	−0.16**** /−0.06	−0.13**** /0.15**	−0.23**** /0.18	−0.20**** /0.02
申　扎	−0.36**** /−0.13	−0.27**** /0.02	−0.15*** /0.16*	−0.32**** /0.30**	−0.27**** /0.10
安　多	−0.60**** /−0.35***	−0.25**** /−0.09	−0.38**** /−0.08	−0.65**** /−0.03	−0.47**** /−0.13**
自然保护区	−0.37**** /−0.21**	−0.20**** /−0.05	−0.19**** /0.09	−0.36**** /0.12	−0.28**** /0.00

3.1.7.2　年代际变化

根据近 50 年羌塘自然保护区年、季 *Ws* 的年代际变化分析，在 10 年际尺度上(图 3.22)，20 世纪 70—80 年代一年四季 *Ws* 均偏大，以 70 年代 *Ws* 偏大最为明显，是近 50 年 *Ws* 最大的 10 年；春、冬两季 *Ws* 偏大较明显。进入 90 年代后的 3 个年代一年四季 *Ws* 均偏小，其中 90 年代以冬季 *Ws* 最小，21 世纪初 10 年和 21 世纪 10 年代以春季 *Ws* 最小。

在 30 年际变化尺度上(图表略)，1991—2020 年与 1971—2000 年相比，年 *Ws* 偏小 0.6 m/s，四季 *Ws* 偏小 0.5～0.9 m/s，以春季最明显，其次是冬季，偏小 0.8 m/s，夏、秋季最小，均为 0.5 m/s。

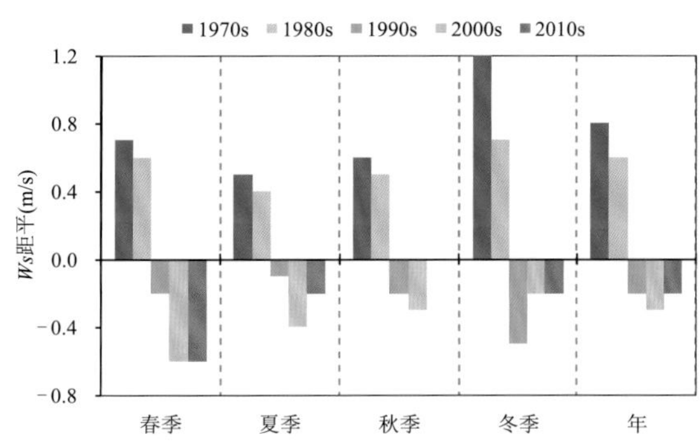

图 3.22　1971—2020 年羌塘自然保护区年、季 *Ws* 的年代际变化

3.1.7.3　突变分析

通过 M-K 检验方法分析了 1971—2020 年自然保护区年 *Ws* 的突变时间，如图 3.23a 所示，UF 曲线在 1971—1977 年呈上升趋势，之后至 2020 年表现为快速下降趋势，UF 曲线在 1991—2020 年超过－1.96 线，表明 *Ws* 减小趋势明显。UF 和 UB 曲线在 1985 年出现交叉，且交叉点位于±1.96 之间，即确定 1985 年发生了突变，由相对偏大期跃变为相对偏小期，突变后年 *Ws* 较突变前偏小 0.9 m/s。同理，四季 *Ws* 分别在 1992 年、1990 年、1983 年和 1983 年发生了由相对偏大期向偏小期的突变(图 3.23b～e)，其中秋、冬两季 *Ws* 突变最早(1983 年)，较春季(1992 年)早 9 年；突变后四季 *Ws* 较突变前偏小 0.6～1.2 m/s，以春、冬季最为明显。

3.1.8　总云量

云作为全球气候系统的主要参数之一，其变化在较大程度上能对全球气候产生影响。安宁等(2013)利用卫星遥感资料研究了近 10 年全球总云量的变化，发现全球总云量呈略增加的趋势，其中陆地有所减少，海洋上空增加。符传博等(2019)研究指出，1960—2012 年中国总云量气候倾向率为－0.8%/10a；总云量季节变化特点明显，春季、夏季和秋季有显著的下降趋势。张雪芹等(2007)分析表明，1971—2004 年青藏高原年、四季总云量变化都存在显著下降趋势。杜军等(2019b)认为，1961—2018 年西藏年平均总云量呈显著减少趋势，平均每 10 年减少 0.11 成，四季均表现为减少趋势，以冬季最明显。

本研究利用羌塘自然保护区周边 5 个气象站 1971—2019 年逐月平均总云量资料，采用趋势分析、Mann-Kendall(M-K)检验等方法，分析了近 49 年(1971—2019 年)羌塘自然保护区年、季平均总云量的气候变化特征。

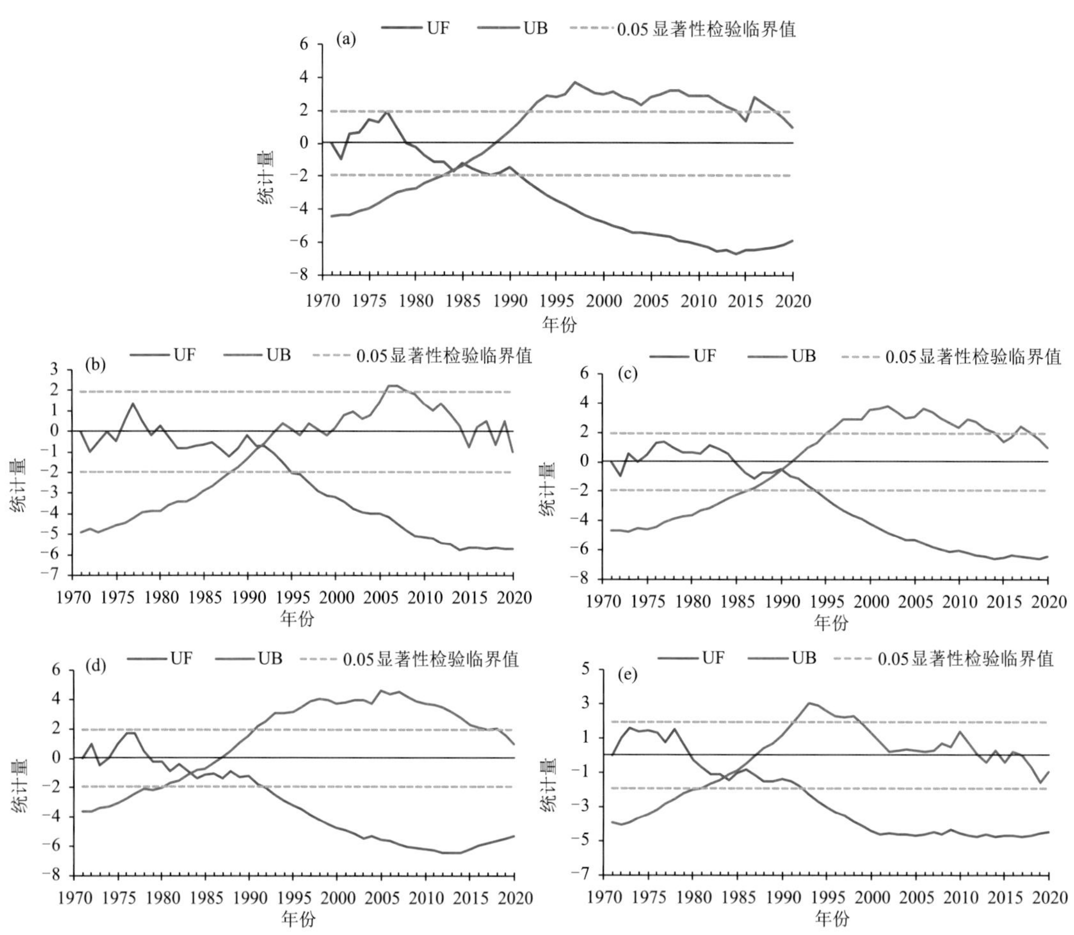

图 3.23　1971—2020 年羌塘自然保护区年、季 *Ws* 的 M-K 检验

（a. 年，b. 春季，c. 夏季，d. 秋季，e. 冬季）

3.1.8.1　年际变化

近 49 年(1971—2019 年)羌塘自然保护区年平均总云量表现为显著的减少趋势(图 3.24a)，为－0.12 成/10a(P<0.001)，其中 1971—2007 年总云量趋于减少，平均每 10 年减少 0.26 成(P<0.001)，2007—2019 年呈明显增多趋势，增幅达 0.89 成/10a(P<0.001)。在季尺度上，四季平均总云量都表现为减少趋势(图 3.24b～e)，以春、冬两季减幅较大，分别为－0.21成/10a(P<0.001)和－0.23 成/10a(P<0.001)，夏、秋两季减幅较小，不足－0.05 成/10a。

从近 49 年羌塘自然保护区各站年、季平均总云量的变化趋势(表 3.13)来看，春季平均总云量在所有站上都表现为减少趋势，为 0.03～0.33 成/10a，以班戈减幅最大(P<0.001)，申扎次之，为－0.28 成/10a(P<0.001)，狮泉河最小。夏季平均总云量在西部趋于增多，而东部倾向于减少。秋季，除狮泉河平均总云量呈增多趋势外，其余 4 个站表现为不同程度的减少趋势，以班戈减幅最大(－0.16 成/10a，P<0.05)，安多减幅最小(－0.01 成/10a)。冬季，各站平均总云量均呈显著减少趋势，为－0.12～－0.33 成/10a，其中班戈减幅最大(P<0.001)，狮泉河减幅最小。年平均总云量仅在狮泉河站上呈弱的增多趋势，其他各站平均每 10 年减少

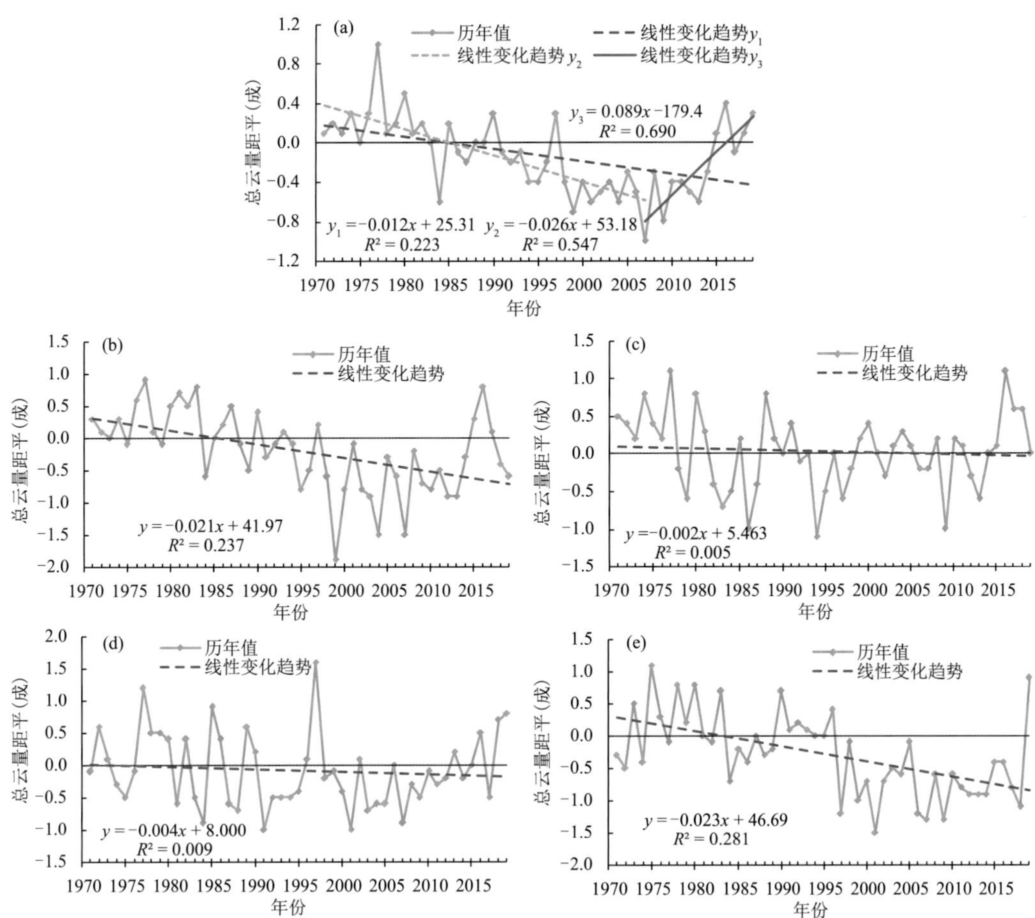

图 3.24　1971—2019 年羌塘自然保护区年、季平均总云量变化

(a. 年，b. 春季，c. 夏季，d. 秋季，e. 冬季)

0.06～0.24 成。近 29 年(1991—2019 年)，大部分站点四季平均总云量减幅变小或转为增多趋势，但申扎站的夏季，班戈和申扎 2 个站的冬季平均总云量减幅均有所变大；狮泉河一年四季平均总云量都表现为增多趋势，平均每 10 年增多 0.13～0.55 成，以夏季最大($P<0.05$)、冬季最小。

表 3.13　1971—2019 年自然保护区各站年、季平均总云量变化趋势(成/10a)

站点(区域)	春季	夏季	秋季	冬季	全年
狮泉河	−0.03/0.36	0.08/0.55**	0.15/0.40*	−0.12*/0.13	0.02/0.37*
改　则	−0.13**/0.17	0.13/0.37***	−0.04/0.13	−0.21****/−0.10	−0.06/0.15**
班　戈	−0.33****/−0.16	−0.10*/0.01	−0.16**/0.08	−0.33****/−0.43***	−0.24****/−0.13*
申　扎	−0.28****/−0.25*	−0.07/−0.17	−0.14*/0.07	−0.26****/−0.38**	−0.18****/−0.18**
安　多	−0.25****/0.16	−0.10/0.15	−0.01/0.38	−0.26***/−0.15	−0.16****/0.13
自然保护区	−0.21****/0.06	−0.02/0.17	−0.04/0.21*	−0.23***/−0.19	−0.12****/0.07

注：“/”前后数字分别表示 1971—2019 年和 1991—2019 年的变化趋势。

3.1.8.2 年代际变化

根据近49年羌塘自然保护区年、季平均总云量的年代际变化分析(图3.25),在10年际尺度上,20世纪70年代一年四季平均总云量都偏多,是近50年最多的10年,以春、冬两季较为明显,均较常年偏多0.6成。80年代除夏季平均总云量正常外,其他3季均偏多,其中春季偏多0.5成;年平均总云量略偏多0.3成。90年代,平均总云量在春季略偏少,夏季和秋季正常,冬季略偏多,年值也趋于正常。21世纪初10年,平均总云量除在夏季正常外,其他3季都偏少,致使年平均总云量较常年偏少0.2成,是近50年最少的10年。21世纪10年代,平均总云量只在冬季偏少,夏季和秋季偏多,春季正常,年平均总云量略偏多。在30年际变化尺度上(图表略),1991—2020年与1971—2000年相比,年平均总云量偏少0.3成,除夏季相同外,其他3季偏少0.2～0.5成,以春、冬两季最为明显。

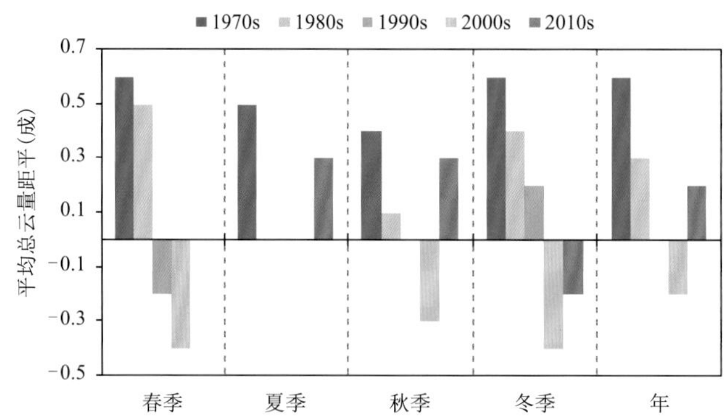

图3.25 1971—2019年羌塘自然保护区年、季平均总云量的年代际变化

3.1.8.3 突变分析

利用M-K方法检验分析了1971—2019年自然保护区年平均总云量的突变时间,如图3.26a所示,UF曲线在1971—1982年呈波动振荡变化,1983—2013年快速下降,随后至2019年趋于上升,UF曲线在1986—2019年超过−1.96线,表明平均总云量减小趋势明显。UF和UB曲线在1983年出现交叉,且交叉点位于±1.96之间,即确定1983年发生了突变,由相对偏多期跃变为相对偏少期,突变后年平均总云量较突变前偏少0.6成。同理,春季、冬季平均总云量在1988年和1994年发生了由相对偏多期向相对偏少期的突变(图3.26b,e),突变后平均总云量较突变前分别偏少0.8成和0.7成。夏、秋两季平均总云量未出现突变(图3.26c,d)。

3.1.9 蒸发皿蒸发量

蒸发是全球能量和水循环的关键环节,也是决定各地区天气与气候状况的重要因子。蒸发作为潜热通量是决定天气与气候的重要因子,是水循环中最直接受土地利用和气候变化影响的一项,对气候变化的响应十分敏感,是地球系统中最活跃的因子之一。

近30年来学者们在分析蒸发皿蒸发量(以下简称蒸发量)变化趋势时发现蒸发量不升反降(Peterson et al.,1995;Roderick et al.,2004,2005),这种现象在北半球表现得尤为明显。Michael等(2002)将全球气温升高与潜在蒸散量减少同时发生的水文气候现象称之为“蒸发悖论”。这种“蒸发悖论”现象在中国也存在(丛振涛 等,2008;岳元 等,2017;杨司琪 等,

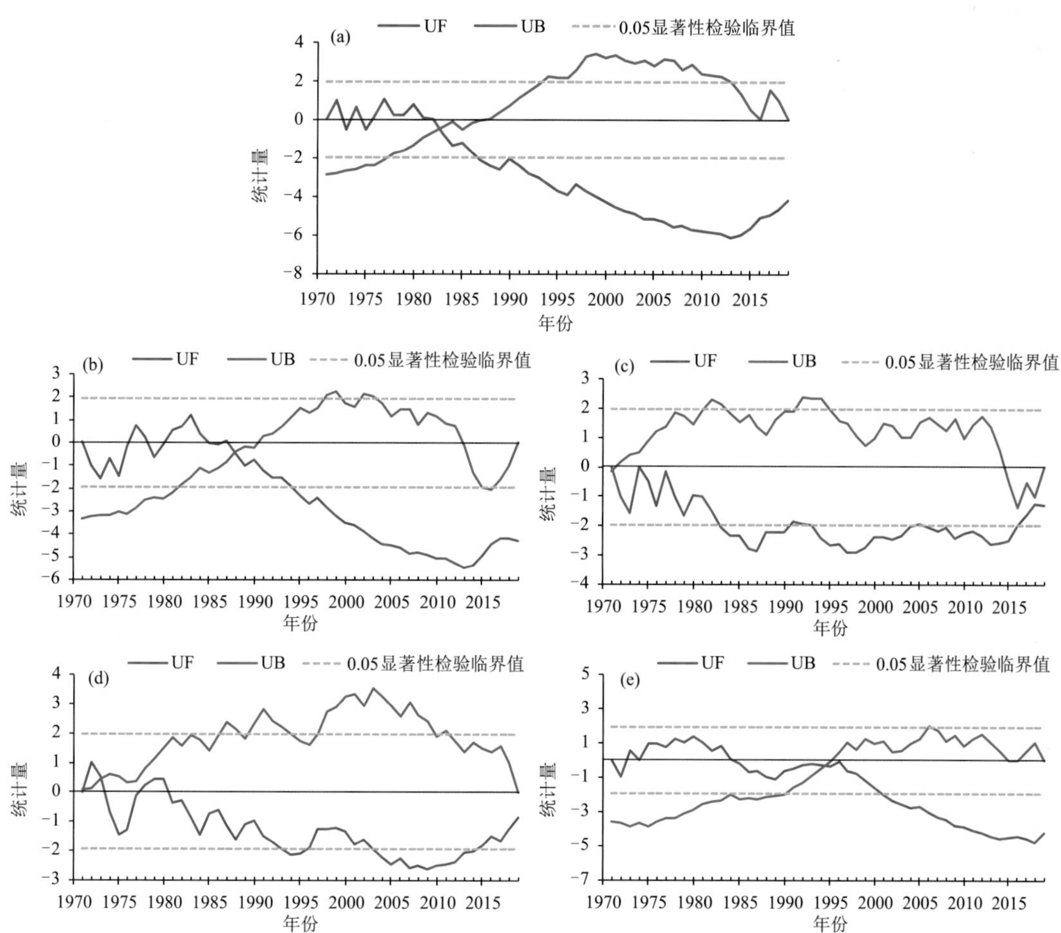

图 3.26　1971—2019 年羌塘自然保护区年、季平均总云量的 M-K 检验
（a. 年，b. 春季，c. 夏季，d. 秋季，e. 冬季）

2018）。国内学者对青藏高原蒸发量的时空变化及成因也进行了广泛的研究（杜军 等，2008a；李景玉 等，2009；Liu et al.，2011；Yin et al.，2013；刘蓓，2014；黄会平 等，2015；黄瑞霞 等，2018），不过研究成果年限大多截止于 21 世纪初，而近 10 年最新变化的研究尚未见报道，尤其是针对羌塘自然保护区蒸发量的变化特征更是鲜有报道。羌塘高原作为典型的青藏高原内流区，其降水、蒸发的变化直接影响自身及其周边区域冰冻圈与生态系统的变化。

当前全球变暖日益显著，本研究分析了近 47 年（1971—2017 年）自然保护区蒸发量变化的时空分布，这不仅有助于更好地了解自然保护区对气候变化的响应，也可为该区域的水资源管理和生态环境保护提供重要的参考依据。

3.1.9.1　年际变化

表 3.14 给出了近 47 年（1971—2017 年）自然保护区年、季蒸发量的变化趋势，结果发现，近 47 年无论是年蒸发量或是四季蒸发量均呈减少趋势，年蒸发量平均每 10 年减少 34.4 mm（图 3.27，$P<0.01$），四季蒸发量以 −3.8～−15.1 mm/10a 的速度趋于减少，其中春季减幅最大（$P<0.05$），夏季次之，为 −12.4 mm/10a（$P<0.10$），秋季减幅最小。近 27 年（1991—2017

年)自然保护区年蒸发量减少趋势更明显,达−61.1 mm/10a($P<0.05$),主要表现在春、夏两季,分别为−41.9 mm/10a($P<0.01$)和−33.4 mm/10a($P<0.05$);而秋、冬两季蒸发量却呈增加趋势,以冬季增幅较大,为10.4 mm/10a。

表3.14　1971—2017年羌塘国家级自然保护区各站年、季蒸发量变化趋势(mm/10a)

站点(区域)	春季	夏季	秋季	冬季	年
狮泉河	7.1	6.6	2.2	0.0	16.8
改　则	−4.7	−21.3**	0.3	2.7	−22.2
班　戈	−13.5	−12.1*	−3.8	3.5	−25.5
申　扎	−41.6****	−26.5***	−9.8**	−17.7****	−93.4****
安　多	−26.1***	−17.8**	−10.2*	−6.8	−59.7****
自然保护区	−15.1**	−12.4*	−3.8	−4.3	−34.4***

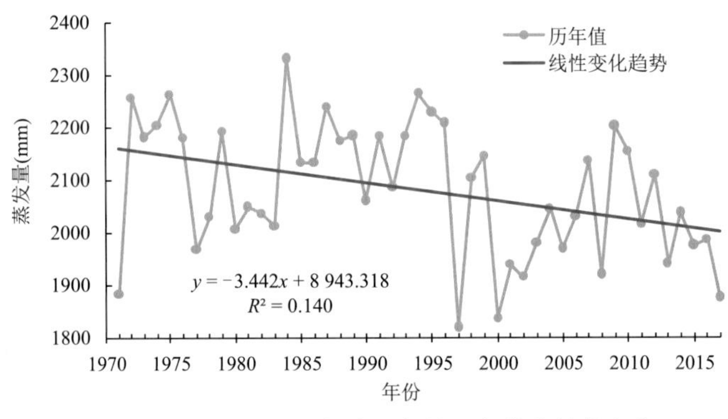

图3.27　1971—2017年自然保护区年蒸发量的变化

从蒸发量变化趋势的空间分布来看,在年尺度上,近47年蒸发量除狮泉河以16.8 mm/10a的速度呈不显著的增加趋势外,其他各站均表现为减少趋势,平均每10年减少22.2～93.4 mm,其中申扎减幅最大($P<0.001$),其次是安多,为−59.7 mm/10a($P<0.001$),改则减幅最小。

在季尺度上,近47年春季蒸发量除狮泉河为增加趋势(7.1 mm/10a)外,其他各站呈减少趋势,为−4.7～−41.6 mm/10a,以申扎减幅最大($P<0.001$),改则最小。夏季,蒸发量仅在狮泉河表现为增加趋势,为6.6 mm/10a;其他各站呈减少趋势,平均每10年减少12.1～26.5 mm(除班戈外,$P<0.05$),仍以申扎减幅最大。秋季,蒸发量除改则无变化、狮泉河略有增加外,其余3站呈减少趋势,为−3.8～−10.2 mm/10a,减幅以安多最大、班戈最小。冬季蒸发量表现为减少趋势的有2个站(安多、申扎),分别为−6.8 mm/10a和−17.7 mm/10a($P<0.001$),狮泉河无趋势变化;改则和班戈趋于增加。

3.1.9.2　年代际变化

图3.28给出了近40年(1971—2010年)羌塘自然保护区年、季蒸发量的年代际变化,在10年际尺度上,20世纪70年代蒸发量除夏季为负距平外,其他3季为正距平,以冬季偏多最明显,较常年偏多20.4 mm,年蒸发量偏多26.2 mm。80年代一年四季蒸发量均为正距平,以夏季最大,较常年偏多24.8 mm,致使年蒸发量偏多45.6 mm,是近40年最多的10年。90年代,因春、夏两季蒸发量偏多的量大于秋、冬两季蒸发量偏少的量,年蒸发量为正距平,较常年

偏多 15.7 mm。21 世纪初 10 年，年蒸发量明显偏少，较常年偏少 98.5 mm，是近 40 年里最少的 10 年，究其原因是因为春、夏、秋 3 季蒸发量都偏少，特别是夏季偏少了 61.8 mm。在 30 年际变化尺度上，1981—2010 年与 1971—2000 年相比(图表略)，年蒸发量偏少 29.1 mm，四季蒸发量偏少 4.4～15.6 mm，以春季偏少最多，其次是夏季 7.0 mm，秋季最小。

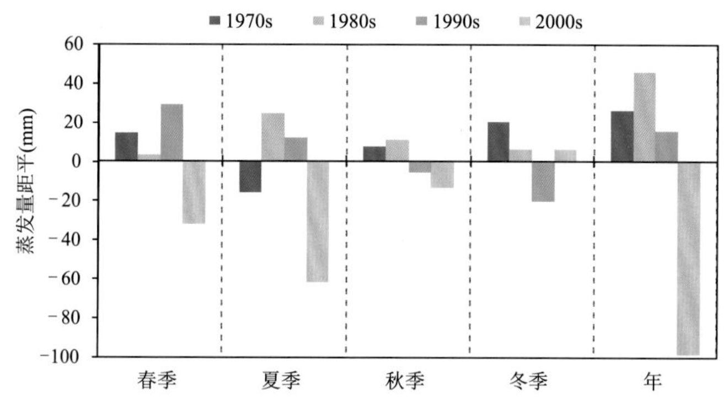

图 3.28　1971—2010 年羌塘自然保护区年、季蒸发量的年代际变化

3.1.9.3　突变分析

通过对近 47 年自然保护区年和四季蒸发量进行 M-K 突变检验发现，年蒸发量 UF 曲线在 1971—1995 年呈“V”形变化，1996—2017 年快速下降(图 3.29a)。UF 和 UB 曲线有多个交叉点，且交叉点位于±1.96 之间，确定 UF 曲线下降、UB 曲线上升的交叉点，即在 2011 年发生了突变，突变前、后蒸发量平均值分别为 2 095.6 mm 和 1 990.5 mm，突变后较突变前偏少 5%。同样，春季蒸发量在 2011 年发生转折(图 3.29b)，由偏多跃变偏少，突变点前、后蒸发量分别为 609.5 mm 和 551.4 mm，后者较前期偏少 10%；而其他 3 个季节蒸发量的突变不明显。

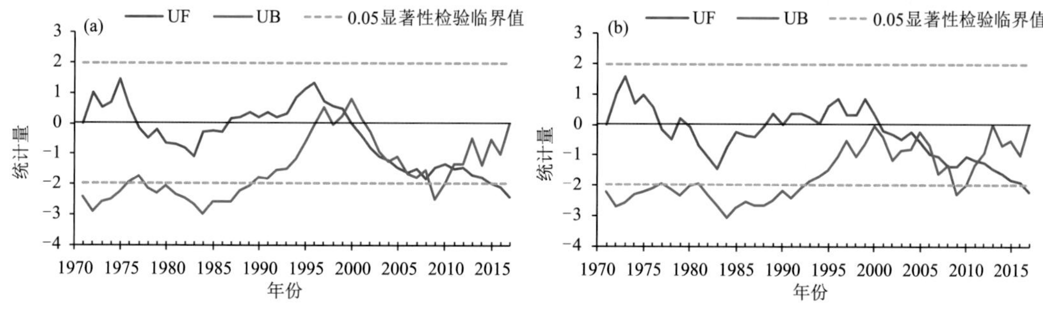

图 3.29　1971—2017 年自然保护区年(a)和春季(b)蒸发量 M-K 检验

3.1.10　湿润指数

湿润指数(H_i)作为热量与水分的综合因子，控制陆地生态系统与大气之间能量和物质交换，可以指示某一地区能量和湿度从地面到大气的转换情况，并直接影响到植被生产及其对水分的需求(Chen et al.，2006)。近年来，学者们基于 H_i 对中国(赵俊芳 等，2010；刘昌明 等，2011；胡琦 等，2017；陈洁 等，2019)及其各区域(刘园 等，2010；曾丽红 等，2010；黄小燕 等，2011；王亚俊 等，2013；王允 等，2014)干湿变化的研究取得了大量成果，并就其主导影响因子

进行了广泛的讨论。青藏高原作为“第三极”和“亚洲水塔”，众多学者从干湿状况的时空分布特征、变化趋势及其影响因子等方面做了大量的研究（Chen et al.，2006；杜军 等，2006，2008b；Zhu et al.，2012；汪步惟 等，2019）。

本研究利用自然保护区周边 5 个气象站 1971—2018 年逐日气象资料，基于 Penman-Monteith 模型计算了潜在蒸散和 H_i，分析了近 48 年（1971—2018 年）自然保护区干湿状况的时空变化特征。

3.1.10.1 年际变化

从自然保护区年、季 H_i 的变化来看，近 48 年（1971—2018 年）年 H_i 呈显著的增加趋势（图 3.30a），但增幅不大，仅为 0.001/a（$P<0.05$），主要表现在春、夏两季，增幅分别为 0.001/a（图 3.30b，$P<0.05$）和 0.003/a（$P<0.05$）；尤其是近 28 年（1991—2018 年）夏季 H_i 增幅更明显（图 3.30c），增幅达 0.006/a（$P<0.05$）。秋季和冬季 H_i 在近 48 年里的变化趋势不明显，但近 28 年两季 H_i 表现为较为明显的减小趋势（图 3.30d，e），幅度分别为 −0.004/a（未通过显著性检验）和 −0.001/a（$P<0.01$）。

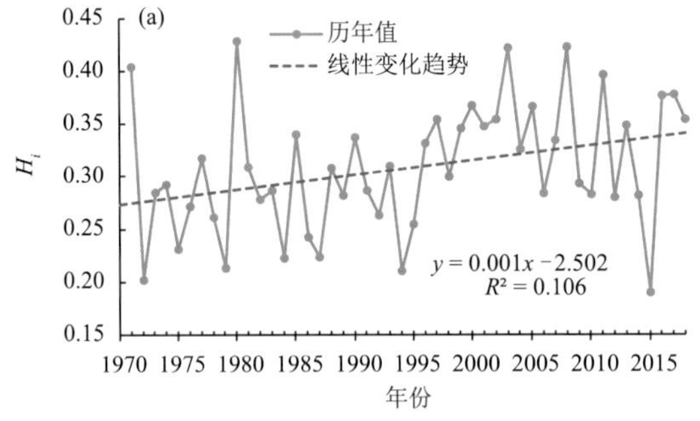

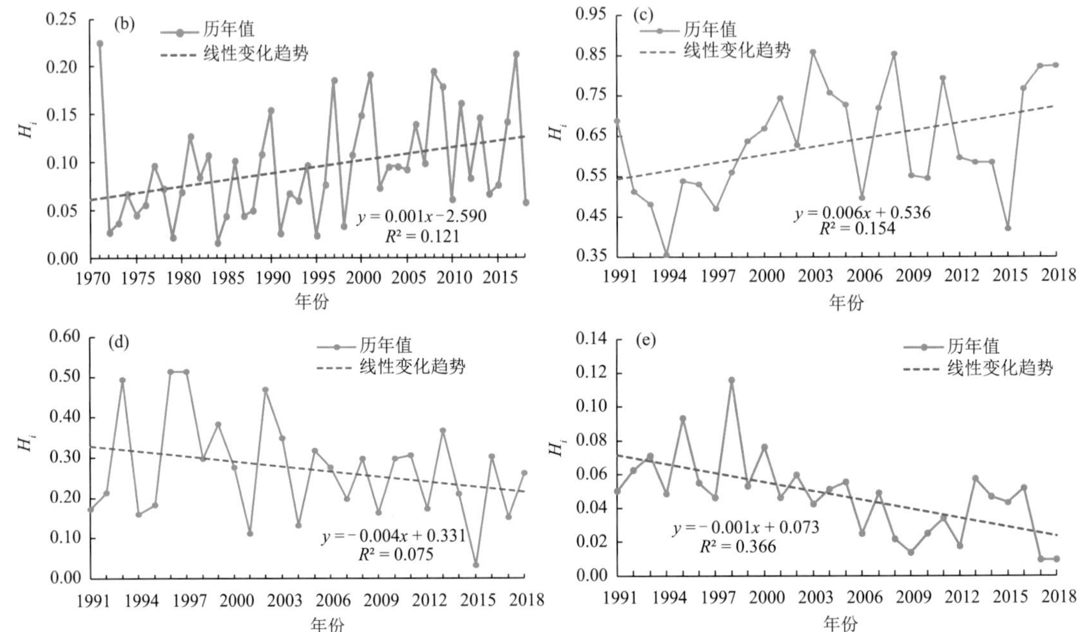

图 3.30 1971—2018 年羌塘国家级自然保护区年、季 H_i 变化
（a. 年，b. 春季，c. 夏季，d. 秋季，e. 冬季）

表 3.15 给出了自然保护区各站 H_i 的变化趋势，在年尺度上，近 48 年自然保护区除狮泉河 H_i 无变化外，其他各站呈增加趋势，增幅为 0.002～0.003/a，以申扎增幅最大($P<0.01$)；20 世纪 90 年代后，除安多年 H_i 趋于减少(−0.002/a)外，其他各地 H_i 均呈增加趋势，尤其是改则增幅最为明显，增幅达 0.004/a($P<0.01$)。在季尺度上，近 48 年春季 H_i 除狮泉河无变化外，其他各地为增加趋势，增幅为 0.001～0.003/a，以安多增幅最大，这种趋势在近 28 年表现更明显。夏季 H_i 变化趋势的分布与春季相同，不过增幅略大一些，为 0.002～0.005/a(申扎最大)；其中，近 28 年改则夏季 H_i 增幅突出，达 0.010/a($P<0.01$)。秋季，近 48 年自然保护区大部分站点 H_i 呈弱的减少趋势，但在近 28 年里 H_i 减小趋势明显，以申扎最为突出，减幅达−0.008/a($P<0.01$)。冬季，近 48 年自然保护区绝大部分站点 H_i 无变化，不过安多站在近 28 年里 H_i 变小趋势极为显著，为−0.007/a($P<0.001$)。总体来看，自然保护区春、夏两季 H_i 趋于增大，秋季 H_i 为减小趋势，而冬季 H_i 无趋势变化。

表 3.15　1971—2018 年羌塘国家级自然保护区各站年、季 H_i 的变化趋势(1/a)

站点(区域)	年	春季	夏季	秋季	冬季
狮泉河	0.0/0.001	0.0/0.001	0.0/0.003	−0.001/−0.002*	0.001/0.001
改　则	0.002**/0.004***	0.001/0.002	0.004***/0.01***	−0.001/−0.001	0.0/0.0
班　戈	0.002/0.002	0.002**/0.004**	0.003/0.01	0.0/−0.007*	0.0/−0.001
安　多	0.002/−0.002	0.003**/0.004	0.002/−0.001	0.001/−0.005	0.0/−0.007****
申　扎	0.003***/0.002	0.002****/0.004**	0.005/0.007	−0.001/−0.008*	0.0/0.0
自然保护区	0.001**/0.001	0.001***/0.002*	0.003**/0.007**	0.0/−0.004*	0.0/−0.002***

注："/"前后数字分别表示 1971—2018 年和 1991—2018 年的变化趋势。

3.1.10.2　年代际变化

在年代际尺度上(图 3.31)，近 40 年(1971—2010 年)羌塘自然保护区年 H_i 在 20 世纪 70—90 年代为负距平，其中 80 年代 H_i 最低；进入 21 世纪后转为正距平。从 H_i 的季节来看，20 世纪 70 年代除夏季外 H_i 均为负距平；80 年代四季 H_i 明显偏低，以夏季最为明显；90 年代春、夏两季为负距平，而秋、冬两季为正距平；21 世纪初 10 年，春、夏两季 H_i 回升为正距平，尤其是夏季(21 世纪初 10 年偏高 0.088)，而秋季和冬季 H_i 为负距平，以秋季偏低最为明显。

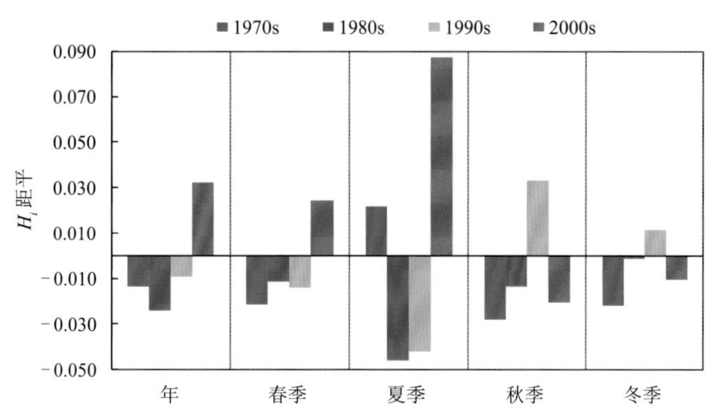

图 3.31　1971—2010 年羌塘国家级自然保护区年、季节 H_i 的年代际变化

3.1.10.3 突变分析

通过对近48年(1971—2018年)自然保护区年和四季 H_i 进行M-K突变检验发现(图3.32),年 H_i 的UF曲线在1971—1994年呈振荡变化,从1995年开始快速上升,与UB曲线在1996年相交,且在临界线±1.96之间,确定在1996年发生了突变,这与汪步惟等(2019)的研究结论基本相同。其中2002—2018年 H_i 增加趋势超过了95%置信度的临界线,表明年 H_i 增加趋势是十分显著的;突变前、后 H_i 平均值分别为0.282和0.336,突变后较突变前增加了19.1%。同样,春季 H_i 也在1995年发生转折,由偏低跃变为偏高态势,突变点前、后 H_i 分别为0.073和0.118,后者较前期偏高61.6%;夏季 H_i 突变较晚,出现在2000年,突变后较突变前 H_i 增加了21.6%;秋、冬两季 H_i 未发生突变(图略)。

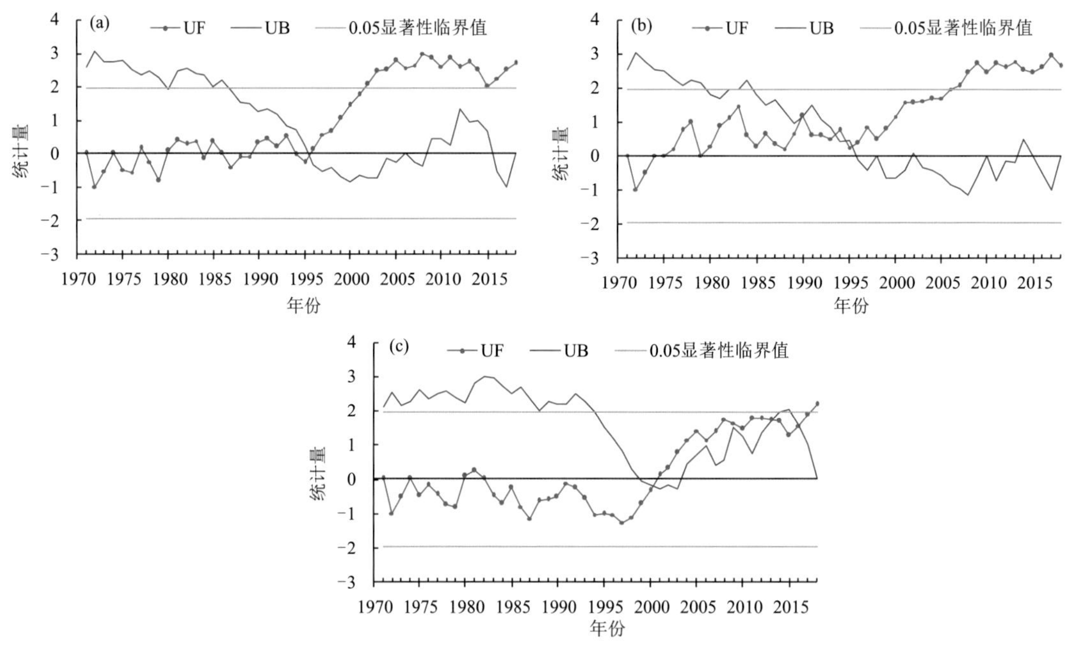

图3.32 1971—2018年羌塘国家级自然保护区年、季 H_i 的M-K检验
(a. 年,b. 春季,c. 夏季)

3.1.11 积温

国内学者应用活动积温作为表征热量的指标对中国热量资源做了众多研究。胡琦等(2014)分析认为,1961—2010年中国≥0 ℃积温和≥10 ℃积温增加趋势大体一致,约为70 ℃·d/10a,持续日数分别增加5.5 d和4.7 d。邱新法等(2017)指出,1960—2013年中国≥10 ℃积温总体呈上升趋势,在20世纪90年代最为突出。李帅等(2020)基于1961—2016年气温格点数据研究表明,≥5 ℃、≥10 ℃有效积温整体呈上升趋势,且≥5 ℃有效积温整体升幅更为显著,两者升幅均表现为南方地区最大,北方次之,青藏高原最小,秦巴山区积温呈下降趋势。青藏高原≥5 ℃、≥10 ℃积温初始日(结束日)提前(推迟)天数最大。赵东升等(2010)研究得到,1966—2005年青藏高原≥10 ℃积温、≥5 ℃积温和≥0 ℃积温均呈稳定增加趋势,且增加幅度依次增大,积温变化的显著程度也依次增高。杜军等(2019b)分析指出,

1961—2018 年西藏 18 个站≥0 ℃表现为初日提早、终日推迟、持续日数延长、积温增加的趋势。

本研究利用 1971—2020 年羌塘自然保护区周边 5 个气象站逐日平均气温资料，采用 5 日滑动平均方法，计算得到了≥0 ℃活动积温数据，以分析近 50 年羌塘自然保护区≥0 ℃界限温度的初终日、间隔日数、积温的年际和年代际变化，以及气候突变特征。

3.1.11.1　年际变化

如图 3.33 所示，近 50 年(1971—2020 年)羌塘自然保护区≥0 ℃初日表现为明显的提早趋势，平均每 10 年提早 4.46 d($P<0.001$)；≥0 ℃终日以 2.94 d/10a 的速度显著推迟；≥0 ℃持续日数呈显著延长趋势，平均每 10 年延长 7.31 d($P<0.001$)；≥0 ℃积温表现出显著的增加趋势，增幅为 76.32 ℃ · d/10a($P<0.001$)。近 30 年(1991—2020 年)，≥0 ℃初日提早、终日推迟、持续日数延长、积温增加的这种趋势更为明显，平均每 10 年初日提早 5.61 d($P<0.001$)，终日推迟 4.70 d($P<0.001$)，持续日数延长 10.31 d($P<0.001$)，积温增加 79.36 ℃ · d($P<0.001$)。

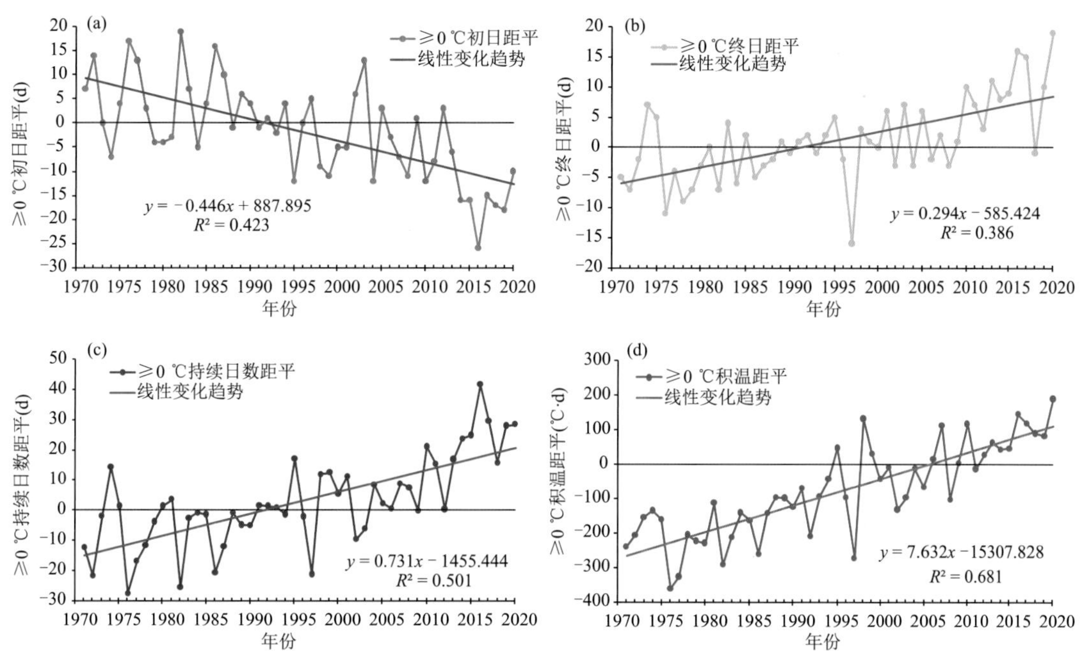

图 3.33　1971—2020 年羌塘自然保护区≥0 ℃界限温度变化
(a. 初日，b. 终日，c. 持续日数，d. 积温)

从 1971—2020 年羌塘自然保护区各站≥0 ℃界限温度的变化趋势来看(表 3.16)，近 50 年各站≥0 ℃初日均呈提早趋势，平均每 10 年提早 1.53～9.66 d($P<0.10$)，其中班戈提早最多($P<0.001$)，改则次之，为－4.46 d/10a($P<0.001$)，申扎最少。各站≥0 ℃终日均呈推迟趋势，平均每 10 年推迟 0.65～8.96 d，以班戈推迟的最多，申扎推迟的最少。各站≥0 ℃持续日数都表现为延长趋势，平均每 10 年延长 2.18～18.62 d，其中班戈延长的最多，狮泉河次之，为 6.02 d/10a，申扎延长的最短。≥0 ℃积温在所有站上都倾向于显著增加趋势，增幅为

50.32～97.30 ℃·d/10a(P<0.001)，以狮泉河增幅最大，其次是改则，为84.78 ℃·d/10a，申扎最小。近30年(1991—2020年)，大部分站点≥0 ℃初日提早、终日推迟、持续日数延长、积温增加的趋势仍持续。其中，班戈站≥0 ℃初日提早、终日推迟、持续日数延长的趋势更为明显，平均每10年初日提早16.61 d(P<0.001)、终日推迟15.02 d(P<0.001)、持续日数延长达31.63 d。

表3.16 1971—2020年羌塘自然保护区各站≥0 ℃界限温度变化趋势

站点(区域)	≥0 ℃初日 (d/10a)	≥0 ℃终日 (d/10a)	≥0 ℃持续日数 (d/10a)	≥0 ℃积温 (℃·d /10a)
狮泉河	−4.03****/−4.87**	1.99****/2.73**	6.02****/7.61***	97.30****/87.68****
改　则	−4.46****/−3.88*	1.16**/1.60	5.63****/5.48**	84.78****/84.67****
班　戈	−9.66****/−16.61****	8.96****/15.02****	18.62****/31.63****	66.03****/66.29***
申　扎	−1.53*/−0.14	0.65/1.65	2.18*/1.79	50.32****/57.38****
安　多	−1.64*/−2.55	1.51**/2.49	3.15**/5.04*	77.95****/100.71****
自然保护区	−4.37****/−5.61****	2.94****/4.70****	7.31****/10.31****	76.32****/79.36****

3.1.11.2 年代际变化

根据近50年(1971—2020年)羌塘自然保护区≥0 ℃界限温度的年代际变化分析，在10年际尺度上(图3.34)，20世纪70—80年代表现为≥0 ℃初日偏迟、终日偏早、持续日数偏少、积温明显偏少的年代际变化特征，以70年代表现得较为明显，其中积温偏少143.0 ℃·d，是近50年最少的10年。在90年代，呈现为≥0 ℃初日偏早、终日基本正常、持续日数略偏长、

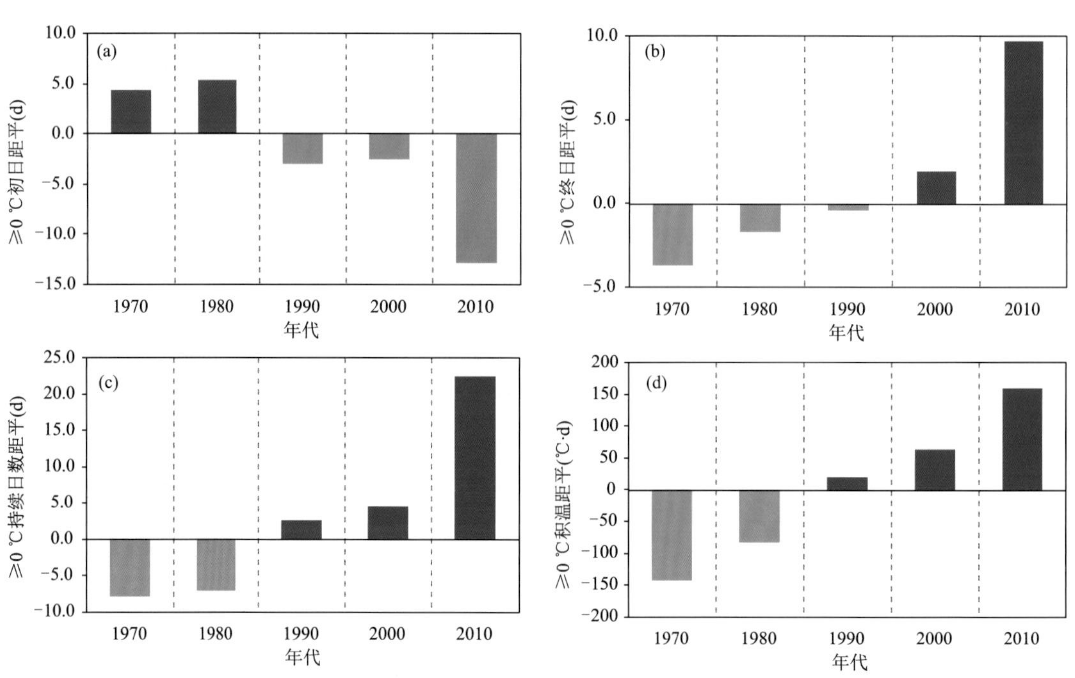

图3.34 1971—2020年羌塘自然保护区≥0 ℃界限温度的年代际变化
(a. 初日，b. 终日，c. 持续日数，d. 积温)

积温略偏多的变化特征。进入 21 世纪初的 20 年，自然保护区显现出≥0 ℃初日偏早、终日偏晚、持续日数偏长、积温偏多的年代际变化特征，尤以 21 世纪 10 年代最为突出，持续日数延长 22.5 d，积温增加 160.4 ℃·d。在 30 年际变化尺度上（图表略），1991—2020 年与 1971—2000 年相比，≥0 ℃初日提早 8 d、终日推迟 6 d、持续日数延长 14 d、积温偏高 150.3 ℃·d。

3.1.11.3　突变分析

通过 M-K 方法检验分析了 1971—2020 年自然保护区≥0 ℃界限温度的突变时间，如图 3.35a 所示，≥0 ℃初日的 UF 曲线在 1971—1990 年呈波动振荡变化，1991—2020 年表现下降趋势，UF 曲线在 2007 以后超过了−1.96 线，表明≥0 ℃初日提早的趋势明显。UF 和 UB 曲线在 2007 年出现交叉，即确定 2007 年发生了突变，由相对偏晚期跃变为相对偏早期，突变后平均≥0 ℃初日较突变前提早 13 d。同理，≥0 ℃终日、持续日数、积温分别在 2004 年、2007 年和 1994 年发生了突变（图 3.35b～d），突变后平均终日、持续日数和积温较突变前分别推迟 7 d、延长 22 d 和增加 199.2 ℃·d。

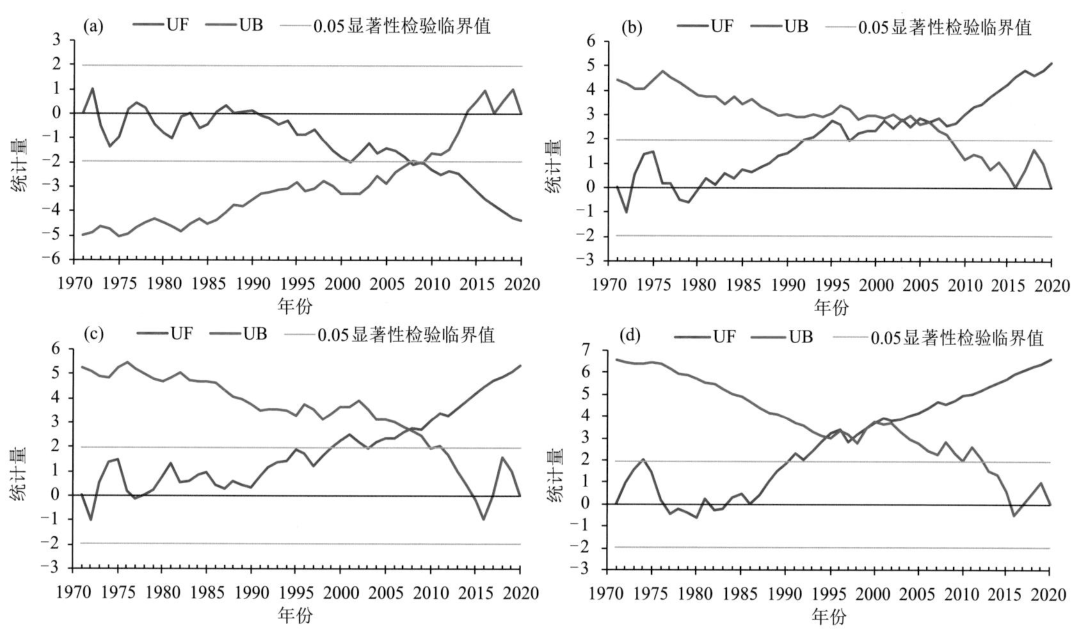

图 3.35　1971—2020 年羌塘自然保护区≥0 ℃界限温度的 M-K 检验

（a. 初日，b. 终日，c. 持续日数，d. 积温）

3.2　极端气候事件指数

气候变化的影响多通过极端气候事件反映出来，而极端气候与气候平均状态的变化存在差异，这决定了极端气候事件具有独特的研究价值。不断变化的气候可导致极端天气和气候事件的发生频率、强度、空间范围和持续时间发生变化，并能导致前所未有的极端天气和气候事件。气温和降水作为最基本的气象要素，其极值的变化情况直接影响到自然系统，而高温、暴雨等灾害性极端气温或降水事件更是直接影响到人类社会生产、生活的各个方面，所以研究极端气温和极端降水具有重要的理论和实际意义。

极端气候事件指数是描述极端事件的重要指标，本研究利用 WMO 定义的极端气候指数(Peterson et al.，2001)，通过 RClimDex 软件计算了羌塘自然保护区的极端气候指数(表 3.17)，以揭示其近 50 年(1971—2020 年)的变化规律，力求为当地应对气候变化、防灾减灾提供参考，为评估未来气候变化的影响提供基础资料。

表 3.17 极端气候指数定义

指数	代码	名称	定义	单位
极端气温指数	TXx	极端最高气温	日最高气温的最大值	℃
	TXn	最高气温极小值	日最高气温的最小值	℃
	TNx	最低气温极大值	日最低气温的最大值	℃
	TNn	极端最低气温	日最低气温的最小值	℃
	TN10p	冷夜日数	最低气温小于 10%分位值的天数	d
	TX10p	冷昼日数	最高气温小于 10%分位值的天数	d
	TN90p	暖夜日数	最低气温大于 90%分位值的天数	d
	TX90p	暖昼日数	最高气温大于 90%分位值的天数	d
	WSDI	暖持续日数	至少连续 6 d 日最高气温>历史同期第 90%分位值的日数	d
	CSDI	冷持续日数	至少连续 6 d 日最低气温<历史同期第 10%分位值的日数	d
	FD0	霜冻日数	日最低气温低于 0 ℃的天数	d
	ID0	结冰日数	日最高气温低于 0 ℃的天数	d
	GSL	生长季长度	日平均气温大于 5 ℃的天数	d
极端降水指数	RX1day	最大 1 日降水量	最大 1 日降水量	mm
	RX5day	最大 5 日降水量	连续 5 日最大降水量	mm
	SDII	降水强度	日降水量≥1.0 mm 的总降水量与降水日数的比值	mm/d
	R10mm	中雨日数	日降水量≥10 mm 的日数	d
	R20mm	大雨日数	日降水量≥20 mm 的日数	d
	CDD	连续干旱日数	日降水量<1.0 mm 的最大连续日数	d
	CWD	连续湿日	日降水量≥1.0 mm 的最大连续日数	d
	R95p	强降水量	日降水量大于基准期内第 95%分位值的总降水量	mm
	R99p	极强降水量	日降水量大于基准期内第 99%分位值的总降水量	mm

3.2.1 极端最高气温和极端最低气温

1971—2020 年，羌塘自然保护区年极端最高气温(TXx，图 3.36a)和年极端最低气温(TNn，图 3.36b)均呈升高趋势，平均每 10 年分别升高 0.13 ℃(未通过显著性检验)和 0.69 ℃($P<0.001$)。

从 1971—2020 年羌塘自然保护区年 TXx 和 TNn 变化趋势的空间分布来看(表 3.18)，年 TXx 除安多站表现为下降趋势外，其他各站均呈升高趋势，升幅为 0.06～0.24 ℃/10a，以狮泉河最大($P<0.01$)、申扎最小；其中近 30 年(1991—2020 年)申扎 TXx 趋于下降。近 50 年 TNn 在所有站点上都呈显著升高趋势，升幅为 0.29～1.48 ℃/10a，以改则最大、申扎最小；

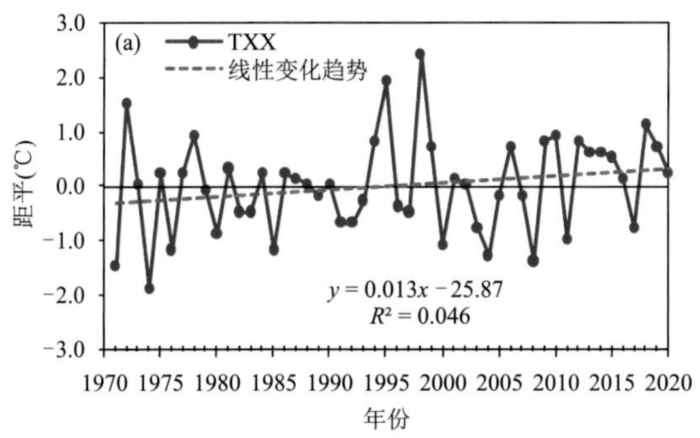

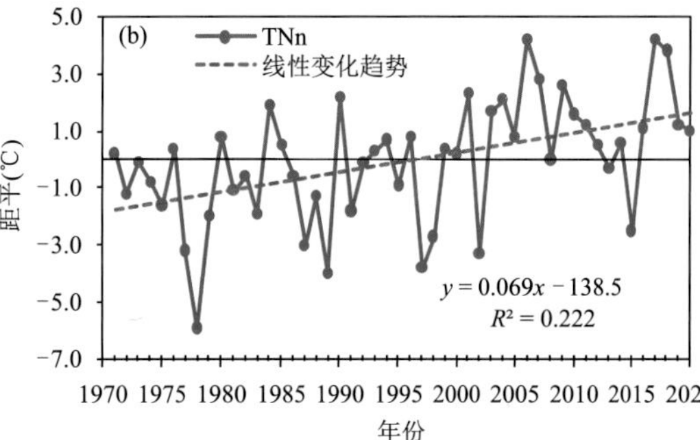

图 3.36　1971—2020 年羌塘自然保护区年 TXx(a)和 TNn(b)变化

近 30 年 TNn 除申扎下降、狮泉河趋势没有变化外，其他 3 站上升趋势更明显，平均每 10 年升高 1.05～1.67 ℃。

表 3.18　羌塘自然保护区极端气温指数变化趋势

极端气温指数	狮泉河	改　则	班　戈	申　扎	安　多	自然保护区
TXx(℃/10a)	0.24***/0.17	0.19/0.26	0.16/0.07	0.06/−0.13	−0.11/0.19	0.13/0.11
TXn(℃/10a)	0.54/1.08	0.54/0.93	0.28/0.52	0.02/−0.16	0.32/1.54***	0.32/0.79*
TNx(℃/10a)	0.43****/0.31*	0.61****/0.60***	0.38****/0.31*	0.38****/0.89****	0.33****/0.33**	0.43****/0.49****
TNn(℃/10a)	0.63*/0.62	1.48****/1.67**	0.63***/1.05**	0.29/−0.15	0.72***/1.49***	0.69****/0.93**
TX90p(d/10a)	10.37****/14.88***	9.03****/12.10***	8.96****/14.87****	8.51****/15.12****	5.44***/13.05***	8.26****/14.00****
TX10p(d/10a)	−9.02****/−8.70***	−7.34****/−7.46**	−7.59****/−10.36****	−6.85****/−8.49****	−6.13****/−13.19***	−7.31****/−9.64****
TN90p(d/10a)	14.03****/20.67****	13.67****/18.61****	13.10****/16.91****	8.20****/16.66****	12.18***/17.70****	12.13****/18.11****
TN10p(d/10a)	−21.31****/−9.58****	−16.77****/−14.06****	−12.50****/−10.86****	−7.75****/−8.92***	−13.06****/−15.05****	−14.33****/−11.69****
WSDI(d/10a)	3.28***/7.09***	3.67****/5.95***	4.28****/8.64****	3.77****/7.98***	2.35**/6.31**	3.37****/7.20****
CSDI(d/10a)	−7.03****/−0.02	−2.33****/−1.37	−0.71/−0.93	−0.38/−1.03	−1.25*/−3.81**	−2.39****/−1.43
FD0(d/10a)	−6.92****/−5.31**	−6.42****/−5.73***	−8.35****/−7.43****	−3.37****/−5.14***	−7.24****/−7.35****	−6.44****/−6.19****
ID0(d/10a)	−6.79****/−6.16*	−6.84****/−8.36**	−6.46****/−10.33***	−5.30****/−9.97***	−5.65****/−9.36***	−6.27****/−8.84***
GSL(d/10a)	7.22****/10.02****	4.85****/5.03**	4.53***/3.85	2.28/2.27	4.82***/6.49*	4.71****/5.53***

图 3.37 给出了 1971—2020 年自然保护区年 TXx 和 TNn 的 10 年际变化，分析表明，TXx 在 20 世纪 70—80 年代、21 世纪初 10 年为负距平，20 世纪 90 年代、21 世纪 10 年代为正距平，以 21 世纪 10 年代 TXx 最高，较 20 世纪 70 年代偏高 0.5 ℃。TNn 在 20 世纪 70—90 年代为负距平，21 世纪初的 20 年为正距平，其中 21 世纪初 10 年 TNn 最高，较 20 世纪 70 年代偏高 2.7 ℃。在 30 年际变化尺度上(图表略)，1991—2020 年与 1971—2000 年相比，TXx、TNn 分别偏高 0.2 ℃、1.6 ℃。

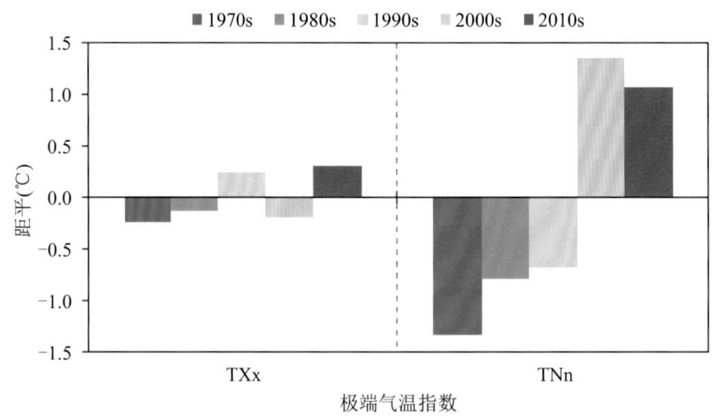

图 3.37　1971—2020 年羌塘自然保护区年 TXx 和 TNn 的年代际变化

根据 1971—2020 年自然保护区年 TXx、TNn 的 M-K 突变检验(图 3.38b)，TNn 的 UF 曲线在 1971—1992 年呈振荡上升态势，多数年份为负值，1993—2020 年 UF 曲线转为正值且呈明显上升趋势，UF 曲线在 2005—2020 年突破了－1.96，这表明 2005 年以后 TNn 持续升高；UF 和 UB 曲线在 1999 年出现交叉，交叉点位于±1.96 之间，即突变点出现在 1999 年，突变后 TNn 平均偏高了 2.2 ℃。同理，TXx 的 UF、UB 曲线波动较大(图 3.38a)，两者有多个交叉点，无明显的突变点。

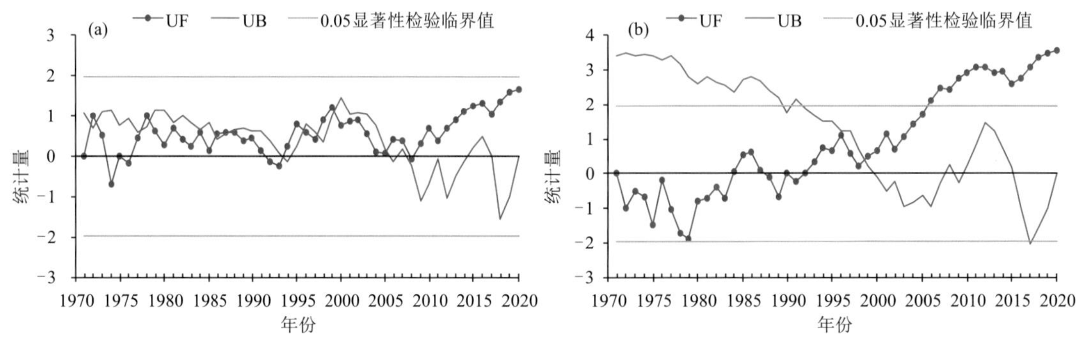

图 3.38　1971—2020 年羌塘自然保护区年 TXx(a)和 TNn(b)的 M-K 检验

3.2.2　最高气温极小值和最低气温极大值

1971—2020 年，羌塘自然保护区年最高气温极小值(TXn，图 3.39a)和最低气温极大值(TNx，图 3.39b)都表现为明显升高趋势，平均每 10 年分别升高 0.32 ℃(未通过显著性检验)和 0.43 ℃($P<0.001$)。近 30 年(1991—2020 年)，年 TXn 升幅更明显，为 0.79 ℃/10a($P<$

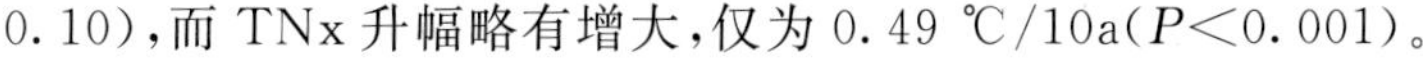
0.10)，而 TNx 升幅略有增大，仅为 0.49 ℃/10a(P<0.001)。

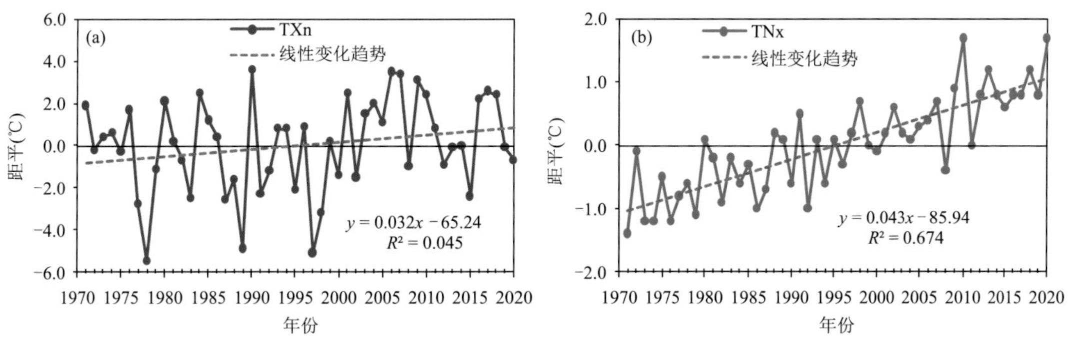

图 3.39　1971—2020 年羌塘自然保护区年 TXn(a)和 TNx(b)变化

就线性变化趋势空间分布而言(表 3.18)，近 50 年(1971—2020 年)年 TXn 在所有站点上均表现为升高趋势，升幅为 0.06～0.54 ℃/10a，以狮泉河、改则最大，申扎最小；近 30 年(1991—2020 年)除申扎 TXn 趋于下降外(−0.16 ℃/10a)，其余 4 个站 TXn 升幅更明显，尤其是安多站，升幅达 1.54 ℃/10a(P<0.01)。各站的年 TNx 也均呈升高趋势，升幅为 0.33～0.61 ℃/10a(P<0.001)，以改则最大，安多最小；近 30 年 TNx 除在申扎站升幅明显增大、狮泉河升幅变小外，其他 3 个站变化不大或略有减小。

从近 50 年(1971—2020 年)年 TXn 和 TNx 的 10 年际变化尺度上看(图 3.40)，TXn 在 20 世纪 70—90 年代为负距平，21 世纪初的 20 年为正距平，其中 90 年代 TXn 最低，21 世纪初 10 年 TXn 最高，后者较前者偏高 2.7 ℃。TNx 呈逐年代升高的变化特征，20 世纪 70 年代是最低的 10 年，21 世纪 10 年代是最暖的 10 年，两者相差 1.7 ℃；同样，TNx 在 20 世纪 70—90 年代为负距平，21 世纪初的 20 年为正距平。在 30 年际变化尺度上(图表略)，1991—2020 年与 1971—2000 年相比，TXn、TNx 均偏高 0.9 ℃。

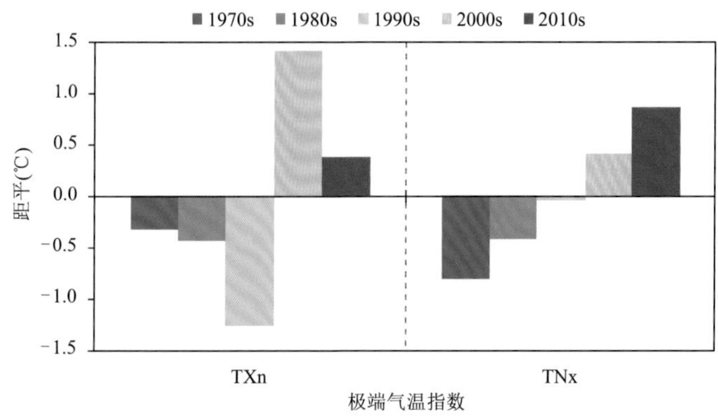

图 3.40　1971—2020 年羌塘自然保护区年 TXn 和 TNx 的年代际变化

根据 1971—2020 年自然保护区年 TXn、TNx 的 M-K 突变检验，TXn 的 UF 曲线在 1971—2000 年为负值，振荡较大，2001—2020 年 UF 曲线呈明显的上升趋势(图 3.41a)，UF 曲线和 UB 在 2001 年出现交叉，交叉点位于±1.96 之间，即突变点出现在 2001 年，突变后 TXn 平均偏高了 1.7 ℃。同理，TNx 的 UF 曲线在 1971—2020 年呈明显的上升趋势(图

3.41b)，其中 UF 曲线在 1989—2020 年突破了＋1.96，这表明 1989 年以后 TNx 持续升高，UF 和 UB 曲线在 1997 年出现交叉，即确定突变点为 1997 年，突变后 TNx 平均偏高 1.1 ℃。

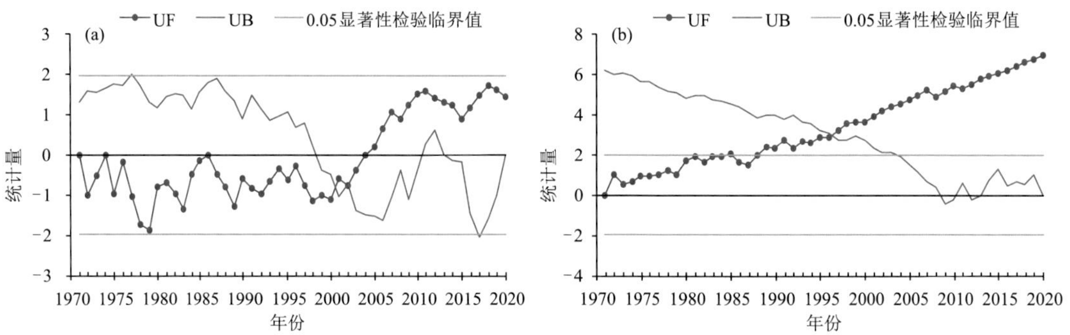

图 3.41　1971—2020 年羌塘自然保护区年 TXn(a)和 TNx(b)的 M-K 检验

3.2.3　暖昼日数和冷昼日数

1971—2020 年，羌塘自然保护区平均年暖昼日数(TX90p)呈显著增加趋势(图 3.42a)，增幅为 8.26 d/10a($P<0.001$)，近 30 年(1991—2020 年)增幅达 14.00 d/10a($P<0.001$)；而平均年冷昼日数(TX10p)呈明显减少趋势(图 3.42b)，平均每 10 年减少 7.31 d($P<0.001$)，近 30 年减幅也有所加大，为－9.64 d/10a($P<0.01$)。

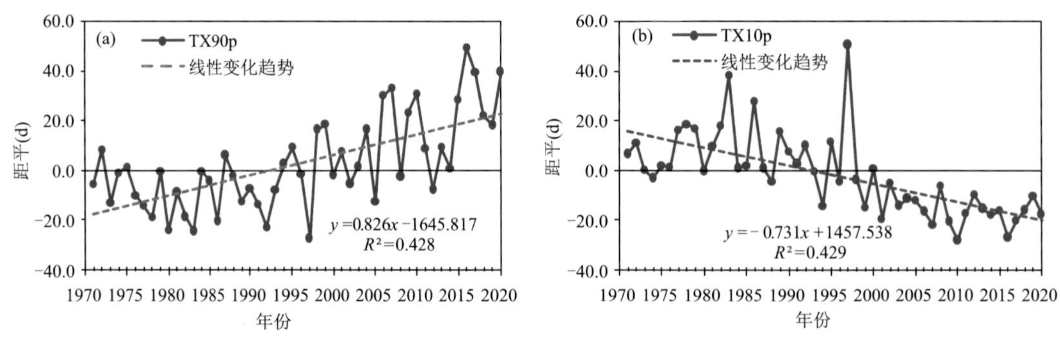

图 3.42　1971—2020 年羌塘自然保护区年 TX90p(a)和 TX10p(b)距平变化

表 3.18 给出了 1971—2020 年羌塘自然保护区年 TX90p 和 TX10p 变化趋势，结果显示，所有站的年 TX90p 均呈增加趋势，增幅为 5.44～10.37 d/10a($P<0.01$)，以狮泉河增幅最大($P<0.001$)，改则次之(9.03 d/10a，$P<0.001$)，安多增幅最小。而年 TX10p 在各站上都表现为减少趋势，为－6.13～－9.02 d/10a(各站 $P<0.01$)，以狮泉河减幅最大($P<0.001$)，其次是班戈(－7.59 d/10a，$P<0.001$)，安多减幅最小。近 30 年(1991—2020 年)，年 TX90p 增加趋势更明显，增幅为 12.10～15.12 d/10a(所有站 $P<0.01$)，增幅以申扎最大、改则最小；而年 TX10p 减幅在中东部明显，为－8.49～－13.19 d/10a($P<0.001$)，西部减幅变小或变化不大。

根据分析 1971—2020 年羌塘自然保护区年 TX90p 和 TX10p 的年代际变化，在 10 年际变化尺度上(图 3.43)，TX90p 在 20 世纪 70—90 年代为负距平，21 世纪初的 20 年为正距平，其中 80 年代最低，较常年偏少 9.3 d，21 世纪 10 年代最高，较常年偏多 20.8 d。TX10p 变化情况相反，在 20 世纪 70—90 年代为正距平，21 世纪初的 20 年为负距平，其中 80 年代最多，较常年偏多 11.7 d，21 世纪 10 年代最少，较常年偏少 16.7 d。在 30 年际变化尺度上（图表略），1991—2020 年与 1971—2000 年相比，TX90p 偏多 16.7 d，TX10p 偏少 16.9 d。

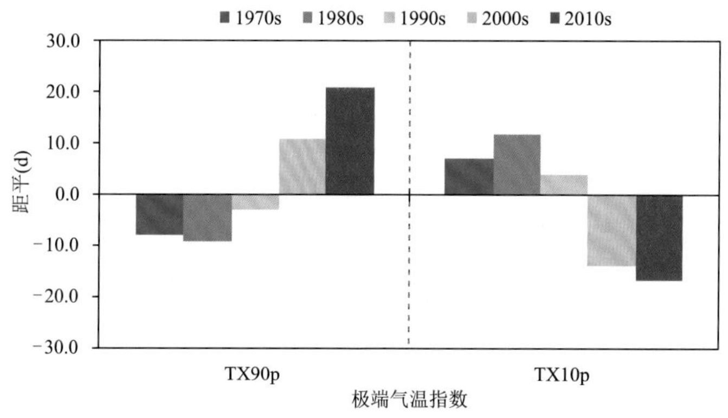

图 3.43　1971—2020 年羌塘自然保护区年 TX90p 和 TX10p 的年代际变化

利用 M-K 检验方法分析 1971—2020 年自然保护区年 TX90p、TX10p 的突变情况，结果表明，TX90p 的 UF 曲线在 1971—1983 年呈振荡下降趋势，之后至 2020 年呈明显的上升趋势（图 3.44a），2007—2020 年 UF 曲线突破了 +1.96，这表明 2007 年以后 TX90p 持续升高，UF 和 UB 曲线在 2003 年出现交叉，且交叉点位于 ±1.96 之间，即突变时间发生在 2003 年，突变后 TX90p 平均偏多了 24.5 d。同理，TX10p 的突变点出现在 2000 年（图 3.44b），由相对偏多期跃变为相对偏少期，突变后 TX10p 平均偏少 23.0 d。

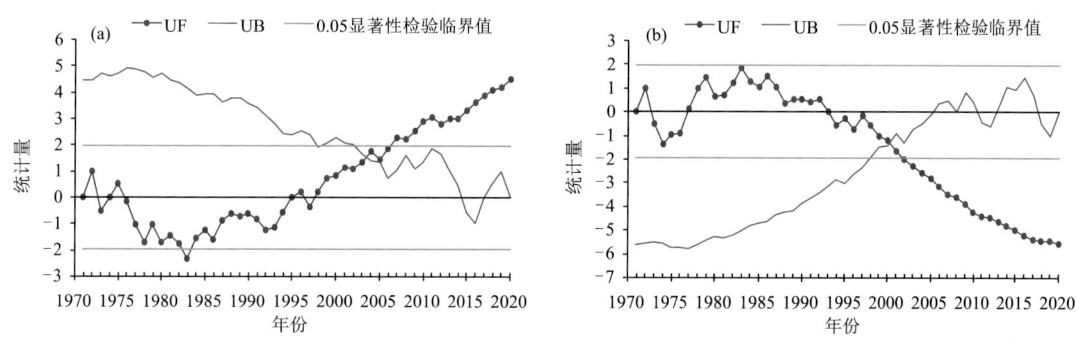

图 3.44　1971—2020 年羌塘自然保护区年 TX90p(a) 和 TX10p(b) 的 M-K 检验

3.2.4　暖夜日数和冷夜日数

1971—2020 年，羌塘自然保护区年暖夜日数（TN90p）呈显著增加趋势（图 3.45a），增幅为 12.13 d/10a（$P<0.001$），近 30 年（1991—2020 年）增幅明显加大，达 18.11 d/10a（$P<0.001$）。年冷夜日数（TN10p）在过去 50 年里，呈显著减少趋势（图 3.45b），平均每 10 年减少 14.33 d（$P<0.001$），不过近 30 年减幅有所变小，为 −11.69 d/10a（$P<0.001$）。

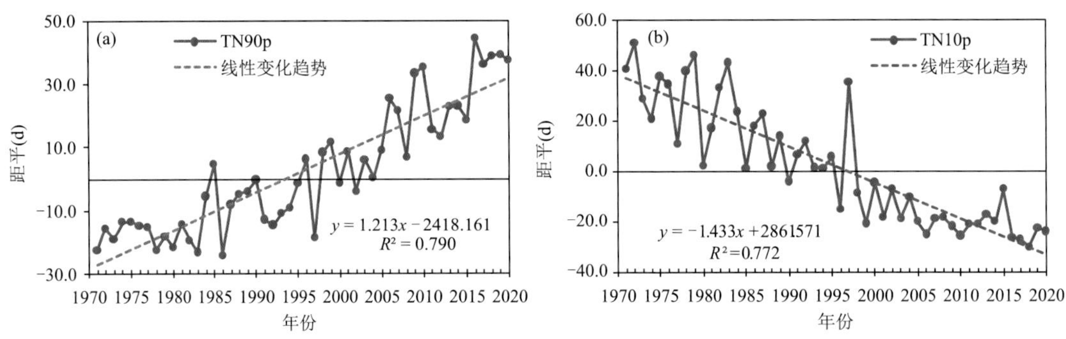

图 3.45　1971—2020 年羌塘自然保护区年 TN90p(a)和 TN10p(b)距平变化

如表 3.18 所示，近 50 年(1971—2020 年)羌塘自然保护区年 TN90p 和 TN10p 变化趋势显示，各站年 TN90p 呈显著增加趋势，增幅为 8.20～14.03 d/10a(各站 $P<0.001$)，增幅以狮泉河最大、申扎最小；近 30 年(1991—2020 年)TN90p 增幅明显加大，为 16.66～20.67 d/10a($P<0.001$)，仍以狮泉河增幅最大。近 50 年，各站年 TN10p 均趋于减少，平均每 10 年减少 7.75～21.31 d(各站 $P<0.001$)，以狮泉河减幅最大，申扎减幅最小；近 30 年 TN10p 减幅在西部变小、东部增大。

从 1971—2020 年羌塘自然保护区年 TN90p 和 TN10p 的 10 年际变化尺度上来看(图 3.46)，TN90p 表现为逐年代递增的变化特征，其中 20 世纪 70—90 年代为负距平，21 世纪初的 20 年为正距平，70 年代是最少的 10 年，较常年偏少 17.7 d，21 世纪 10 年代是最多的 10 年，较常年偏多 29.0 d。而 TN10p 呈逐年代递减的变化特征，其中 20 世纪 70—90 年代为正距平，21 世纪初的 20 年为负距平，70 年代是近 50 年里最多的 10 年，较常年偏多 31.3 d，21 世纪 10 年代却是最少的 10 年，较常年偏少 21.7 d。在 30 年际变化尺度上(图表略)，1991—2020 年与 1971—2000 年相比，TN90p 偏多 23.6 d，TN10p 偏少 29.5 d。

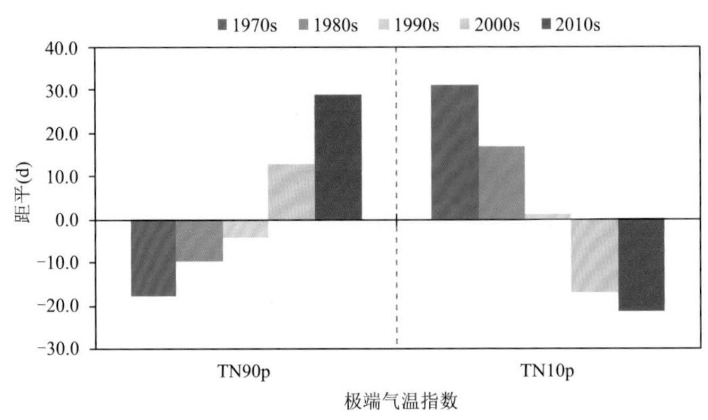

图 3.46　1971—2020 年羌塘自然保护区年 TN90p 和 TN10p 的年代际变化

根据 1971—2020 年自然保护区年 TN90p、TN10p 的 M-K 突变检验，TN90p 的 UF 曲线在 1971—1983 年呈“∧”形变化，1983—2020 年呈明显的上升趋势(图 3.47a)，其中 1993—2020 年 UF 曲线突破+1.96，这说明 1993 年以来 TN90p 持续升高，UF 和 UB 曲线在 2001

年出现交叉，即突变发生在 2001 年，由相对偏少期跃变为相对偏多期，突变后 TN90p 平均增多 32.3 d。同理，TN10p 在 1995 年由相对偏多期跃变为相对偏少期（图 3.47b），突变后 TN10p 平均减少 36.8 d。

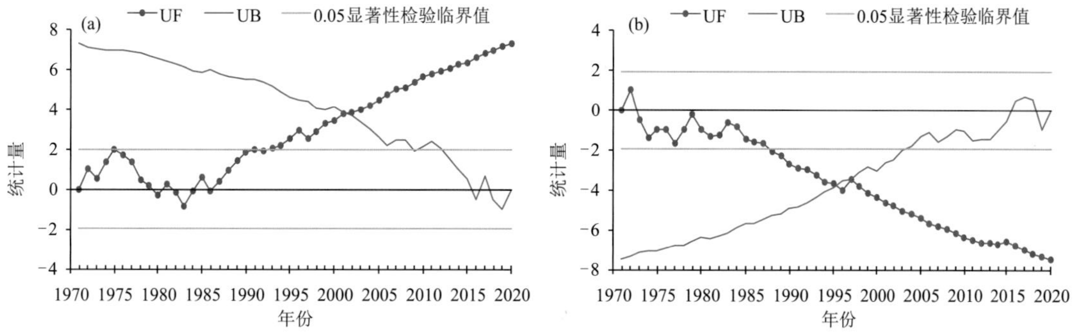

图 3.47　1971—2020 年羌塘自然保护区年 TN90p(a)和 TN10p(b)的 M-K 检验

3.2.5　暖持续日数和冷持续日数

1971—2020 年，羌塘自然保护区年暖持续日数（WSDI）表现为增加趋势（图 3.48a），平均每 10 年增加 3.37 d（$P<0.001$），近 30 年（1991—2020 年）增幅明显，达 7.20 d/10a（$P<0.001$）。近 50 年，冷持续日数（CSDI）呈现出减少态势（图 3.48b），平均每 10 年减少 2.39 d（$P<0.001$），但近 30 年减少幅度较小，为−1.43 d/10a（未通过显著性检验）。

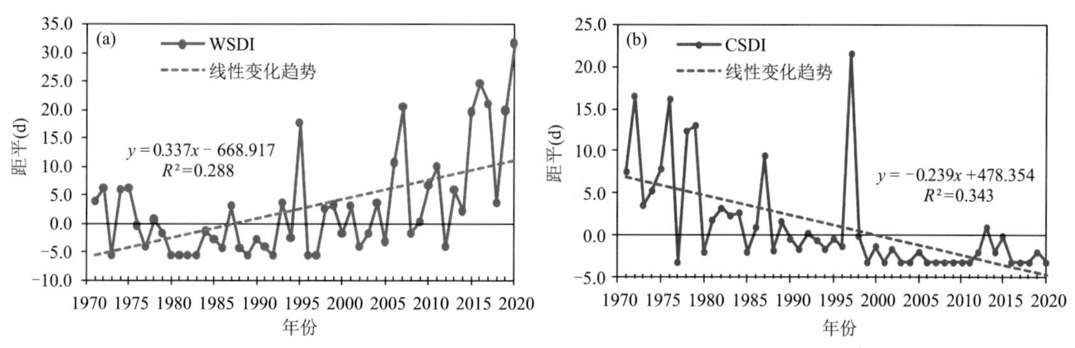

图 3.48　1971—2020 年羌塘自然保护区年 WSDI(a)和 CSDI(b)距平变化

从 1971—2020 年羌塘自然保护区年 WSDI 和 CSDI 变化趋势空间分布来看（表 3.18），各站年 WSDI 均趋于增多，平均每 10 年增加 2.35～4.28 d，以班戈增幅最大（$P<0.001$），申扎次之（3.77 d/10a，$P<0.001$），安多增幅最小。年 CSDI 在所有站上均表现为减少趋势，为−0.38～−7.03 d/10a，以狮泉河减幅最大（$P<0.001$），改则次之（−2.33 d/10a，$P<0.001$），申扎减幅最小。近 30 年，各站 WSDI 增幅明显加大，为 5.95～8.64 d/10a（$P<0.05$）；CSDI 减幅在西部变小、中东部增大。

如图 3.49 所示，在 10 年际变化尺度上，WSDI 仅在 20 世纪 80 年代为负距平，较平均偏少 3.5 d，其他 4 个年代均为正距平，其中 21 世纪 10 年代最高，较常年偏多 13.4 d，70 年代和 90 年代 WSDI 变化不大，属于正常。CSDI 在 20 世纪 70—90 年代为正距平，21 世纪初的 20

年为负距平，其中 70 年代最多，较常年偏多 7.7 d，21 世纪初 10 年最少，较常年偏少 2.8 d。在 30 年际变化尺度上（图表略），1991—2020 年与 1971—2000 年相比，WSDI 偏多6.6 d，CSDI 偏少 4.9 d。

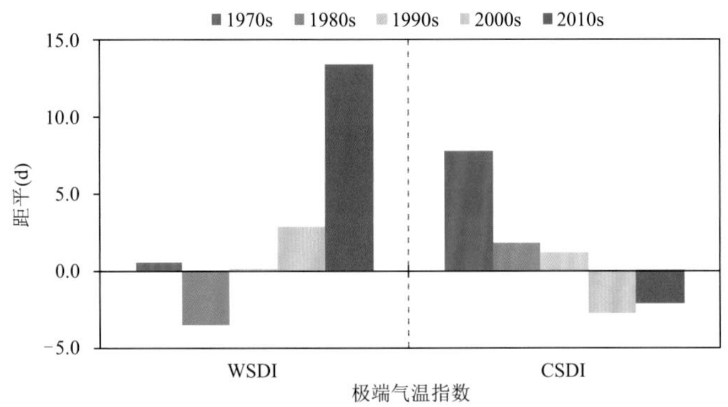

图 3.49　1971—2020 年羌塘自然保护区年 WSDI 和 CSDI 的年代际变化

根据 1971—2020 年自然保护区年 WSDI、CSDI 的 M-K 突变检验，WSDI 的 UF 曲线在 1971—1983 年呈振荡下降趋势，1984—2020 年呈明显的上升趋势（图 3.50a），其中 2013—2020 年 UF 曲线突破＋1.96，这说明 2013 年以后 WSDI 持续升高，UF 和 UB 曲线在 2010 年出现交叉，即突变发生在 2010 年，由相对偏少期跃变为相对偏多期，突变后 WSDI 平均增多 12.8 d。同理，CSDI 突变发生在 1999 年（图 3.50b），由相对偏多期跃变为相对偏少期，突变后 CSDI 平均减少 6.5 d。

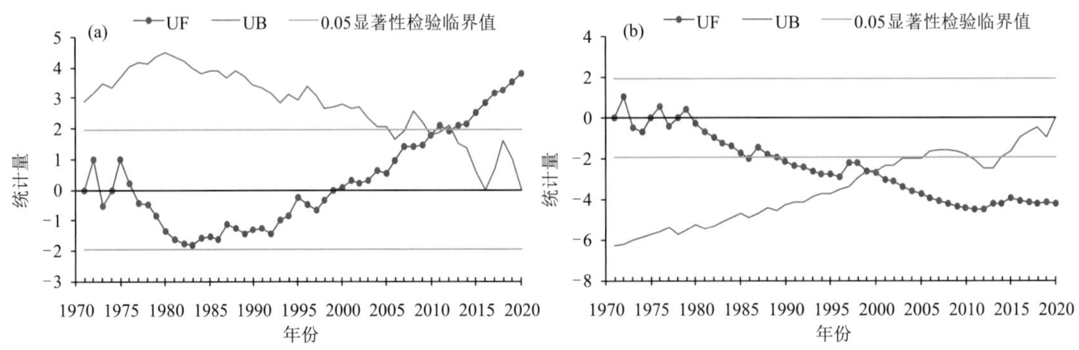

图 3.50　1971—2020 年羌塘自然保护区年 WSDI(a)和 CSDI(b)的 M-K 检验

3.2.6　霜冻日数和结冰日数

1971—2020 年，羌塘自然保护区年霜冻日数（FD0，图 3.51a）、结冰日数（ID0，图 3.51b）均表现为显著减少趋势，平均每 10 年分别减少 6.44 d（P＜0.001）和 6.27 d（P＜0.001）。近 30 年（1991—2020 年）ID0 减幅变大，为－8.84 d/10a（P＜0.001），而 FD0 减幅略有变小，为－6.19 d/10a（P＜0.001）。

就羌塘自然保护区年 FD0 和 ID0 变化趋势空间分布而言（表 3.18），近 50 年（1971—2020 年）各站年 FD0 都表现为减少趋势，平均每 10 年减少 3.37～8.35 d（所有站 P＜0.001），以班

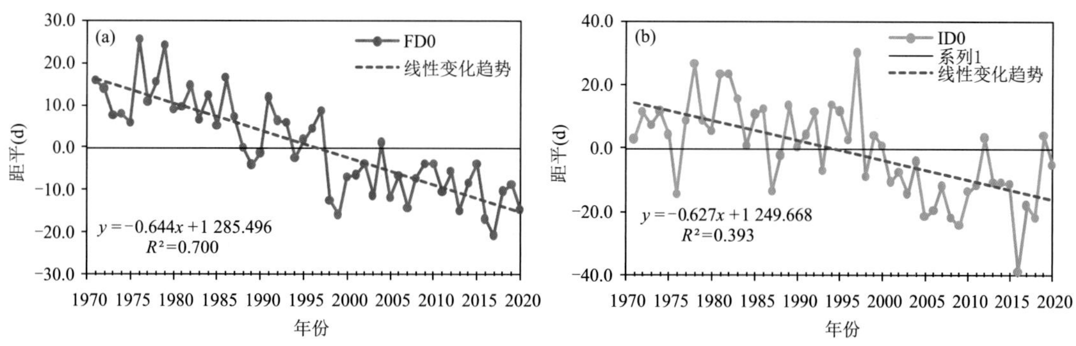

图 3.51 1971—2020 年羌塘自然保护区年 FD0(a)和 ID0(b)距平变化

戈减幅最大，安多次之(−7.74 d/10a)，申扎减幅最小。年 ID0 在各站上均呈减少趋势，为−5.30～−6.84 d/10a(各站 $P<0.001$)，以改则减幅最大，狮泉河次之(−6.79 d/10a)，申扎减幅最小。近 30 年(1991—2020 年)，年 FD0 减幅在西部变小、东部增大，为−5.14～−7.43 d($P<0.05$)；年 ID0 减幅除在狮泉河站上基本无变化，其他各站减少趋势更明显，为−6.16～−10.33 d/10a($P<0.05$)，以班戈减幅最大。

图 3.52 给出了 1971—2020 年羌塘自然保护区年 FD0 和 ID0 的 10 年际变化，结果表明，FD0 在 20 世纪 70—80 年代偏多，90 年代正常，21 世纪初的 20 年偏少，其中 70 年代是最多的 10 年，较常年偏多 13.7 d，21 世纪 10 年代是最少的 10 年，较常年偏少 11.5 d。ID0 在 20 世纪 70—90 年代为正距平，21 世纪初的 20 年为负距平，其中最多的 10 年代发生在 20 世纪 80 年代，较常年偏多 8.5 d，最少的 10 年出现在 21 世纪初 10 年，较常年偏少 13.4 d。在 30 年际变化尺度上(图表略)，1991—2020 年与 1971—2000 年相比，FD0、ID0 分别偏少 12.9 d、14.2 d。

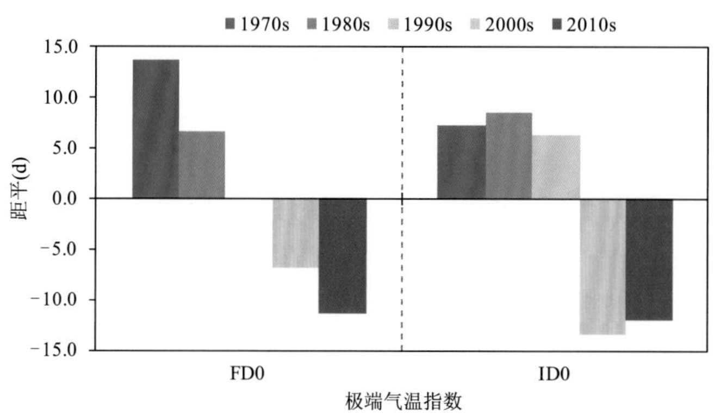

图 3.52 1971—2020 年羌塘自然保护区年 FD0 和 ID0 的年代际变化

从 1971—2020 年自然保护区年 FD0、ID0 的 M-K 突变检验分析来看，FD0 的 UF 曲线在 1971—1979 年呈“V”形变化，1980—2020 年呈明显的下降趋势(图 3.53a)，其中 1989—2020 年 UF 曲线突破−1.96，这说明 1989 年以后 FD0 持续下降，UF 和 UB 曲线在 2001 年出现交叉，即突变发生在 2001 年，由相对偏多期跃变为相对偏少期，突变后 FD0 平均减少 17.5 d。同理，ID0 在 2000 年由相对偏多期跃变为相对偏少期(图 3.53b)，突变后 ID0 平均减少 20.3 d。

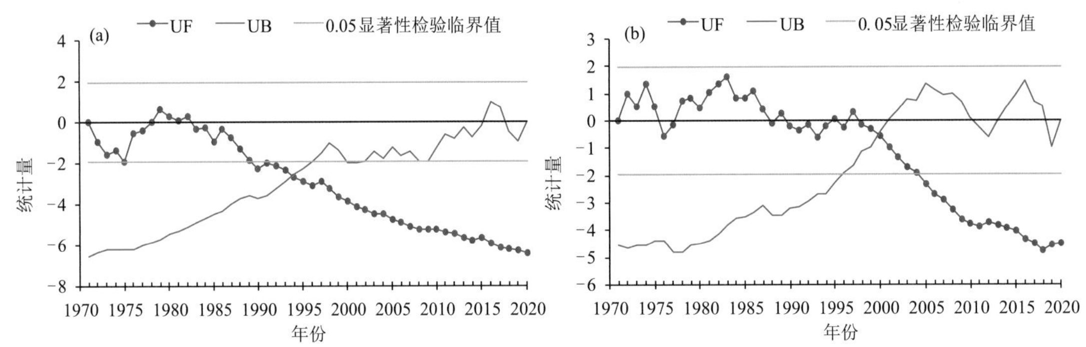

图 3.53　1971—2020 年羌塘自然保护区年 FD0(a)和 ID0(b)的 M-K 检验

3.2.7　生长季长度

1971—2020 年，羌塘自然保护区年生长季长度（GSL）呈显著延长趋势（图 3.54），平均每 10 年延长 4.71 d（$P<0.001$），尤其是近 30 年（1991—2020 年）GSL 延长趋势加大，为 5.53 d/10a（$P<0.01$）。

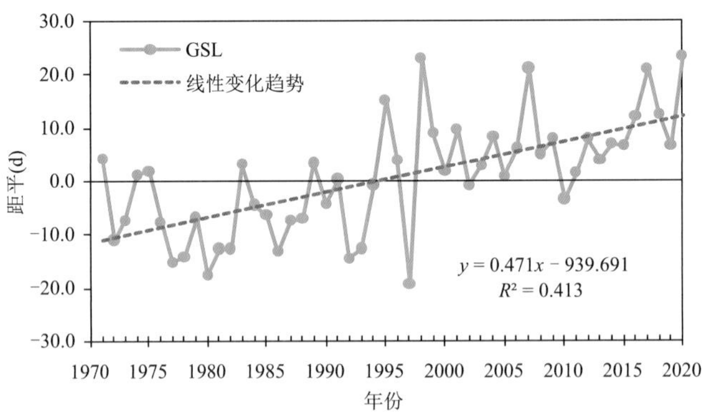

图 3.54　1971—2020 年羌塘自然保护区 GSL 距平变化

表 3.18 给出了羌塘自然保护区 GSL 变化趋势的空间分布，近 50 年（1971—2020 年）各地均呈延长趋势，平均每 10 年延长 2.28～7.22 d（$P<0.001$），以狮泉河延长幅度最大（$P<0.001$），其次是改则（4.85 d/10a，$P<0.001$），申扎最小。近 30 年（1991—2020 年），GSL 增幅在申扎站上变化不大、班戈站上变小、其他 3 个站增大，以狮泉河最为明显，达 10.02 d/10a（$P<0.001$）。

从 1971—2020 年羌塘自然保护区年 GSL 的 10 年际变化特征来看（图 3.55），20 世纪 70—80 年代 GSL 偏短，90 年代略偏长，进入 21 世纪后，GSL 明显偏长，其中 70 年代是最短的 10 年，较常年值偏短 7.3 d，21 世纪 10 年代是最长的 10 年，较常年偏长 10.2 d。总体来看，近 50 年 GSL 表现为逐年代延长的变化特征，21 世纪 10 年代较 20 世纪 70 年代延长了 17.5 d。在 30 年际变化尺度上（图表略），1991—2020 年与 1971—2000 年相比，GSL 延长了 9.8 d。

利用 M-K 方法检验分析 1971—2020 年自然保护区年 GSL 的突变时间，UF 曲线在 1971—1982 年表现为振荡下降态势，1983—2020 年呈明显的增加趋势（图 3.56），其中 UF 曲

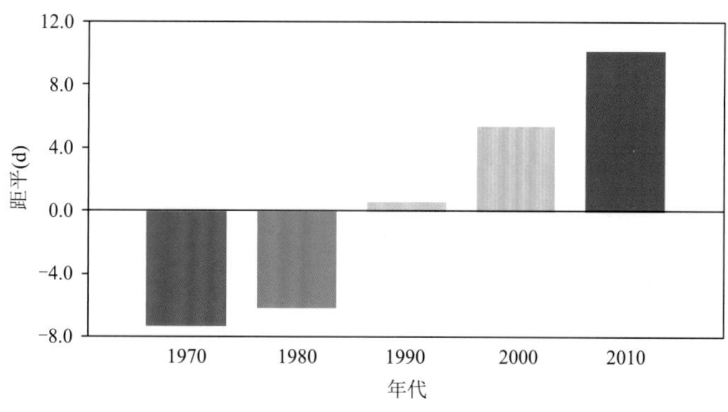

图3.55　1971—2020年羌塘自然保护区年GSL的年代际变化

线在2003—2020年突破+1.96，这说明2003年以后GSL持续增加明显。UF和UB曲线在2001年出现交叉，且交叉点位于±1.96之间，即确定突变发生在2001年，由相对偏短期跃变为相对偏长期，突变后GSL平均延长了12.3 d。

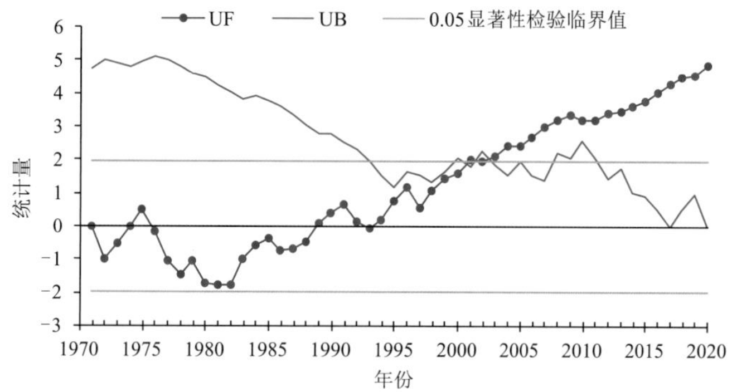

图3.56　1971—2020年羌塘自然保护区年GSL的M-K检验

3.2.8　最大1日降水量和最大5日降水量

1971—2020年，羌塘自然保护区最大1日降水量（RX1day，图3.57a）和最大5日降水量（RX5day，图3.57b）都表现为增加趋势，增幅分别为0.63 mm/10a（$P<0.10$）和1.63 mm/10a（$P<0.01$）。近30年（1991—2020年）两者增幅加大，平均每10年分别增加1.37 mm（$P<0.05$）和3.56 mm（$P<0.01$）。

从羌塘自然保护区RX1day和RX5day变化趋势空间分布来看（表3.19），近50年（1971—2020年），除狮泉河RX1day为减小趋势外，其余各站均趋于增加，增幅为0.57～2.03 mm/10a，以改则最大（$P<0.01$），申扎次之，为1.14 mm/10a（$P<0.05$），班戈最小。RX5day在狮泉河站上呈减小趋势，其他各站为增加趋势，增幅为0.23～4.68 mm/10a，以改则增幅最大，申扎次之（3.56 mm/10a，$P<0.01$），班戈增幅最小。近30年（1991—2020年），RX1day仍在狮泉河上趋于减小，但幅度变小，在其他4个站上也仍然为增加趋势，以改则增幅最大，为4.45 mm/10a（$P<0.01$）；RX5day除在安多站为减小趋势外，其他各站均趋于增加，其中改则增幅最显著，达10.91 mm/10a（$P<0.001$）。

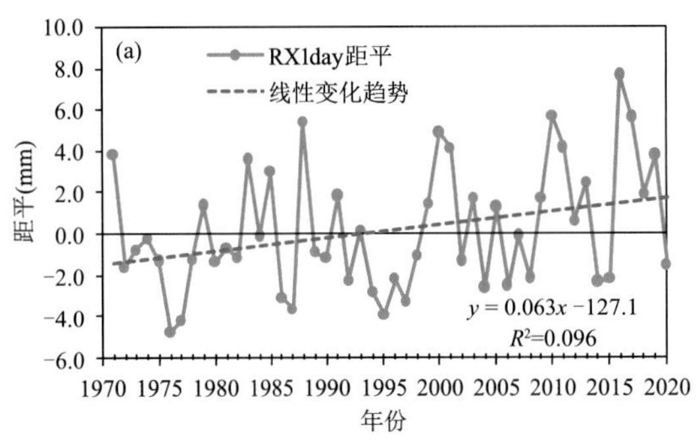

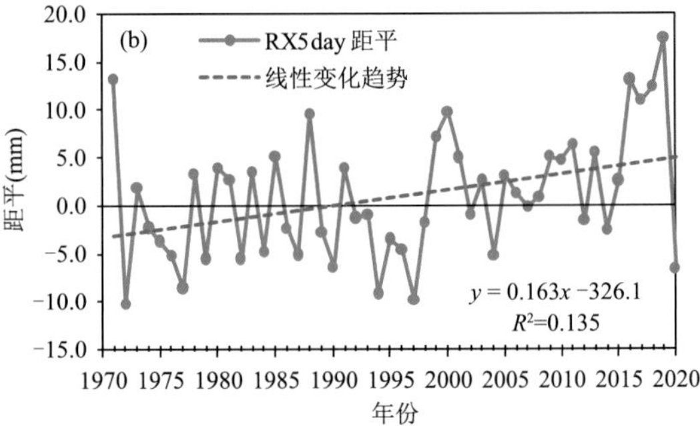

图 3.57　1971—2020 年羌塘自然保护区 RX1day(a)和 RX5day(b)距平变化

表 3.19　1971—2020 年羌塘自然保护区极端降水指数变化趋势

极端降水指数	狮泉河	改　则	班　戈	安　多	申　扎	自然保护区
RX1day(mm/10a)	−0.90/−0.28	2.03***/4.45***	0.57/1.82	0.62/0.84	1.14**/0.01	0.63**/1.37**
RX5day(mm/10a)	−0.14/0.56	4.68****/10.91****	0.23/2.08	0.57/−0.25	3.56***/4.49*	1.63***/3.56**
SDII((mm/d)/10a)	−0.19/−0.02	0.24**/0.60***	0.11/0.23*	0.05/0.10	0.15**/0.12	0.07*/0.21***
R10mm(d/10a)	−0.14/0.24	0.59***/1.17**	0.58/1.59**	0.39/0.42	1.04***/1.65**	0.46***/1.02***
R20mm(d/10a)	−0.04/0.00	0.23**/0.42*	0.16*/0.44**	0.07/−0.04	0.21*/0.22	0.12***/0.21**
CDD(d/10a)	0.17/5.94	3.24/3.92	−5.54/−1.75	−1.20/15.20**	−11.48***/−12.70	−2.83/2.12
CWD(d/10a)	0.20/−0.10	0.33*/0.06	0.02/−0.20	0.09/0.49	0.11/0.10	0.13/0.07
R95p(mm/10a)	−1.25/2.60	8.57**/20.64***	4.77/13.5*	4.88/8.03	7.41*/12.12	4.55***/11.38***
R99p(mm/10a)	−0.58/−1.95	3.92*/10.74**	2.39/9.25**	2.72/4.74	2.54/−6.02	2.09**/3.35

图 3.58 给出了 1971—2020 年羌塘自然保护区年 RX1day 和 RX5day 的 10 年际变化，结果显示，年 RX1day 在 20 世纪 70 年代、90 年代为负距平，其他 3 个年代为正距平，其中 70 年代 RX1day 最小，较常年偏小 1.02 mm；21 世纪 10 年代 RX1day 最大，较常年偏大 2.02 mm。RX5day 在 20 世纪 70—90 年代偏少，21 世纪初的 20 年偏多，其中 70 年代是最小的 10 年，较常年偏小 1.32 mm；21 世纪 10 年代是最大的 10 年，较常年偏大 5.73 mm。在 30 年际变化尺度上(图表略)，1991—2020 年与 1971—2000 年相比，RX1day、RX5day 分别偏大 1.17 mm、3.09 mm。

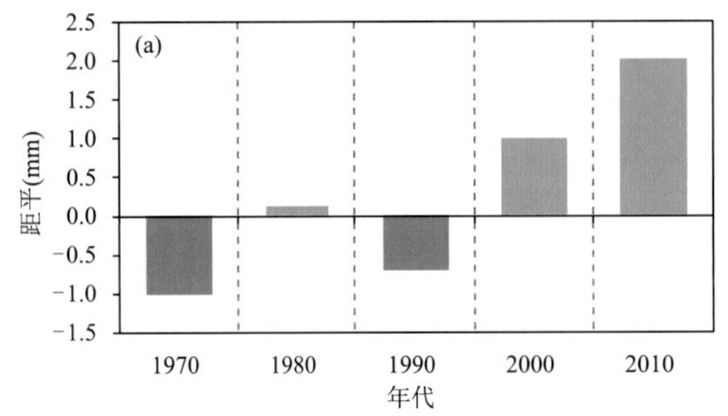

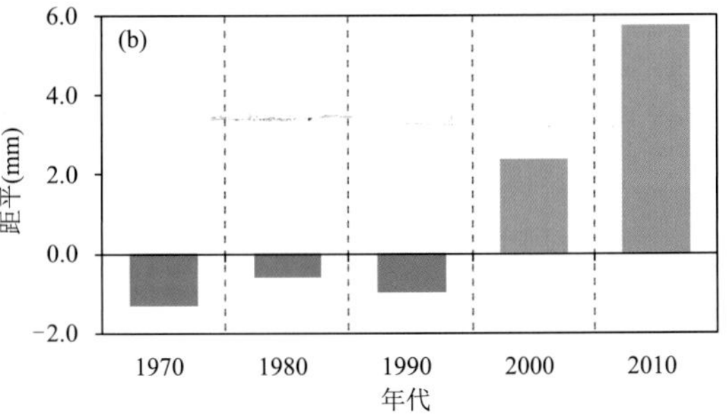

图 3.58　1971—2020 年羌塘自然保护区年 RX1day(a)和 RX5day(b)的年代际变化

根据 1971—2020 年自然保护区年 RX1day、RX5day 的 M-K 突变检验，RX1day 的 UF 曲线在 1971—2020 年总体上呈“W”形变化(图 3.59a)，其中 1998—2020 年 UF 曲线趋于振荡上升趋势，UF 和 UB 曲线在 2007 年出现交叉，且交叉点位于±1.96 之间，即突变发生在 2007 年，由相对偏少期跃变为相对偏多期，突变后 RX1day 平均增加 1.96 mm。同理，RX5day 的突变时间发生在 2008 年(图 3.59b)，由相对偏少期跃变为相对偏多期，突变后 RX5day 平均增加了 5.87 mm。

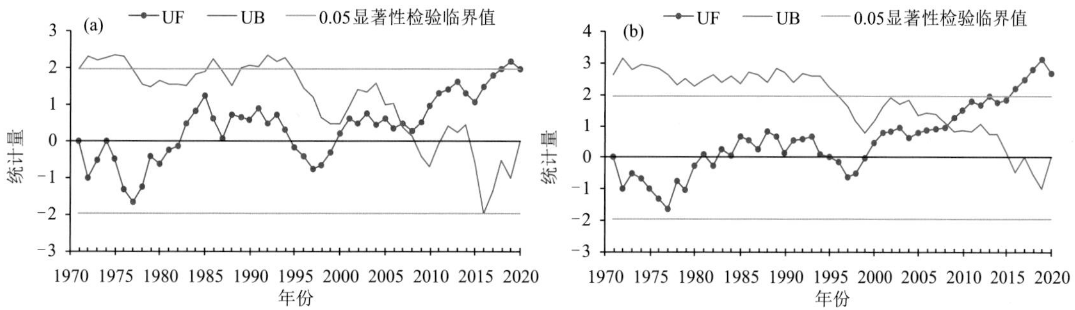

图 3.59　1971—2020 年羌塘自然保护区年 RX1day(a)和 RX5day(b)的 M-K 检验

3.2.9　降水强度

1971—2020 年，羌塘自然保护区年降水强度(SDII)呈弱的增加趋势(图 3.60)，平均每 10 年增大 0.07 mm/d(P<0.10)；近 30 年(1991—2020 年)SDII 增大趋势明显，为 0.21(mm/d)/10a(P<0.01)。

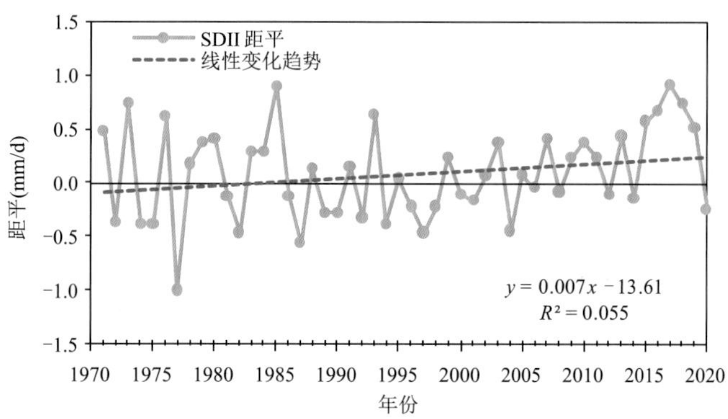

图 3.60　1971—2020 年羌塘自然保护区年 SDII 距平变化

从羌塘自然保护区年 SDII 变化趋势空间分布来看(表 3.19)，近 50 年(1971—2020 年)，狮泉河 SDII 表现为减小趋势，为−0.19 (mm/d)/10a，其他站点的 SDII 均趋于增大，平均每 10 年增大 0.05～0.24 mm/d，其中改则增幅最大(P<0.05)，申扎次之，为 0.15 (mm/d)/10a(P<0.05)。近 30 年(1991—2020 年)，狮泉河 SDII 仍趋于减小，仅为−0.02 (mm/d)/10a；其他各站 SDII 增幅变大，平均每 10 年增大 0.10～0.60 mm/d，以改则增幅最大(P<0.01)。

在 10 年际变化尺度上(图 3.61)，羌塘自然保护区年 SDII 在 20 世纪 90 年代为负距平，较常年偏小 0.06 mm/d，是近 50 年最小的 10 年；80 年代略偏小（−0.02 mm/d）；其他 3 个年代均为正距平，以 21 世纪 10 年代偏大最为明显，较常年偏大 0.36 mm/d。在 30 年际变化尺度上（图表略），1991—2020 年与 1971—2000 年相比，SDII 略偏大 0.13 mm/d。

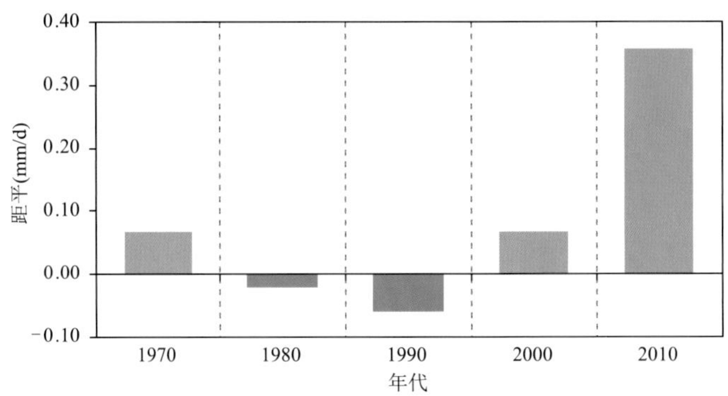

图 3.61　1971—2020 年羌塘自然保护区年 SDII 的年代际变化

利用 M-K 检验方法分析了 1971—2020 年自然保护区年 SDII 的突变点（图 3.62），SDII 的 UF 曲线在 1971—1997 年振荡较大，1998—2020 年呈较明显的上升趋势，UF 和 UB 曲线在 2012 年出现交叉，交叉点位于±1.96 之间，即确定突变发生在 2012 年，由相对偏小期跃变为相对偏大期，突变后 SDII 平均增大了 0.38 mm/d。

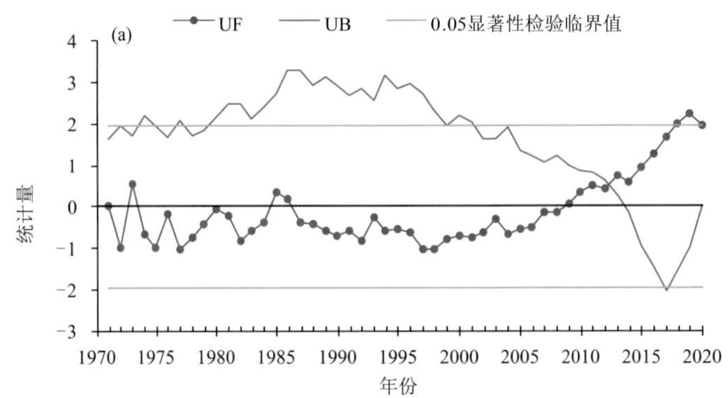

图 3.62　1971—2020 年羌塘自然保护区年 SDII 的 M-K 检验

3.2.10　中雨日数和大雨日数

1971—2020 年，羌塘自然保护区年中雨日数（R10mm）呈增加趋势（图 3.63a），增幅为 0.46 d/10a（$P<0.01$）；年大雨日数（R20mm）表现为弱的增加趋势（图 3.63b），为 0.12 d/10a。近 30 年（1991—2020 年）R10mm 和 R20mm 增幅略有变大，分别为 1.02 d/10a（$P<0.01$）和 0.21 d/10a（$P<0.05$）。

在变化趋势空间分布上（表 3.19），近 50 年（1971—2020 年），年 R10mm 除狮泉河趋于减少外，其他站点均呈增加趋势，增幅为 0.39～1.04 d/10a，以申扎最大（$P<0.01$）。年 R20mm 在狮泉河站呈弱的减少趋势，其他各站为增加趋势，为 0.07～0.23 d/10a，其中改则增幅最大

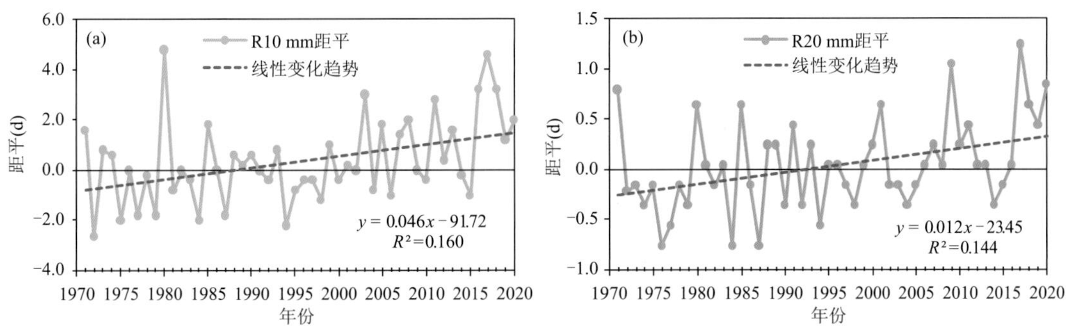

图 3.63　1971—2020 羌塘自然保护区年 R10mm(a)和 R20mm(b)距平变化

(P＜0.05)。近 30 年(1991—2020 年),所有站点年 R10mm 均呈增加趋势,为 0.24～1.65 d/10a,以申扎最大(P＜0.05);年 R20mm 在狮泉河站无明显趋势变化,安多站趋于减少,其他 3 站以 0.22～0.44 d/10a 的较慢速度增加,以班戈最大(P＜0.05)。

根据 1971—2020 年羌塘自然保护区年 R10mm 和 R20mm 的 10 年际变化(图 3.64),从图中可知,R10mm 表现为先减后增的年代际变化特征,即 20 世纪 70—90 年代呈逐年代递减,21 世纪初的 20 年呈逐年代递增,其中 90 年代是最少的 10 年,较常年偏少 0.41 d,21 世纪 10 年代是最多的 10 年,较常年偏多 1.77 d。而 R20mm 呈逐年代递增的变化特征,其中 20 世纪 70—90 年代为负距平,21 世纪初的 20 年为正距平;70 年代较常年偏少 0.13 d,是近 50 年最少的 10 年;21 世纪 10 年代较常年偏多 0.32 d,是最多的 10 年。在 30 年际变化尺度上(图表略),1991—2020 年与 1971—2000 年相比,R10mm、R20mm 分别偏多 0.88 d 和 0.23 d。

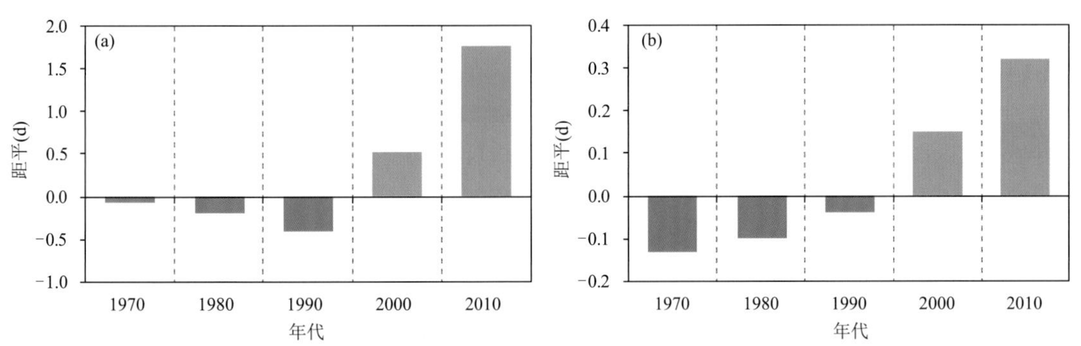

图 3.64　1971—2020 年羌塘自然保护区年 R10mm(a)和 R20mm(b)的年代际变化

从 1971—2020 年自然保护区年 R10mm、R20mm 的 M-K 突变检验来看,R10mm 的 UF 曲线在 1971—1998 年呈波动上升变化(图 3.65a),之后至 2020 年 UF 曲线趋于快速上升,UF 和 UB 曲线在 2007 年出现交叉,且交叉点位于±1.96 之间,即突变发生在 2007 年,由相对偏少期跃变为相对偏多期,突变后 R10mm 平均增加 1.41 d。同理,R20mm 的突变时间发生在 1998 年(图 3.65b),由相对偏少期跃变为相对偏多期,突变后 R20mm 平均增加 0.3 d。

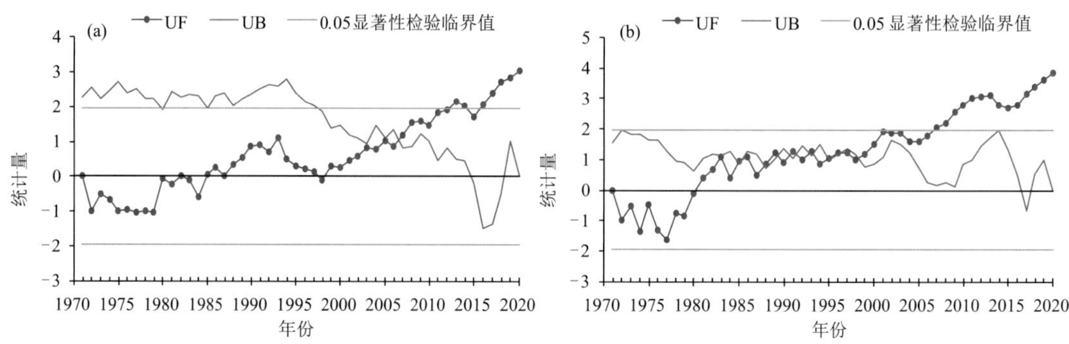

图 3.65　1971—2020 年羌塘自然保护区年 R10mm(a)和 R20mm(b)的 M-K 检验

3.2.11　连续干旱日数和连续湿润日数

1971—2020 年,羌塘自然保护区年连续干旱日数(CDD)呈减少趋势(图 3.66a),平均每 10 年减少 2.83 d;年连续湿润日数(CWD)呈弱的增加趋势(图 3.66b),增幅为 0.13 d/10a。近 30 年(1991—2020 年)年 CDD 趋于增加,增幅为 2.12 d/10a;年 CWD 增幅变小,为 0.07 d/10a。

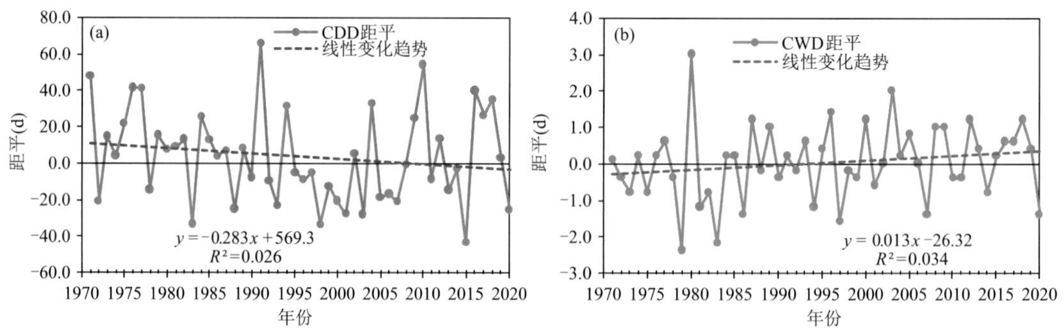

图 3.66　1971—2020 年羌塘自然保护区年 CDD(a)和 CWD(b)距平变化

在变化趋势空间分布上(表 3.19),近 50 年(1971—2020 年)西部年 CDD 呈增加趋势,平均每 10 年增加 0.17～3.24 d,以改则增幅最大;中东部年 CDD 为减少趋势,为－1.20～－11.48 d/10a,以申扎减幅最大($P<0.01$)。年 CWD 在所有站上都表现为增加趋势,增幅为 0.02～0.33 d/10a,其中改则增幅最大($P<0.10$)。近 30 年(1991—2020 年),东、西部年 CDD 趋于增加,增幅为 3.92～15.20 d/10a,以安多增幅最大,中部 CDD 呈减少趋势,为－1.75～－12.70 d/10a;狮泉河、班戈 2 站的年 CWD 呈减少趋势,分别为－0.10 d/10a 和－0.20 d/10a,其他 3 个站 CWD 呈增加趋势,为 0.06～0.49 d/10a。

分析 1971—2020 年羌塘自然保护区年 CDD 和 CWD 的年际变化,在 10 年际变化尺度上(图 3.67),CDD 在 20 世纪 70—80 年代、21 世纪 10 年代为正距平,20 世纪 90 年代至 21 世纪初 10 年连续为负距平,其中 70 年代 CDD 最高,较常年偏多 16.14 d,90 年代 CDD 最小,较常年偏少 1.92 d。CWD 距平相对较小,其中 20 世纪 70—80 年代为负距平,其他 3 个年代为正距平;80 年代 CWD 较常年偏少 0.33 d,是近 50 年里最少的 10 年;21 世纪初 10 年 CWD 较常年偏多0.38 d,是近50年里最多的10年。在30年际变化尺度上(图表略),1991—2020年与1971—2000年相比,CDD偏少4.83 d,CWD偏多0.30 d。

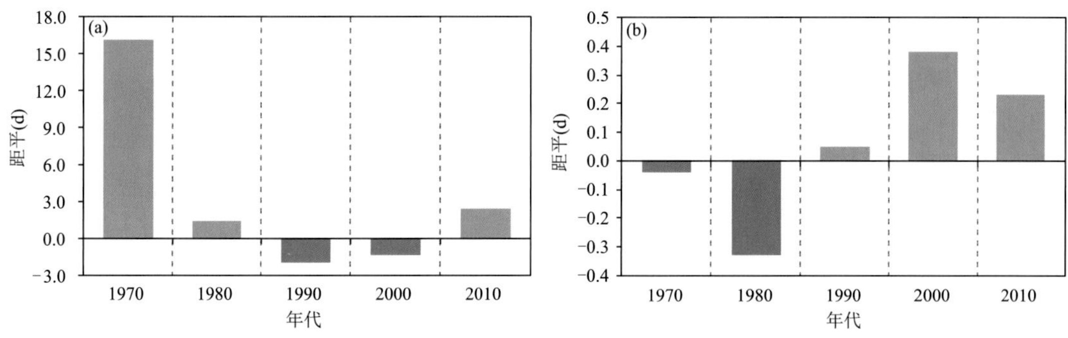

图3.67 1971—2020年羌塘自然保护区年CDD(a)和CWD(b)的年代际变化

分析1971—2020年自然保护区年CDD、CWD的M-K突变检验,结果表明,CDD的UF曲线在1971—1977年呈波动上升变化,1977—2007年趋于明显的下降,之后至2020年UF曲线又趋于振荡上升(图3.68a),UF和UB曲线分别在1979年、2016年出现交叉,后者突变不明显,故确定1979年为突变点,由相对偏多期跃变为相对偏少期,突变后CDD平均减少18.05 d。同理,CWD的突变时间发生在1984年(图3.68b),由相对偏少期跃变为相对偏多期,突变后CWD平均增加0.55 d。

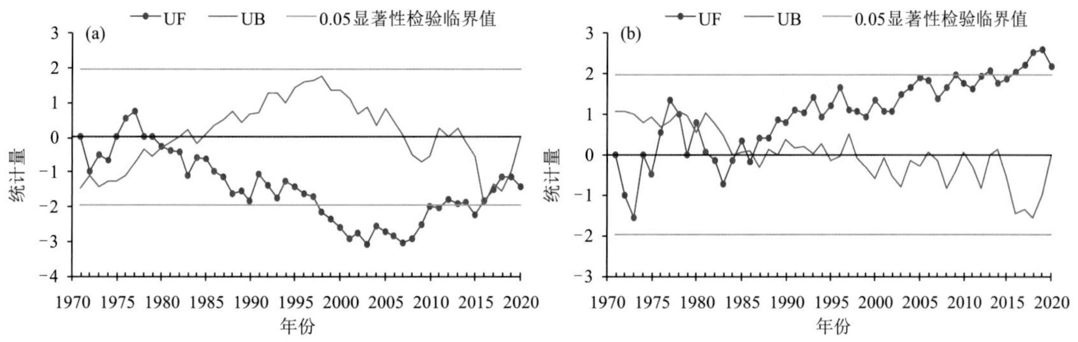

图3.68 1971—2020年羌塘自然保护区年CDD(a)和CWD(b)的M-K检验

3.2.12 强降水量和极强降水量

1971—2020年,羌塘自然保护区年强降水量(R95p)和年极强降水量(R99p)都表现为增加趋势(图3.69),增幅分别为4.55 mm/10a($P<0.01$)和2.09 mm/10a($P<0.05$)。近30年(1991—2020年),R95p和R99p增加趋势更为明显,平均每10年分别增加11.38 mm($P<0.001$)和3.35 mm。

从变化趋势空间分布上来看(表3.19),近50年(1971—2020年),除狮泉河年R95p趋于减少外(−1.25 mm/10a),其他4个站R95p趋于增多,增幅为4.77~8.57 mm/10a,以改则增幅最大,申扎次之(7.41 mm/10a,$P<0.10$)。年R99p仅在狮泉河站上表现为减少趋势,为−0.58 mm/10a;其他4个站R99p以2.39~3.92 mm/10a的速度呈增加趋势,以改则增幅最

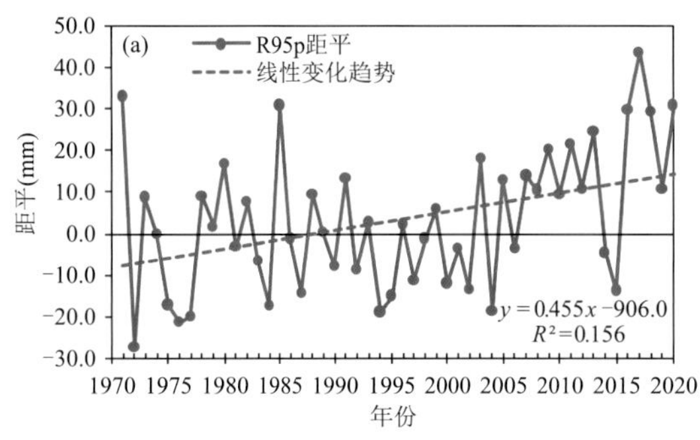

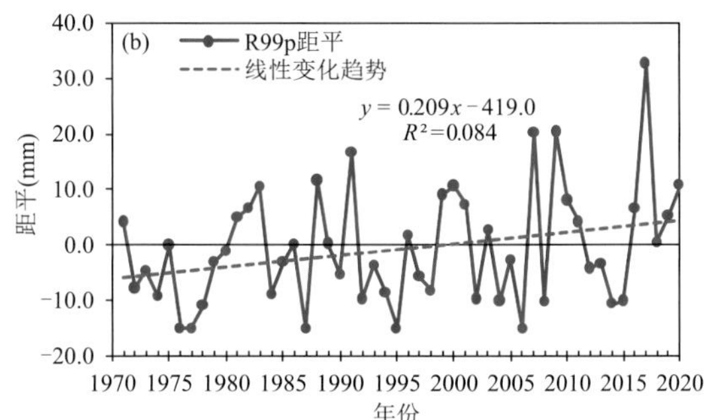

图 3.69　1971—2020 年羌塘自然保护区年 R95p(a)和 R99p(b)距平变化

大(P<0.10)。近 30 年(1991—2020 年),R95p 在所有站点上都趋于增加,增幅为 2.60～20.64 mm/10a,以改则最大(P<0.01)、狮泉河最小。R99p 减少的站点在狮泉河、申扎,分别为－1.95 mm/10a 和－6.02 mm/10a;其他 3 个站趋于增加,增幅为 4.74～10.74 mm/10a(改则最大,安多最小)。

如图 3.70 所示,在 10 年际变化尺度上,R95p 在 20 世纪 70—90 年代为负距平,21 世纪初的 20 年为正距平,其中 90 年代 R95p 最小,较常年值偏少 4.32 mm;21 世纪 10 年代 R95p 最大,较常年偏多 18.30 mm。R99p 在 20 世纪 70 年代、90 年代为负距平,80 年代正常,21 世纪初的 20 年为正距平,其中 70 年代 R99p 最小,较常年偏少 6.30 mm;21 世纪 10 年代 R99p 最大,较常年偏多 3.19 mm。在 30 年际变化尺度上(图表略),1991—2020 年与 1971—2000 年相比,R95p、R99p 分别偏多 8.25 mm 和 3.47 mm。

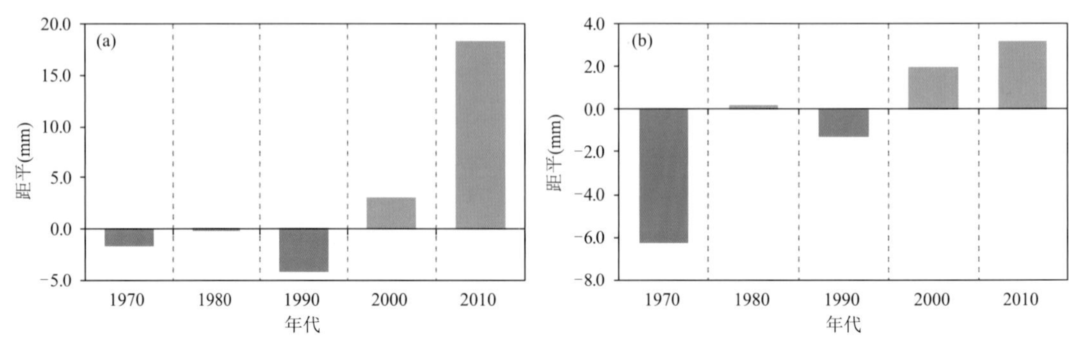

图 3.70　1971—2020 年羌塘自然保护区年 R95p(a)和 R99p(b)的年代际变化

根据 M-K 检验方法分析了 1971—2020 年自然保护区年 R95p、R99p 的突变时间,R95p 的 UF 曲线在 1971—2005 年呈波动变化,之后至 2020 年 UF 曲线为上升趋势(图 3.71a),UF 和 UB 曲线在 2011 年出现交叉,且交叉点位于±1.96 之间,即突变点发生在 2011 年,由相对偏少期跃变为相对偏多期,突变后 R95p 平均增加 18.97 mm。同理分析,R99p 无突变(图 3.71b)。

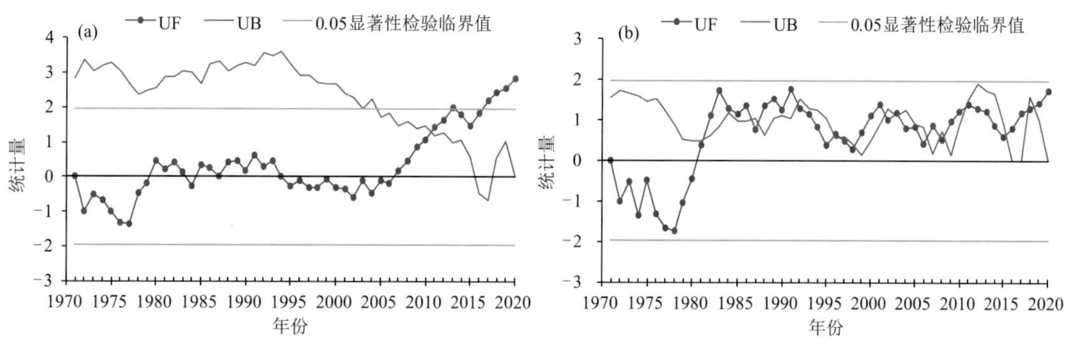

图 3.71 1971—2020 年羌塘自然保护区年 R95p(a)和 R99p(b)的 M-K 检验

3.3 天气现象变化

3.3.1 霜

气候变化中对“霜冻”的有关研究很多，但对“霜”的自然物候现象规律及其对气候变化的响应研究很少见。许艳等(2009)研究指出，1957—2006 年中国大部分地区霜期在逐渐缩短，初霜日在逐渐推迟，终霜日在不断提前，20 世纪 90 年代后这种趋势变得更加明显。霜期缩短显著的区域主要集中在东北、华北、内蒙古中部、淮河流域以及云贵高原和华南部分地区，四川盆地和长江中下游部分地区霜期缩短的趋势并不明显。祁如英等(2011)采用线性趋势和单相关法分析了青海高原 33 个气象站的霜物候期，研究表明：青海高原 1978—2007 年初霜、终霜变化趋势存在明显推迟、提早的区域性特征；在年代际尺度上，初霜大部分地区明显推迟，终霜大部分地区明显提早，无霜期绝大部分地区明显延长。杜军等(2019b)分析认为，1961—2018 年西藏平均年霜日数呈明显增加趋势，平均每 10 年增加 5.86 d。20 世纪 60 年代至 80 年代中期霜日数偏少，80 年代后期至 90 年代霜日数偏多，进入 21 世纪后以振荡减少为其年际变化特征。

本研究利用羌塘自然保护区周边近 50 年(1971—2020 年)5 个气象站的逐月霜日数资料，采用趋势分析、Mann-Kendall(M-K)检验等方法，分析了近 50 年羌塘自然保护区年、季霜日的气候变化特征。

3.3.1.1 年际变化

如图 3.72 所示，近 50 年自然保护区年霜日数呈显著的减少趋势，平均每 10 年减少 5.85 d ($P<0.001$)。近 30 年(1991—2020 年)减少趋势尤为明显，达−14.10 d/10a($P<0.001$)。从曲线变化来看，近 50 年自然保护区年霜日数呈先增后减趋势，1971—1997 年趋于增加，增幅为 3.15 d/10a；1997—2020 年呈显著减少趋势，为−24.85 d/10a($P<0.001$)。

在季尺度上，近 50 年自然保护区春、秋两季霜日数变化趋势基本相同，表现为“∧”形变化(图 3.73a，c)，1971—1998 年趋于增加，增幅分别为 2.79 d/10a($P<0.05$)和 2.49 d/10a；1998—2020 年呈显著减少趋势，依次为−8.61 d/10a($P<0.001$)和−18.91 d/10a($P<0.001$)；总体来看，春、秋两季霜日数趋于减少，春季为−0.37 d/10a(未通过显著性检验)，秋

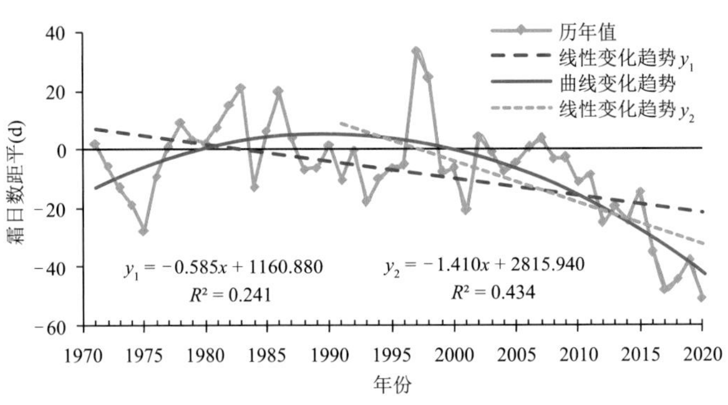

图 3.72　1971—2020 年自然保护区年霜日数变化

季为−2.34 d/10a($P<0.10$)。夏季霜日数也呈“∧”形变化(图 3.73b),只是峰值出现在 1990 年,其中 1971—1990 年趋于增加,增幅为 3.50 d/10a($P<0.05$);1990—2020 年表现为显著的减少趋势,平均每 10 年减少 4.79 d($P<0.001$);近 50 年来总体上倾向于减少,为−2.58 d/10a($P<0.001$)。冬季霜日数在 1971—1998 年以 5.19 d/10a 的速度显著增加(图 3.73d),而 1998—2020 年却呈显著减少趋势,为−4.89 d/10a($P<0.10$);总体而言,近 50 年呈弱的增加趋势(0.55 d/10a)。

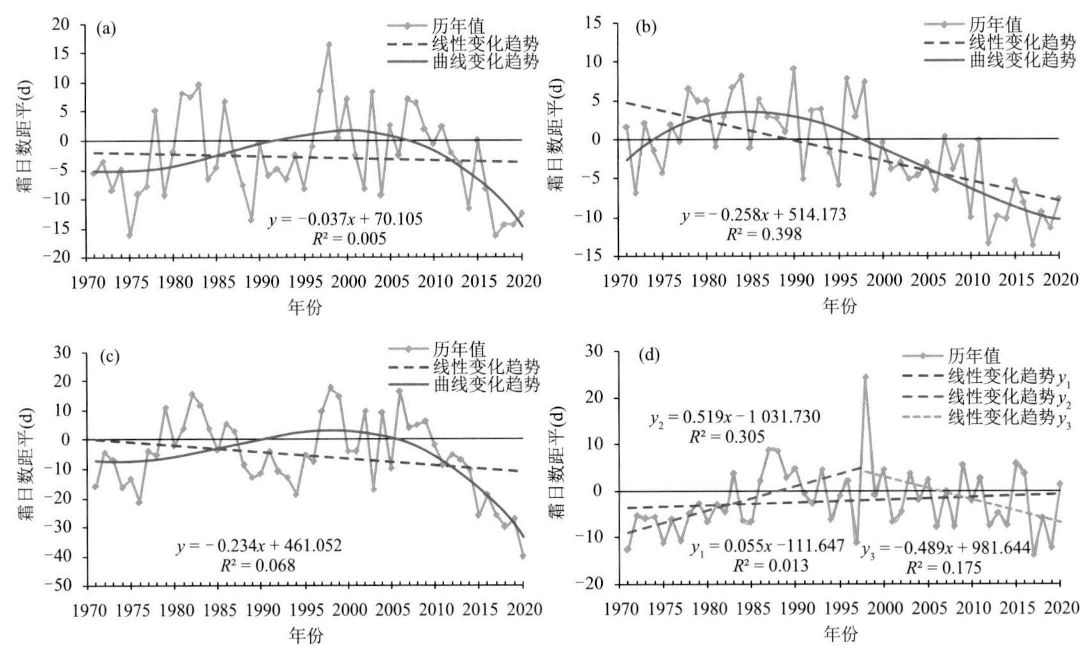

图 3.73　1971—2020 年自然保护区四季霜日数变化

(a. 春季,b. 夏季,c. 秋季,d. 冬季)

从自然保护区各站霜日数的变化趋势空间分布来看(表 3.20),近 50 年除申扎站年霜日数趋于增加(12.19 d/10a,$P<0.001$)外,其他各站年霜日数均表现为减少趋势,平均每 10 年减少 4.04～14.69 d,以班戈减幅最为明显($P<0.001$),安多次之,为−13.26 d/10a($P<0.01$)。在季节尺度上,近 50 年只在申扎站上四季霜日呈增加趋势,为 2.05～10.80 d/10a

($P<0.05$)，以秋季最大($P<0.001$)，冬季次之(7.29 d/10a，$P<0.001$)，夏季最小($P<0.05$)；其他各站四季霜日均趋于减少，为−0.63～−8.82 d/10a，以班戈秋季霜日减幅最大($P<0.001$)。

表 3.20　1971—2020 年自然保护区各站年、季霜日数变化趋势(d/10a)

站点(区域)	春季	夏季	秋季	冬季	全年
狮泉河	−2.89***	−1.7***	−5.94****	−1.03	−8.14****
改　则	−0.63	−0.99**	−2.11*	−0.94	−4.04**
班　戈	−2.82**	−6.55****	−8.82****	−0.85	−14.69****
安　多	−1.77	−5.51****	−4.92	−1.85	−13.26***
申　扎	6.64****	2.05**	10.80****	7.29****	12.19****
自然保护区	−0.37	−2.58****	−2.34*	0.55	−5.85****

3.3.1.2　年代际变化

图 3.74a 给出了近 50 年(1971—2020 年)自然保护区年霜日数的年代际变化，从图中可知，在 10 年际尺度上，年霜日数仅在 20 世纪 80 年代为多发期，其他 4 个年代均为偏少期，以 21 世纪 10 年代最明显，较常年偏少 30.9 d。就四季而言(图 3.74b)，春季霜日数在 20 世纪 70 年代和 21 世纪 10 年代明显偏少，分别较常年偏少 6.2 d 和 8.2 d；80 年代略偏少，20 世纪 90 年代至 21 世纪初 10 年略偏多。夏季，70—90 年代霜日数偏多，进入 21 世纪后霜日数明显偏少，其中 21 世纪 10 年代较常年偏少 9.0 d。秋季霜日数在 20 世纪 70 年代、90 年代和 21 世纪 10 年代为偏少期，以 21 世纪 10 年代偏少最明显，较常年偏少 20.0 d；80 年代略偏多，21 世纪初 10 年偏多 1.7 d。冬季霜日数在 20 世纪 80—90 年代分别偏多 0.9 d 和1.2 d，其他 3 个年代均偏少，以 20 世纪 70 年代偏少较明显。在 30 年际尺度上(图表略)，1991—2020 年与 1971—2000 年相比，自然保护区年霜日数偏少 4.6 d，其中夏、秋两季偏少，春、冬两季略偏多。

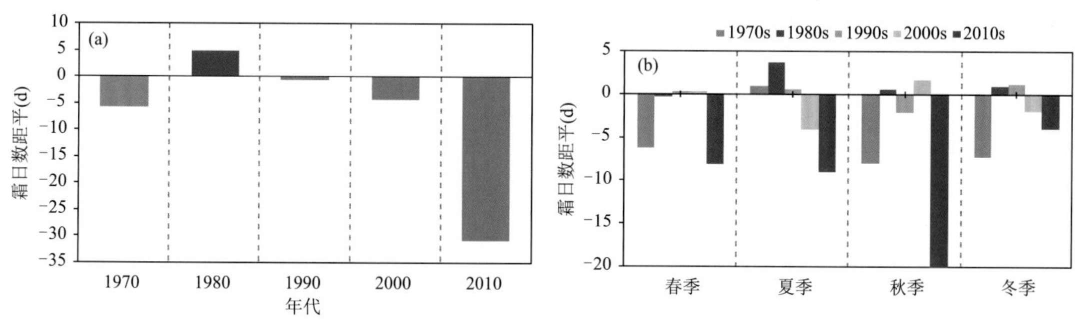

图 3.74　1971—2020 年自然保护区年(a)和季(b)霜日数的年代际变化

3.3.1.3　突变分析

从 1971—2020 年自然保护区年霜日数的 M-K 检验结果(图 3.75a)可知，1971—1982 年 UF 曲线呈“V”形变化，1983—2020 年表现为阶梯式下降趋势，在 2016—2020 年突破了−1.96，这表明 2016 年以后霜日数显著减少。UF 和 UB 曲线在 2015 年出现交叉，且交叉点在 0.05 显著性检验临界线内，即确定 2015 年为突变点。突变前、后自然保护区年霜日数平均值分别为 62.0 d 和 22.0 d，突变后较突变前偏少了 40.0 d。在季节尺度上来看，只有夏季霜日数在 2007 年发生了明显的突变（图 3.75b），突变后较突变前偏少 8.2 d。

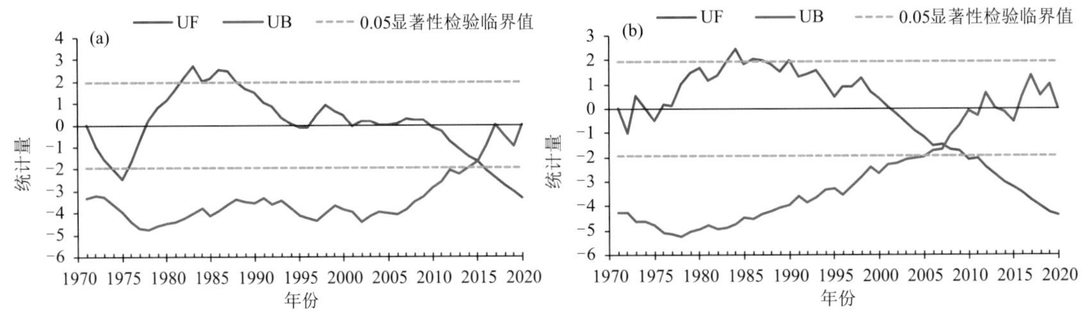

图 3.75　1971—2020 年自然保护区年(a)和夏季(b)霜日数的 M-K 检验

3.3.2　雷暴

对于雷暴的时空变化特征已有很多研究，巩崇水等（2013）基于 1981—2010 年的雷暴观测资料，分析了年平均雷暴日的时空分布及年际变化特征，指出青藏高原的雷暴日数多于周边地区，且中国北方地区的雷暴整体呈减少趋势，而南方则是先减后增。余田野等（2019）分析认为，1975—2013 年青藏高原年平均雷暴日数呈显著减少趋势，雷暴初日推迟趋势明显，雷暴终日有弱的提前趋势。拉巴次仁等（2014）利用西藏 26 个气象观测站 1971—2010 年逐日雷暴资料，采用 REOF 检验等统计方法分析了全球气候变化背景下西藏雷暴事件的时空分布特征，结果表明近 40 年西藏 4 个异常空间型（西部型、北部型、中部型和东部型）雷暴事件以 0.3～9.0 次/10a 的速率在减少。尼玛央珍等（2014）研究指出，1980—2009 年年、季雷暴日数基本呈减少趋势，尤其以 2000 年之后最为显著；雷暴日数以 2003 年为突变点，开始急剧减少。罗骕翾等（2015）分析得到 1981—2010 年雷暴日数变化趋势除沿江一线和林芝地区以外，其他地区的年雷暴日表现出不同程度的减少趋势，其中那曲地区减少趋势最为明显，为－2.9 d/10a。

因 2014 年起取消了雷暴的人工观测，故本研究利用羌塘自然保护区周边近 43 年（1971—2013 年）5 个气象站的逐月雷暴日数资料，采用趋势分析、Mann-Kendall（M-K）检验等方法，分析了近 43 年羌塘自然保护区年、季雷暴日数的变化特征。

3.3.2.1　年际变化

从近 43 年（1971—2013 年）自然保护区年雷暴日数的变化趋势来看，表现为显著的减少趋势（图 3.76a），平均每 10 年减少 3.41 d（$P<0.001$），主要体现在夏季，为－2.38 d/10a（$P<0.001$，图 3.76b）。春、秋两季雷暴日数也趋于减少（图 3.76c，d），分别为－0.33 d/10a（未通过显著性检验）和－0.81 d/10a（$P<0.10$）。近 30 年（1991—2020 年），自然保护区年雷暴日数减幅明显增大，达－7.66 d/10a（$P<0.001$），仍以夏季明显，为－5.82 d/10a（$P<0.001$），秋季次之，为－1.75 d/10a（$P<0.001$）。此外，近 43 年自然保护区还呈雷暴初日略推迟、终日提早、间隔日数缩短的变化特征。

就自然保护区雷暴日数变化趋势空间分布而言，近 43 年（1971—2013 年）各站年雷暴日数均呈减少趋势，为－0.20～－7.48 d/10a，以申扎减幅最为明显（$P<0.001$），班戈次之

(−4.93 d/10a,$P<0.01$)。1991—2013 年,狮泉河基本无变化(0.05 d/10a),其他各站年雷暴日数减幅变大,平均每 10 年减少 1.47～19.72 d,仍以申扎减幅最大($P<0.001$),其次是班戈,为−8.67 d/10a($P<0.001$)。在季节尺度上,近 43 年各站春季雷暴日数变化不大;夏季雷暴日数均呈减少趋势,为−0.35～−4.93 d/10a,以申扎减幅最大($P<0.001$),改则最小;秋季雷暴日数在狮泉河、改则站上呈弱的增加趋势,其他 3 个站呈减少趋势,为−0.55～−2.32 d/10a,仍以申扎减幅最大($P<0.05$)。

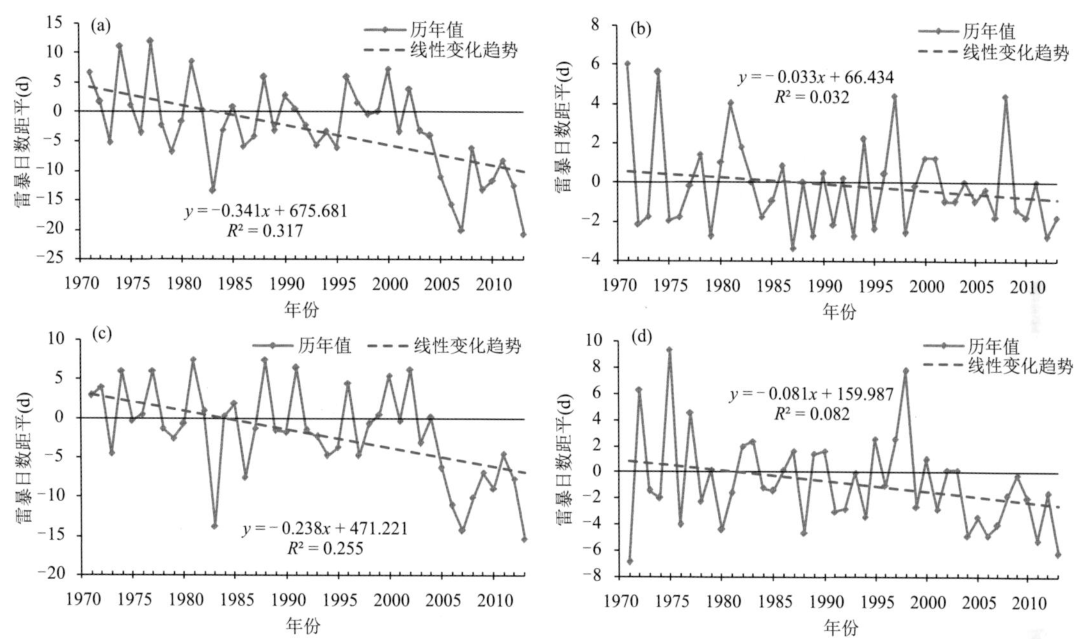

图 3.76 1971—2013 年自然保护区年、季雷暴日数变化

(a. 年,b. 春季,c. 夏季,d. 秋季)

3.3.2.2 年代际变化

表 3.21 给出了近 40 年(1971—2010 年)自然保护区年、季雷暴日数的年代际变化,从表 3.21 可知,在 10 年际尺度上,年雷暴日数在 20 世纪 70 年代为多发期,是近 40 年最多的 10 年;进入 20 世纪 80 年代以后,雷暴日数趋于减少,特别是 21 世纪初 10 年尤为明显,较常年偏少 8.4 d,是近 40 年最少的 10 年。春、夏两季雷暴日数在 70 年代偏多,20 世纪 90 年代至 21 世纪初 10 年偏少,以夏季最为明显。秋季雷暴日数在 20 世纪 70—90 年代变化不大,21 世纪初 10 年偏少。在 30 年际尺度上(图表略),1981—2010 年与 1971—2000 年相比,自然保护区年雷暴日数偏少 1.2 d,其中夏季偏少 1.0 d。

表 3.21 1971—2010 年自然保护区年、季雷暴日数年代际距平(d)

年份	春季	夏季	秋季	年
1971—1980 年	0.3	1.0	−0.1	1.2
1981—1990 年	−0.2	−0.8	0.0	−1.0
1991—2000 年	−0.2	−0.1	0.1	−0.2
2001—2010 年	−0.3	−5.5	−2.4	−8.2

从近 40 年(1971—2010 年)自然保护区雷暴初日、终日和间隔日数的年代际变化来看(图 3.77),在 10 年际尺度上,20 世纪 70—80 年代表现为初日提早、终日推迟、间隔日数延长,20 世纪 90 年代至 21 世纪初 10 年截然相反,呈现出初日来得迟、终日结束早、间隔日数缩短的年代际变化特征;21 世纪 10 年代与 20 世纪 70 年代相比,自然保护区雷暴初日推迟 2.8 d、终日提早 4.8 d、间隔日数缩短 7.6 d。在 30 年际尺度上,1981—2010 年与 1971—2000 年相比,自然保护区雷暴初日略推迟 1 d、终日提早 2 d、间隔日数缩短 3 d。

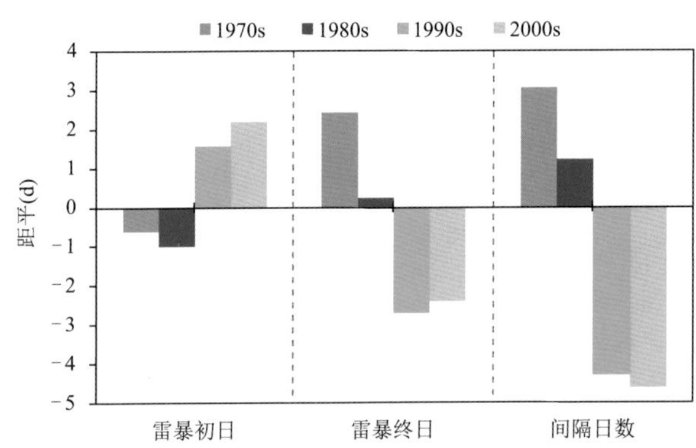

图 3.77　1971—2010 年自然保护区雷暴初日、终日和间隔日数的年代际变化

3.3.2.3　突变分析

利用 M-K 方法检验分析了 1971—2013 年自然保护区年雷暴日数的突变时间(图 3.78a),1971—2002 年 UF 曲线呈波动变化且小于 0,2002 年以后表现为快速下降趋势,在 2007—2013 年突破了−1.96,这表明 2007 年以后雷暴日数显著减少。UF 和 UB 曲线在 2004 年出现交叉,即突变时间点为 2004 年,交叉点在 0.05 显著性检验临界线内。突变前、后自然保护区年雷暴日数平均值分别为 54.7 d 和 42.5 d,突变后较突变前偏少 12.2 d。在季节尺度上来看,夏季和秋季雷暴日数也出现了明显的突变(图 3.78b,c),前者发生在 2004 年,后者出现在 2003 年,夏季、秋季雷暴日数突变后较突变前分别偏少 8.7 d、3.1 d;春季雷暴日数未发生突变。同理,也发现 1971—2013 年雷暴初日、终日和间隔日数未发生气候突变。

3.3.3　冰雹

孔锋等(2018b)认为,1961—2016 年中国整体及其不同区域的冰雹日数均呈减少趋势,且西藏(东南)地区明显高(低)于其他 6 个分区和全国平均水平。马晓玲等(2020)研究得到,1981—2011 年青海冰雹呈明显的下降趋势,冰雹频数的下降速率为 2.3 次/10a,冰雹多发地区(多发时段)的下降趋势明显大于少发地区(少发时段)。路红亚等(2014)分析表明,西藏年冰雹日数呈自东南向西北递增分布,冰雹频发区主要集中在那曲地区,各地冰雹日数具有显著的减少趋势。

本研究利用羌塘自然保护区周边近 50 年(1971—2020 年)5 个气象站的逐日冰雹日数资料,采用趋势分析,Mann-Kendall(M-K)检验等方法,分析了气候变暖背景下近 50 年羌塘自然保护区冰雹日数的时空变化特征。

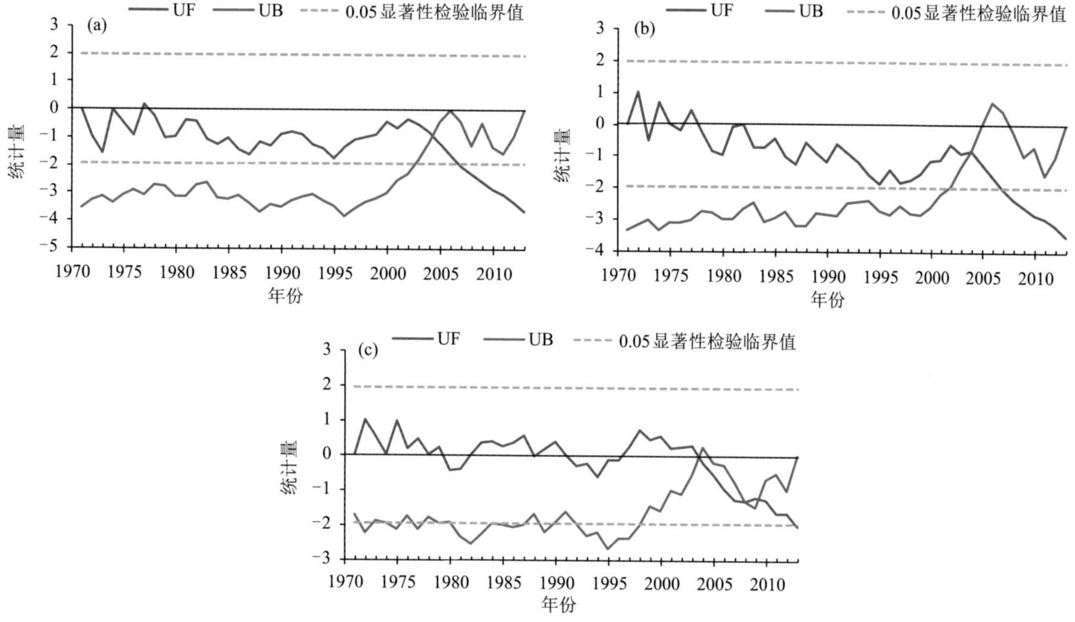

图 3.78　1971—2013 年自然保护区年、季雷暴日数 M-K 检验

（a. 年，b. 夏季，c. 秋季）

3.3.3.1　年际变化

1971—2020 年自然保护区年冰雹日数呈显著减少趋势（图 3.79a），平均每 10 年减少 4.21 d（$P<0.001$），主要表现在夏季和秋季（图 3.79c，d），分别为 −3.33 d/10a（$P<0.001$）和 −0.87 d/10a（$P<0.001$）。春季冰雹日数波动大，总体上呈弱的增加趋势（图 3.79b），为 0.04 d/10a（未通过显著性检验）。近 30 年（1991—2020 年），自然保护区年冰雹日数减幅更明显，达 −6.48 d/10a（$P<0.001$），其中夏季、秋季冰雹日数减幅分别为 −4.65 d/10a（$P<0.001$）和 −1.84 d/10a（$P<0.001$）。

从冰雹日数变化趋势空间分布格局来看（表略），1971—2020 年自然保护区各站年冰雹日数都表现为显著的减少趋势，为 −1.03～−6.91 d/10a（$P<0.05$），以申扎减幅最为明显（$P<0.001$），其次是班戈（−6.39 d/10a，$P<0.001$）。进入 20 世纪 90 年代以后至今，除狮泉河外，其他各站年冰雹日数减少趋势更为明显，平均每 10 年减少 3.43～11.48 d（$P<0.05$），以班戈最突出（$P<0.001$），申扎次之（−8.74 d/10a，$P<0.001$）。在季节尺度上，1971—2020 年各站春季雹日基本无明显趋势变化；夏季雹日趋于显著的减少趋势，为 −0.86～−5.36 d/10a（$P<0.05$），以申扎减幅最大（$P<0.001$），狮泉河最小；秋季雹日也呈减少趋势，但减幅不大，为 −0.17～−1.50 d/10a（$P<0.05$）（除狮泉河未通过显著性检验外，其他站 $P<0.05$），仍以申扎减幅最为突出。综上所述，1971—2020 年自然保护区冰雹日数减少趋势明显，这与孔峰等（2018b）、路红亚等（2014）研究结论一致。

3.3.3.2　年代际变化

从近 50 年（1971—2020 年）自然保护区年、季冰雹日数的年代际变化分析来看（表 3.22），在 10 年际尺度上，年冰雹日数 20 世纪 70—90 年代为多发期，其中 70 年代最多，是近 50 年最

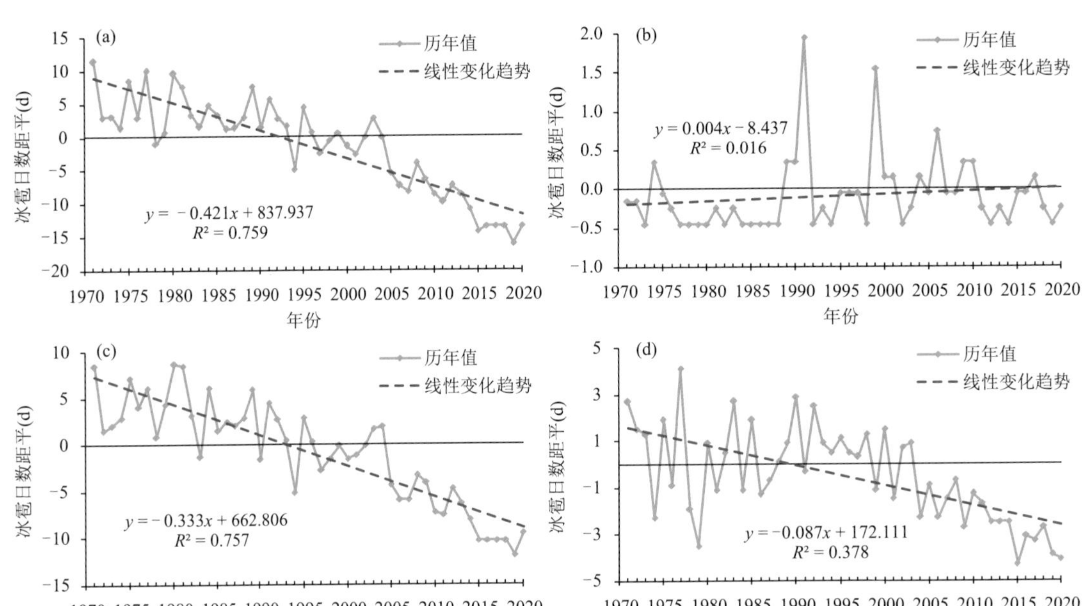

图 3.79　1971—2020 年自然保护区年、季冰雹日数变化
（a. 年，b. 春季，c. 夏季，d. 秋季）

多的 10 年；进入 21 世纪后，冰雹日数明显减少，尤其是 21 世纪 10 年代较常年偏少 12.1 d，是近 50 年最少的 10 年。春季冰雹日数的年代际变化不大，20 世纪 70—80 年代和 21 世纪 10 年代略偏少，20 世纪 90 年代至 21 世纪初 10 年略偏多；夏季冰雹日数呈明显的逐年代减少特征，20 世纪 70 年代最多、21 世纪 10 年代最少；秋季冰雹日数在 20 世纪 70—90 年代为正距平，进入 21 世纪后变为负距平，其中 90 年代最多，21 世纪 10 年代最少。在 30 年际尺度上（图表略），1991—2020 年与 1971—2000 年相比，自然保护区年冰雹日数偏少 3.6 d，以夏季较明显，偏少 3.1 d。

表 3.22　1971—2020 年自然保护区年、季冰雹日数年代际距平(d)

年份	春季	夏季	秋季	年
1971—1980 年	−0.3	4.6	0.4	4.7
1981—1990 年	−0.3	2.9	0.5	3.1
1991—2000 年	0.2	0.0	0.7	0.8
2001—2010 年	0.1	−2.9	−1.2	−4.0
2011—2020 年	−0.2	−9.0	−3.1	−12.3

3.3.3.3　突变分析

从 1971—2020 年自然保护区年冰雹日数的 M-K 检验结果（图 3.80a）可知，自 1971 年以来大部分年份 UF＜0，1971—1994 年 UF 曲线呈波动变化，1995 以后表现为下降趋势，在 1998—2017 年突破了−1.96，这表明 1998 年以后冰雹日数显著减少。UF 和 UB 曲线在 2006 年出现交叉，即突变时间为 2006 年，交叉点超过了 0.05 显著性检验临界线，甚至超过了 0.01

显著性检验($u_{0.01}$=2.56),表明冰雹日数减少趋势是十分显著的。突变前、后自然保护区年冰雹日数平均值分别为 19.3 d 和 6.5 d,突变后较突变前偏少 12.8 d。在季节尺度上来看,夏季和秋季冰雹日数也发生了明显的突变(图 3.80b,c),前者发生在 2006 年,后者出现在 2012 年,夏季、秋季冰雹日数突变后较突变前分别偏少 9.8 d、3.3 d;春季雹日未发生突变。

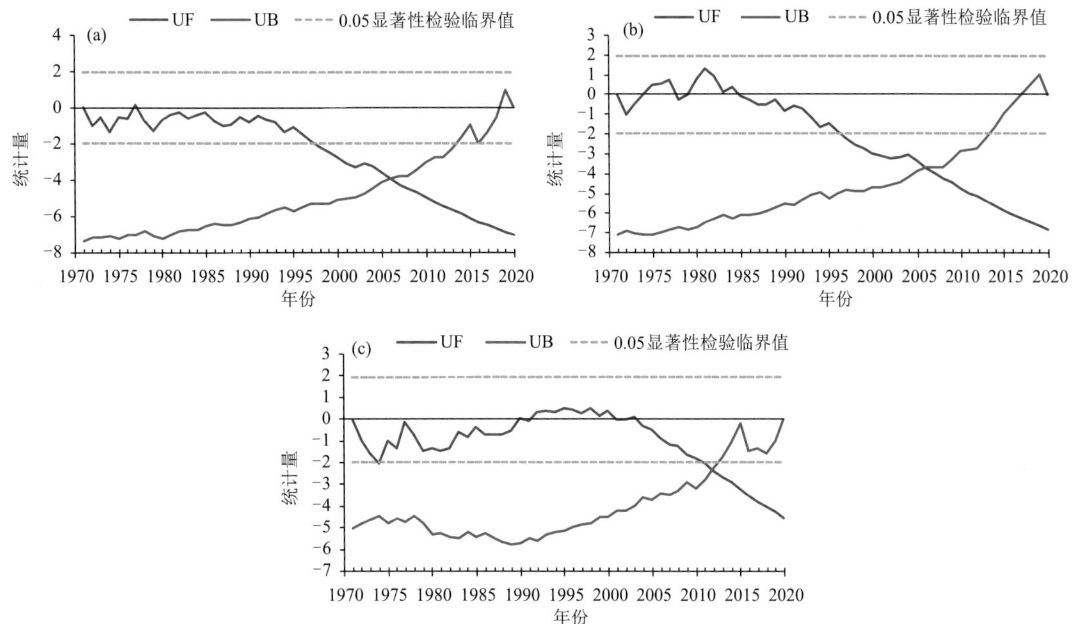

图 3.80　1971—2020 年自然保护区年、季冰雹日数 M-K 检验
(a. 年,b. 夏季,c. 秋季)

已有研究表明,1998 年是中国年平均气温突变的年份(任国玉 等,2005)。本研究发现1971—2020 年自然保护区年、季平均气温均发生了气候突变,突变时间除冬季发生在 2001 年外,其他 3 季均发生在 20 世纪 90 年代;年平均气温突变点出现在 1996 年,较全国突变年份略早。自然保护区冰雹日数的突变时间明显晚于平均气温,说明冰雹日数突变确实是受气候变暖的影响。

3.3.4　大风

大量研究发现,中国不同区域大风日数呈下降趋势,如孔峰等(2018a)分析指出,1961—2016 年中国绝大多数地区年际大风日数呈减少趋势,仅在内蒙古西北中部、新疆东部、青海西部和西藏西南部及东北部等地呈增加趋势。姚慧茹等(2019)研究认为,1971—2012 年青藏高原年大风日数以 14 d/10a 的速度在减少。各月大风均呈显著的线性减少趋势,3 月大风日数减少速率最大,超过 2 d/10a;11 月大风日数减少速率最小,约 0.7 d/10a,高原大风日数的年较差也在缩小。毛万珍等(2019)、张占峰等(2014)分别认为青海湖南部、柴达木盆地年、季大风日数均呈下降趋势。贡觉群培等(2013)分析表明,1971—2010 年藏西北荒漠生态功能区年大风日数呈减少趋势,减少率为 20.0 d/10a。杜军等(2019)研究得出,1965—2018 年西藏平均年大风日数呈明显减少趋势,平均每 10 年减少 9.32 d。20 世纪 60 年代中后期至 80 年代为西藏大风多发期，90 年代以来明显减少。

本研究利用羌塘自然保护区周边 5 个气象站近 50 年（1971—2020 年）逐月大风日数资料，采用趋势分析，Mann-Kendall（M-K）检验等方法，分析了近 50 年羌塘自然保护区年、季大风日数的年际和年代际变化以及气候突变特征。

3.3.4.1　年际变化

如图 3.81 所示，近 50 年（1971—2020 年）自然保护区年大风日数表现出显著的减少趋势，平均每 10 年减少 19.30 d（$P<0.001$）；近 30 年（1991—2020 年）年大风日数减少趋势变缓，为 -5.84 d/10a（$P<0.05$）。在季尺度上，近 50 年四季大风日数均呈减少趋势，为 -3.24～-7.67 d/10a（$P<0.001$），其中春季减幅最大，冬季次之，为 -4.85 d/10a，秋季减幅最小；近 30 年（1991—2020 年）春、夏两季大风日数减幅变小，秋、冬两季大风日数呈弱的增加趋势。

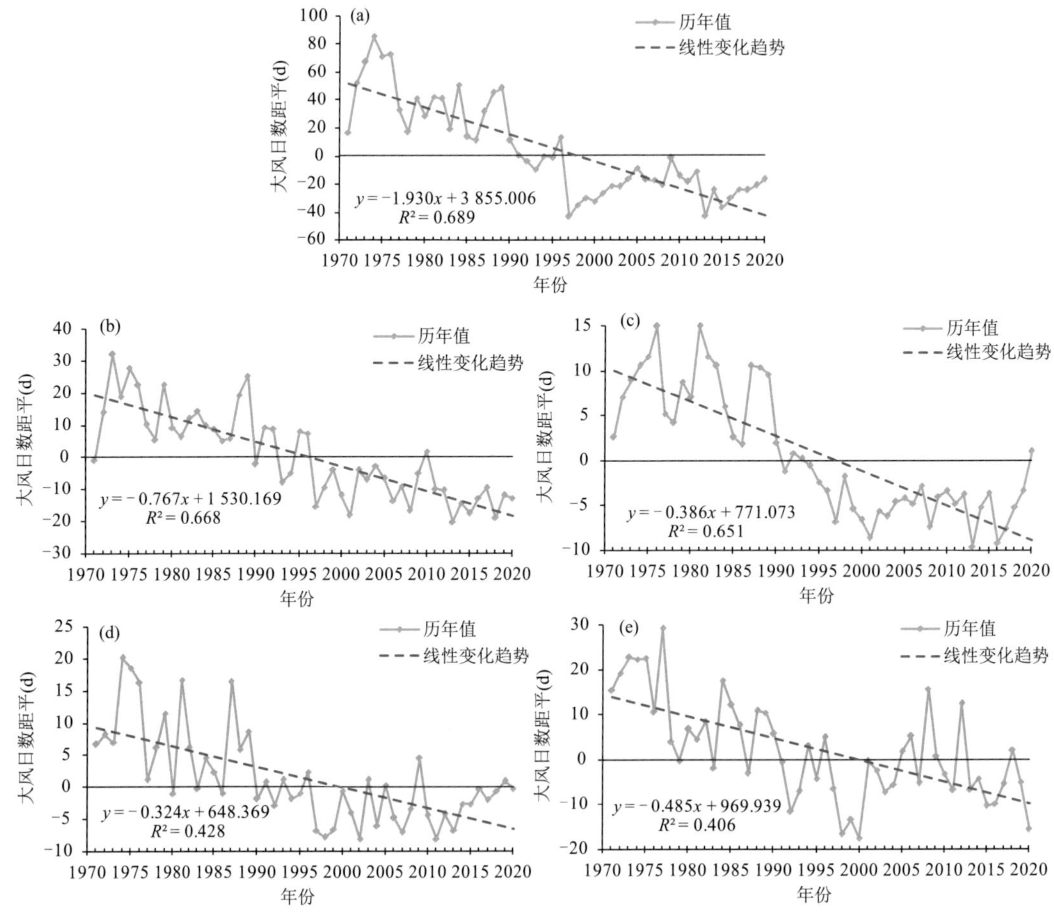

图 3.81　1971—2020 年自然保护区年、季大风日数变化

（a. 年，b. 春季，c. 夏季，d. 秋季，e. 冬季）

表 3.23 给出了近 50 年自然保护区各站年、季大风日数的变化趋势，从表 3.23 中可知，近 50 年各站年大风日数均呈减少趋势，为 -9.07～-26.70 d/10a（$P<0.01$），以改则减幅最大，安多次之，为 -26.39 d/10a（$P<0.001$），班戈最小。在季节尺度上，近 50 年各站四季大风日

数均表现为减少趋势，其中春季大风日数减幅最大，为－4.43～－10.16 d/10a（$P<0.001$，以安多减幅最大）；除安多站外，各站秋季大风日数减幅最小，为－0.62～－4.29 d/10a，其中以狮泉河减幅最大（$P<0.001$）。

表3.23 1971—2020年自然保护区各站年、季大风日数变化趋势(d/10a)

站点(区域)	春季	夏季	秋季	冬季	全年
狮泉河	－9.43****	－4.61****	－4.29****	－6.64****	－24.69****
改　则	－9.93****	－6.33****	－4.14****	－6.49****	－26.70****
班　戈	－5.23****	－1.50*	－0.62	－2.09**	－9.07***
安　多	－10.16****	－3.89****	－5.89****	－6.84****	－26.39****
申　扎	－4.43****	－3.59****	－1.26	－1.97*	－10.93****
自然保护区	－7.67****	－3.86****	－3.24****	－4.85****	－19.30****

3.3.4.2 年代际变化

从近50年（1971—2020年）自然保护区年大风日数的年代际变化分析来看（图3.82a），在10年际尺度上，年大风日数在20世纪70—80年代为多发期，以70年代最多，进入20世纪90年代以后，大风日数明显减少，其中21世纪10年代偏少最明显，较常年偏少26.9 d，是近50年最少的10年。就四季而言（图3.82b），季大风日数均在20世纪70—80年代偏多，其中70年代春、冬两季偏多明显；20世纪90年代至21世纪10年代四季大风日数偏少，以21世纪10年代春季偏少最为突出，较常年偏少14.0 d。

在30年际尺度上（图表略），1991—2020年与1971—2000年相比，自然保护区年大风日数偏少23.7 d，其中春季偏少8.5 d，冬季次之，偏少6.1 d，秋季偏少最小，为－4.1 d。

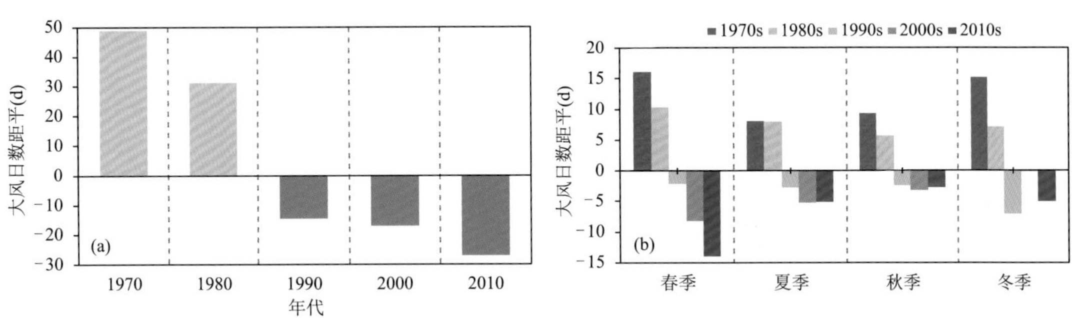

图3.82 1971—2020年自然保护区年(a)和季(b)大风日数的年代际变化

3.3.4.3 突变分析

利用M-K方法检验了1971—2020年自然保护区年大风日数的突变时间，如图3.83a所示，1971—1977年UF曲线呈上升趋势，1978年以后表现为明显的下降趋势，在1991—2020年突破了－1.96，这表明1991年以后大风日数显著减少。UF和UB曲线在1990年出现交叉，且交叉点在0.05显著性检验临界线内，即确定1990年为突变时间，突变前、后自然保护区年大风日数平均分别为133.6 d和74.2 d，突变后较突变前偏少59.2 d。从季节尺度来看，四季大风日数均发生了的突变（图3.83b～e），分别出现在1994年、1992年、1984年和1986年，其中秋季突变时间最早，较春季偏早 10 年。四季大风日数突变后，平均值分别偏少 21.3 d、12.0 d、10.3 d 和 15.4 d，以春季最为突出。

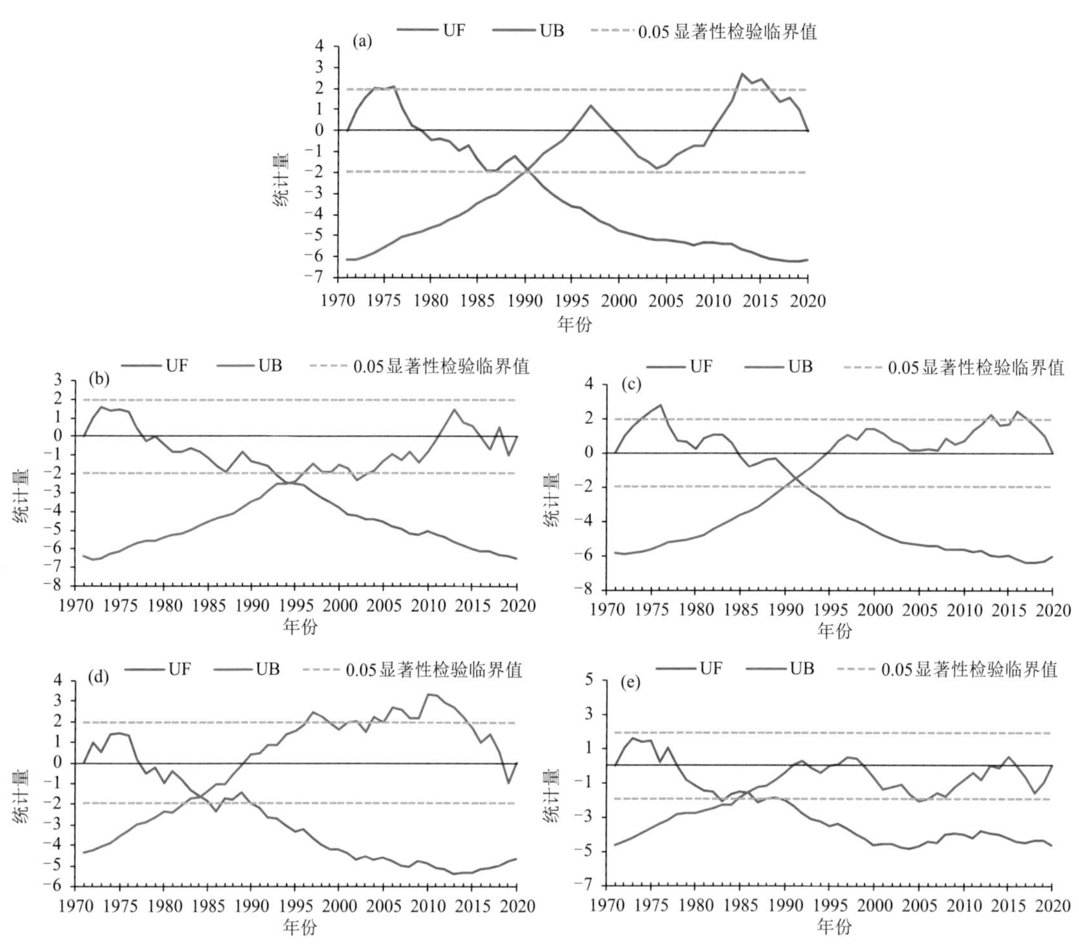

图 3.83 1971—2020 年自然保护区年、季大风日数 M-K 检验
（a. 年，b. 春季，c. 夏季，d. 秋季，e. 冬季）

3.4 未来气候变化预估

本研究预估采用“中国地区气候变化预估数据集”3.0 版中的预估数据。此数据集中的全球气候模式数据来自 PCMDI(Program for Climate Model Diagnosis and Intercomparison)公开发布的全球 23 个模式组提供的全球气候模式数值模拟结果，这些模式数据将对 IPCC 第五次评估报告提供重要支持。该数据集中的区域气候模式预估数据来自国家气候中心研究人员使用国际理论物理研究中心(ICTP，the Abdus Salam International Centre for Theoretical Physics，Italy)的区域气候模式 RegCM4.0 所进行的未来区域气候变化模拟结果。

3.4.1　温室气体排放情景

为了预估未来全球和区域的气候变化，必须事先提供未来温室气体和硫酸盐气溶胶等的排放情况，即所谓的排放情景。排放情景通常是根据一系列因子假设而得到(包括人口增长、经济发展、技术进步、环境条件、全球化、公平原则等)。对应于未来可能出现的不同社会经济发展状况，通常要制作不同的排放情景。

IPCC 先后发展了两套温室气体和气溶胶排放情景，即 IS92(1992 年)和 SRES(2000 年)排放情景，分别应用于 IPCC 第 3 次和第 4 次评估报告。2011 年《气候变化》(Climatic Change)出版专刊，详细介绍了新一代的温室气体排放情景。“典型浓度路径”(Representative Concentration Pathways)，主要包括以下 4 种情景。

RCP8.5 情景：假定人口最多、技术革新率不高、能源改善缓慢，所以收入增长慢。这将导致长时间高能源需求及高温室气体排放，而缺少应对气候变化的政策。2100 年辐射强迫上升至 8.5 W/m^2。

RCP6.0 情景：反映了生存期长的全球温室气体和生存期短的物质的排放，以及土地利用/陆面变化，导致到 2100 年辐射强迫稳定在 6.0 W/m^2。

RCP4.5 情景：2100 年辐射强迫稳定在 4.5 W/m^2。

RCP2.6 情景：把全球平均温度上升限制在 2.0 ℃之内，其中 21 世纪后半叶能源应用为负排放。辐射强迫在 2100 年之前达到峰值，到 2100 年下降至 2.6 W/m^2。

本研究预估主要是评价在 RCP2.6 情景、RCP4.5 情景和 RCP8.5 情景下，羌塘自然保护区降水量和气温的变化情况，预估时段分为近期(2021—2040 年)、中期(2041—2070 年)、远期(2071—2100 年)3 个阶段。对比分析为 1991—2020 年降水量、气温预估数据的平均值。

3.4.2　降水变化趋势

3.4.2.1　RCP2.6 情景下降水变化趋势

在 RCP2.6 情景下，未来 80 年羌塘自然保护区年降水量呈增多趋势，较基准年增加 5.25%，平均每 10 年增加 0.25%(图 3.84)。近期(2021—2040 年)，降水量平均增幅为 4.20%，并保持较弱的增长态势。到中期(2041—2070 年)后平均增幅达到 5.28%，仍为增长趋势。远期(2071—2100 年)增幅达到 5.92%，增幅趋于稳定。这意味着，如果把全球平均温度上升限制在 2.0 ℃之内，羌塘自然保护区持续湿化的进程可能会在后期(2071—2100 年)开始减缓，并逐渐停止。

就四季降水量变化而言，在 RCP2.6 情景下，未来 80 年羌塘自然保护区除冬季降水量趋于减少外，其他 3 季降水量均呈增加趋势(图 3.85)。近期(2021—2040 年)，季降水量平均增幅为 2.42%～6.15%，以夏季增幅最大，其次是春季，为 3.98%，秋季增幅最小。中期(2041—2070 年)，除春季降水量增幅有所回落外，其他 3 季降水量增幅趋于加大，为 3.51%～8.91%，仍是夏季增幅最明显，秋季增幅大于冬季增幅。远期(2071—2100 年)，夏、秋两季降水量增幅趋势不减，分别为 9.50%和 5.02%；春季降水量增幅为 3.88%，较中期略有增加，但不及近期增幅；冬季降水量增幅明显降低，为 3 个预估时段最小。

从空间分布来看(图 3.86)，在 RCP2.6 情景下未来 80 年羌塘自然保护区年降水量均为增多，增幅为 2%～8%，增幅东部大于西部。增幅最大区域位于安多县西北部、尼玛县南部、

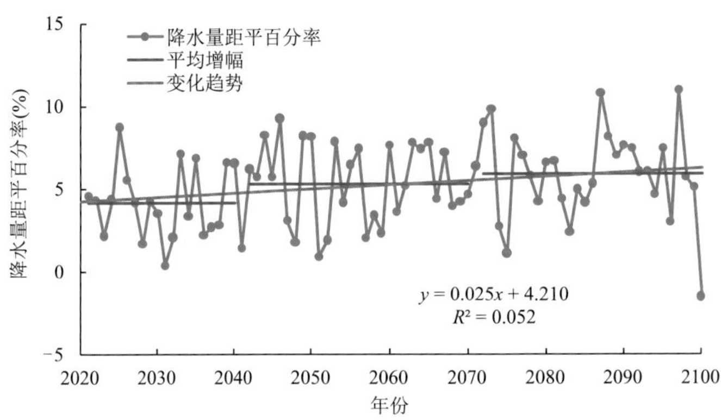

图 3.84　RCP2.6 情景下羌塘 2021—2100 年自然保护区年降水量变化趋势

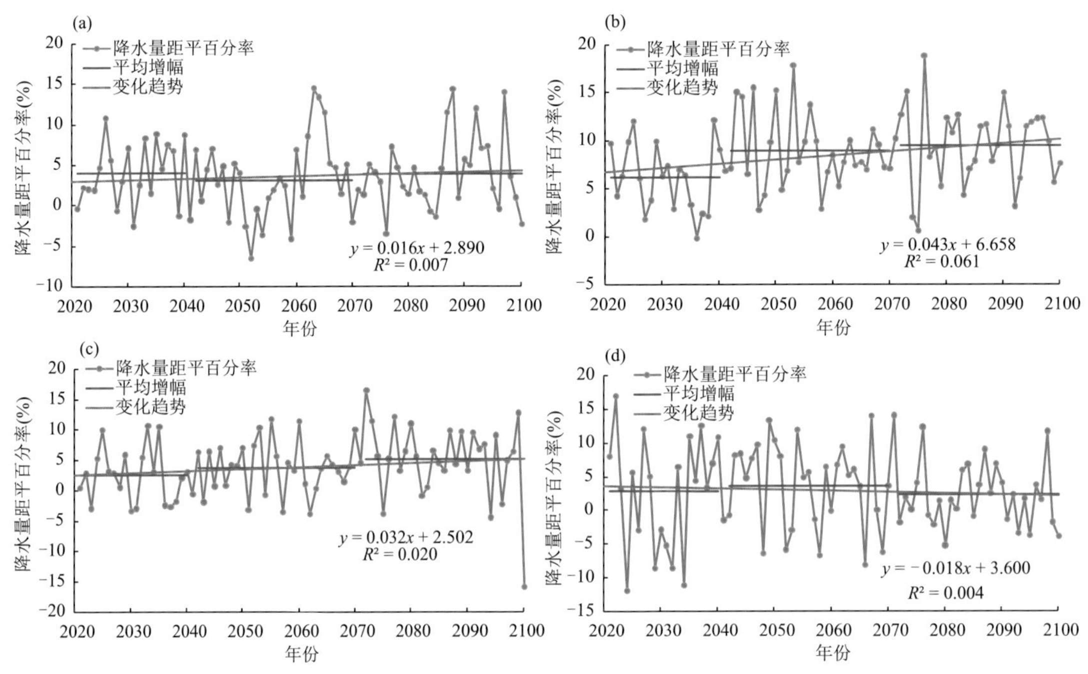

图 3.85　RCP2.6 情景下羌塘 2021—2100 年自然保护区季降水量变化趋势

(a. 春季，b. 夏季，c. 秋季，d. 冬季)

双湖县南部，增幅在 6%以上；增幅最小区域在自然保护区西部的日土县和革吉县境内，增幅低于 4%。

3.4.2.2　RCP4.5 情景下降水量变化趋势

在 RCP4.5 情景下，未来 80 年羌塘自然保护区年降水量呈增多趋势(图 3.87)，平均每 10 年增加 1.01%($P<0.001$)。近期(2021—2040 年)，年降水量平均增幅为 4.68%，并保持持续增长态势。中期(2041—2070 年)，年降水量平均增幅为 6.95%，增长态势不减。远期(2071—2100 年)，年降水量平均增幅达到 10.84%，但增速趋于减缓。这意味着，如果到 2100 年辐射强迫能够稳定在 4.5 W/m^2，青藏高原持续湿化的进程可能会在远期(2071—2100 年)末开始减缓。

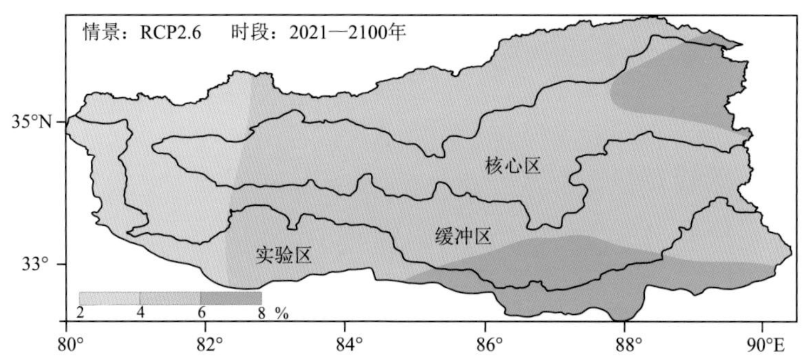

图 3.86　RCP2.6 情景下 2021—2100 年羌塘自然保护区年降水量变化空间分布

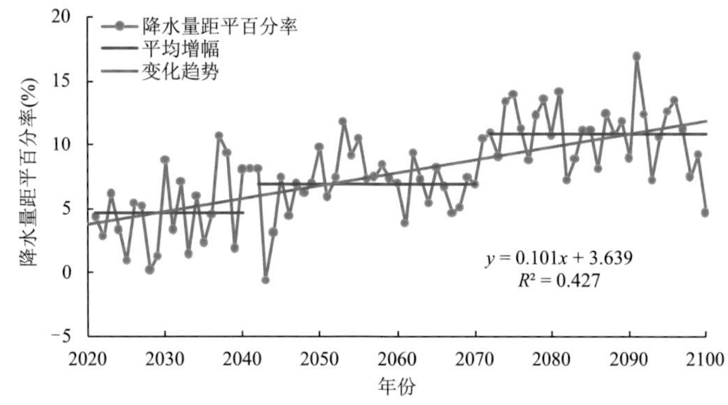

图 3.87　RCP4.5 情景下 2021—2100 年羌塘自然保护区年降水量变化

就四季降水量变化而言，在 RCP4.5 情景下，未来 80 年羌塘自然保护区四季降水量均表现出增加趋势(图 3.88)，特别是夏季和冬季，增幅分别为 1.64%/10a($P<0.001$)、1.53%/10a($P<0.001$)。近期(2021—2040 年)，四季降水量平均增幅为 0.54%～6.94%，以夏季增幅最大，其次是春季，为 4.64%，冬季增幅最小。中期(2041—2070 年)，季降水量增幅趋于加大，为 3.98%～9.75%，其中夏季降水量增幅最大，冬季降水量快速增加，增幅达到 8.20%，而秋季增幅不大。远期(2071—2100 年)，四季降水量增幅持续增长，尤其是夏季和冬季，平均增幅分别达到 16.26% 和 11.21%；秋季降水量平均增幅为 8.17%，大于春季降水量增幅(6.19%)。

从空间分布来看(图 3.89)，在 RCP4.5 情景下未来 80 年羌塘自然保护区年降水量均有增加，增幅为 2%～12%，自东向西递减。保护区东部的那曲市境内增幅大于 8%，西部的阿里地区各县低于 8%。

3.4.2.3　RCP8.5 情景下降水变化趋势

在 RCP8.5 情景下，未来 80 年羌塘自然保护区年降水量呈显著的增加趋势(图 3.90)，增幅为 2.57%/10a($P<0.001$)。近期(2021—2040 年)，年降水量平均增幅为 4.53%，并持续增长。到中期(2041—2070 年)后平均增幅达到 10.98%，仍保持明显的增长趋势。远期(2071—2100 年)，年降水量平均增幅高达 18.91%，增长趋势仍将持续。这意味着，如果全球长时间保持高能源需求及高温室气体排放，缺少应对气候变化的政策，到 2100 年辐射强迫上升至

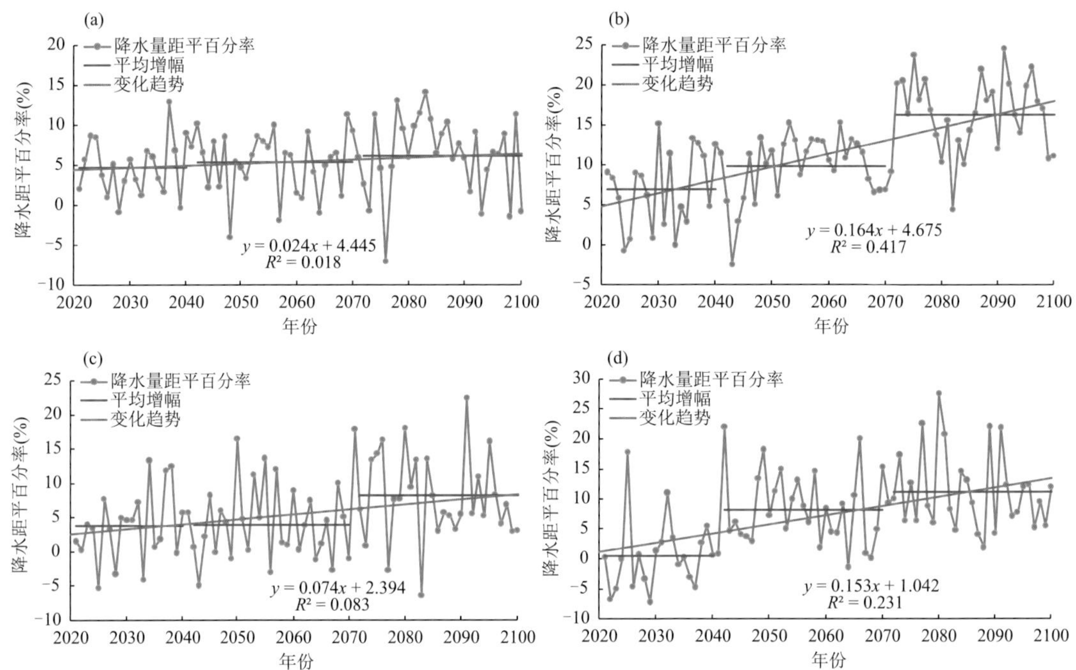

图 3.88　RCP4.5 情景下羌塘 2021—2100 年自然保护区季降水量变化趋势

（a. 春季，b. 夏季，c. 秋季，d. 冬季）

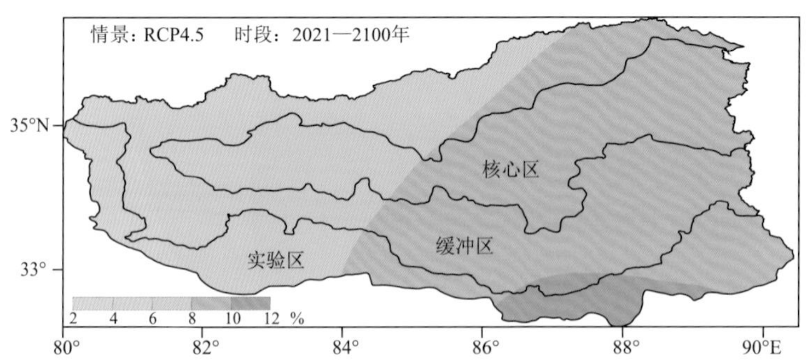

图 3.89　RCP4.5 情景下 2021—2100 年羌塘自然保护区年降水量变化空间分布

8.5 W/m^2，青藏高原湿润化的进程可能会进一步加剧。

就四季降水量变化而言，在 RCP8.5 情景下，未来 80 年羌塘自然保护区四季降水量均呈显著增加趋势（图 3.91），其中夏季和冬季降水量增幅明显，分别为 3.79%/10a（$P<0.001$）、3.17%/10a（$P<0.001$）。近期（2021—2040 年），四季降水量平均增幅为 1.64%～6.58%，以夏季增幅最大，其次是春季，为 4.08%，冬季增幅最小。中期（2041—2070 年），季降水量增幅快速增长，为 6.96%～16.90%，其中夏季降水量增幅最大，冬季次之，为 9.65%，春季增幅最小。远期（2071—2100 年），四季降水量增速加大，平均增幅高于 12.00%，其中夏季达到 27.57%，冬季次之，为 19.30%，秋、春季依次为 13.00%、12.63%。

从空间分布来看（图 3.92），在 RCP8.5 情景下未来 80 年羌塘自然保护区各地年降水量均趋于增多。增幅为 4%～16%，自东向西递减。自然保护区东部的那曲市各县增幅在 12%

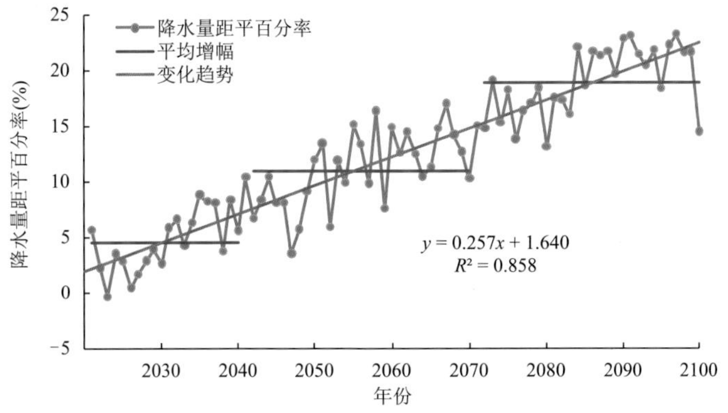

图 3.90　RCP8.5 情景下 2021—2100 年羌塘自然保护区年降水量变化

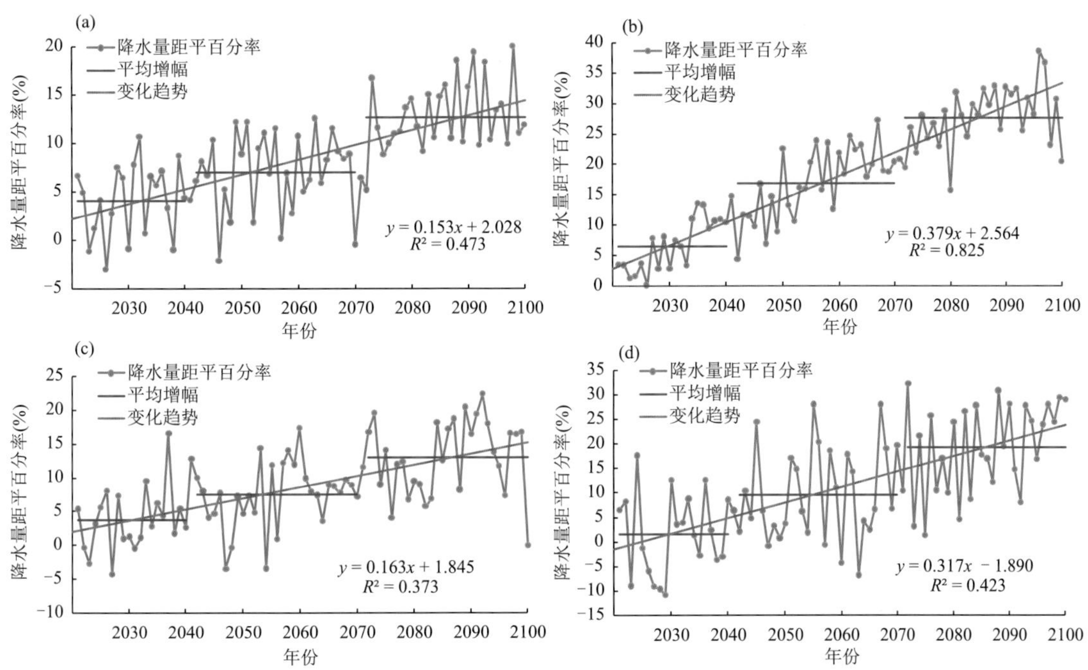

图 3.91　RCP8.5 情景下羌塘 2021—2100 年自然保护区季降水量变化趋势
（a. 春季，b. 夏季，c. 秋季，d. 冬季）

以上，而西部的阿里地区各县低于 12%，其中，日土县增幅较小，不足 8%。

3.4.3　平均气温变化趋势

3.4.3.1　RCP2.6 情景下平均气温变化

在 RCP2.6 情景下，未来 80 年羌塘自然保护区年平均气温呈先增后减的变化趋势（图 3.93），总体上升温 1.09 ℃。其中，近期（2021—2040 年）平均增温 0.90 ℃，并保持持续增温态势，升温率为 0.20 ℃/10a（$P<0.001$）。到中期（2041—2070 年）后平均增温达到 1.23 ℃，增速开始减缓，升温率为 0.02 ℃/10a。远期（2071—2100 年）气温开始回落，平均增温较中期

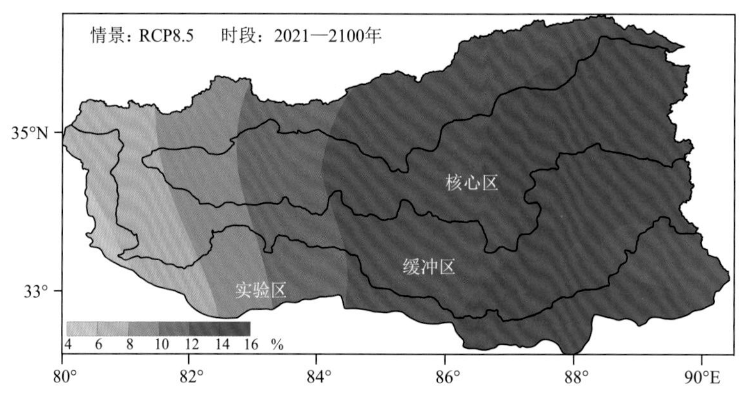

图 3.92　RCP8.5 情景下 2021—2100 年羌塘自然保护区年降水量变化空间分布

有所降低，为 1.07 ℃，并呈显著的下降趋势，为−0.08 ℃/10a($P<0.001$)。这意味着，如果把全球平均温度上升限制在 2.0 ℃之内，青藏高原持续暖化的进程可能会在中期(2041—2070 年)达到顶峰，随后气温逐渐开始下降。

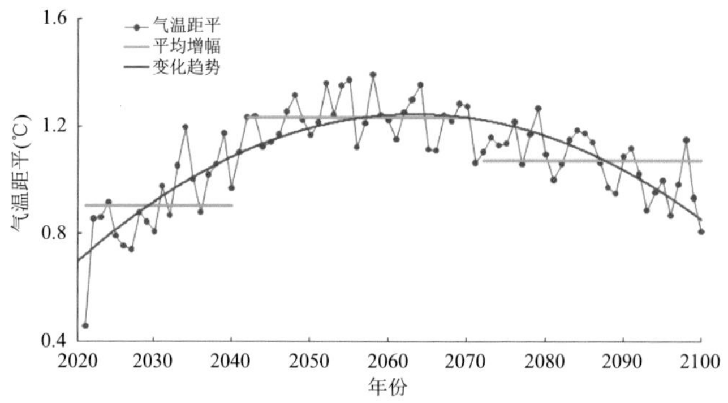

图 3.93　RCP2.6 情景下 2021—2100 年羌塘自然保护区年平均气温距平变化

就季平均气温变化而言，在 RCP2.6 情景下，未来 80 年羌塘自然保护区四季平均气温均表现为先增后减的变化趋势(图 3.94)。其中，2021—2060 年，春、秋、冬 3 季平均气温趋于上升，升幅分别为 0.12 ℃/10a($P<0.001$)、0.18 ℃/10a($P<0.001$)、0.18 ℃/10a($P<0.001$)；2061—2100 年则呈下降趋势，平均每 10 年依次下降 0.07 ℃($P<0.01$)、0.10 ℃($P<0.001$)、0.09 ℃($P<0.01$)。而夏季平均气温在 2021—2070 年表现为上升趋势，升幅为 0.12 ℃/10a($P<0.001$)，2071 年之后呈下降趋势，为−0.05 ℃/10a($P<0.05$)。近期(2021—2040 年)四季平均气温平均增温 0.79～1.03 ℃，以秋季增温最大，其次是夏季，为 0.91 ℃，冬季增温最小。中期(2041—2070 年)季平均气温平均增温为 1.12～1.40 ℃，仍以秋季增温最大，夏季次之，为 1.26 ℃，春季最小。远期(2071—2100 年)四季平均气温均开始下降，较中期气温偏低，平均增温 0.92～1.19 ℃，以秋季最大、春季最小。

从空间分布来看(图 3.95)，在 RCP2.6 情景下未来 80 年羌塘自然保护区各地年平均气温均趋于升高，增温 1.0～1.3 ℃，总体上西部高于东部。其中，自然保护区的日土县、革吉县以及尼玛县、双湖县北部的部分区域增温 1.1 ℃以上，其他区域增温小于 1.1 ℃。

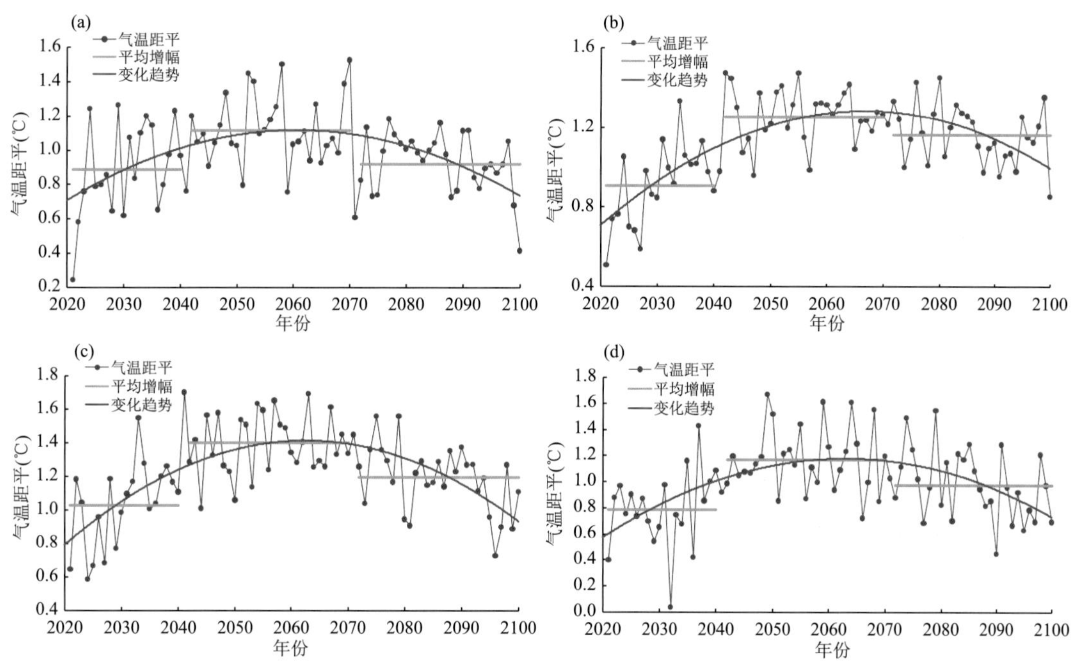

图 3.94　RCP2.6 情景下羌塘 2021—2100 年自然保护区季平均气温变化趋势
(a. 春季,b. 夏季,c. 秋季,d. 冬季)

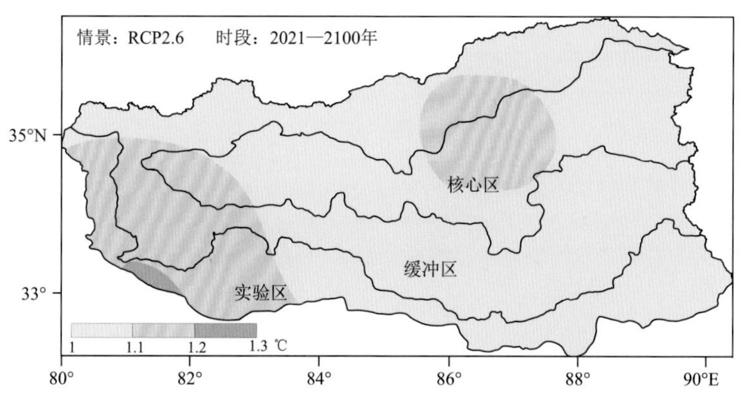

图 3.95　RCP2.6 情景下 2021—2100 年羌塘自然保护区年平均气温增幅空间分布

3.4.3.2　RCP4.5 情景下平均气温变化趋势

在 RCP4.5 情景下,未来 80 年羌塘自然保护区年平均气温以对数曲线变化呈上升趋势(图 3.96),总体上平均升温 1.95 ℃。其中,近期(2021—2040 年)平均增温 1.08 ℃,升温较快,升温率为 0.48 ℃/10a(P<0.001)。到中期(2041—2070 年)后,平均增温 2.02 ℃,期间升温速度趋缓,升温率为 0.30 ℃/10a(P<0.001)。远期(2071—2100 年)平均增温达到 2.46 ℃,但增速明显减缓,升温率仅为 0.04 ℃/10a。这意味着,如果到 2100 年辐射强迫能够稳定在 4.5 W/m^2,青藏高原持续变暖的态势可能会在远期(2071—2100 年)有所减缓,但仍以较小的速度持续升温。

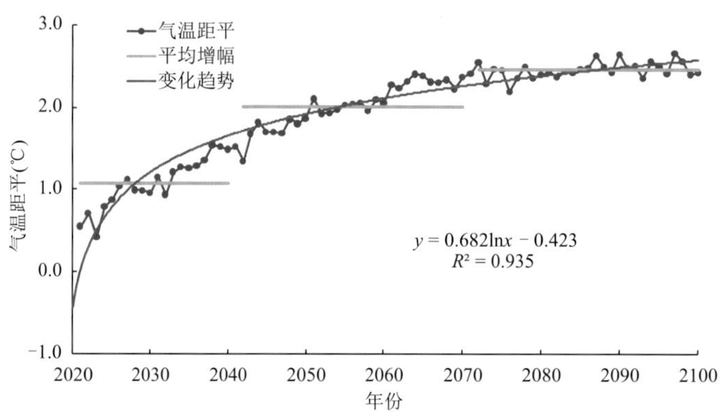

图 3.96　RCP4.5 情景下 2021—2100 年羌塘自然保护区年平均气温变化

从季平均气温变化来看，在 RCP4.5 情景下，未来 80 年羌塘自然保护区四季平均气温均呈对数曲线变化上升趋势(图 3.97)。其中，近期(2021—2040 年)四季平均气温平均增温 0.79～1.03 ℃，以秋季升温最大，其次是夏季，为 0.91 ℃，冬季升幅最小；期间升温速度快，升温率为 0.42～0.63 ℃/10a(P<0.001)，升幅为冬季>春季>夏季>秋季。中期(2041—2070 年)季平均气温平均增温为 1.12～1.40 ℃，仍以秋季升温最大，夏季次之，为 1.26 ℃，春季最小；期间升温速度开始趋缓，升温率为 0.26～0.33 ℃/10a(P<0.001)，升幅为秋季>夏季>冬季>春季。远期(2071—2100 年)四季平均气温均开始下降，较中期气温偏低，平均增温 0.92～1.19 ℃，以秋季最大、春季最小；此期间升温速度明显变慢，升温率仅为 0.02～0.06 ℃/10a，升幅为春季>秋季>夏季>冬季。

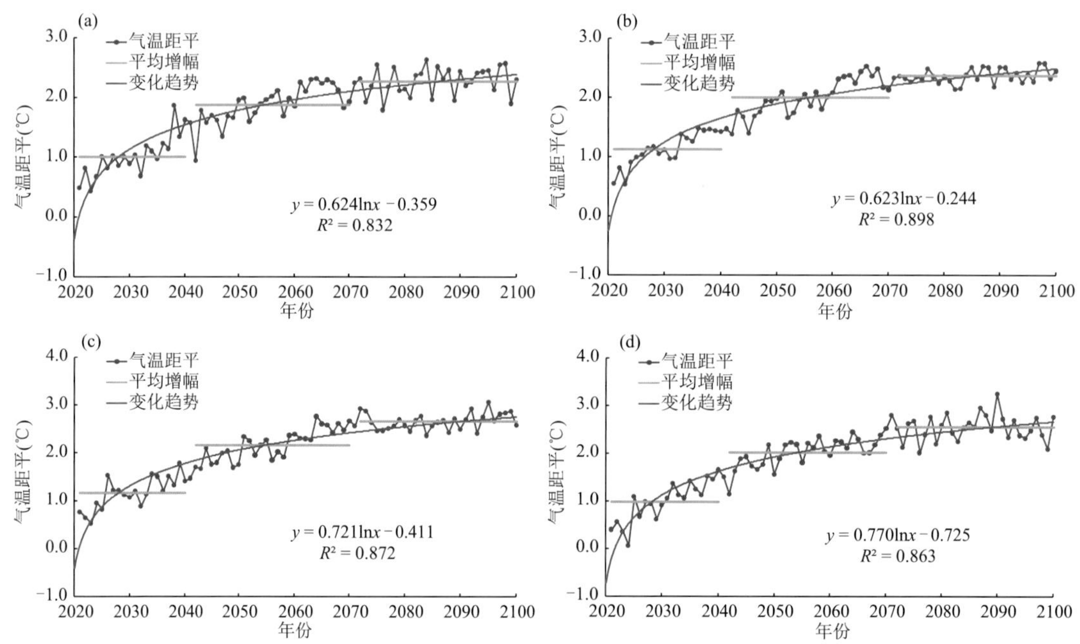

图 3.97　RCP4.5 情景下羌塘 2021—2100 年自然保护区季平均气温变化趋势

(a. 春季，b. 夏季，c. 秋季，d. 冬季)

就空间分布来看(图 3.98)，在 RCP4.5 情景下未来 80 年羌塘自然保护区各地年平均气温增幅为 1.8～2.2 ℃，西南部增幅高于东部和北部。其中，自然保护区西南部的日土县、革吉县境内部分区域平均气温增幅在 2.0 ℃以上，与新疆维吾尔自治区交界的北部边缘地区增幅低于 1.9 ℃，其他大部分地区增幅为 1.9～2.0 ℃。

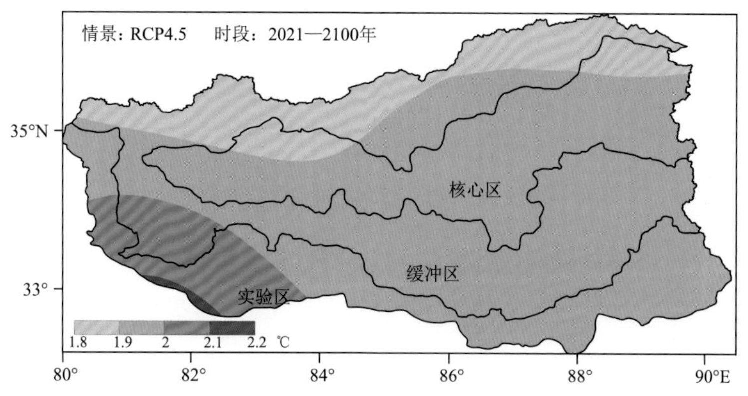

图 3.98　RCP4.5 情景下 2021—2100 年羌塘自然保护区年平均气温增幅空间分布

3.4.3.3　RCP8.5 情景下平均气温变化趋势

在 RCP8.5 情景下，未来 80 年羌塘自然保护区年平均气温呈显著的升高趋势(图 3.99)，升温率为 0.69 ℃/10a($P<0.001$)。近期(2021—2040 年)平均增温 1.22 ℃，期间保持较快的升温态势，升温率为 0.57 ℃/10a($P<0.001$)。到中期(2041—2070 年)后平均增温 2.86 ℃，期间仍然保持较高增速，平均每 10 年升高 0.68 ℃($P<0.001$)。远期(2071—2100 年)平均增温达到 5.01 ℃，期间气温保持高速增长，升温率达 0.74 ℃/10a($P<0.001$)。这意味着，如果全球长时间高能源需求及高温室气体排放，缺少应对气候变化的政策，到 2100 年辐射强迫上升至 8.5 W/m^2，青藏高原变暖趋势可能会持续加剧。

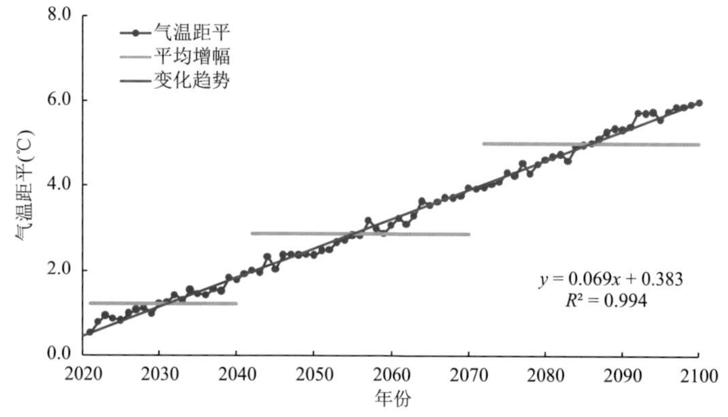

图 3.99　RCP8.5 情景下 2021—2100 年羌塘自然保护区年平均气温变化

如图 3.100 所示，在 RCP8.5 情景下，未来 80 年羌塘自然保护区四季平均气温均表现为显著的升高趋势。其中，近期(2021—2040 年)四季平均气温平均增温为 1.15～1.32 ℃，以秋季最大，其次是夏季，为 1.19 ℃，春季最小；期间增温速度快，升温率为 0.42～0.71 ℃/10a($P<0.001$)，升幅为秋季＞冬季＞夏季＞春季。中期(2041—2070 年)季平均气温平均增温为

2.67～3.06 ℃，仍以秋季最大，冬季次之，为 2.98 ℃，春季最小；期间增温速度加快，升温率为 0.58～0.81 ℃/10a(P<0.001)，升幅为秋季>冬季>春季>夏季。远期(2071—2100 年)季平均气温平均增温为 4.70～5.38 ℃，以秋季最大、夏季最小；此期间增温速度更快，升温率达 0.67～0.80 ℃/10a(P<0.001)，升幅为冬季>春季>秋季>夏季。

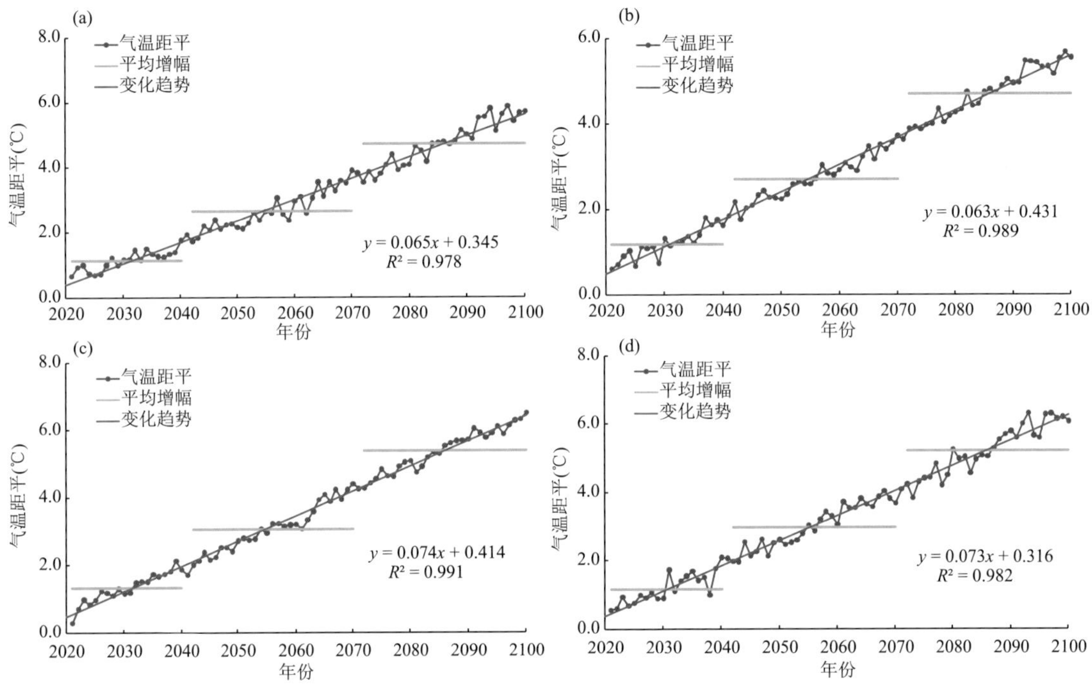

图 3.100　RCP8.5 情景下羌塘 2021—2100 年自然保护区季平均气温变化趋势

(a. 春季，b. 夏季，c. 秋季，d. 冬季)

从空间分布来看(图 3.101)，在 RCP8.5 情景下未来 80 年羌塘自然保护区各地年平均气温增幅为 3.1～3.5 ℃，西南部增幅高于东部和北部。其中，自然保护区西南部的日土县、革吉县境内部分区域平均气温增幅大于 3.3 ℃，与新疆维吾尔自治区交界的北部边缘地区增幅小于 3.2 ℃，其他大部分地区增幅为 3.2～3.3 ℃。

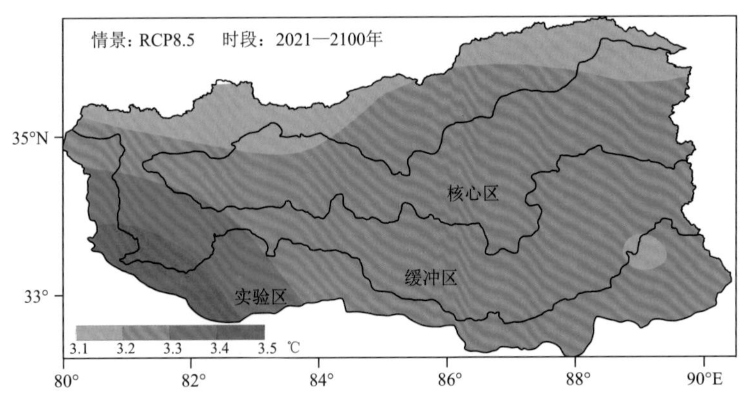

图 3.101　RCP8.5 情景下 2021—2100 年羌塘自然保护区年平均气温增幅空间分布

第 4 章　羌塘国家级自然保护区冰冻圈的变化

4.1　冰川

冰冻圈是地球系统的五大圈层之一，在全球气候变化领域扮演着重要角色。冰川是气候的产物，灵敏地指示着气候变化。IPCC 第 5 次评估报告指出：1880—2012 年全球表面平均温度上升 0.85 ℃(沈永平 等，2013)。在温度快速上升的气候背景下，羌塘高原冰川总体缓慢退缩，但也存在一定时空差异，王利平等(2011)研究表明，1990 年以来羌塘高原冰川退缩加快；李德平等(2009)指出，羌塘高原中西部部分冰川自小冰期以来表现出前进；另有许多局地、流域尺度的研究表明，羌塘高原北部的冰川(如普若岗日冰帽，拉巴 等，2016；马兰冰帽，姜珊等，2012)较羌塘高原南部的冰川(如申扎杰岗，Nie et al.，2017)更为稳定。

4.1.1　古里雅冰川

杜军等(2019b)根据 1977 年、1997 年、2001 年、2007 年和 2018 年的 LANDSAT/TM 遥感数据分析发现，近 42 年(1977—2018 年)古里雅冰川呈退缩趋势，其面积由 1977 年的 138.52 km^2 退缩至 2019 年的 137.18 km^2，冰川面积减小 1.34 km^2。其中，西藏境内的古里雅冰川 5 年(1977 年、1997 年、2001 年、2007 年和 2019 年)平均面积为 113.14 km^2，1977 年冰川面积为 114.97 km^2，1997 年和 2001 年冰川面积相差不大，分别为 112.39 km^2 和 112.43 km^2；2007 年冰川面积稍有增大，为 113.12 km^2；2019 年冰川面积为 112.79 km^2，与 1977 年相比，冰川面积减小了 2.18 km^2，减小率为 1.90%(图 4.1)。

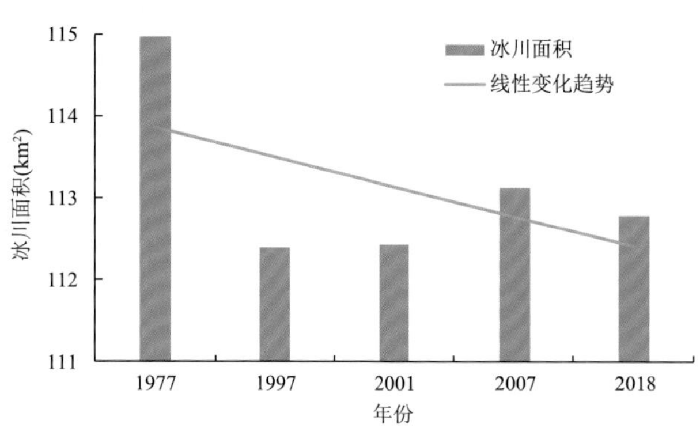

图 4.1　1977—2018 年西藏境内古里雅冰川面积变化

如图 4.2 所示，古里雅冰川空间变化显示，西南角冰川末端退缩明显，东部区域稍有变化，其余地方变化不大，整体上近 42 年(1977—2018 年)古里雅冰川面积较稳定。

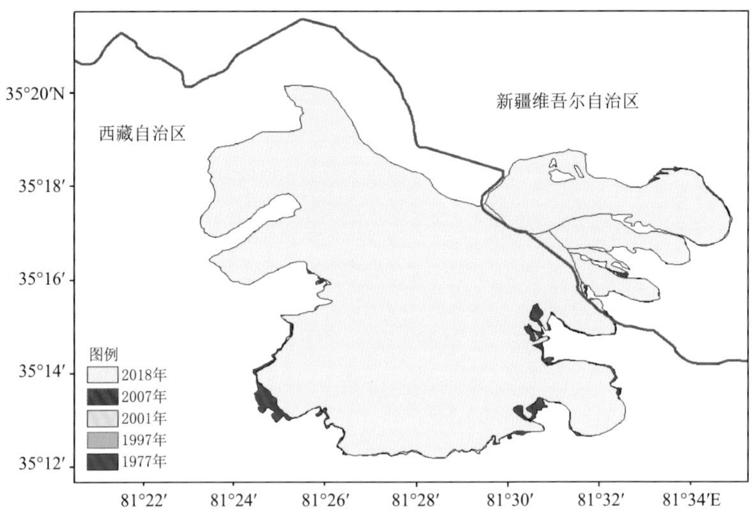

图 4.2　1977—2018 年古里雅冰川空间变化

4.1.2　普若岗日冰川

蒲健辰等(2002)发现，小冰期以来普若岗日冰川呈退缩趋势，在普若岗日西侧，小冰期后期至 20 世纪 70 年代，冰川退缩了 20 m；70 年代至 90 年代末，冰川退缩了 40～50 m；平均速率为1.5～1.9 m/a；1999 年 9 月至 2000 年 10 月，退缩了 45 m。井哲帆等(2003)认为，普若岗日冰原 5Z611A6 号冰舌末端自 1974 年 1 月至 2000 年 10 月是处于退缩状态，但是退缩幅度不大，约为 50 m，26 年间平均每年的退缩量约为 1.92 m。拉巴等(2016)采用卫星影像人工数字化方法计算了 2013 年普若岗日冰川面积为 400.68 km^2，与中国冰川目录中给出的 20 世纪 80 年代的普若岗日冰川面积对比发现，冰川面积减小了 21.29 km^2。

杜军等(2019b)根据近 46 年(1973—2018 年)卫星遥感监测资料分析表明(图 4.3)，普若岗日冰川面积整体呈明显减小趋势，近 46 年冰川面积减小了 78.47 km^2，平均每年减小 1.71 km^2。其中，1973—1999 年减小了 58.88 km^2，平均每年减小 2.18 km^2；2016 年冰川面积降至 389.0 km^2，为近 46 年最低值，较 1973 年减小了 17.9%。2018 年，冰川面积为 395.46 km^2，较 1973 年减小了 16.6%；较 2017 年略有增加，为 1.46 km^2。冰川北部变化最大，其次为东南，西部最小(图 4.4)。

4.1.3　藏色岗日冰川

贾博文等(2020)通过对地形图和 Landsat 系列影像的人工解译获取冰川边界，分析得到 1971—2015 年羌塘高原藏色岗日冰川变化，分析认为：

(1)1971—2015 年研究区冰川面积由(316.97±23.93)km^2 减小至(297.65±4.29)km^2，冰川退缩(19.32±24.31)km^2，年均退缩速率(0.14±0.17)%。各时段冰川退缩速率不一致，特别是 2000—2006 年研究区冰川退缩量非常小。冰川条数由 1971 年的 78 条增加到 2015 年

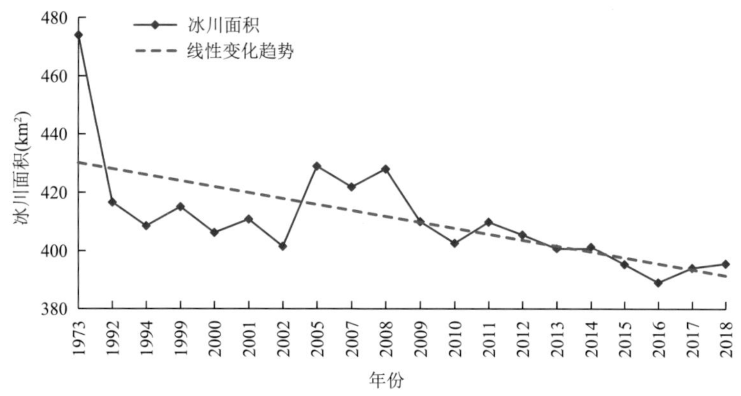

图 4.3　1973 — 2018 年普若岗日冰川面积变化

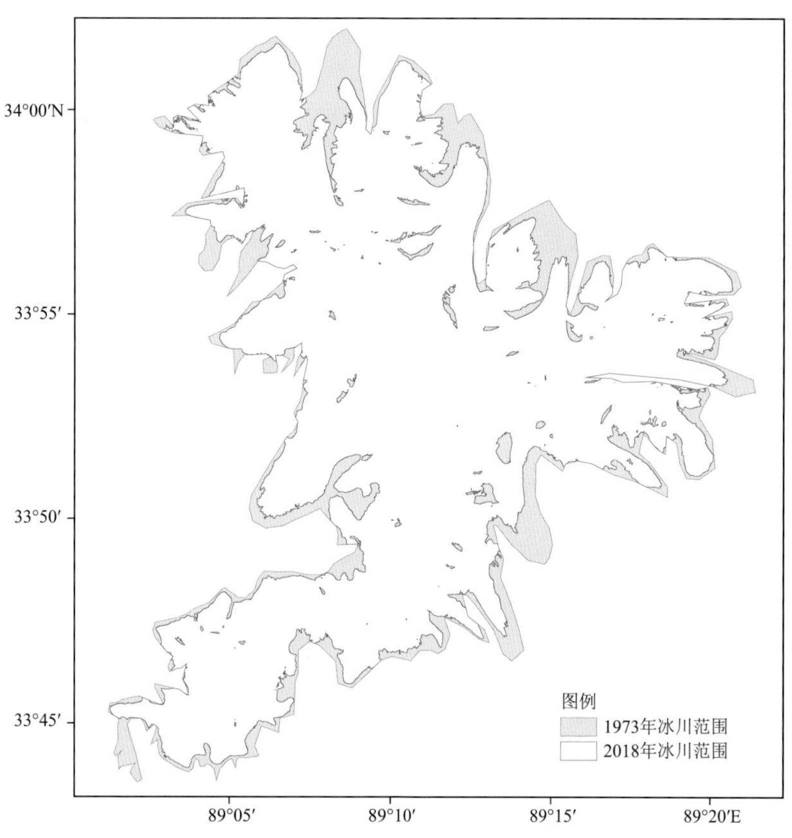

图 4.4　2018 年与 1973 年普若岗日冰川面积的对比

的 84 条，1977—1993 年和 2006—2015 年两个冰川退缩速度较快的时段发生冰川数量的增加，反映出冰川较快退缩过程中较大规模冰川的分裂。1971—1977 年冰川增加 1 条、消失 2 条，增加的这条冰川在地形图中未标出，在 5 期遥感影像中均可解译，说明极有可能是地形图标注错误；消失的 2 条冰川面积分别为 0.02 km^2 和 0.06 km^2，这 2 条冰川在 1971 年、1993 年和 2000 年均可解译，考虑到 1977 年 Landsat MSS 影像分辨率低，影像获取时（3 月）太阳高度角低、山体阴影大，认为是解译误差。2000—2006 年 1 条 0.04 km^2 的冰川消失，在 2015 年也未被解译，认为是冰川退缩造成的。

研究区冰川(0.14±0.17)%的年均退缩速率相较于祁连山(0.56±0.15)%(Tian et al.，2014)、珠峰 0.52%(聂勇 等，2010)、申扎杰岗 0.86%(Nie et al.，2017)等地小，但大于西昆仑和喀喇昆仑地区 0.07%(Yao et al.，2012)。此外，研究区冰川 2003—2009 年冰川物质平衡为(0.37±0.25)m w.e./a(Neckel et al.，2014)，表明冰川物质平衡状况较好，冰川退缩慢，这与 2000—2006 年研究区冰川退缩缓慢具有一定一致性；研究区冰川 2006 年以后的快速退缩与马兰冰帽(姜珊 等，2012)、普若岗日冰帽(拉巴等，2016)和祁连山老虎沟流域冰川变化(张明杰 等，2013)相似。

(2)1971—2015 年规模大于 2 km^2 的冰川面积减小 16.51 km^2，占研究区冰川面积减小的 85.46%；规模小于 0.5 km^2 的冰川增加 10 条，面积增大 1.75 km^2。面积 2～5 km^2 冰川数量的增加是因为有 1 条 5～10 km^2 冰川退缩至 2～5 km^2。较小规模冰川的条数和面积的增加能够反映冰川快速退缩时较大规模冰川的分裂，而 2000—2006 年小规模冰川(<0.5 km^2)减少 2 条、面积减小 0.49 km^2，小规模冰川这种条数减少和面积减小的特征一定程度上体现出研究区冰川 2000—2006 年缓慢退缩。

本研究利用卫星 Landsat MSS/ETM/TM、Landsat 8 和高分 1 号 WFV 遥感影像提取了藏色岗日冰川 1977 年、1984 年、1993 年、1996 年和 2000—2020 年冰川面积，分析结果显示，近 44 年(1977—2020 年)藏色岗日冰川面积整体呈明显的减小趋势(图 4.5)，线性变化趋势为 −0.26 km^2/a($P<0.001$)。其中，1977—2000 年冰川面积减小率为 2.43 km^2/a($P<0.05$)；2001—2020 年冰川面积减小率为 0.42 km^2/a($P<0.001$)。2020 年藏色岗日冰川面积为 196.39 km^2，为近 44 年最低值，与 1977 年(215.26 km^2)相比，减小了 8.77%。

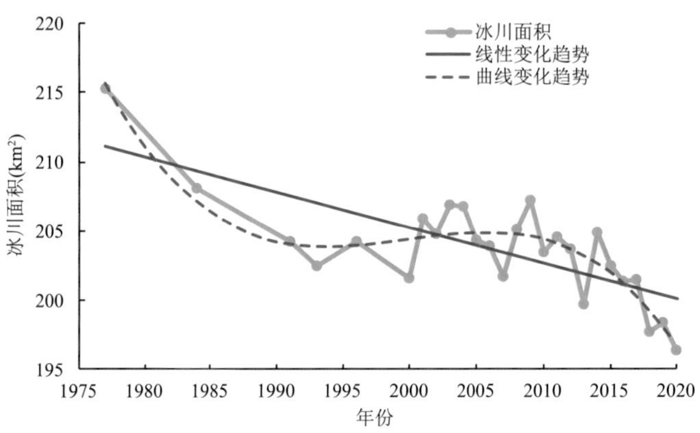

图 4.5　1977—2020 年藏色岗日冰川面积变化趋势

从 1977 年和 2020 年冰川面积空间变化来看(图 4.6)，藏色岗日冰川末端退缩明显，尤其以北部和南部冰舌退缩较多。

4.1.4　木孜塔格冰川

崔志勇等(2013)利用 Landsat MSS、ETM 卫星遥感影像提取了木孜塔格峰区域 1977—2001 年的冰川面积，认为该区域冰川整体呈缓慢退缩趋势，在 24 年里面积减小了 12.68 km^2。

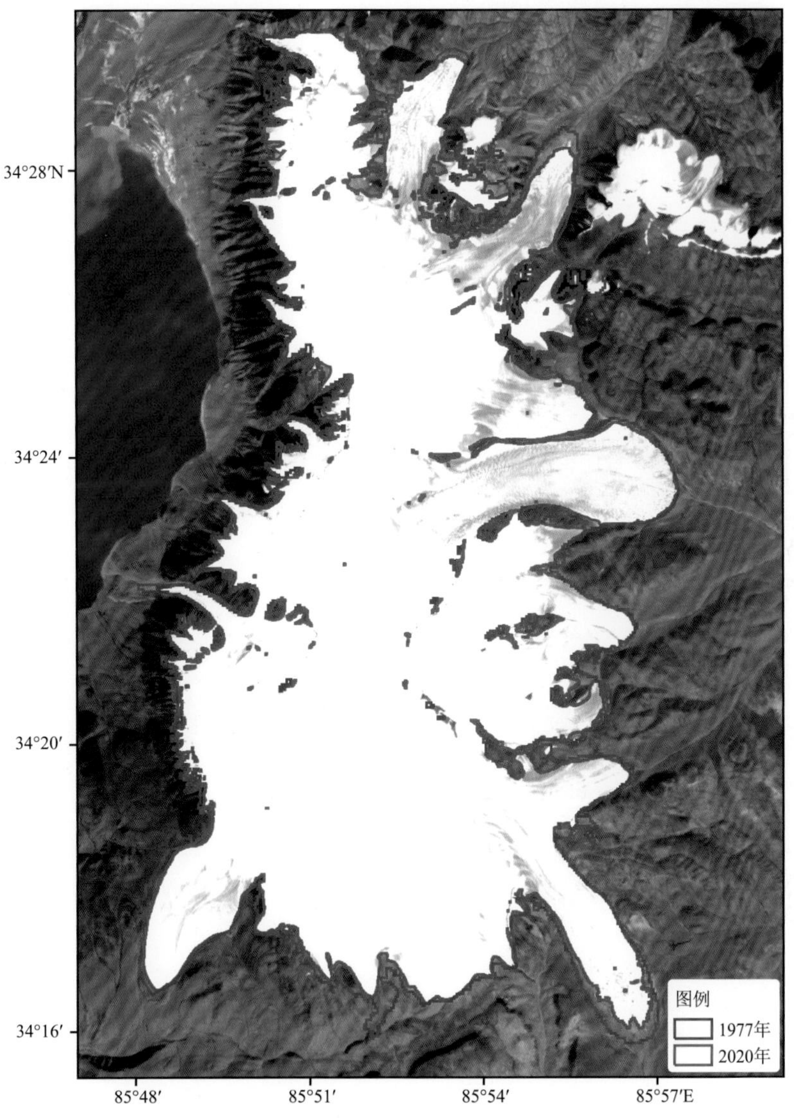

图 4.6　1977 年和 2020 年藏色岗日冰川面积的对比

蒋宗立等(2019)利用历史地形图数据、Landsat 遥感影像、数字高程模型数据及 TerraSAR-X/TanDEM-X 数据，基于合成孔径雷达干涉测量和大地测量法对木孜塔格峰地区 1972—2011 年的冰川面积变化和物质平衡进行了研究，分析认为 1972—2011 年木孜塔格峰地区冰川面积年均缩减率为(0.02±0.06)%，其中 47 条冰川表现为退缩，2 条冰川表现为前进；木孜塔格峰地区冰川物质呈微弱的负平衡(−0.06±0.01 m w.e./a)趋势。

本研究根据近 21 年(2000—2020 年)Landsat 系列和高分卫星数据分析(图 4.7)，木孜塔格峰冰川面积呈明显的减少趋势，平均每年减少 2.24 km^2($P<0.05$)。从近 21 年该冰川面积动态演变来看，2005 年冰川面积最大，为 754.65 km^2；2016 年冰川面积降至最低，为 636.97 km^2，较 2000 年(715.58 km^2)减小了 11.0%，随后趋于增加，2020 年冰川面积增加到 654.98 km^2，但仍比 2000 年减小了 8.5%。分析 2000—2020 年冰川空间变化，结果显示，木

孜塔格峰冰川变化区域主要位于冰川的东部(图 4.8)。

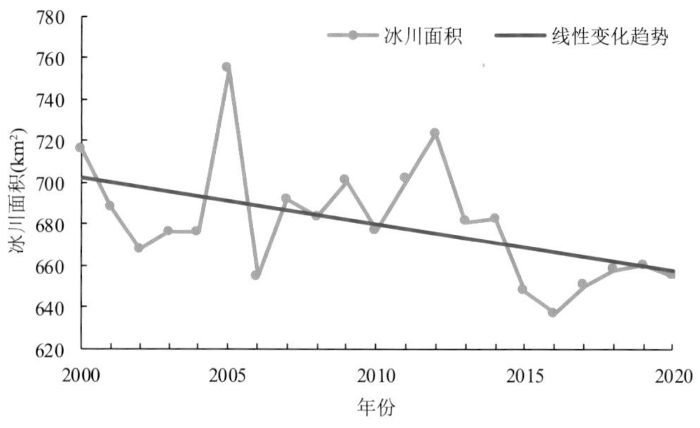

图 4.7　2000—2020 年木孜塔格冰川面积变化趋势

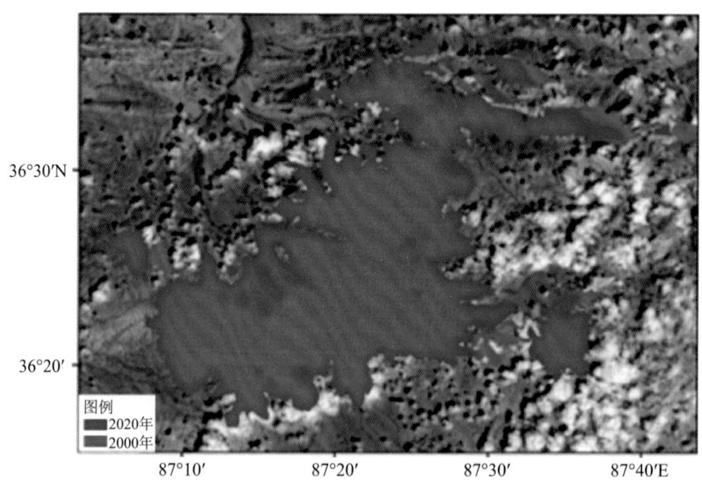

图 4.8　2000 年与 2020 年木孜塔格冰川面积的对比

4.2　积雪

积雪是冰冻圈中分布最广泛、变化最显著的一员，是气候系统中最活跃的环境影响因素之一，也是最敏感的环境变化响应因子之一。它还是气候变化的指示器，也有对气候的反馈作用，它的活跃变化对全球及区域气候的变化都有重大影响。青藏高原积雪是欧亚乃至北半球雪盖的重要组成部分，除帕米尔高原、喜马拉雅山区及念青唐古拉山东段等地区为主要的常年性积雪区外，其他则为季节性积雪区(李培基，1996)。

羌塘自然保护区气候寒冷而干燥，属于高原寒带季风干旱的气候类型，以草地生态系统为主，生态系统十分脆弱和敏感。这里积雪分布也较广泛，积雪物候(积雪开始期、结束期和持续时间)变化会改变土壤的冻融日期，从而对草地生态系统的季节性变化产生影响(汪箫悦 等，2016)，同时积雪对干旱、半干旱地区水资源的季节分配意义重大。杜军等(2019a)利用自然保护区边缘的 5 个气象站 1971—2017 年积雪、气温、降水等资料，分析了自然保护区积雪的时空分布特征，并探讨了积雪与气象要素的关系，为进一步开展积雪时空变化规律、驱动因子等研究提供了参考信息。

4.2.1　积雪日数和最大积雪深度

4.2.1.1　年际变化

(1)积雪日数和最大积雪深度

近 47 年(1971—2017 年)自然保护区年积雪日数呈显著减少趋势(图 4.9a)，平均每 10 年减少 3.8 d($P<0.01$)，主要表现在秋季和春季，均为 −1.2 d/10a($P<0.05$)；冬季次之，为 −0.8 d/10a(未通过统计显著性检验)；夏季积雪日数年际波动大，总体上也趋于减少，−0.6 d/10a($P<0.01$)。20 世纪 90 年代至今，四季积雪日数减幅更为明显，为 −0.7～−6.3 d/10a($P<0.10$)，以冬季减幅最明显($P<0.001$)，其次是秋季，为 −2.5 d/10a($P<0.10$)；致使年积雪日数减幅更大，平均每 10 年减少 11.2 d($P<0.001$)。从自然保护区年最大积雪深度的变化来看(图 4.9b)，近 47 年波动较大，总体上趋于减小，平均每 10 年减小0.52 cm($P<0.01$)。

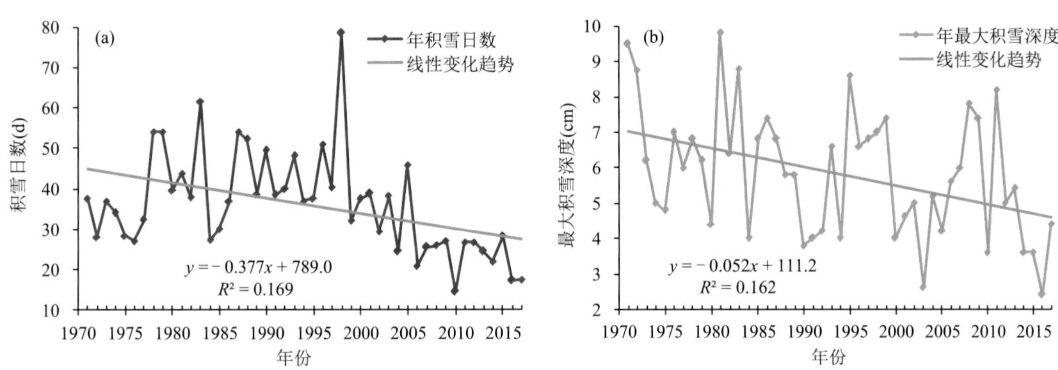

图 4.9　1971—2017 年羌塘自然保护区年积雪日数(a)和年最大积雪深度(b)变化

(2)积雪初日、终日和持续日数

从 1971—2017 年自然保护区积雪初日、终日和持续日数的变化趋势来看，积雪初日呈显著的推迟趋势(图 4.10a)，平均每 10 年推迟 11.3 d($P<0.001$)；终日趋于提早(图 4.10b)，提早率为 11.0 d/10a($P<0.001$)；积雪持续日数表现为显著的减少趋势(图 4.10c)，平均每 10 年减少 23.3 d($P<0.001$)。尤其是 1991—2017 年，积雪初日推迟、终日提早、持续日数减少的这种趋势更明显，即平均每 10 年积雪初日推迟 11.7 d($P<0.001$)、终日提早 19.3 d($P<0.001$)、持续日数减少 33.8 d($P<0.001$)。

从积雪初日、终日和持续日数变化趋势空间分布格局来分析(表 4.1)，1971—2017 年自然保护区各站积雪初日均呈显著推迟趋势，平均每 10 年推迟 6.5～20.6 d($P<0.01$)，以改则最明显；积雪终日在各站都表现为显著的提早趋势，为 −8.7～−15.5 d/10a($P<0.01$)，其中狮泉河提早最多；所有站点的积雪持续日数呈一致减少趋势，平均每 10 年减少 15.2～33.7 d($P<0.001$)，以改则减少得最多，其次是狮泉河，为 −27.9 d/10a，申扎最少。20 世纪 90 年代至今，积雪初日推迟、终日提前、持续日数减少的态势愈来愈明显，初日推迟率为 11.6～32.4 d/10a，终日提前率为 8.1～22.8 d/10a，持续日数减少率为 17.2～47.6 d/10a，这种趋势在西部的狮泉

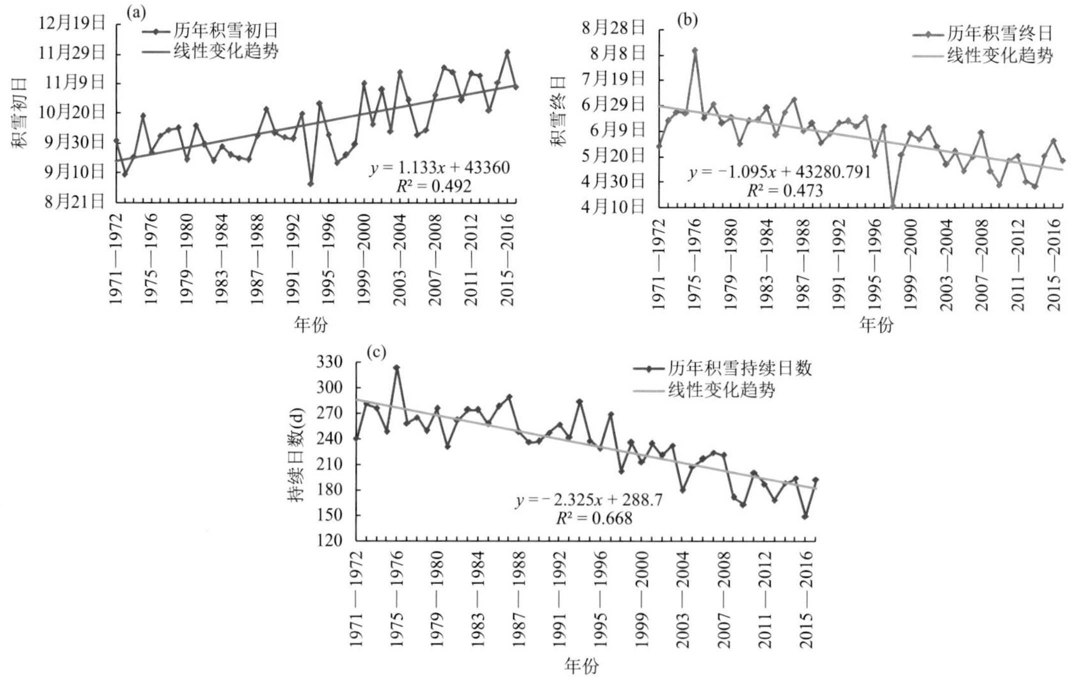

图 4.10　1971—2017 年羌塘自然保护区积雪初日(a)、终日(b)和持续日数(c)变化

河和改则表现得最为突出。

表 4.1　1971—2017 年羌塘自然保护区各站积雪初日、终日和持续日数的变化趋势(d/10a)

站点	狮泉河	改　则	班　戈	安　多	申　扎
初日	12.4*** /24.8**	20.6**** /32.4**	8.5**** /9.1**	7.9**** /15.6***	6.5**** /11.6*
终日	−15.5**** /−22.8**	−13.1**** /−9.6	−10.1*** /−8.1	−10.8**** /−15.0**	−8.7*** /−11.1**
持续日数	−27.9**** /−47.6***	−33.7**** /−42.1***	−18.3**** /−17.2***	−18.5**** /−30.5****	−15.2**** /−22.7***

注:"/"前后数字分别表示 1971—2017 年和 1991—2017 年的变化趋势。

4.2.1.2　突变分析

从近 47 年(1971—2017 年)自然保护区年积雪日数的 M-K 突变检验可知(图 4.11a),UF 曲线在 1978—2003 年为正值,2004—2017 年 UF 曲线为负值且呈下降趋势,UF 曲线在 2010—2017 年突破了−1.96,这表明 2004 年以后年积雪日数持续减少,尤其在 2010 年以后积雪日数呈显著减少趋势;UF 和 UB 曲线在 2007 年出现交叉,交叉点位于±1.96 之间,即突变出现在 2007 年,突变前、后积雪日数平均分别为 39.6 d 和 22.9 d,突变后较突变前偏少 16.7 d。从季节尺度上看(图表略),除冬季未发生突变外,其他 3 季均发生了明显的突变,春季和夏季均发生在 2004 年,秋季发生在 2008 年,突变后较突变前分别偏少 28.1%、72.7%和 63.6%,以夏季最为明显。以上突变,均是由从一个相对偏多期跃变为一个相对偏少期。

由图 4.11b 自然保护区积雪初日的突变检验可以看出,1989 年以后 UF>0 且呈上升趋势,UF 曲线在 2004—2017 年突破了 1.96,这表明 1989 年以后积雪初日持续推迟,尤其在 2004 年以后积雪初日呈显著推迟趋势,UF 和 UB 曲线在 2001 年出现交叉,交叉点位于

±1.96 之间，即在 2001 年发生了气候突变，由提早期跃变为推迟期，突变前、后积雪初日平均值分别为 10 月 1 日和 11 月 3 日，突变后较突变前推迟 34 d。同理，积雪终日在 2000 年发生了气候突变，由推迟期跃变为提早期，突变前、后积雪终日平均分别为 6 月 12 日和 5 月 18 日，突变后较突变前提早 26 d。积雪持续日数突变时间也发生在 2001 年，由偏长期跃变为偏短期，突变前、后积雪持续日数平均分别为 225 d 和 195 d，突变后较突变前缩短 30 d。

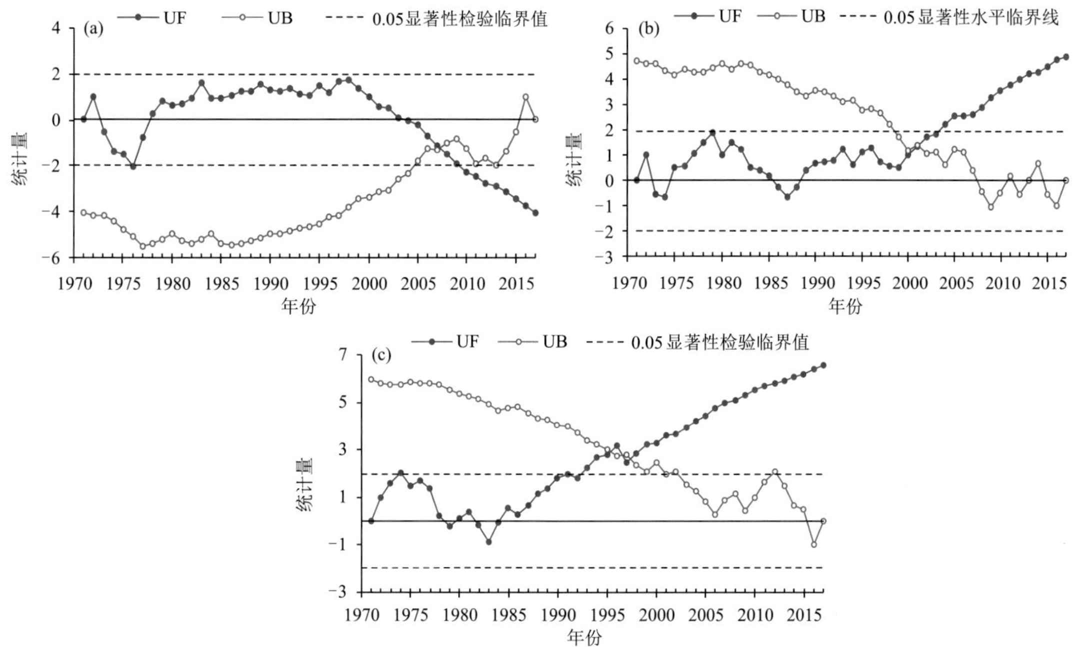

图 4.11　1971—2017 年羌塘自然保护区年积雪日数(a)、积雪初日(b)和年平均气温(c)的 M-K 检验

已有研究表明，1998 年是中国年均气温突变的年份(任国玉 等，2005)。本研究分析了 1971—2017 年自然保护区年、季平均气温的突变情况，发现四季均发生了气候突变，突变时间除冬季平均气温发生在 2001 年外，其他 3 季平均气温均发生在 20 世纪 90 年代；年平均气温突变发生在 1995 年(图 4.11c)，较全国突变年份略早。以上分析表明，自然保护区积雪要素的突变时间明显晚于平均气温，这说明积雪要素的突变确实是受气候变暖的影响。

4.2.1.3　积雪日数与气候要素的关系

一般来说，降水量的多寡直接影响积雪的深浅，气温又影响着积雪的消融，而积雪期的风速和日照时数、相对湿度也是影响雪深、积雪日数的重要因素。风速越小、日照越短、相对湿度越大，越有利于降雪的积累。

为了分析积雪日数减少的原因，对年、季积雪日数与主要气候因子进行了相关分析(表 4.2)。从表 4.2 中可知，积雪日数与平均气温、平均最低气温呈显著的负相关($P<0.001$)，相关系数在－0.424 以上，说明平均气温升高在积雪日数减少中起重要作用。此外，秋、春两季积雪日数还与日照时数呈显著负相关($P<0.01$)，即日照时数偏少，积雪日数偏多，而 1971—2017 年自然保护区除冬季外，其他 3 季日照时数均趋于减少，尤其是 1991—2017 年减少得更明显，因此日照时数不是积雪日数减少的原因；秋、冬季积雪日数与降水(雪)量呈显著正相关

($P<0.01$),降水(雪)量越多,积雪日数也越多,而实际上 1981—2017 年自然保护区秋、冬季降水(雪)量呈减少趋势,尤其是 20 世纪 90 年代至今,这说明秋、冬两季降水(雪)偏少也是积雪日数减少的原因之一;此外,积雪日数还与空气平均相对湿度呈显著正相关(除夏季外,$P<0.001$),即相对湿度愈大,愈有利于降雪的积累,积雪日数就愈多,实际上 1991—2017 年自然保护区四季相对湿度都倾向于降低,平均每 10 年降低 0.8%~5.5%,主要表现在秋、冬两季。以上分析表明,自然保护区积雪日数减少与平均气温显著升高、空气相对湿度降低密切相关,秋、冬两季积雪日数减少还与降水(雪)量的减少有关。

表 4.2 羌塘自然保护区年、季积雪日数与气候要素的相关系数

时间	平均气温	平均最低气温	降水(雪)量	日照时数	平均风速	平均相对湿度
秋季	−0.729****	−0.390***	0.381***	−0.574****	−0.068	0.765****
冬季	−0.654****	−0.541****	0.745****	−0.152	−0.251	0.765****
春季	−0.738****	−0.499****	0.291**	−0.519****	0.004	0.553****
夏季	−0.822****	−0.719****	−0.102	0.223	0.484****	0.218
年	−0.783****	−0.689****	−0.215	0.202	0.162	0.539****

另外,还分析了积雪初日、终日与秋季、春季气候要素的相关关系(表略),结果表明:自然保护区积雪初日与秋季平均气温、平均最低气温呈显著正相关($P<0.001$),与秋季平均风速呈显著负相关($P<0.001$),说明秋季温度偏高会导致积雪初日推迟,风速大会使积雪初日提早;积雪终日与春季平均气温、平均最低气温呈显著负相关($P<0.001$),与春季平均风速呈显著正相关($P<0.001$),与春季降水量相关不显著,表明春季增温会使积雪终日提前,而风速大又有助于积雪终日推迟。

4.2.2 积雪面积

全球变暖大背景下,作为冰冻圈最为活跃和敏感因子,青藏高原积雪变化备受国内外专家学者的关注。作为“世界第三极”,青藏高原地处北半球中纬度地区,平均海拔 4 000 m 以上,是北半球中纬度海拔最高、积雪覆盖最大的地区,成为仅次于南、北两极的全球冰冻圈所在地。青藏高原、蒙古高原、欧洲阿尔卑斯山脉及北美中西部是北半球积雪分布的关键区,其中青藏高原是北半球积雪异常变化最强的区域。

4.2.2.1 *积雪覆盖率分布*

2000—2020 年,羌塘自然保护区年平均积雪覆盖率为 19.24%。其中,积雪覆盖率 11%~20%的区域面积最大,占自然保护区总面积的 41.9%,主要分布于中部和北部;其次是积雪覆盖率小于 10%的区域,占自然保护区总面积的 23.6%,主要分布在自然保护区南部;大于 80%的区域仅占自然保护区总面积的 1.6%,主要分布在与新疆维吾尔自治区交界的西昆仑山、阿里地区的喀喇昆仑山冰川、土则岗日冰川、藏色岗日冰川、普若岗日冰川等地(图 4.12)。

就羌塘自然保护区四季积雪覆盖率分布而言,春季(3—5 月,图 4.13a)平均积雪覆盖率为 24.6%,积雪覆盖率为 11%~20%的区域面积最大,占自然保护区总面积的 30.1%,主要分布于中部和北部;其次是积雪覆盖率小于 10%的区域,占自然保护区总面积的 20.5%,主要分布在南部;大于 80%的区域面积最小,占自然保护区总面积的 2.4%,分布与年积雪覆盖率一致。夏季(6—8 月,图 4.13b)平均积雪覆盖率为 10.5%,其中大部分区域积雪覆盖率低于 10%,占

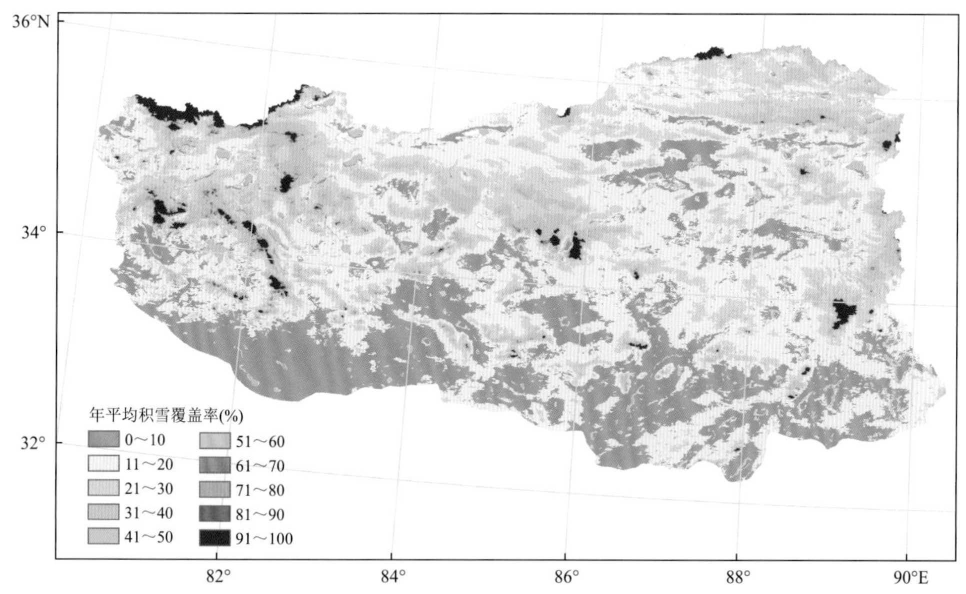

图 4.12　2000—2020 年羌塘自然保护区年积雪覆盖率分布

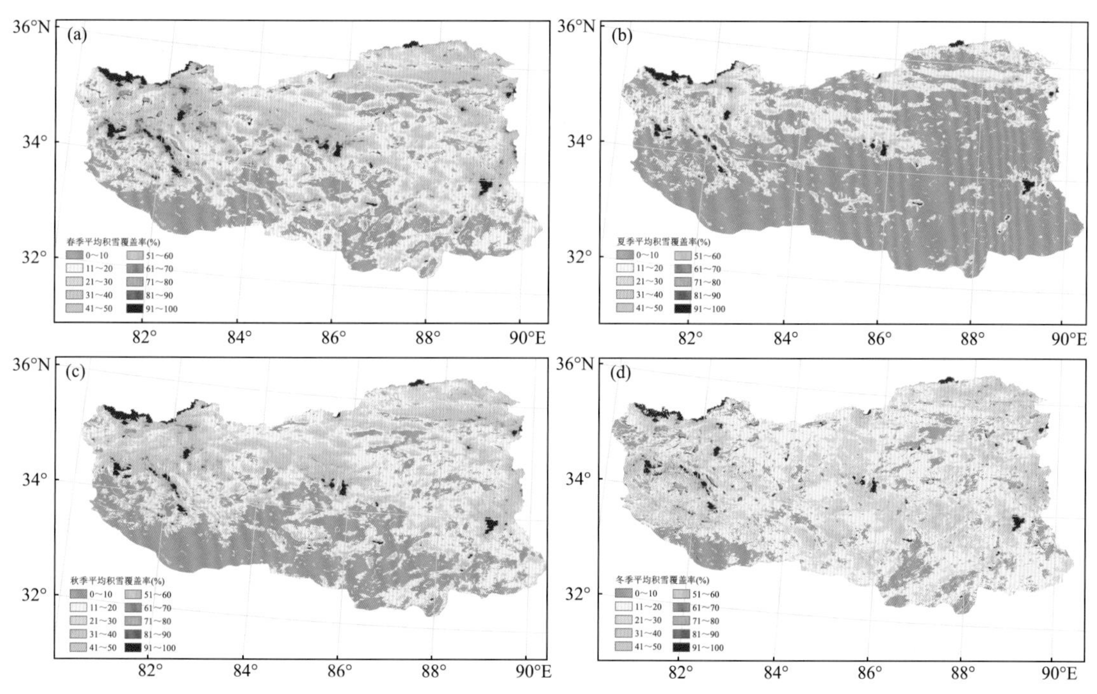

图 4.13　2000—2020 年羌塘自然保护区四季积雪覆盖率分布
（a. 春季，b. 夏季，c. 秋季，d. 冬季）

自然保护区总面积的 66.8%；大于 80%的区域分布与年积雪覆盖率一致，占自然保护区总面积的 1.4%。秋季(9—11 月，图 4.13c)平均积雪覆盖率为 20.1%，其中积雪覆盖率为 11%～20%的区域面积最大，占自然保护区总面积的 31.4%，主要分布于中部和北部；其次是积雪覆盖率小于10%的区域，占自然保护区总面积的29.1%，主要分布于南部；大于80%的区域面积最小，占自然保护区总面积的1.7%，其分布与年积雪覆盖率一致。冬季(12月至翌年2月)，平均积雪覆盖率为21.7%(图4.13d)，积雪覆盖率为11%～20%的区域面积最大，占自然保护区总面积的41.9%；其次是积雪覆盖率为21%～30%的区域，占自然保护区总面积的27.3%，这2个等级所占面积比例达73.0%，广泛分布于自然保护区；而大于80%的区域分布与年积雪覆盖率一致，仅占自然保护区总面积的2.1%。

4.2.2.2 积雪覆盖率变化趋势

2000—2020年，羌塘自然保护区年积雪覆盖率变化趋势为微弱增加，增加幅度为0.61%/a。如图4.14所示，大部分区域主要表现为基本不变(−0.5%～0.5%，下同)和微弱增加趋势(0.6%～2.0%，下同)，分别占自然保护区总面积的47.6%和48.6%，两者所占面积比例达96.2%，其中南部以基本不变为主，北部以微弱增加趋势居多。

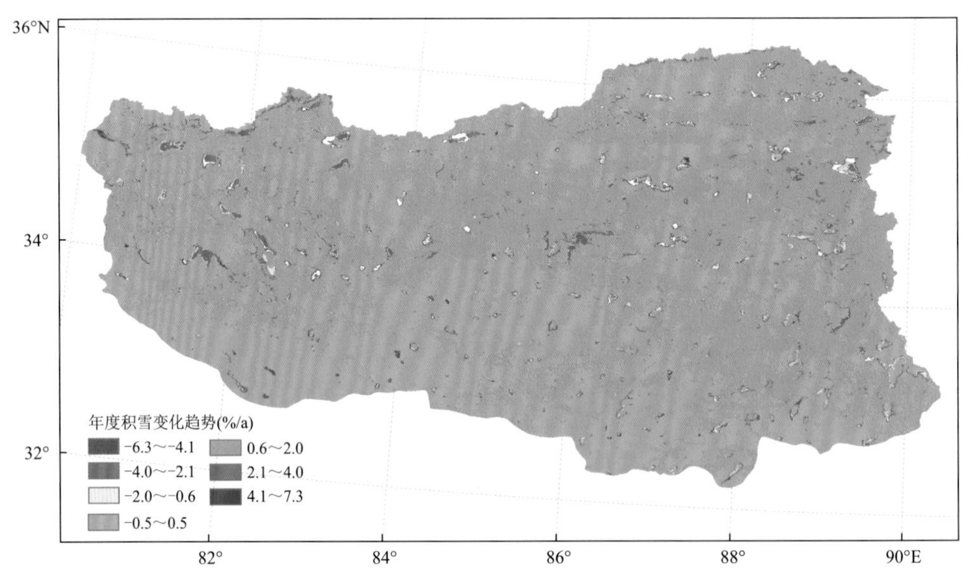

图4.14　2000—2020年羌塘自然保护区年积雪覆盖率变化趋势分布

在季尺度上，2000—2020年，羌塘自然保护区春季平均积雪覆盖率变化趋势为微弱增大，增幅为1.01%/a，图4.15a所示，大部分地区表现为微弱增大趋势，占自然保护区总面积的57.3%；基本不变的区域面积次之，占自然保护区总面积的28.1%。夏季平均积雪覆盖率变化趋势为微弱增大，增幅为0.41%/a，从图4.15b可知，大部分区域主要表现为基本不变，占自然保护区总面积的比例达到68.6%；微弱增大趋势区域所占比例次之，为28.6%。秋季平均积雪覆盖率总体上呈微弱增大趋势，平均每年增大0.28%，从空间分布来看(图4.15c)，以基本不变和微弱增大趋势为主，分别占自然保护区总面积的61.2%和29.1%。冬季平均积雪覆盖率表现为明显的增大趋势，增幅为7.24%/a，从地域分布来看(图4.15d)，表现为微弱增大趋势的地方较多，占自然保护区总面积的53.9%；基本不变的所占比例次之，为33.6%。

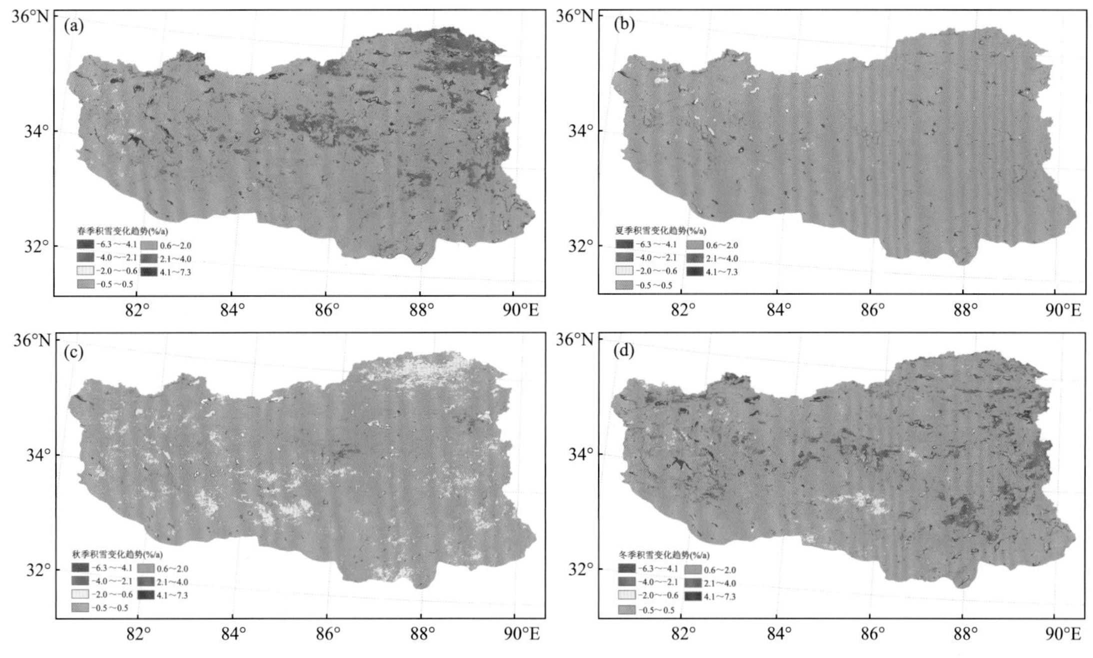

图 4.15　2000—2020 年羌塘四季积雪覆盖率变化趋势分布
（a. 春季，b. 夏季，c. 秋季，d. 冬季）

4.3　冻土

在全球变暖背景下，冻土作为冰冻圈中十分重要的一部分，也发生了明显的变化。青藏高原多年冻土约占陆地面积的 53%，是地球上分布最广泛的高海拔多年冻土（程国栋 等，1982；周幼吾 等，1982），冻土温度升高、活动层厚度增加和冻土退化正在对青藏高原气候、水文水资源、生态环境和寒区工程产生显著的影响（王根绪 等，2006；Cheng et al.，2007；Harris，2010；Wu et al.，2019；Zhu et al.，2019）。

4.3.1　最大冻土深度

鉴于羌塘自然保护区仅有安多气象站有长序列的冻土观测资料，本研究利用 1973—2020 年安多站年最大冻结深度资料，分析了其变化趋势，结果发现：近 48 年（1973—2020 年）安多站年最大冻土深度呈显著的变浅趋势（图 4.16），平均每 10 年变浅 32.8 cm（$P<0.001$），尤其是近 30 年（1991—2020 年）变浅趋势在加大，幅度达－43.9 cm/10a（$P<0.001$），表明自然保护区边缘冻土退化明显，且这种趋势仍在持续。

在 10 年际变化尺度上，1981—2020 年安多年最大冻土深度表现为逐年代递减的变化特征（图 4.17），20 世纪 80—90 年代最大冻土深度为正距平，以 80 年代最大，较常年偏大 30.5 cm；进入 21 世纪后，年最大冻土深度均为负距平，其中 21 世纪 10 年代最小，较常年偏小 82.7 cm。在 30 年际变化尺度上，1991—2020 年与 1981—2010 年相比，年最大冻土深度偏小 36.6 cm。

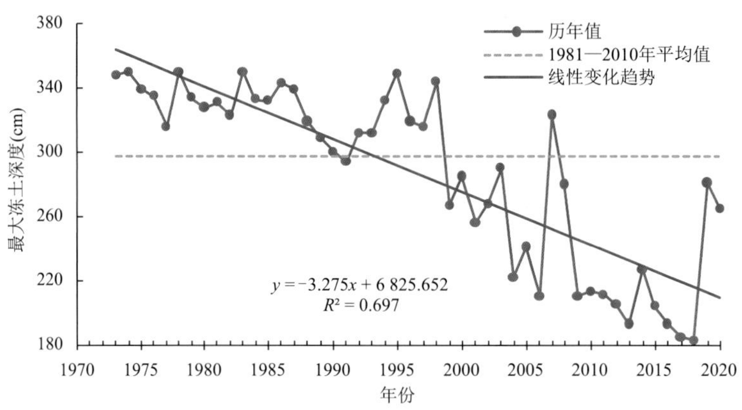

图 4.16　1973—2020 年安多站年最大冻土深度变化

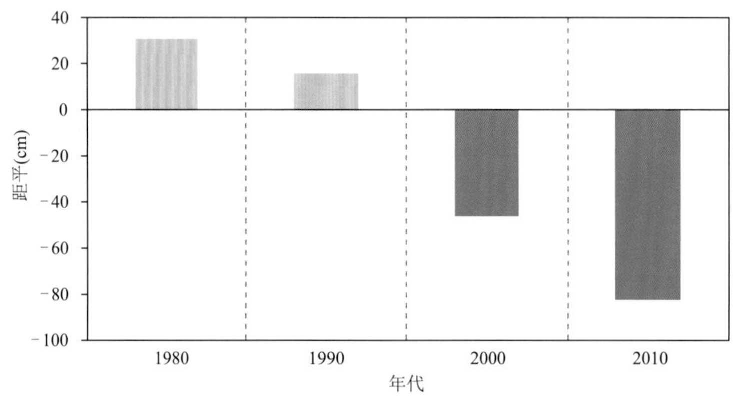

图 4.17　1981—2020 年安多站年最大冻土深度的年代际变化

4.3.2　地表土壤冻结天数

土壤冻融循环方面，大多数学者利用日最低温度与判断阈值的关系来定义冻结状况，根据不同的目的，所选用的阈值不同，主要有低于−2.2 ℃（完全冻结）和低于 0 ℃（可能冻结）的阈值（Wang et al.，2015；杨淑华 等，2018）。还有学者根据连续发生低于 0 ℃的时间来判断冻结状态（Sinha et al.，2008；Li et al.，2012）。不同地区冻结差异较大，严格的判断标准可以得到最保守的冻结状态的估计。对于南方地区，本身温度接近于冻结点，若用上述严格定义来计算冻结状态，可能忽略部分土壤冻结地区（王康 等，2013）。至于青藏高原，大部分区域土壤呈碱性，其冻结日期往往在日最低地表温度小于或等于 0 ℃时并非发生，判定标准可能多统计冻结区域面积。

鉴于以上情况，杜军等（2020a）借鉴王康等（2013）、杨淑华等（2018）的方法定义了土壤冻结状况，分析了近 38 年（1981—2018 年）以及全球变暖 1.5 ℃和 2 ℃阈值时羌塘自然保护区地表土壤冻结天数的时空变化特征。

4.3.2.1　年际变化

近 38 年（1981—2018 年）自然保护区土壤冻结开始日期呈推迟趋势（图 4.18a），变化率为

7.72 d/10a($P<0.001$)，冻结终止日期以 7.95 d/10a 的速率显著提早（图 4.18b）；冻结持续时间和冻结天数均表现为缩短趋势（图 4.18c，d），分别为 −14.69 d/10a($P<0.001$)和 −11.19 d/10a($P<0.001$)。这种趋势在 20 世纪 90 年代以后表现得尤为突出，平均每 10 年土壤冻结开始日期推迟 11.04 d($P<0.001$)、冻结终止日期提早 10.29 d($P<0.001$)、冻结持续时间缩短 20.62 d($P<0.001$)、冻结天数缩短 12.51 d($P<0.001$)。

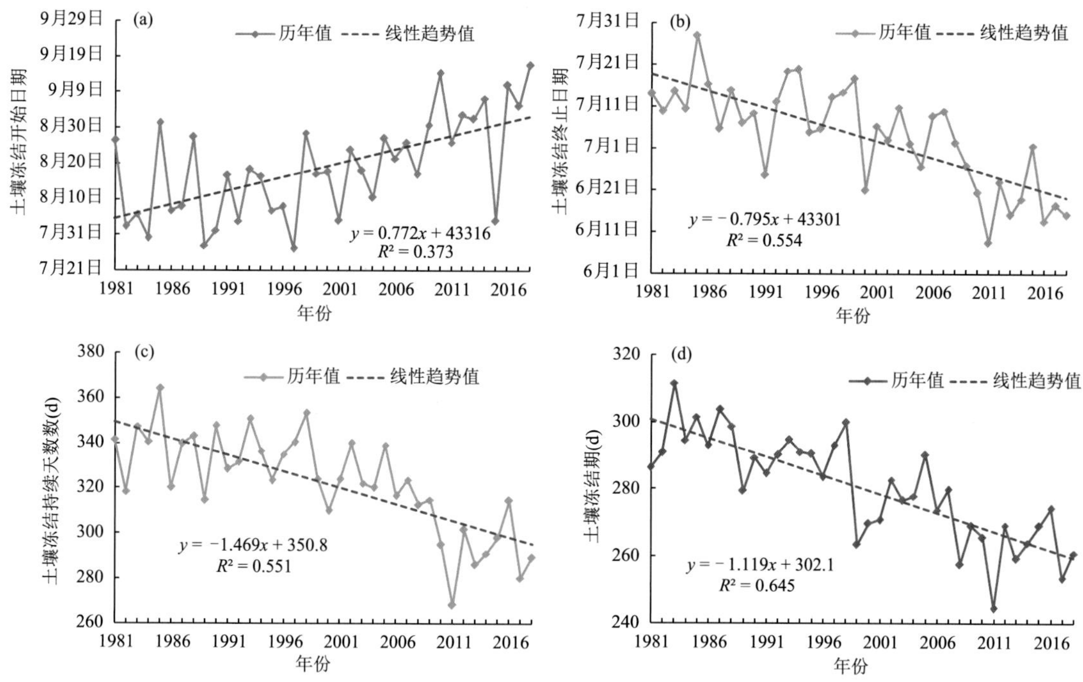

图 4.18　1981—2018 年羌塘自然保护区近地表土壤冻结开始日期(a)、冻结终止日期(b)和冻结持续时间(c)和冻结天数(d)的变化

空间上（表 4.3），近 38 年自然保护区各站土壤冻结开始日期都趋于推迟，推迟率为 2.83～12.02 d/10a(除狮泉河未通过显著性检验外，其余站 $P<0.05$)，以安多推迟得最多；冻结终止日期以 2.66～11.61 d/10a 的速率呈提早趋势(除安多未通过显著性检验外，其余站 $P<0.01$)，其中改则提早的最明显；冻结持续时间在各站上均表现为显著的缩短趋势，平均每 10 年缩短 12.84～17.50 d($P<0.01$)，以改则缩短的最多；各站冻结天数呈一致缩短趋势，缩短率为 8.75～13.30 d/10a($P<0.001$)，其中班戈缩短的最多。

表 4.3　羌塘自然保护区近地表土壤冻结参数的变化趋势值

站点(区域)	冻结开始日期(d/10a)	冻结终止日期(d/10a)	冻结持续时间(d/10a)	冻结天数(d/10a)
狮泉河	2.83	−11.61****	−13.93****	−10.88****
改　则	8.40***	−9.66****	−17.50****	−11.22****
班　戈	8.34***	−7.30***	−15.62****	−13.30****
申　扎	7.02**	−8.54****	−13.58***	−8.75****
安　多	12.02****	−2.66	−12.84***	−11.81****
自然保护区	7.72****	−7.95****	−14.69****	−11.19****

通过与全国、青藏高原气象站近地表土壤冻融变化的对比(表 4.4),结果发现,虽研究时段不同,但都表现出相同的变化趋势,即冻结开始日期推迟,冻结终止日期提前,冻结持续时间和冻结天数均缩短,但自然保护区冻融状况的变化幅度明显大于全国平均水平,这与杨淑华等(2018)、Wang 等(2015)的研究结果一致。与青藏高原比较,1988—2007 年自然保护区土壤冻结参数的变化率均低于青藏高原;1981—2015 年,自然保护区除冻结开始日期的推迟率略小于青藏高原外,其他参数的变化率均大于青藏高原,尤其是冻结终止日期,自然保护区(−0.78 d/a)约是青藏高原(−0.40 d/a)的 2 倍。

表 4.4　近地表土壤冻融状况变化的对比

研究区域	时段	冻结开始日期(d/a)	冻结终止日期(d/a)	冻结持续时间(d/a)	冻结天数(d/a)	参考文献
青藏高原	1980—2015 年	0.72	−0.40	−1.13	−0.93	杨淑华等(2018)
	1981—2010 年	0.87	−0.44	−1.29	−1.11	
	1988—2007 年	0.75	−0.37	−1.13	−1.02	
中国	1956—2006 年	0.10	−0.15	−0.25	−0.20	Wang 等(2015)
	1988—2006 年	/	/	/	−0.58	王康等(2013)
自然保护区	1988—2007 年	0.61	−0.27	−0.62	−0.88	本文
	1981—2010 年	0.62	−0.68	−1.24	−1.05	
	1981—2015 年	0.62	−0.78	−1.40	−1.15	

注:“/”表示文献中并未涉及此项指标。

4.3.2.2　年代际变化

由表 4.5 可知,在 10 年际尺度上,20 世纪 80—90 年代大部分站点表现为土壤冻结开始日期偏早、冻结终止日期偏晚、冻结持续时间偏长和冻结天数延长的变化特征,只是 90 年代的距平要小于 80 年代。21 世纪初前 10 年,情况截然相反,绝大部分站点表现为土壤冻结开始日期偏晚、冻结终止日期偏早、冻结持续时间和冻结天数均缩短的年际变化特征。就区域平均而言,1981—2010 年自然保护区呈现出土壤冻结开始日期推迟、终止日期提前、冻结持续时间和冻结天数缩短的年代际变化特征。21 世纪初 10 年与 20 世纪 80 年代比较,土壤冻结开始日期推迟 12 d,冻结终止日期提早 11 d,冻结持续时间和冻结天数分别缩短 22 d、21 d。

表 4.5　1981—2010 年自然保护区近地表土壤冻结参数距平的年代际变化(d)

站点(区域)	冻结开始日期			冻结终止日期			冻结持续时间			冻结天数		
	1980s	1990s	2000s	1980s	1990s	2000s	1980s	1990s	2000s	1980s	1990s	2000s
狮泉河	5	−5	0	14	−1	−13	8	3	−11	9	2	−10
改　则	−10	0	10	4	6	−9	14	6	−19	12	2	−14
班　戈	−9	1	8	−1	6	−5	10	3	−13	16	−1	−15
申　扎	−1	−3	4	4	5	−8	4	8	−12	1	3	−4
安　多	−9	−5	14	−1	2	−1	6	4	−9	11	−1	−10
自然保护区	−5	−2	7	4	3	−7	8	5	−14	10	1	−11

注:1980s 表示 1981—1990 年,1990s 表示 1991—2000 年,2000s 表示 2001—2010 年。

4.3.2.3　突变分析

通过 M-K 法检验，发现自然保护区地表土壤冻结参数均发生了气候突变(图 4.19)，冻结开始日期的 UF 与 UB 曲线交叉于 2006 年，且交点在临界线之间，2006 年以前相对偏早(平均为 8 月 13 日)，之后明显推迟(平均为 8 月 31 日)，即 2006 年为显著推迟的突变点，突变后较突变前推迟了 18 d。冻结终止日期的 UF 与 UB 曲线相交于 2007 年，且交点在临界线内，2007 年以前相对偏晚(平均为 7 月 9 日)，之后提早趋势明显(平均为 6 月 20 日)，即 2007 年为显著提早的突变时间，突变后较突变前提早 19 d。同理，2006 年、2003 年分别是冻结持续时间和冻结天数显著缩短的突变点($P<0.05$)，冻结持续天数在 2006 年之前相对偏长(平均为 333 d)，之后快速缩短(平均为 296 d)，缩短 37 d；冻结天数在 2003 年之前也相对偏长(平均为 289 d)，之后缩短趋势加大(平均为 267 d)，缩短 22 d。

与整个青藏高原(杨淑华 等，2018)比较，自然保护区土壤冻结参数的突变时间偏晚 4～8 年，其中冻结持续时间偏晚 8 年。此外，本研究还分析了同期年平均气温、年平均地面温度和年平均地面最低温度的突变，发现它们的突变点分别为 2006 年、1997 年和 2006 年，这表明自然保护区土壤冻结参数的突变确实是受气候变暖的影响。气温对土壤冻融状况没有滞后作用，与杨淑华等(2018)、胡国杰等(2014)的结论有所不同，可能与研究者对区域站点进行平均后会过滤掉部分信息有关。

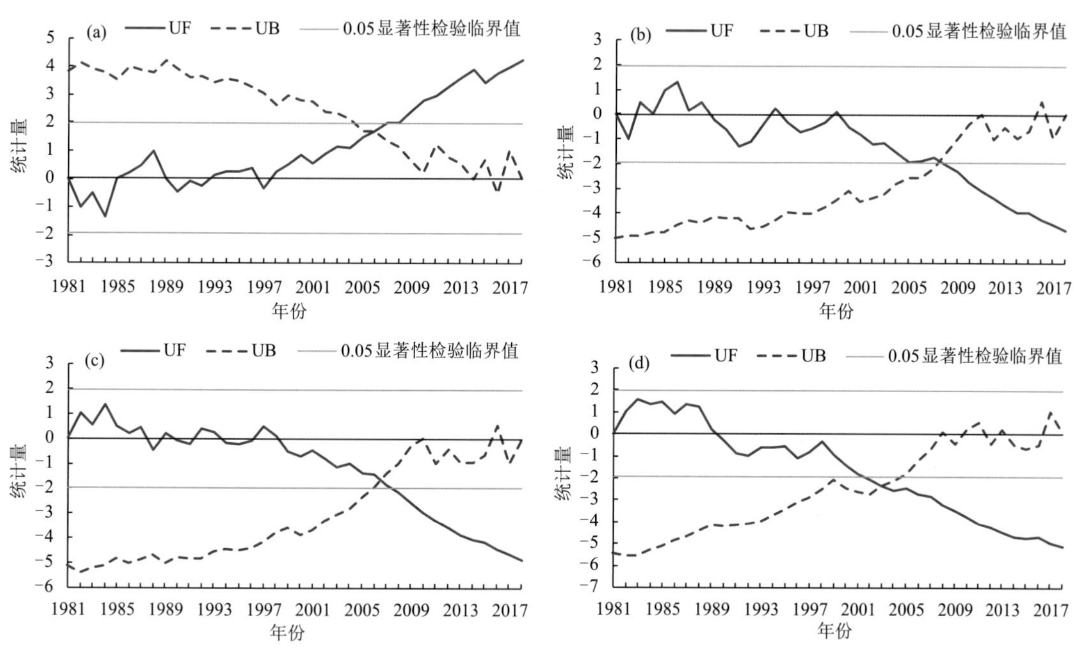

图 4.19　1981—2018 年自然保护区近地表土壤冻结开始日期(a)、冻结终止日期(b)、冻结持续时间(c)和冻结天数(d)的 M-K 检验

4.3.2.4　未来气候变化对地表土壤冻结参数的影响

据 IPCC 估计，21 世纪末全球平均地表温度在 1986—2005 年的基础上将升高 0.3～4.8 ℃(Hartmann et al.，2013)。吴芳营等(2019)利用 CMIP5 中 21 个气候模式的 RCP4.5

和 RCP8.5 情景预估结果，分析了全球变暖 1.5 ℃和 2.0 ℃阈值时青藏高原气温年和季节的变化特征，认为在 RCP4.5/RCP8.5 情景下，青藏高原年平均气温分别增暖 2.11 ℃/2.10 ℃和 2.96 ℃/2.85 ℃。变暖 1.5 ℃时，两种排放情景差别较小；变暖 2.0 ℃时，RCP8.5 情景下增温均比 RCP4.5 情景下低。

气温是影响地-气水热交换的主要因素（李述训 等，2002），为了揭示青藏高原气温对土壤冻融状况的影响，杨淑华等（2018）分别对观测站的土壤冻结开始日期、冻结终止日期、冻结持续时间和冻结天数与年平均气温进行了相关性分析，结果发现，所有冻融时间与年平均气温的相关性均大于 0.9，且达到 0.001 显著性检验，这表明气温与土壤冻融状态有很强的相关性。

为了便于比较，本研究选取上述青藏高原的气温增暖值来预估自然保护区地表土壤冻结参数的变化情况。首先建立近地表土壤冻结开始日期、冻结终止日期、冻结持续时间和冻结天数与年平均气温的一元回归方程（表 4.6），相关系数均大于 0.6（$P<0.001$）；然后利用方程计算全球变暖 1.5 ℃和 2.0 ℃阈值时，在 RCP4.5/RCP8.5 情景下，自然保护区年平均气温分别增暖 2.11 ℃/2.10 ℃和 2.96 ℃/2.85 ℃的地表土壤冻结参数预估值。与 1981—2010 年基准气候时段相比（表 4.7），变暖 1.5 ℃时，RCP4.5/RCP8.5 情景下的自然保护区土壤冻结参数变化值相同，冻结开始日期推迟 25 d，冻结终止日期提早 22 d，冻结持续时间减少 46 d，冻结天数缩短 28 d。变暖 2.0 ℃时，RCP4.5/RCP8.5 情景下的土壤冻结参数变化值相差较小，冻结开始日期推迟 35 d/33 d，终止日期提早 30 d/29 d，冻结持续时间减少 64 d/62 d，冻结天数缩短 40 d/39 d；与变暖 1.5 ℃时比较，土壤冻结开始日期推迟、终止日期提早、持续时间减少、冻结天数缩短的趋势较为明显，对应变化了 7～18 d，以冻结持续时间最为明显。

表 4.6　羌塘自然保护区地表土壤冻结参数与年平均气温的线性相关模型

土壤冻结参数	一元回归方程	相关系数
冻结开始日期	$S=11.294T_m+109.482$	0.666****
冻结终止日期	$S=-9.668T_m+63.448$	−0.621****
冻结持续时间	$S=-20.747T_m+321.075$	−0.720****
冻结天数	$S=-13.548T_m+280.306$	−0.677****

注：S 表示土壤冻结参数，T_m 表示年平均气温，样本数为 38。

表 4.7　RCP4.5 和 RCP8.5 情景下全球变暖 1.5 ℃和 2.0 ℃时羌塘自然保护区地表冻结参数的变化

土壤冻结参数	RCP4.5		RCP8.5	
	1.5 ℃	2.0 ℃	1.5 ℃	2.0 ℃
冻结开始日期	25	35	25	33
冻结终止日期	−22	−30	−22	−29
冻结持续时间	−46	−64	−46	−62
冻结天数	−28	−40	−28	−39

4.3.3　冻融指数

冻融指数作为冻土研究的重要参数，对于冻土研究具有十分重要的意义，同时也是研究气候变化的重要指标(曹斌 等,2015)。近年来,学者们在青藏高原已开展了不少有关冻融指数的研究,姜逢清等(2007)利用日气温观测值计算了青藏铁路沿线 7 个主要气象站 1966—2004 年的年冻结与融化指数,分析得到 7 个站点的冻结指数均呈减少趋势,融化指数呈增加趋势。赵红岩等(2008)发现 1980—2005 年青藏铁路沿线地表冻/融指数存在缓慢的、波动的上升趋势。Wu 等(2018)认为自 1998 年以来,青藏高原融化指数(TI)和冻结指数(FI)分别呈明显的上升和下降趋势,永冻土地区 FI 的下降幅度比季节性冻土地区更明显;季节性冻土地区 TI 的上升幅度大于永冻土地区。刘磊等(2019)分析得出,1977—2017 年雅鲁藏布江中下游大气冻结指数、地面冻结指数、大气融化指数、地面融化指数的气候倾向率分别为－36.6 ℃ · d/10a、－48.7 ℃ · d/10a、90.7 ℃ · d/10a 和 115.8 ℃ · d/10a。

4.3.3.1　冻融指数计算方法

冻融指数分为大气冻融指数和地面冻融指数,分别由逐日观测的气温和地表温度数据计算得出。在本研究中指定冻结指数计算的时间为每年的 7 月 1 日至翌年 6 月 30 日,融化指数计算时间为每年的 1 月 1 日至 12 月 31 日。冻融指数的计算公式为:

$$\mathrm{FI} = \sum_{i=1}^{N_F} |T_i| \quad T_i < 0\ ℃ \tag{4.1}$$

$$\mathrm{TI} = \sum_{i=1}^{N_T} |T_i| \quad T_i > 0\ ℃ \tag{4.2}$$

式中,FI(Freezing indices)为大气(地面)冻结指数(℃ · d);TI(Thawing indices)为大气(地面)融化指数(℃ · d);T_i 为逐日气温(地温)(℃);N_F 为年内温度小于 0 ℃的日数(d);N_T 为年内温度大于 0 ℃的日数(d)。

4.3.3.2　冻融指数的空间分布特征

从 1981—2010 年平均冻融指数的空间分布来看(表 4.8),自然保护区各站年空气冻结指数(AFI)、地面冻结指数(GFI)分别为 1 146.6～1 801.3 ℃ · d,930.6～1 720.1 ℃ · d,年空气融化指数(ATI)、地面融化指数(GTI)依次为 728.8～1 143.2 ℃ · d、2 043.7～3 591.1 ℃ · d。ATI 和 GTI 总体上呈自西向东递减的分布,并随海拔升高而减小;AFI 和 GFI 的分布规律不很明显,但最大值均出现在安多,最小值出现地不同。

表 4.8　1981—2010 年自然保护区冻融指数多年平均值

站点(区域)	海拔(m)	AFI(℃ · d)	ATI(℃ · d)	GFI(℃ · d)	GTI(℃ · d)
狮泉河	4 279	1 335.7	1 720.1	918.7	3 591.1
改　则	4 415	1 394.9	1 543.9	878.3	2 962.5
班　戈	4 700	1 261.5	1 147.1	728.8	2 290.3
安　多	4 800	1 801.3	930.6	1 143.2	2 043.7
申　扎	4 672	1 146.6	1 291.2	833.4	2 472.6
自然保护区	4 573	1 388.0	1 326.6	1 076.9	2 427.8

注:AFI, ATI 分别表示空气冻结指数和融化指数;GFI, GTI 分别表示地面冻结指数和融化指数。

就自然保护区而言,AFI 平均为 1 388.0 ℃ · d,最高为 1 804.6 ℃ · d,出现在 1998 年;最低出现在 2018 年,仅为 979.2 ℃ · d。ATI 平均为 1 326.6 ℃ · d,最高为1 542.1 ℃ · d,发生在 2016 年;最低为 1 079.2 ℃ · d,出现在 1976 年。GFI 平均为1 076.9 ℃ · d,最高在 1979

年，为 1 507.4 ℃·d；最低在 2018 年，为 743.0 ℃·d。GTI 平均为 24 27.8 ℃·d，最高、最低分别为 2 880.8 ℃·d(2010 年)、1 962.9 ℃·d(1979 年)。从冻融指数的大小来看，GTI＞AFI＞ATI＞GFI。与青藏高原及周边区域相比，自然保护区的 FI(AFI、GFI)低于青藏高原永久冻土区(Wu et al.，2018)，高于青藏高原季节性冻土区(Wu et al.，2018)、黄河源区(Wang et al.，2018)和雅鲁藏布江中下游(刘磊 等，2019)；TI(ATI、GTI)正好相反，比青藏高原永久冻土区偏高，较青藏高原季节性冻土区、黄河源区和雅鲁藏布江中下游偏低。

4.3.3.3 冻融指数的时间变化特征

(1)年际变化

近 50 年(1971—2020 年)自然保护区 AFI、GFI 均呈显著减少趋势(图 4.20a)，平均每年分别减少 8.65 ℃·d($P<0.001$)和 10.30 ℃·d($P<0.001$)，尤其是自 1991 年以来，AFI 减幅更为明显，为－12.53 ℃·d/a($P<0.001$)。如图 4.20b 所示，ATI、GTI 均表现为显著的增加趋势，增幅分别为 7.25 ℃·d/a($P<0.001$)和 11.28 ℃·d/a($P<0.001$)，以 GTI 增幅最为明显。地面冻融指数的变化率比空气冻融指数的变化率大，这因为近 40 年(1981—2020 年)地表温度的上升速度(0.70 ℃/10a，$P<0.001$)比气温的上升速度(0.53 ℃/10a，$P<0.001$)快，地温与气温差增幅也明显(0.17 ℃/10a，$P<0.001$)。

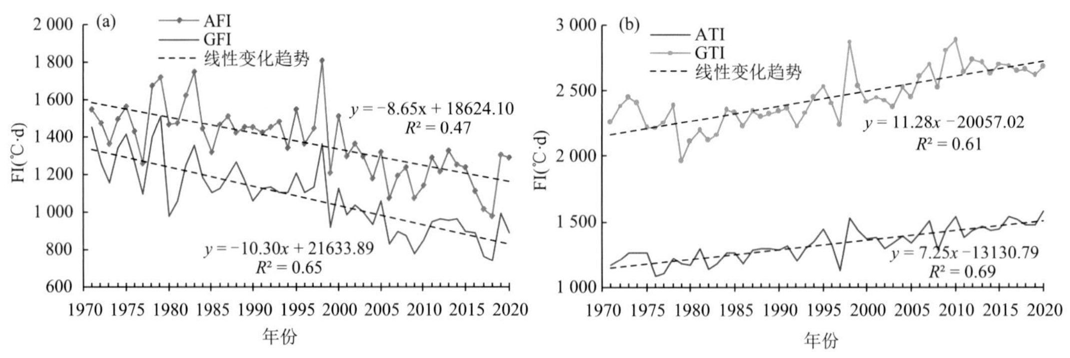

图 4.20 1971—2020 年自然保护区冻融指数年际变化

通过与青藏高原及周边地区年冻融指数变化的比较(表 4.9)，结果发现，研究时段内都表现出相同的变化趋势，即 AFI、GFI 减少，ATI、GTI 增加。自然保护区 AFI 减幅明显大于雅鲁藏布江中下游地区、青藏高原季节性冻土区和黄河源区，低于整个青藏高原及其永久冻土区；GFI 减幅大于雅鲁藏布江中下游地区和青藏高原季节性冻土区，但不及于整个青藏高原及其永久冻土区与黄河源区；ATI 增幅小于雅鲁藏布江中下游、青藏高原季节性冻土区和黄河源区，接近于整个青藏高原；总体来看，GTI 增幅要大于青藏高原及周边地区。

因班戈、申扎两站逐日地表平均地温从 1980 年开始有完整资料，为便于比较，本研究给出了近 40 年(1981—2020)冻融指数变化趋势的空间分布(表 4.10)。从表中可知，自然保护区各站 AFI 均呈减少趋势，平均每年减少 7.39～14.38 ℃·d($P<0.001$)，以改则减幅最大；特别是近 30 年(1991—2020 年)减幅更明显，绝大部分站点 AFI 的减幅在 10.0 ℃·d/a 以上，其中改则减幅达 16.35 ℃·d/a。ATI 在各站都表现为显著增加趋势，为 5.63～10.81 ℃·d/a($P<0.001$)，其中狮泉河最大、申扎最小。所有站点的 GFI 均为显著减少趋势，

表 4.9　冻融指数变化的对比

研究区域	时段	AFI (℃·d/a)	ATI (℃·d/a)	GFI (℃·d/a)	GTI (℃·d/a)	参考文献
青藏高原	1980—2013 年	−12.4	7.8	−13.6	13.9	
青藏高原永久冻土	1980—2013 年	−17.0	6.8	−18.2	13.1	Wu et al.,2018
青藏高原季节性冻土区	1980—2013 年	−7.7	8.9	−8.9	14.8	
雅鲁藏布江中下游	1977—2017 年	−3.7	9.1	−4.9	11.6	刘磊等,2019
黄河源区	1980—2014 年	−8.6	9.7	−11.1	14.5	Wang et al.,2018
自然保护区	1980—2013 年	−11.2	7.7	−9.7	17.2	本研究
	1971—2020 年	−8.7	7.3	−10.3	11.3	

表 4.10　1981—2019 年羌塘自然保护区各站点冻融指数的变化趋势

站点(区域)	AFI(℃·d/a)	ATI(℃·d/a)	GFI(℃·d/a)	GTI(℃·d/a)
狮泉河	−11.43****/−10.51***	10.81****/9.41****	−10.74****/−9.99***	23.47****/19.66***
改　则	−14.38****/−16.35****	8.98****/8.74****	−12.21****/−10.97****	12.76****/14.14****
安　多	−11.87****/−15.56***	6.10****/6.63****	−10.05****/−12.21***	10.31****/7.76***
班　戈	−10.44****/−11.77****	7.13****/7.61****	−13.39****/−15.01****	15.12****/14.57****
申　扎	−7.39****/−8.48****	5.63****/6.22***	−5.42***/−9.91****	8.76****/9.20**
自然保护区	−11.11****/−12.53****	7.73****/7.52****	−10.36****/−11.62****	14.08****/13.07****

注:“/”前后数字分别表示 1981—2019 年和 1991—2019 年的变化趋势。

为−5.42～−13.39 ℃·d/a(P<0.01),以班戈减幅最大,改则次之,为−12.21 ℃·d/a,申扎最小。GTI 在各站均倾向于增加趋势,增幅为 8.76～23.47 ℃·d/a(P<0.001),仍以狮泉河最大,申扎最小,两者相差 2.68 倍。

(2)年代际变化

图 4.21 给出了 1971—2020 年自然保护区冻融指数的 10 年际距平变化,分析表明,FI 在 20 世纪 70—90 年代为正距平,21 世纪初的 20 年均为负距平,表现为逐年代递减的变化特征。TI 则呈逐年代递增的年代际变化特征,即在 20 世纪 70—80 年代为负距平,90 年代至 21 世纪

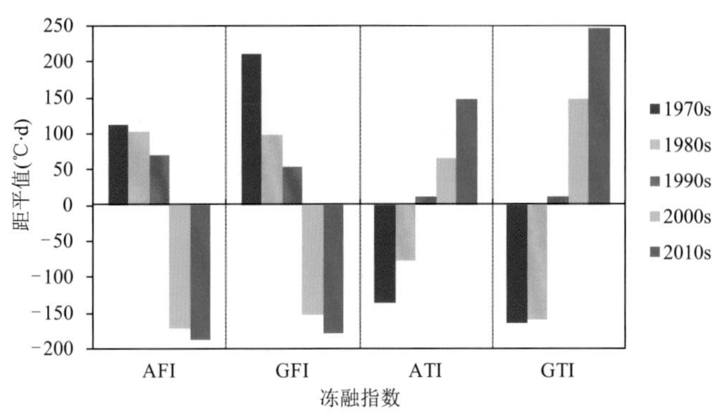

图 4.21　1971—2020 年自然保护区冻融指数年代际变化

10 年代为正距平，尤其是 21 世纪 10 年代的 GTI 较常年偏高 245.2 ℃ · d，较 1970 年代偏高 408.4 ℃ · d。在 30 年际变化上(图表略)，1991—2020 年与 1971—2000 年相比，AFI、GFI 分别偏低 190.4 ℃ · d、212.8 ℃ · d，ATI、GTI 分别偏高 143.2 ℃ · d、238.5 ℃ · d，以地面冻融指数变幅较大。

(3)突变分析

根据近 50 年自然保护区冻融指数的 M-K 突变检验(图 4.22a)，AFI 的 UF 曲线在 1971—1983 年呈振荡上升态势，多数年份为正值，1988—2020 年 UF 曲线为负值且呈明显下降趋势，UF 曲线在 2003—2020 年突破了－1.96，这表明 2003 年以后 AFI 持续减少；UF 和 UB 在 2001 年出现交叉，交叉点位于±1.96 之间，即突变出现在 2001 年，突变后 AFI 偏低 277.3 ℃ · d。同理可知，GFI、ATI、GTI 分别在 1999 年、1993 年和 1998 年发生了突变(图 4.22b～d)，突变后较突变前分别偏低 288.2 ℃ · d、偏高 189.8 ℃ · d 和偏高 330.0 ℃ · d。以上分析表明，自然保护区冻融指数发生了显著变化，地面冻融指数突变点出现在 20 世纪 90 年代末，ATI 突变时间最早，较 AFI 偏早 8 年。突变后 FI 降幅明显，TI 升幅更大，这也佐证了气候变暖的事实。

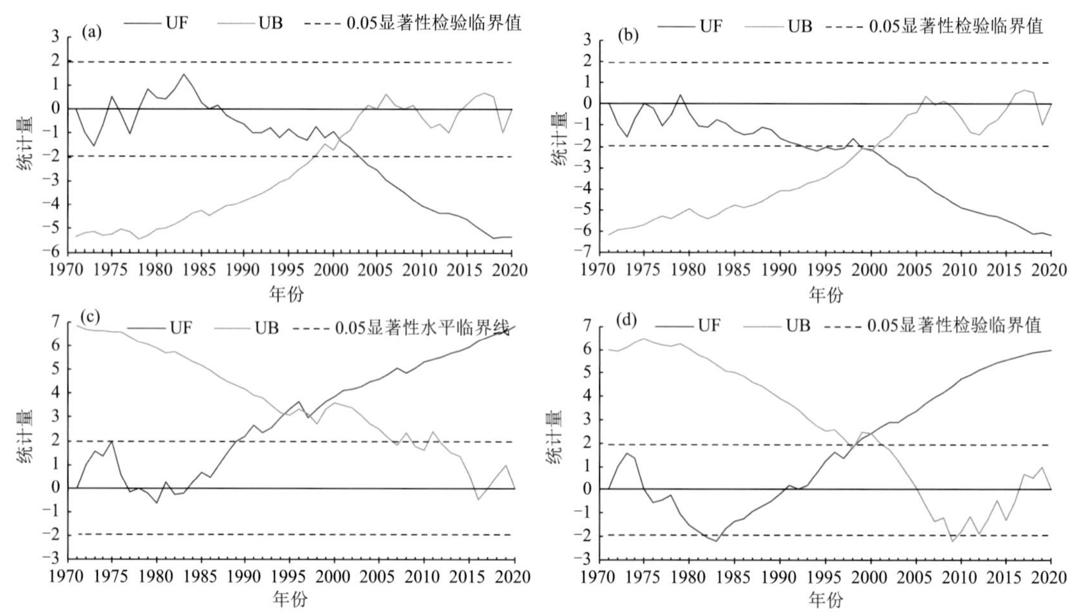

图 4.22　1971—2020 年自然保护区冻融指数的 M-K 检验

(a. AFI，b. GFI，c. ATI，d. GTI)

4.3.3.4　未来气候变化对冻融指数的影响

(1)未来气温变化

CMIP5 试验全球模式对青藏高原气候模拟能力较为稳定(胡芩 等，2014；吴芳营 等，2019)，本研究利用 CMIP5 给出的 21 个模式结果，计算了未来 80 年(2021—2100 年)自然保护区气温变化的预估结果。表 4.11 列出了 RCP4.5 和 RCP8.5 两种排放情景下，近期(2021—2040 年)、中期(2041—2070 年)、远期(2071—2100 年)3 个时期以及未来 80 年(2021—2100 年)自然保护区年平均气温距平，可以看出：在两种排放情景下不同时段年平均气温均呈升高趋势，与气候基准期（1991—2020 年）相比，RCP4.5 和 RCP8.5 两种排放情景下，未来 80 年（2021—2100 年）平均气温分别升高 1.95 ℃和 3.26 ℃。

表 4.11　RCP4.5 和 RCP8.5 排放情景下未来 80 年（2021—2100 年）羌塘自然保护区年平均气温变化（℃）

时期	RCP4.5	RCP8.5
2021—2040 年	1.08	1.22
2041—2070 年	2.02	2.86
2071—2100 年	2.46	5.01
2021—2100 年	1.95	3.26

（2）未来冻融指数的变化

本研究选取表 4.11 中在 RCP4.5 和 RCP8.5 两种排放情景下气温增暖值来预估自然保护区冻融指数的变化情况。首先建立冻融指数与年平均气温的回归方程（表 4.12），通过显著性检验（$P<0.0001$）；然后利用回归方程分别计算在 RCP4.5、RCP8.5 两种排放情景下，近期、中期、远期 3 个时期以及未来 80 年自然保护区冻融指数的预估值。

表 4.12　羌塘自然保护区冻融指数与年平均气温的回归方程

冻融指数	回归方程	检验值	显著水平
AFI	$AFI = 1\,332.292 - 165.552T_m$	48.598	0.0001
ATI	$ATI = 1\,348.110 + 134.448T_m$	148.001	0.0001
GFI	$GFI = 1\,054.083 - 183.354T_m$	76.597	0.0001
GTI	$GTI = 2\,478.453 + 215.238T_m$	94.807	0.0001

注：T_m 表示年平均气温，样本数为 49。

与 1991—2020 年相比（表 4.13），在 RCP4.5、RCP8.5 两种排放情景下，近期、中期、远期自然保护区都表现出 FI 减少、TI 增加的变化特征，以远期最为明显，在 RCP8.5 排放情景下，AFI、GFI 分别减少 829.4 ℃·d、918.6 ℃·d，ATI、GTI 依次增加 673.6 ℃·d、1 078.3 ℃·d。未来 80 年，在 RCP4.5 排放情景下，自然保护区 AFI、GFI 分别减少 322.8 ℃·d、357.6 ℃·d，ATI、GTI 分别增加 262.2 ℃·d、419.7 ℃·d；在 RCP8.5 排放情景下，冻融指数的变化率变得更大。

表 4.13　RCP4.5 和 RCP8.5 情景下未来 80 年自然保护区冻融指数的变化

排放情景	冻融指数	2021—2040 年	2041—2070 年	2071—2100 年	2021—2100 年
RCP4.5	AFI(℃·d)	−178.8	−334.4	−407.3	−322.8
	GFI(℃·d)	−198.1	−370.4	−451.1	−357.6
	AFI(℃·d)	145.2	271.6	330.8	262.2
	ATI(℃·d)	232.5	434.8	529.5	419.7
RCP8.5	AFI(℃·d)	−202.0	−473.5	−829.4	−539.7
	GFI(℃·d)	−223.7	−524.4	−918.6	−597.8
	AFI(℃·d)	164.0	384.5	673.6	438.3
	ATI(℃·d)	262.6	615.6	1 078.3	701.7

第 5 章　羌塘国家级自然保护区陆面生态的变化

气候变化对陆地生态系统的影响及其反馈是当前全球变化研究的重要内容，青藏高原是全球气候变化的敏感区和启动区（姚檀栋 等，2000；孙鸿烈 等，2012），气候变化的微小波动都会对高原陆地生态系统产生强烈影响（Klein et al.，2004）。本章从羌塘自然保护区地表温度、湖泊面积、陆地植被以及区域生态气候的监测出发，介绍了诸多生态建设的成果，为西藏高原生态文明建设提供科技支撑。总体来看，1971—2020 年自然保护区地面温度显著升高、大部分湖泊面积扩张、植被长势变好，生态系统趋好是环境变化的主要特征。

5.1　地面温度

5.1.1　年际变化

监测显示，近 40 年（1981—2020 年）羌塘自然保护区年平均地表温度（mean surface temperature，T_{ms}）呈显著上升趋势（图 5.1a），升幅为 0.70 ℃/10a（$P<0.001$）。四季 T_{ms} 均表现

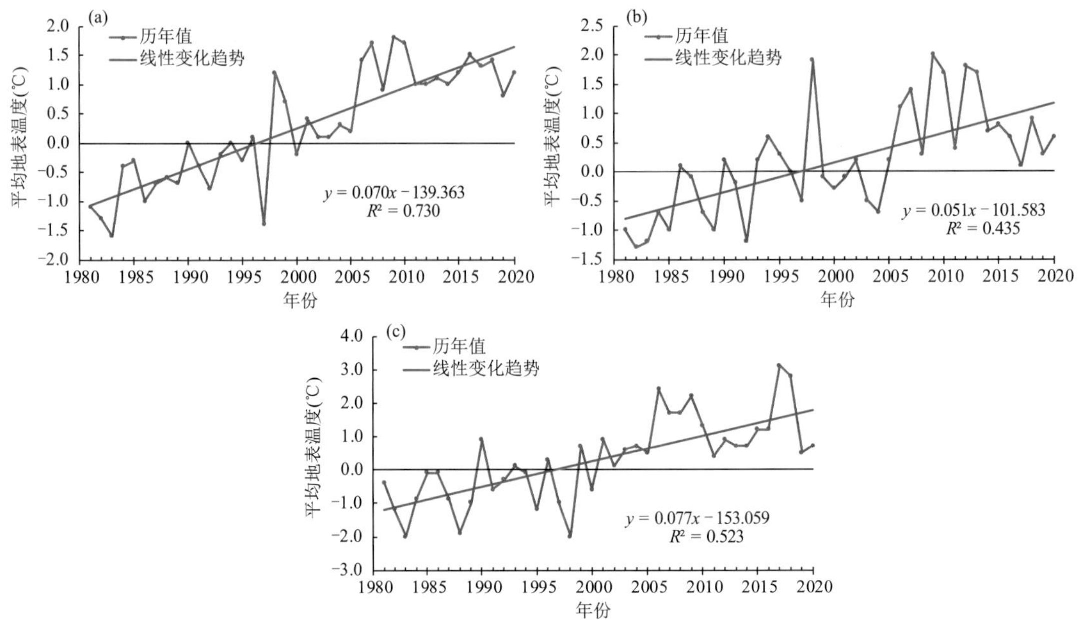

图 5.1　1981—2020 年羌塘自然保护区年、季 T_{ms} 变化

（a. 年，b. 夏季，c. 冬季）

为显著的上升趋势，平均每 10 年升高 0.51～0.78 ℃($P<0.001$)，其中秋季升幅最大，冬季次之(图 5.1c)，为 0.77 ℃/10a，夏季升幅最小(图 5.1b)。

从地域分布来看(表 5.1)，近 40 年各站年 T_{ms} 均呈显著升高趋势，升幅为 0.45～0.94 ℃/10a ($P<0.001$)，以狮泉河最大，申扎最小。各地四季 T_{ms} 均表现为上升趋势，其中，春季 T_{ms} 升温率为 0.40～1.16 ℃/10a($P<0.05$)，夏季 T_{ms} 升温率为 0.30～0.92 ℃/10a($P<0.10$)，秋季 T_{ms} 升温率为 0.59～0.93 ℃/10a($P<0.05$)，冬季 T_{ms} 升温率为 0.52～0.95 ℃/10a($P<0.05$)。季 T_{ms} 升温率的最大值各站出现时间不尽相同，狮泉河出现在春季，改则和班戈出现在冬季，申扎和安多出现在秋季；而 T_{ms} 升温率的最小值除狮泉河发生在冬季外，其他各站均出现在夏季。近 30 年(1991—2020 年)各站春、夏两季 T_{ms} 升温幅度变小，而大部分站点秋、冬两季 T_{ms} 升温更明显。

表 5.1　1981—2020 年羌塘自然保护区各站 T_{ms} 变化趋势(℃/10a)

站点(区域)	年	春季	夏季	秋季	冬季
狮泉河	0.94****/0.80****	1.16****/1.11****	0.92****/0.52*	0.89****/0.89****	0.77***/0.66**
改　则	0.72****/0.71***	0.78****/0.73****	0.38*/0.41*	0.75****/0.89****	0.90****/0.78****
班　戈	0.80****/0.83****	0.74***/0.61****	0.53****/0.49***	0.93****/1.08****	0.95***/1.11****
申　扎	0.45****/0.30****	0.40**/0.21****	0.30*/0.25	0.59****/0.82****	0.52***/0.69****
安　多	0.59****/0.57****	0.46***/0.21	0.42***/0.36**	0.73**/0.71****	0.72**/1.00***
自然保护区	0.70****/0.68****	0.71****/0.61****	0.51****/0.40***	0.78****/0.88****	0.77****/0.84****

注："/"前后数字分别为表示 1981—2020 年和 1991—2020 年的变化趋势。

5.1.2　年代际变化

图 5.2 给出了近 40 年(1981—2020 年)羌塘自然保护区年、季 T_{ms} 的 10 年际变化，从图中可知，20 世纪 80 年代一年四季均偏低，以春季偏低最为明显，较常年偏低 0.8 ℃；90 年代除冬季 T_{ms} 偏低 0.5 ℃，其他 3 季均正常；进入 21 世纪，年、季 T_{ms} 均偏高，以 21 世纪初 10 年冬季 T_{ms} 最明显，较常年偏高 1.5 ℃。在 30 年际变化尺度上(图表略)，1991—2020 年与 1981—2010 年相比，年 T_{ms} 偏高 0.6 ℃，四季 T_{ms} 偏高 0.5～0.7 ℃，其中夏季偏高 0.5 ℃，其他 3 季均偏高 0.7 ℃。

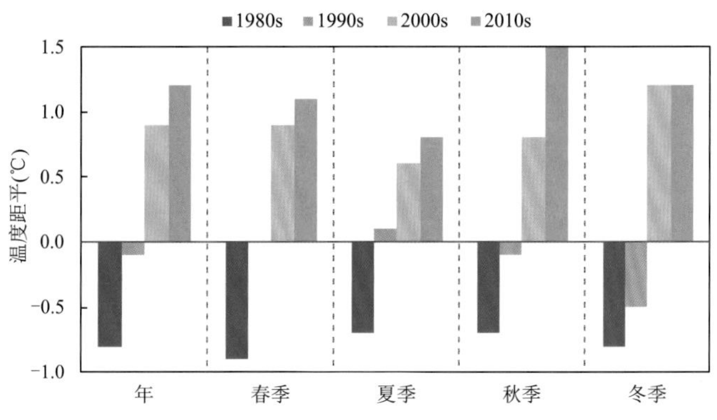

图 5.2　1981—2020 年羌塘自然保护区年、季平均地表温度的年代际变化

5.1.3 突变分析

通过对近 40 年(1981—2020 年)自然保护区年和四季 T_{ms} 进行 M-K 突变检验发现(图 5.3a),年 T_{ms} 的 UF 曲线在 1981—1983 年趋于下降,从 1984 年开始快速上升,与 UB 曲线在 1998 年相交,且超过临界线 1.96,确定在 1998 年发生了突变,其中 1993—2020 年 T_{ms} 增加趋势超过了 0.05 显著性检验临界线,表明年 T_{ms} 升高趋势是十分显著的;突变前、后 T_{ms} 平均分别为 3.1 ℃和 4.6 ℃,突变后较突变前升高 1.5 ℃。同理,四季 T_{ms} 均发生了突变,突变时间分别出现在 1998 年、1994 年、2005 年和 2001 年(图 5.3b～e),以夏季最早,秋季最晚。

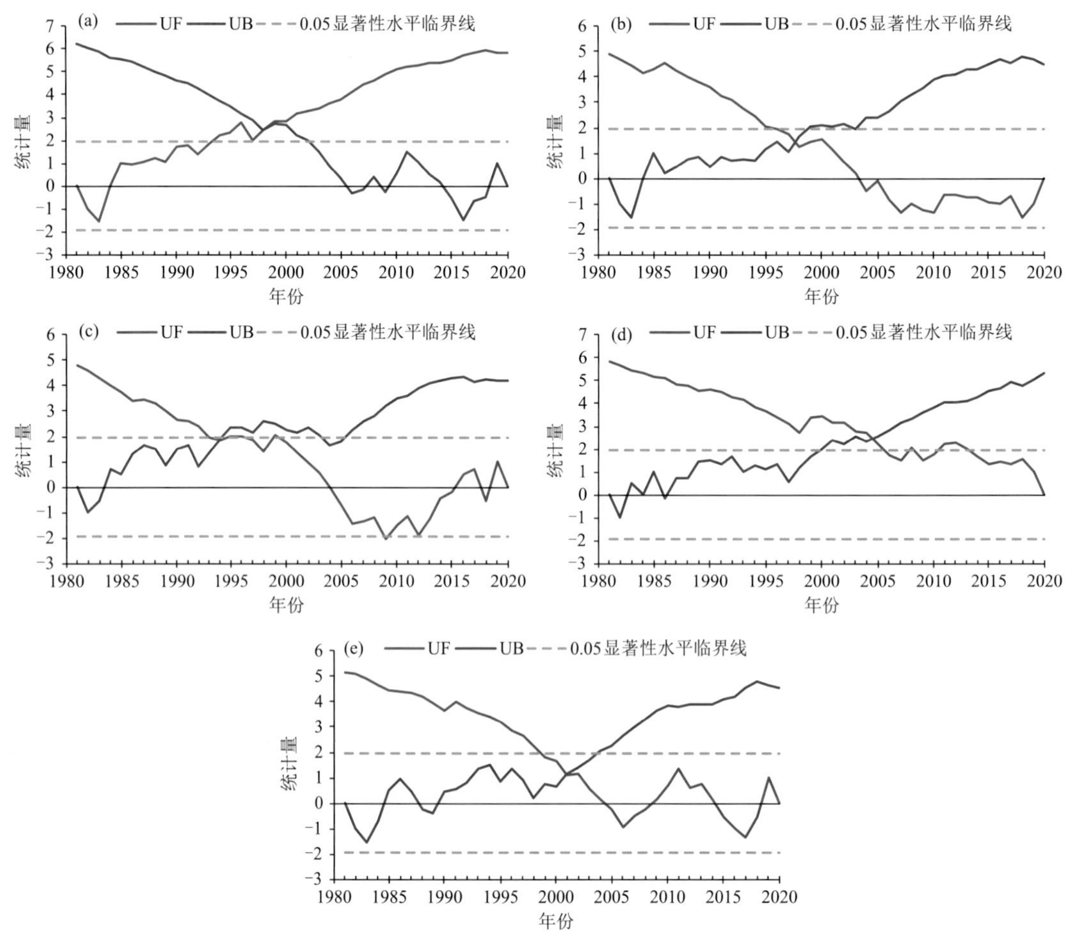

图 5.3 1981—2020 年羌塘国家级自然保护区年、季 T_{ms} 的 M-K 检验

(a. 年,b. 春季,c. 夏季,d. 秋季,e. 冬季)

5.2 湖泊

董斯扬等(2014)认为近半个世纪以来,伴随着全球变暖及其影响下的冰川消融、冻土退化,青藏高原地区的湖泊因补给条件差异而分别表现出扩张、萎缩、稳定三种状态,整体上以扩

张趋势为主，其中 1991—2010 年是湖泊扩张最显著的时期。

羌塘自然保护区湖泊众多，大于 10 km^2、100 km^2 湖泊分别有 154 个和 2 个，总面积分别为 7 098.38 km^2 和 2 596.58 km^2；大于 300 km^2 的湖泊主要有多格错仁(393.3 km^2；王苏民等，1998)、多尔索洞错(366.65 km^2)和鲁玛江东错(324.8 km^2；王苏民 等，1998)。闫立娟等(2016)分析表明，20 世纪 70 年代至 90 年代，自然保护区除中部湖泊趋于扩张，其他大部分湖泊均出现不同程度的萎缩；而 2000 年前后至 2010 年前后自然保护区大部分湖泊面积以扩张为主。其中，2009 年多格错仁、多尔索洞错、鲁玛江东错、赤布张错和多格错仁强错 5 个湖泊面积较 1990 年前后分别增加了 27.5%、32.2%、6.1%、15.2%和 70.9%。

李林等(2013)选取自然保护区 MSS、TM、ETM^+ 数据和 1∶100000 地形图，以 85°E 为中心线，将研究区划分成为东、西两部分，解译了该区域面积大于 1 km^2 的所有湖泊(表 5.2)。结果发现，1975—1990 年自然保护区湖泊个数和总面积都在减小，湖泊呈退缩状态。湖泊个数由 1975 年的 388 个减小到 1990 年的 277 个，面积由 6 603.3 km^2 减少到 1990 年的 5 539.7 km^2，面积减少了 16.1%。1990 年以后，湖泊数量和面积又呈大幅度增加趋势，到 2005 年湖泊个数增加到 441 个，湖泊总面积达 9 652.2 km^2，比 1990 年增加了 4 112.5 km^2，增幅达 74.2%。东、西部湖泊具有相同的变化趋势，但变幅西部远小于东部。

表 5.2　自然保护区湖泊数量和面积变化(李林 等，2013)

时间	湖泊数量(个)	湖泊总面积(km^2)	西部湖泊数(个)	西部湖泊面积(km^2)	东部湖泊数(个)	东部湖泊面积(km^2)
1975 年	388	6 603.3	143	2 609.6	245	3 993.7
1990 年	277	5 539.7	91	2 347.7	186	3 190.9
2005 年	441	9 652.2	128	3 298.9	313	6 353.3
1975—1990 年	−111(−28.6%)	−1 063.6(−16.1%)	−52(−36.4%)	−261.9(−10.0%)	−59(−24.1%)	−802.8(−20.1%)
1990—2005 年	164(59.2%)	4 112.5(74.2%)	37(40.7%)	951.2(40.5%)	127(68.3%)	3 163.4(99.2%)
1975—2005 年	53(13.7%)	3 048.9(46.2%)	−15(−10.5%)	689.3(26.4%)	68(27.8%)	2 359.6(59.1%)

李林等(2013)选取区域内郭扎错、鲁玛江东错、多格错仁、多格错仁强错、若拉错 5 个较大的湖泊(图 5.4)作为研究对象。采用万玮等(2010)构建的湖泊变化强度指数(μ 值)分析湖泊变化情况(图 5.5，表 5.3)。分析表明，1975—1990 年，除了鲁马江东错 μ 值大于 0，为微弱扩

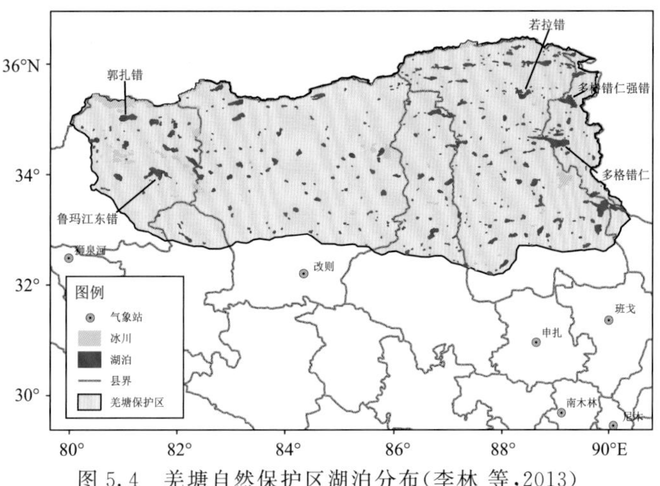

图 5.4　羌塘自然保护区湖泊分布(李林 等，2013)

张趋势以外，其他 4 个湖泊均表现出退缩趋势。1990—2005 年，东、西部湖泊变化趋势不同，东部的多格错仁、多格错仁强错和若拉错扩张较大，尤其是若拉错，μ 值达到 10.51%，多格错仁和多格错仁强错也分别达到 5.06%和 4.68%，东部湖泊均为扩张趋势，且东部 3 个湖泊的扩张程度远大于其他时间；而西部湖泊变化幅度不大，鲁玛江东错为微弱扩张，郭扎错则微弱退缩。2005 年以后，东部 3 个湖泊呈扩张趋势，西部 2 个湖泊呈退缩趋势，但此阶段各个湖泊变化的强度都很小，均小于 1%。总体来说，西部湖泊的变化强度远小于东部湖泊。

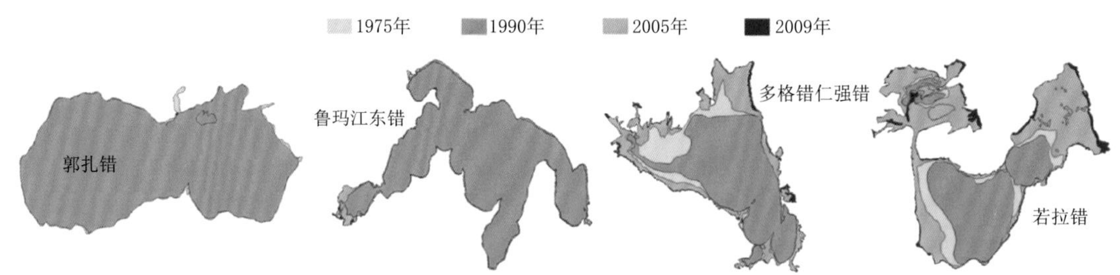

图 5.5　1975—2009 年羌塘自然保护区湖泊面积变化(李林 等,2013)

表 5.3　羌塘自然保护区湖泊变化及变化强度指数(李林 等,2013)

湖泊名称	1975 年面积(km^2)	1990 年面积(km^2)	2005 年面积(km^2)	2009 年面积(km^2)	1975—1990 年 μ 值	1990—2005 年 μ 值	2005—2009 年 μ 值
郭扎错	252.30	249.80	249.45	245.78	−0.06	−0.01	−0.30
鲁玛江东错	347.78	352.49	372.52	370.26	0.09	0.38	−0.12
多格错仁	327.62	266.90	469.47	472.13	−1.23	5.06	0.12
多格错仁强错	248.89	193.11	328.83	338.73	−1.49	4.68	0.60
若拉错	92.39	71.96	185.47	193.72	−1.46	10.51	0.88

5.2.1　郭扎错

张伟华等(2021)基于 1975 年郭扎错地形图、1992—2018 年 TM/ETM＋和 GF1－WFV 等卫星遥感影像资料，分析近 44 年(1975—2018 年)郭扎错湖泊面积的变化，结果显示该湖泊面积呈波动式下降趋势(图 5.6)，总体上面积萎缩了 3.22 km^2(萎缩 1.30%)，平均每 10 年萎缩 0.98 km^2($P<0.05$)。郭扎错水域面积波动较大，具体表现为：1975—1992 年增加 3.36 km^2(增长 1.34%)；1994—1999 年增加 4.74 km^2(增长 1.89)%；2009—2012 年增加 3.17 km^2(增长 1.28%)；1999—2004 年面积减少 2.9 km^2(萎缩 1.16%)；2006—2009 年减少 6.41 km^2(萎缩 2.56%)。2005 年郭扎错面积达到 250.52 km^2，为近 44 年最大；2009 年面积降至 244.11 km^2，为近 44 年最小，两者相差 11.41 km^2。

通过对比分析郭扎错面积得知，1992—2018 年在北部(Ⅰ)、东北部(Ⅱ)和南部(Ⅲ)边缘处水域范围变化较为明显(图 5.7)，其余地区受基岩山坡及阶地不发育影响无变化，其中Ⅰ处 2000 年前后萎缩明显，其次 2010 年部分区域湖泊面积也有所萎缩；Ⅱ处是郭扎错面积变化最为明显的区域，主要发生在 2001—2004 年；Ⅲ处主要在 2012—2014 年萎缩明显。

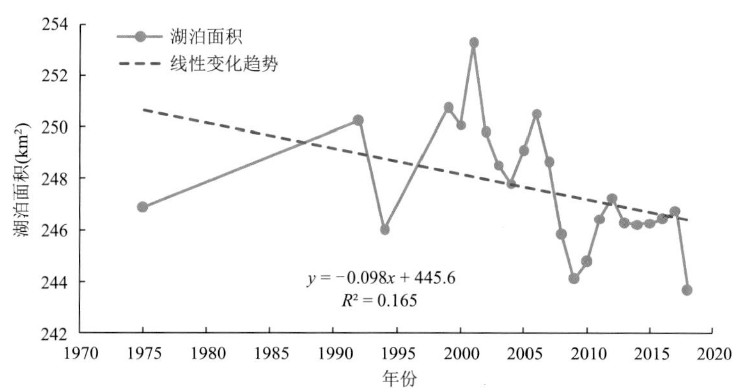

图 5.6 1975—2018 年郭扎错湖泊面积变化

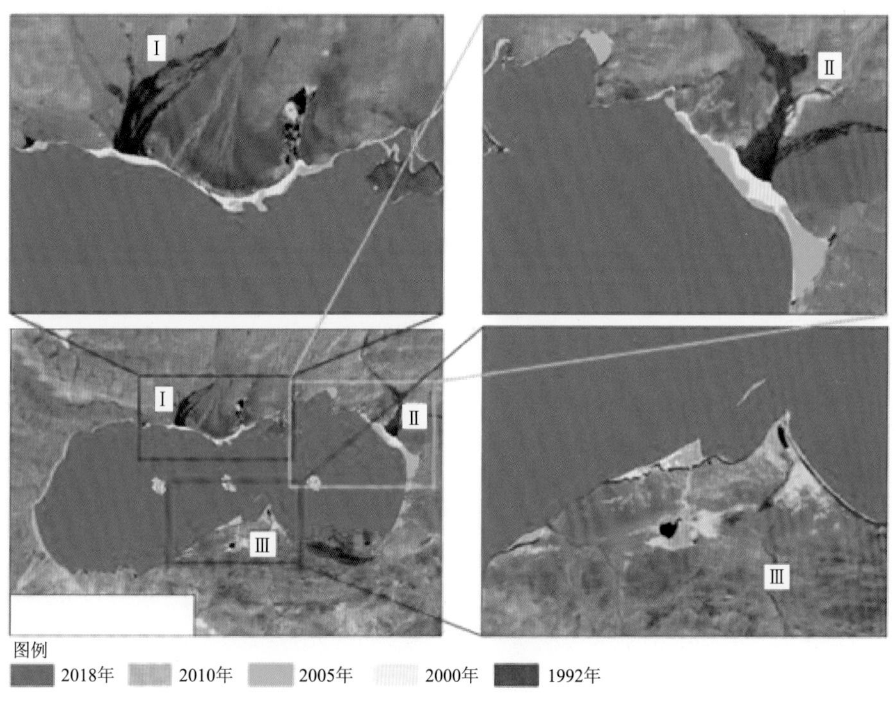

图 5.7 1992—2018 年郭扎错湖泊面积对比

5.2.2 多尔索洞错

Qiao 等(2019)分析认为,1976—1988 年赤布张错的面积略有增加,而多尔索洞错的面积在这一时期呈缩小趋势。1988—1993 年,两个湖泊都保持稳定。1993—1996 年,赤布张错面积缩小,1996—2004 年保持稳定,2005 年以后面积开始增加(5.3 km^2/a)。1996—2005 年,多尔索洞错的面积经历了快速增加;随后,2006—2016 年面积的增加速度(9.9 km^2/a)高于 1996—2005 年的速度(2.8 km^2/a)。两湖在不同时期表现出不同类型的变化,但两湖在 2005 年后均表现出快速增加的趋势。2016 年,多尔索洞错最大水深为68.7 m,水量约为 122±17.2 亿 m^3;赤布张错最大水深为 116.3 m，水量约为 162±22.7 亿 m^3。基于 Landsat 影像和卫星高度数据分析，多尔索洞错和赤布张错的水量在 2003—2014 年分别增加了 24 亿 m^3 和 20 亿 m^3，占原湖泊水量的 24.5%和 14.1%。由于赤布张错湖面海拔较高，并通过一条河道补给多尔索洞错，使得后者水量增加幅度高于前者。

本研究利用近 36 年（1984—2019 年）多源卫星影像资料，分析了多尔索洞错、米提江占木错和赤布张错的水域面积变化，结果显示：近 36 年湖泊面积呈扩张趋势（图 5.8），平均每年扩张 27.31 km^2（$P<0.001$）。1984 年，米提江占木错和赤布张错湖面已经相连，而与多尔索洞错未相通；到 2006 年多尔索洞错、米提江占木错和赤布张错湖面相连，形成一个大湖（图 5.9），3 个湖泊水域面积略微增加。2019 年湖泊水域总面积达 1 011.22 km^2，较 1984 年（822.07 km^2）扩张 189.15 km^2，扩张了 23.01%。

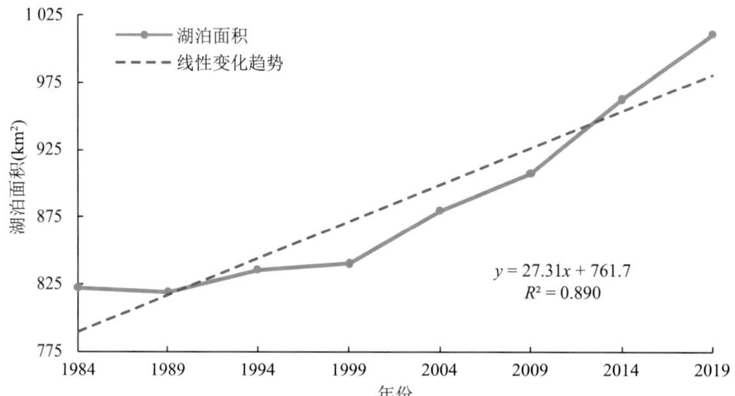

图 5.8 1984—2019 年多尔索洞错、米提江占木错和赤布张错面积变化

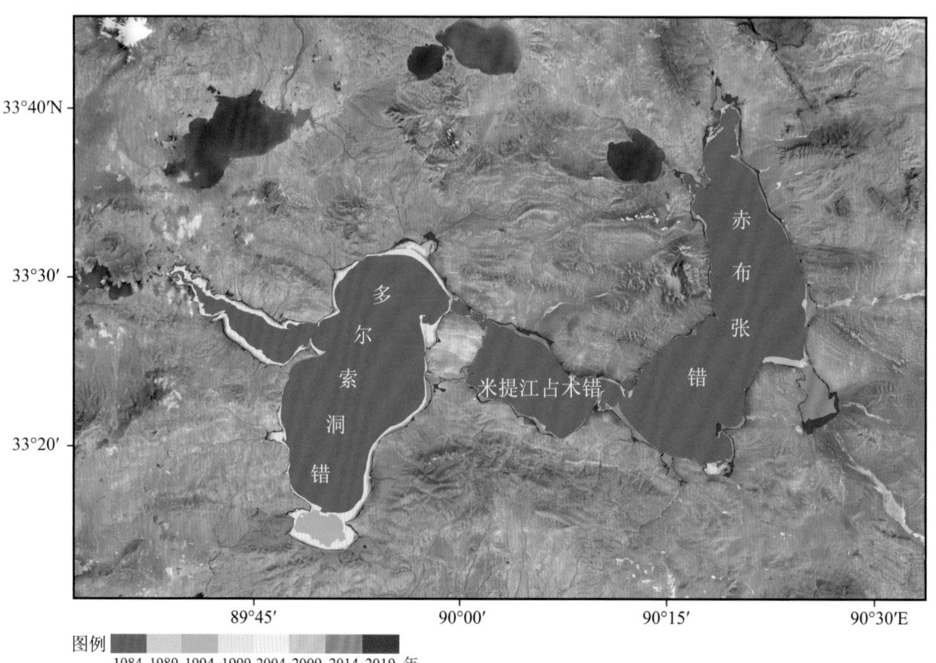

图 5.9 1984—2019 年多尔索洞错、米提江占木错和赤布张错面积变化对比

5.2.3　鲁玛江冬错

本研究通过对近 44 年(1975—2018 年)多源卫星遥感资料的分析,结果发现近 44 年鲁玛江冬错湖面面积总体呈上升趋势(图 5.10),增加率为 2.93 km^2/a。具体表现为:1975—1992 年湖泊面积有所增加,扩张了 4.78 km^2;1992—2000 年湖泊面积也呈增加趋势,增加了 3.46 km^2;2000 年以后湖泊面积持续增长,其中 2007 年发生突增,湖泊面积达 376.30 km^2,与 1975 年相比,增长了 9.49%;2000—2017 年湖泊面积共扩张了 49.18 km^2,扩张率为 13.98%。2017 年,鲁玛江冬错面积达到历史最高,为 401.69 km^2,较 1975 年(343.67 km^2)扩张了 57.42 km^2,扩张率为 16.71%。2018 年湖泊面积较 2017 年略有缩小,为历史第 2 高值,与 1975 年比较,面积扩张了 55.82 km^2,扩张率为 16.24%。

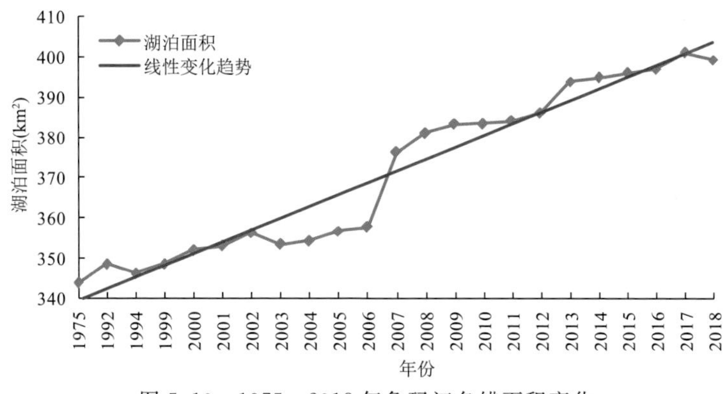

图 5.10　1975—2018 年鲁玛江冬错面积变化

从湖泊面积空间变化来看(图 5.11),鲁玛江冬错水域面积向四周均有扩展,西南部和东部变化最明显。2000 年与 1992 年比较,鲁玛江冬错湖面变化较明显的区域位于该湖的西南

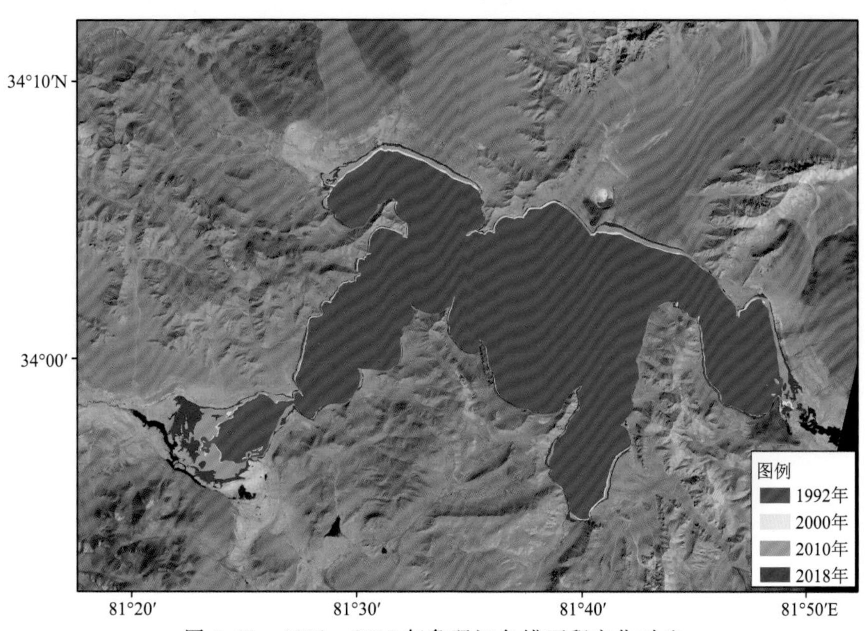

图 5.11　1992—2018 年鲁玛江冬错面积变化对比

部和东部，均向外扩张。同样，2018 年与 1992 年相比，扩张方向与前者相同，且扩张得更为明显。2010 年湖泊扩大较为显著，2018 年达到最大。

5.3 植被

5.3.1 植被指数

植被是陆地生态系统的重要组成部分。归一化植被指数(NDVI)作为反映植被生长状况的最佳表征指标，指数越大，植被覆盖度越高。近年来，很多学者利用 NDVI 研究了青藏高原植被的动态变化，总体上青藏高原 NDVI 值呈幅度较小的增加趋势(王青霞 等，2014；陆晴 等，2017；孟梦 等，2018；卓嘎 等，2018)。吴晓萍等(2014)研究表明，2001—2010 年东部研究区 NDVI 增加的区域面积为 122 457.54 km^2，减小的区域面积为 38 850.26 km^2，整体上 NDVI净增加面积为 83 607.28 km^2，区域覆盖度总体趋于上升，主要分布在安多县、尼玛县东部、班戈县北部，即自然保护区的缓冲区东部、若拉核心区和实验区东部；中部研究区 NDVI 减少的区域面积为66 344.28 km^2，增加的区域面积为 49 021.13 km^2，整体上 NDVI 净减小面积为17 323.15 km^2，覆盖度总体下降，研究区植被退化较为严重，主要分布在改则县，即自然保护区的缓冲区中部、美马错核心区东部、玛依核心区西部和实验区中部；西部研究区 NDVI 减小的区域面积为 33 498.31 km^2，增加的区域面积为 22 523.80 km^2，整体上 NDVI 减小面积为 10 974.51 km^2，覆盖度总体下降，主要分布在日土县东部、革吉县，即自然保护区的缓冲区西部、美马错核心区西部和实验区西部。杜军等(2020b)研究指出，1999—2015 年自然保护区 NDVI 的变化总体上趋于增加，平均每 10 年增加 0.0068。其中，1999—2013 年自然保护区 NDVI 表现为显著的增加趋势，15 年来增幅达 25.3%，平均每 10 年增加 0.0184，植被覆盖度明显增加；2014—2015 年 NDVI 趋于下降。

5.3.1.1 数据与方法

(1)数据来源及预处理方法

数据为每个月最大值合成的 MODIS NDVI，空间分辨率为 1 km，来自国家气象中心，已经进行了大气校正、辐射校正和几何校正。在研究植被覆盖变化趋势时，使用最大值合成法 MVC(Maximum Value Composites)获取生长季(6—9 月)NDVI 数据作为年最大 NDVI 数据，下文中年 NDVI 数据均为年最大 NDVI。

(2)Sen+Mann-Kendall 趋势分析

线性回归法要求时间序列数据符合正态分布，并且易受噪声干扰。Sen 趋势度是经过计算序列的中值，它可以很好地降低噪声的干扰，但其本身不能实现序列趋势显著性判断，而 Mann-Kendall 方法本身对序列分布无要求且对异常值不敏感，因此引入该方法可完成对序列趋势显著性检验。2000—2020 年 MODIS NDVI 时间序列数据由于受于大气和云层等因素的影响，很可能存在部分异常值，并且该序列的分布特征无定论，所以采用上述两种方法结合可以增强方法的抗噪性，并在一定程度上提高检验结果的准确性(王佃来 等，2013)。

(3)Sen 趋势度计算公式

$$\beta = \text{Medin}\left(\frac{x_j - x_i}{j - i}\right), \forall j > i \tag{5.1}$$

使用趋势度(β)来判断时间序列趋势的升降，当 $\beta>0$ 时，时间序列呈上升的趋势，反之呈下降的趋势。

Mann-Kendall 趋势检验法过程如下：对于序列 $X_t=(x_1,x_2,\cdots,x_n)$，先确定所有对偶值 $(x_i,x_j,\ j>i)$ 中 x_i 与 x_j 的大小关系(设为 S)。

假设 H_0：序列中的数据随机排列，即无显著趋势，H_1：序列存在上升或下降单调趋势。检验统计量 S 由式(5.2)计算：

$$S=\sum_{i=1}^{n-1}\sum_{j=i+1}^{n-1}\operatorname{sgn}(x_j-x_i) \tag{5.2}$$

$$\operatorname{sgn}(x_j-x_i)=\begin{cases}1 & x_j-x_i>0\\0 & x_j-x_i=0\\-1 & x_j-x_i<0\end{cases} \tag{5.3}$$

根据时间序列长度 n 值不同，显著性检验统计量也有所不同。

当 $n<10$ 时，统计量(S)进行双边趋势检验。在给定显著性水平 α 下，如果 $|S|\geqslant S_{\alpha/2}$，则拒绝 H_0 认为原序列存在显著趋势，否则接受 H_0 认为序列趋势不显著。如果 $S>0$，则认为序列存在上升趋势，$S=0$，无趋势，$S<0$ 认为序列存在下降趋势。

当 $n\geqslant10$ 时，统计量(S)近似服从标准正态分布，使用检验统计量 Z 进行趋势检验，Z 值由式(5.4)计算：

$$Z=\begin{cases}\dfrac{S-1}{\sqrt{\mathrm{VAR(S)}}} & S>0\\0 & S=0\\\dfrac{S+1}{\sqrt{\mathrm{VAR(S)}}} & S<0\end{cases} \tag{5.4}$$

式中，$\mathrm{VAR(S)}=\left(n(n-1)(2n+5)-\sum_{i-1}^{m}t_i(t_i-1)(2t_i+5)\right)/18$；$n$ 是序列中数据个数，m 是序列中结(重复出现的数据组)的个数，t_i 是结的宽度(第 i 组重复数据组中的重复数据个数)。同样采用双边趋势检验，在给定显著性水平 α 下，在正态分布表中查得临界值 $Z_{1-\alpha/2}$，当 $|Z|\leqslant Z_{1-\alpha/2}$ 时，接受原假设，即趋势不显著；若 $|Z|>Z_{1-\alpha/2}$，则拒绝原假设，即认为趋势显著。

本研究中时间序列 $n=21$(2000—2020 年)，所以采用检验统计量 Z 来进行趋势检验，最终结果分为 5 级：极显著减少(slope<0，$P\leqslant0.01$)、显著减少(slope<0，$0.01<P\leqslant0.05$)、变化不显著($P>0.05$)、显著增加(slope>0，$0.01<P\leqslant0.05$)、极显著增加(slope>0，$P\leqslant0.01$)。

(4)变异系数

变异系数(CV)反映变异程度，广泛应用于波动水平的分析中，即标准差与平均值的比值(李璠 等，2017)。

$$\mathrm{CV}=\frac{\mathrm{SD_{NDVI}}}{\overline{\mathrm{DNVI}}} \tag{5.5}$$

式中，$\mathrm{SD_{NDVI}}$ 为逐年 NDVI 的标准差；$\overline{\mathrm{NDVI}}$ 为逐年 NDVI 的平均值。CV 值消除了单位和平均值不同对 2 个或多个变量变异程度比较的影响。文中采用变异系数分析 21 年间羌塘自然保护区逐个像元的 CV 值，揭示草原植被稳定性变化特征。并按几何间隔法将稳定性分为 5 类：高稳定(0.017≤CV≤0.055)、较高稳定(0.056≤CV≤0.058)、中等稳定(0.059≤CV≤

0.096）、较低稳定（0.097≤CV≤0.692）、低稳定（0.693≤CV≤9.954）。

5.3.1.2 NDVI 空间分布

羌塘自然保护区幅员辽阔，地形变化大，区域内气候差别明显，NDVI 空间分布差异较大。2000—2020 年羌塘自然保护区 NDVI 的平均值为 0.138，从空间分布上看（图 5.12），呈东南高、西北低的分布特征。3 个功能区多年平均 NDVI 差异较小，实验区 NDVI 最大为 0.155，缓冲区和核心区均为 0.133。

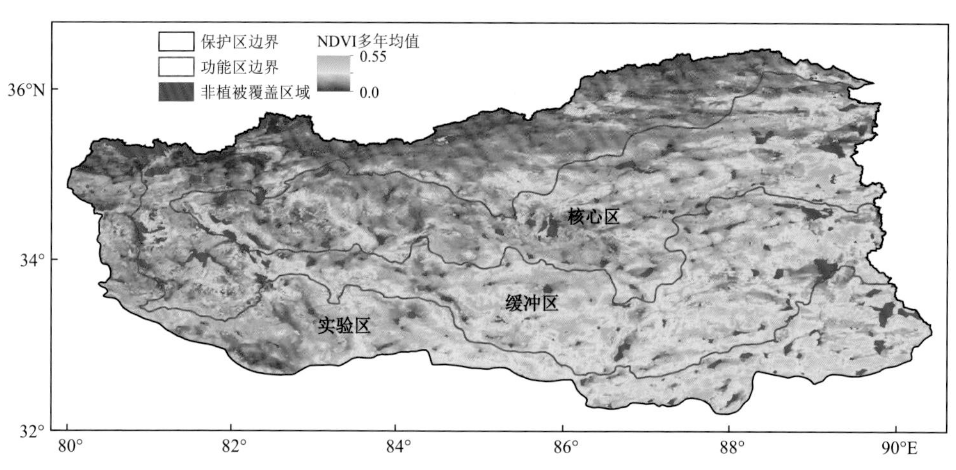

图 5.12　2000—2020 年自然保护区 NDVI 的空间分布

5.3.1.3 NDVI 时空稳定性分析

本研究采用变异系数（CV）来分析 2000—2020 年 NDVI 的年际间稳定性程度（表 5.4，图 5.13）。如表 5.4 所示，不论是自然保护区或是 3 个功能区均以较低稳定度分布最大（占自然保护区的 47.86%，分别占实验区、缓冲区和核心区的 44.82%、49.39%和 47.61%），其次是中等稳定度分布。以上 2 种稳定度（较低稳定度和中等稳定度）在自然保护区所占比例为 86.66%，在实验区、缓冲区和核心区 3 个功能区中分别占 85.26%、87.04%和 87.08%。高稳定度在自然保护区仅占 9.92%，在实验区、缓冲区和核心区 3 个功能区中分别占 11.47%、9.48%和 9.49%，实验区的高稳定度分布明显比缓冲区、核心区要高。

表 5.4　2000—2020 年自然保护区 NDVI 稳定度分布占比（%）

分级	缓冲区	核心区	实验区	自然保护区
高稳定	9.48	9.49	11.47	9.92
较高稳定	1.97	2.00	2.33	2.06
中等稳定	37.65	39.47	40.44	38.80
较低稳定	49.39	47.61	44.82	47.86
低稳定	1.52	1.43	0.94	1.36

5.3.1.4 NDVI 趋势分析

对羌塘自然保护区 2000—2020 年 NDVI 的变化趋势分析（图 5.14a），结果显示，自然保

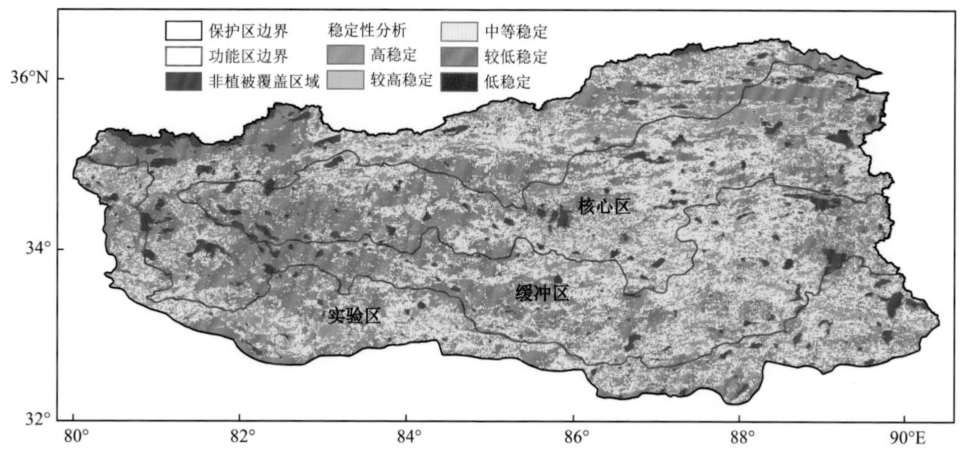

图 5.13 2000—2020 年自然保护区 NDVI 稳定度的空间分布

护区 NDVI 变化率为 0.005/10a。各功能区与自然保护区变化趋势一致，均呈缓慢上升趋势。其中，变化速率实验区为 0.004/10a，缓冲区为 0.006/10a，核心区为 0.008/10a，以核心区上升趋势较为明显。

如表 5.5 所示，在自然保护区和 3 个功能区上，都是保持不变的占比最高，其中自然保护区为 53.74%，3 个功能区中以实验区保持不变的比例最大(74.26%)，核心区保持不变的比例最小(42.23%)，缓冲区为 51.17%；极显著改善的区域占比在羌塘自然保护区为 29.49%，在 3 个功能区中，核心区和缓冲区都超过了 30%；显著改善的区域占羌塘自然保护区面积的 15.65%，占实验区、缓冲区和核心区 3 个功能区的面积分别为 12.62%、14.67%和 19.61%；显著改善和极显著改善的区域在整个羌塘自然保护区占比为 45.14%，其中核心区达到 57.27%，缓冲区为 47.43%，这 2 个功能区的植被明显得到改善，而实验区显著改善和极显著改善的面积只占 24.47%。羌塘自然保护区植被显著变差和极显著变差的区域占比仅为 1.11%，其中核心区为 0.5%。

从植被变化趋势显著性的空间分布(图 5.14b)来看，羌塘自然保护区的东部和北部植被改善的显著性很高，这也说明 2000—2020 年羌塘自然保护区植被长势趋好。

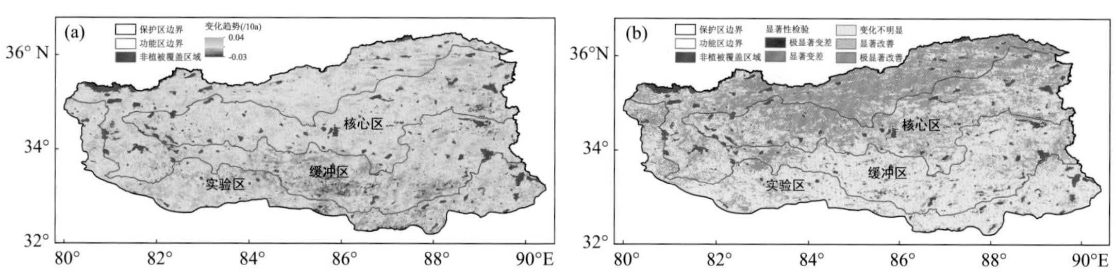

图 5.14 2000—2020 年自然保护区 NDVI 变化的空间分布

(a. 变化趋势，b. 变化趋势显著性)

表 5.5　2000—2020 年自然保护区 NDVI 变化趋势显著性各区占比(%)

分级	缓冲区	核心区	实验区	羌塘自然保护区
极显著改善	32.76	37.66	11.85	29.49
显著改善	14.67	19.61	12.62	15.65
极显著变差	0.46	0.19	0.34	0.35
显著变差	0.94	0.31	0.93	0.76
变化不明显	51.17	42.23	74.26	53.74

5.3.2　草地气候生产潜力

自然植被净初级生产力(NPP),也称净第一性生产力,是指植物群落在自然环境条件下,通过光合作用,在单位时间、单位面积上所积累的有机干物质的数量,是由光合作用所产生的有机质总量中扣除自养呼吸后的剩余部分(Lieth et al.,1975)。植被 NPP 是地表碳循环的重要组成部分,能反映植被群落在自然环境条件下的实际生产能力,表征陆地生态系统的质量状况。植被 NPP 广泛应用于植被长势监测、土地利用评价、区域生态规划、生态效益评估等方面。目前关于植被 NPP 估算的统计模型有根据气温、降水建立的 Miami 模型(Lieth,1972)、基于蒸散建立的 Thornthwaite Memorial 模型(Lieth et al.,1972)、根据净辐射和辐射干燥度建立的 Chikugo 模型(Uchijima et al.,1985)等;朱志辉(1993)改进 Chikugo 模型建立了北京模型,周广胜等(1996)联系植物生理生态特性和水热平衡关系建立了综合植被模型。张宪洲(1993)、侯光良等(1990)分别利用 Miami 模型、Thornthwaite Memorial 模型、Chikugo 模型对中国自然植被 NPP 进行了分析,并对模型估算精度进行了比较。另外,中国学者在模型的推广应用方面也做了不少探索(李英年 等,2007;云文丽 等,2008;普宗朝 等,2009;孙善磊 等,2010;代海燕 等,2018)。遥感和地理信息系统技术使在空间上和时间上大范围的植被 NPP 估算成为可能,促进了植被 NPP 从传统测量向模型估算转变,研究人员根据遥感资料和植被生物量建立了很多植被 NPP 遥感反演模型(王兮之 等,2001;朱文泉 等,2007;侯富强 等,2012;史晓亮 等,2016)。尽管遥感反演模型能较真实反映陆地植被 NPP 时空分布状况,且具有以面代点、监测方便等优势,但大多由于地面观测数据较少,遥感数据的分辨率不高,植被指数受背景干扰严重等原因导致遥感反演模型预估精度不高;而 Miami 模型和 Thorthwaite Memorial 模型仍然在简单明确、方便易用等方面具有优势,能反映影响植被生长发育的气温、降水和蒸散等关键因子特点,也能客观表述不同生态环境下植被 NPP 状况,所以在植被 NPP 估算中仍然得到广泛应用。

5.3.2.1　数据来源与预处理

(1)DEM 数据和行政边界

高程 DEM 数据空间分辨率为 30 m,来自 http://gdex.cr.usgs.gov/gdex,行政边界数据采用国家基础地理信息中心发布的 1∶400 万西藏行政区划数据。

(2)历史气象数据和未来气候情景数据

自然保护区附近 5 个气象站 1971—2018 年逐日降水量、气温资料由西藏自治区气象信息网络中心提供,已经做过质量控制。作为对比标准值的自然保护区内 1960—1990 年年平均气温、年降水量栅格数据(Hijmans et al.,2005)从 http://www.worldclim.org/current 下载,采用“国际耦合模式比较计划”(CMIP5)中(Moss et al.,2010;Taylor et al.,2012)预估RCP4.5、RCP8.5下的模拟结果(Vuuren et al.,2011),采用BBC-CSM1.1、MRI-CGCM3、HadGEM2-ES、IPSL-CM5A-LR、INMCM4等共14种模式进行预估,以等权重加权法预估21世纪中期(2041—2060年)和21世纪后期(2061—2080年)的年平均气温和年降水量。这些模式的输出结果已被证实对青藏高原地区地表气温和降水气候态的空间分布型和空间变率具备较高的模拟能力(胡芩 等,2015)。

5.3.2.2　NPP计算

基于Miami模型和Thornthwaite Memorial模型,利用自然保护区附近气象站年平均气温和年降水量计算自然保护区附近植被NPP,同时根据自然保护区历史气候栅格数据和气候预估数据分别计算历史(1960—1990年)和未来不同时期(2041—2060年和2061—2080年)的植被NPP,公式分别为

Miami模型:

$$\mathrm{NPPt} = 30\,000/(1 + \mathrm{e}^{1.315-0.1196T}) \tag{5.6}$$

$$\mathrm{NPPr} = 30\,000(1 - \mathrm{e}^{-0.000664R}) \tag{5.7}$$

Thornthwaite Memorial模型:

$$\mathrm{NPPe} = 30\,000(1 - \mathrm{e}^{-0.0009695(E-20)}) \tag{5.8}$$

其中,

$$E = 1.05R/[1 + (1.05R/L)^2]^{1/2} \tag{5.9}$$

$$L = 300 + 25T + 0.05T^3 \tag{5.10}$$

式中,T为年平均气温(℃),R为年降水量(mm),E为实际年蒸散量(mm);L为年平均最大蒸散量(mm),是年平均气温(T)的函数。

NPPt为根据Miami模型和年平均气温计算的植被气温NPP;NPPr为根据Miami模型和年降水量计算的植被降水NPP,根据Liebig最小因素定律,选择NPPt、NPPr中最小值作为计算点的植被NPP值;NPPe为根据Thornthwaite Memorial模型和年实际蒸散量计算的植被蒸散NPP。将NPPt、NPPr和NPPe中最低者作为某地的自然植被标准NPP,以NPPb表示,单位均为$(\mathrm{kg/hm^2})/\mathrm{a}$。

5.3.2.3　植被NPP及其变化

如图5.15所示,近48年(1971—2018年)羌塘自然保护区各站NPPt均表现为极显著增大趋势($P<0.01$),NPPt从西向东逐渐变小,其中狮泉河站大部分年份最大,安多站所有年份均最小(图5.15a);各站NPPr波动较大,增加不明显($P>0.05$),NPPr与NPPt空间分布特征正好相反,表现为从西部向东部逐渐增大,其中狮泉河站所有年份最小,安多站大部分年份最大(图5.15b);NPPe和NPPb除安多站增大显著外($P<0.05$),其余各站变化均不明显,空间分布上表现为从西部向东部先增大后减小,其中狮泉河和改则站的NPPe、NPPb均较小(图5.15c);NPPb与NPPe曲线非常相似,只是个别年份略有差异(图5.15d),大部分年份NPPe能够代表NPPb来表征植被NPP的变化特征。

对比发现(表5.6),年平均气温增温率西部为0.58 ℃/10a,中部为0.53 ℃/10a,东部为0.30~0.46 ℃/10a,整个区域增温率为0.45 ℃/10a($P<0.01$);年降水量增加率西部−0.7 mm/10a,中部13.7 mm/10a,东部14.4~22.4 mm/10a,区域增加率为12.9 mm/10a,各站均未通过显著性检验;实际年蒸散量从东部到西部表现为先增大再减小特征,各站年际变

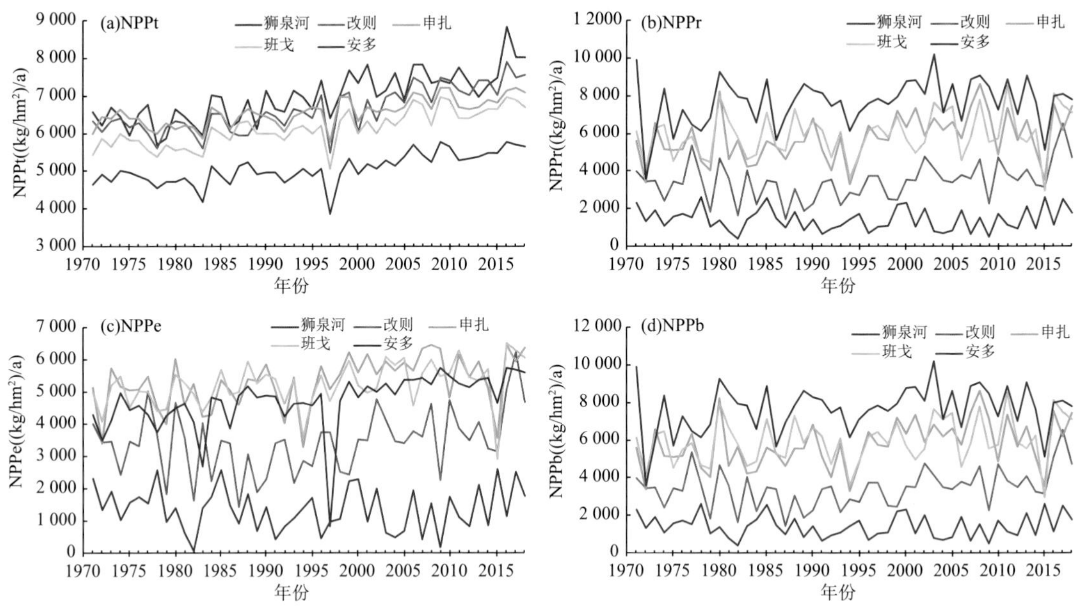

图 5.15　1971—2018 年自然保护区附近 5 个气象站植被 NPP 的年际变化

化不明显。从近 48 年平均值来看，狮泉河、改则由降水决定的 NPPr 不及 NPPt，接近由蒸散决定的 NPPe，初步认为降水量是植被 NPP 的限制因子；而申扎、班戈、安多蒸散量可能为植被 NPP 的限制因子。利用近 48 年的 NPPb 与气温、降水量和蒸散量建立线性回归模型发现，三者均与 NPPb 成极显著正相关（$P<0.001$）。在只考虑单因素对 NPPb 的影响时，气温每升高（降低）0.1 ℃，NPPb 将增加（减少）41.1 $(kg/hm^2)/a$；降水量每增加（减少）1.0 mm，NPPb 将增加（减少）9.2 $(kg/hm^2)/a$；蒸散量每增加（减少）1.0 mm，NPPb 将增加（减少）24.5 $(kg/hm^2)/a$。

表 5.6　1971—2018 年 5 个气象站气象要素和平均植被 NPP 及其线性变化倾向率

区域		西部	中部	东部			5 站平均
		狮泉河	改则	申扎	班戈	安多	
T	平均（℃）	0.98	0.44	0.35	−0.37	−2.35	−0.19
	倾向率（℃/10a）	0.58***	0.53***	0.30***	0.46***	0.40***	0.45***
R	平均（mm）	73.7	185.8	324.7	335.6	447.5	273.5
	倾向率（mm/10a）	−0.7	13.7	22.4	14.4	14.9	12.9
E	平均（mm）	74.2	161.2	224.6	219.6	198.7	175.7
	倾向率（mm/10a）	−0.4	11.0**	10.3**	8.5	13.5	8.6**
NPPt	平均（$(kg/hm^2)/a$）	6 978.1	6 633.6	6 570.1	6 144.9	5 068.7	6 279.1
	倾向率（$(kg/hm^2)/10a$）	371.8***	331.5***	184.8***	267.8***	202.9***	271.8***
NPPr	平均（$(kg/hm^2)/a$）	1 426.7	3 462.2	5 785.8	5 962.8	7 677.6	4 863.0
	倾向率（$(kg/hm^2)/10a$）	−14.1	237.6	357.2	222.5	232.0	207.0
NPPe	平均（$(kg/hm^2)/a$）	1 524.7	3 821.3	5 387.2	5 270.2	4 759.6	4 152.6
	倾向率（$(kg/hm^2)/10a$）	−13.8***	276.4***	244.0***	201.3***	330.4***	207.6***
NPPb	平均（$(kg/hm^2)/a$）	1 371.8	3 449.6	5 316.2	5 241.9	4 738.3	4 023.6
	倾向率（$(kg/hm^2)/10a$）	−20.5	236.1***	252.2***	191.7***	316.4***	195.2***
	限制因子	*R*	*R*	*E*	*E*	*E*	*E*

对自然保护区附近 5 个气象站 1971—2018 年各年代的 NPPt、NPPr、NPPe 及 NPPb 平均值进行差异显著性比较发现(表 5.7),NPPt 在不同年代随着气温的升高逐年代增大,20 世纪 80—90 年代相对于 20 世纪 70 年代显著增大,21 世纪初的 20 年与 20 世纪所有年代相比均显著增大($P<0.05$),说明 NPPt 发生了较为显著的年代际变化。NPPr 在 20 世纪不同年代变化不明显,21 世纪初的 20 年与 20 世纪 70—90 年各年代相比增大显著,NPPe、NPPb 与 NPPr 的年代际变化特征相似。整体来看,自然保护区的植被 NPP 主要气候限制因子是由气温和降水共同决定,但 NPPe 不是所有年份都最小;当地实际年蒸散量(E)与年降水量(R)的比值及年平均最大蒸散量(L)与年降水量(R)的比值能够表述年干燥程度,自然保护区附近水热配比年代际差异不显著,年最大蒸散量及年平均实际蒸散量与降水量变化趋势一致性较强;整个区域 NPPt 大于 NPPr,NPPt 与 NPPr 的比值呈微弱增大趋势。

表 5.7　1971—2018 年自然保护区附近 5 个气象站平均植被 NPP 的年代际变化

时段	NPPt ((kg/hm²)/a)	NPPr ((kg/hm²)/a)	NPPe ((kg/hm²)/a)	NPPb ((kg/hm²)/a)	NPPt/NPPr	L/R	E/R
1971—1980 年	5 860.0	4 643.9	3 982.9	3 866.9	1.31	1.10	0.67
1981—1990 年	5 972.8	4 594.6	3 840.1	3 736.8	1.30	1.09	0.64
1991—2000 年	6 180.1	4 630.8	3 908.2	3 778.1	1.35	1.12	0.65
2001—2010 年	6 655.1	5 254.9	4 470.3	4 334.0	1.28	1.06	0.64
2011—2018 年	6 839.6	5 272.9	4 663.7	4 496.6	1.34	1.12	0.67

5.3.2.4　植被 NPP 限制性气象因子分析

对各植被 NPP 做差值运算,以便能更清楚地描述植被 NPP 限制因子的年际变化。植被气温 NPP 与植被降水 NPP 的差值(NPPt－NPPr)变化显示(图 5.16a),狮泉河站年际间呈极显著增大趋势($P<0.01$),改则站增大不明显,且两站大部分年份均大于 2000 (kg/hm²)/a,显然降水是该区域植被 NPP 的限制因子;申扎、班戈站差值变化曲线在 0 值线附近上下波动,气温和降水可能交替成为限制因子,所以受蒸散影响更大;安多站变化曲线几乎全在 0 值线以下,气温是该站绝大部分年份植被 NPP 的限制因子。植被气温 NPP 与蒸散 NPP 的差值(NPPt－NPPe)从西部的狮泉河站到东部的安多站逐渐减小(图 5.16b),但几乎都大于 0,仅安多 2001 年后小于 0 的年份增多。安多站可能由于气温明显升高导致蒸散变化,致使 NPPe 的增大幅度大于 NPPt 增大幅度,限制因子有从蒸散转换为气温的趋势。植被降水 NPP 与蒸散 NPP 的差值(NPPr－NPPe)显示(图 5.16c),安多站均值在 3 000 (kg/hm²)/a 上下波动,且均大于 400 (kg/hm²)/a,表明降水不是该地植被 NPP 的限制因子;狮泉河和改则站大部分年份小于 0,降水应该是当地植被 NPP 的主要限制因子,申扎站大部分年份在 0 值线附近上下波动,降水和蒸散交替成为限制因子;班戈、安多站大部分年份大于 0,蒸散在该区域起到明显的主导作用。植被蒸散 NPP 与植被标准 NPP 的差值(NPPe－NPPb)均小于 600 (kg/hm²)/a,申扎、班戈、安多站大部分年份等于 0,狮泉河、改则站大部分年份大于 0(图 5.16d),说明申扎、班戈、安多站植被 NPP 表现为大部分年份由气温和降水共同决定,而狮泉河、改则站 NPPe 则并非最小,可能是因为这两站大部分年份受降水少限制而导致 NPPr 小于 NPPe。由此可初步推断,研究区植被 NPP 的限制因子西部和中部主要是降水,而东部主要为蒸散,东部限制因子有从蒸散转换为气温的趋势。

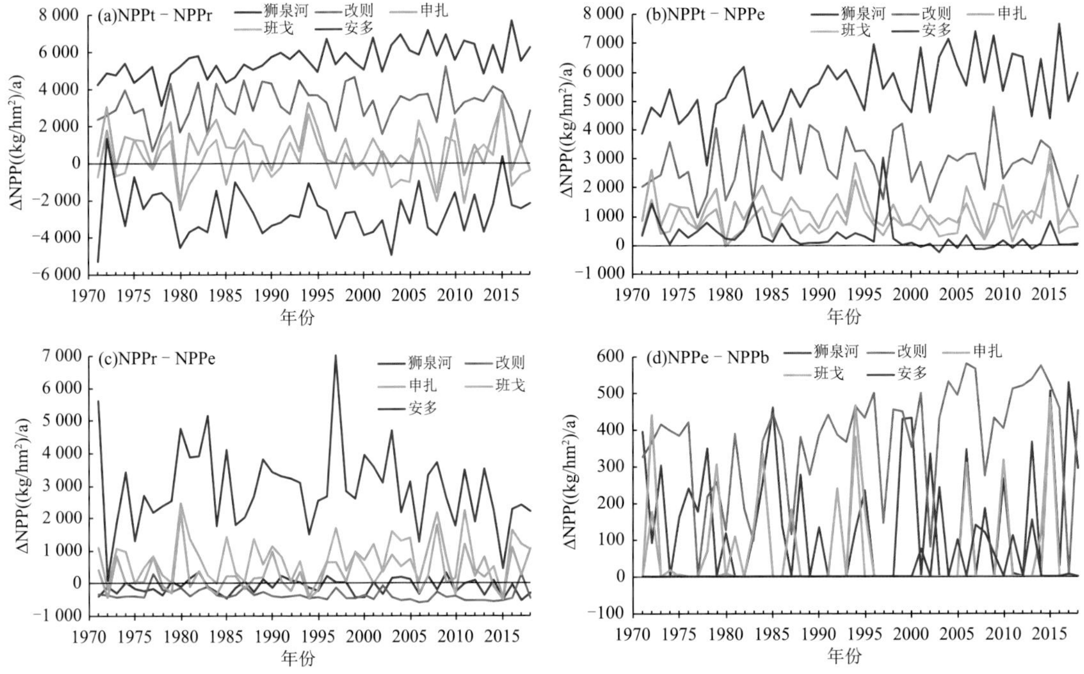

图 5.16　1971—2018 年自然保护区附近 5 个气象站植被 NPP 差值的年际变化

5.3.2.5　模拟基准期气候条件下植被 NPP 及其限制因子

为了研究自然保护区植被 NPP 的常态空间分布情况，利用 1960—1990 年的年平均气温和年降水量栅格数据分别对区域 NPPt、NPPr、NPPe、NPPb 进行计算。结果显示，NPPt 在核心区为 2 001～4 000 (kg/hm^2)/a，大部分地区为 3 001～4 000 (kg/hm^2)/a；以核心区为界，北部缓冲区情况与核心区类似，南部缓冲区为 3 001～5 000 (kg/hm^2)/a，南部缓冲区明显高于北部缓冲区；实验区主要分布在自然保护区的南部边缘，除两端少部分区域较小外，大部分区域为 4 001～6 000 (kg/hm^2)/a，西南部部分区域在 6 001～7 000 (kg/hm^2)/a(图 5.17a)。由于降水量与地理位置、地形及雨季早晚紧密相关，NPPr 呈从西北部向东南部增大的带状分布，分布条带与纬度线呈一定夹角，其中西北部为 1 001～2 000 (kg/hm^2)/a，东南部为 3 001～5 000 (kg/hm^2)/a(图 5.17b)。NPPe 是气温和降水综合效应的结果，自然保护区大部分地区为 1 001～3 000 (kg/hm^2)/a，南部为 3 001～4 000 (kg/hm^2)/a，整体表现为西北部较小，东南部较大；区域上降水比气温影响大，小范围气温影响也很明显(图 5.17c)。NPPb 与 NPPe 空间分布极为相似，仅在实验区的西南部稍有区别(图 5.17d)。

对 1960—1990 年平均气候态下的 NPPt、NPPr、NPPe 和 NPPb 分别进行栅格差值运算，结果表明，NPPt 与 NPPr 的差值(NPPt－NPPr)在自然保护区西部为 1 001～3 000 (kg/hm^2)/a，中部 1～2 000 (kg/hm^2)/a，东部少部分区域－999～1 (kg/hm^2)/a；缓冲区绝大部分区域在1 001～4 000 (kg/hm^2)/a，只有南部缓冲区的东部小于 0；实验区西部区域在 1 001～5 000 (kg/hm^2)/a，东部少部分区域小于 0(图 5.18a)。分析表明自然保护区植被 NPP 西部受降水限制，东部少部分区域受气温限制，东部到西部的某些过渡区域可能受气温和降水共同决定。NPPt－NPPe 在自然保护区绝大部分区域处于 1 001～4 000 (kg/hm^2)/a，仅南部缓冲区东部和实验

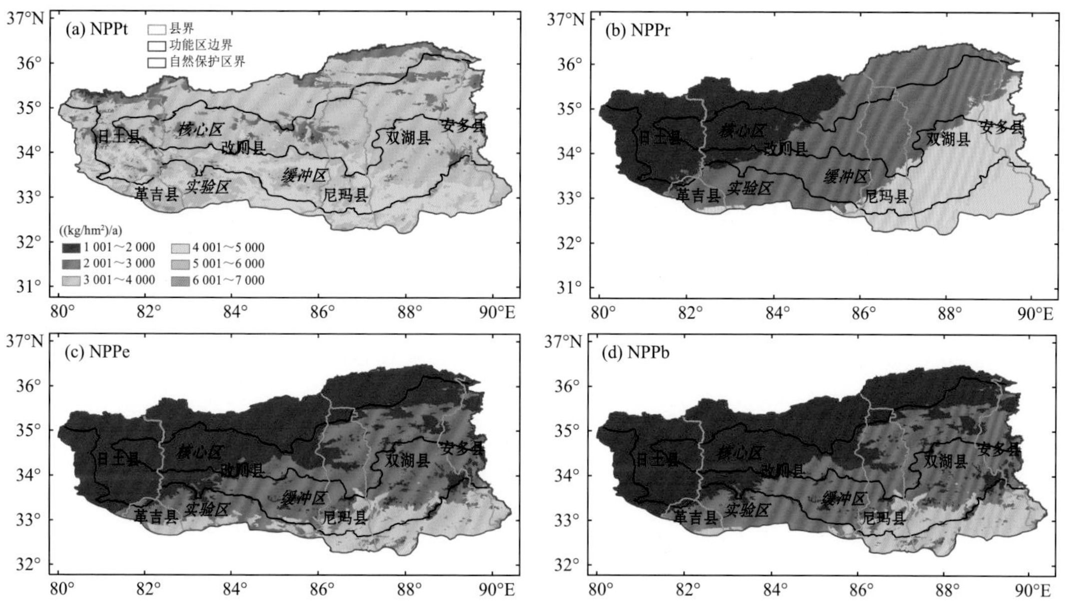

图 5.17 1960—1990 年自然保护区植被 NPP 平均值的空间分布

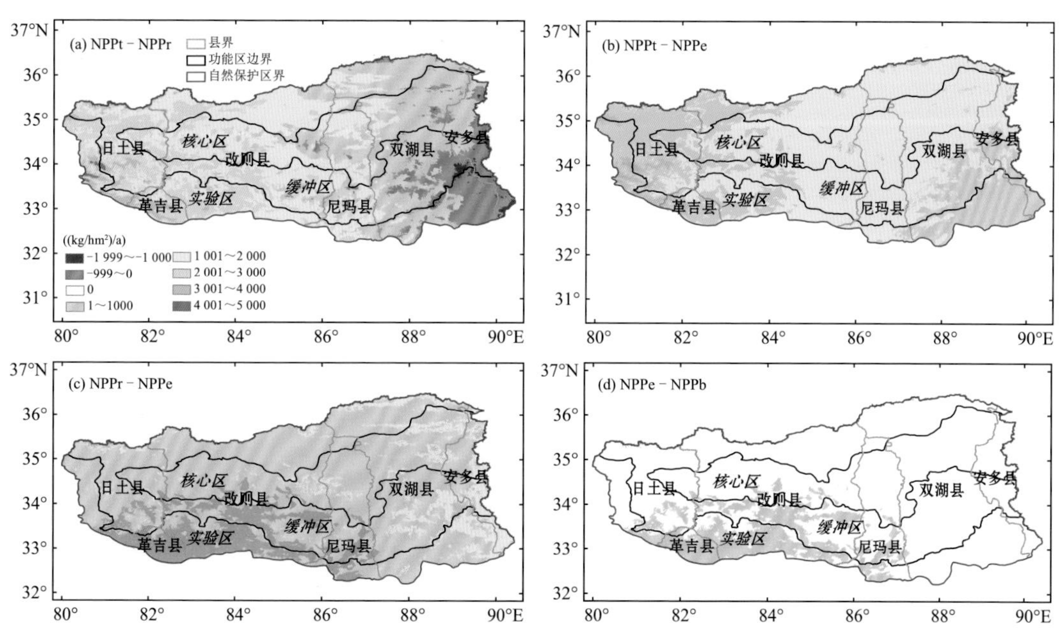

图 5.18 1960—1990 年自然保护区植被 NPP 差值的空间分布

区东部小于1 000 (kg/hm^2)/a。分析认为，整体上自然保护区植被 NPP 由气温和降水共同决定，只有东南部小部分区域受到气温限制(图 5.18b)。NPPr－NPPe 在自然保护区大部分区域在 1 000 (kg/hm^2)/a 以下，东部少部分区域为 1 001～4 000 (kg/hm^2)/a，南部缓冲区中部及实验区中部小于 0。这表明西南部主要受降水限制，其他区域受气温和降水共同决定(图 5.18c)。图 5.18d 表明，NPPe 与 NPPb 除在西南部小部分区域有很小差别外，其他区域大小一致，说明绝大部分区域植被蒸散 NPP 可以用来代表植被标准 NPP。

5.3.2.6 未来气候情景下自然保护区植被 NPP 及其限制因子

与基准期相比，在 CMIP5 气候模式 RCP4.5 情景下，21 世纪中期（2041—2060 年）相对于 1960—1990 年自然保护区内大部分区域的 NPPt 增加 501～1 500 (kg/hm²)/a，实验区西南部增加 1 001～2 000 (kg/hm²)/a（图 5.19a），均呈斑块状分布。图 5.19b 显示，NPPr 增加量呈带状分布，西北部增加 200～500 (kg/hm²)/a，中部大部分区域增加 501～1 000 (kg/hm²)/a，东南部增加 1001～1500 (kg/hm²)/a；核心区、缓冲区、实验区 NPPt 增加量均表现为东南部大于西北部。NPPe 在西部增加 1～500 (kg/hm²)/a，中部增加 501～1 000 (kg/hm²)/a，东部增加1 001～1 500 (kg/hm²)/a，极少数地区增加 1 501～2 000 (kg/hm²)/a（图 5.19c）。NPPb 与 NPPe 增加量的分布情况非常相似，NPPb 只是增加量在 1～500 (kg/hm²)/a 的面积要比 NPPe 大一些（图 5.19d）。

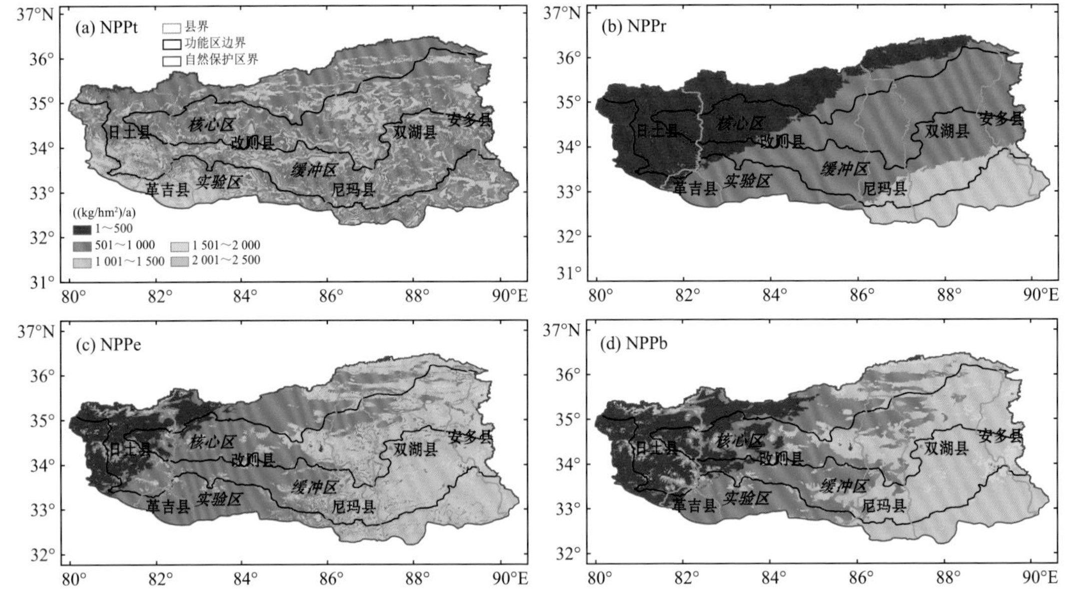

图 5.19 RCP4.5 情景下 21 世纪中期相对于 1960—1990 年自然保护区 NPP 变化的空间分布

21 世纪后期（2061—2080 年）植被 NPPt 绝大部分区域增加 501～1 500 (kg/hm²)/a，少部分区域增加 1 501～2 500 (kg/hm²)/a，极少部分区域增加 2 501～3 000 (kg/hm²)/a（图 5.20a），增加在 1 001～1 500 (kg/hm²)/a 的面积较 21 世纪中期扩大较多；NPPr 增加 200～500 (kg/hm²)/a 的面积较中期有所缩小，增加 1 001～1 500 (kg/hm²)/a 的面积有所扩大（图 5.20b）；NPPe 较 21 世纪中期增加 1～500 (kg/hm²)/a 的面积有所缩小，增加 1 001～1 500 (kg/hm²)/a 的面积明显变大（图 5.20c）；NPPb 增加情况与 21 世纪中期相比，其变化与 NPPe 较为一致（图 5.20d），其中东部增加量达 2 001～3 000 (kg/hm²)/a 的面积明显扩大。

在 RCP8.5 情景下，未来不同时期各植被 NPP 均呈增大趋势，且与 RCP4.5 情景下同期相比增加明显。21 世纪中期自然保护区绝大部分区域 NPPt 增加 501～1 500 (kg/hm²)/a，西南部增加 1 501～2 500 (kg/hm²)/a，实验区西南区域增加 1 501～3 000 (kg/hm²)/a（图 5.21a）；NPPr 增加量呈带状分布，西北部增加 200～500 (kg/hm²)/a，东南部增加 1 001～1 500 (kg/hm²)/a；与 RCP4.5 情景下同期比较，增加量在 200～500 (kg/hm²)/a 的面积明显

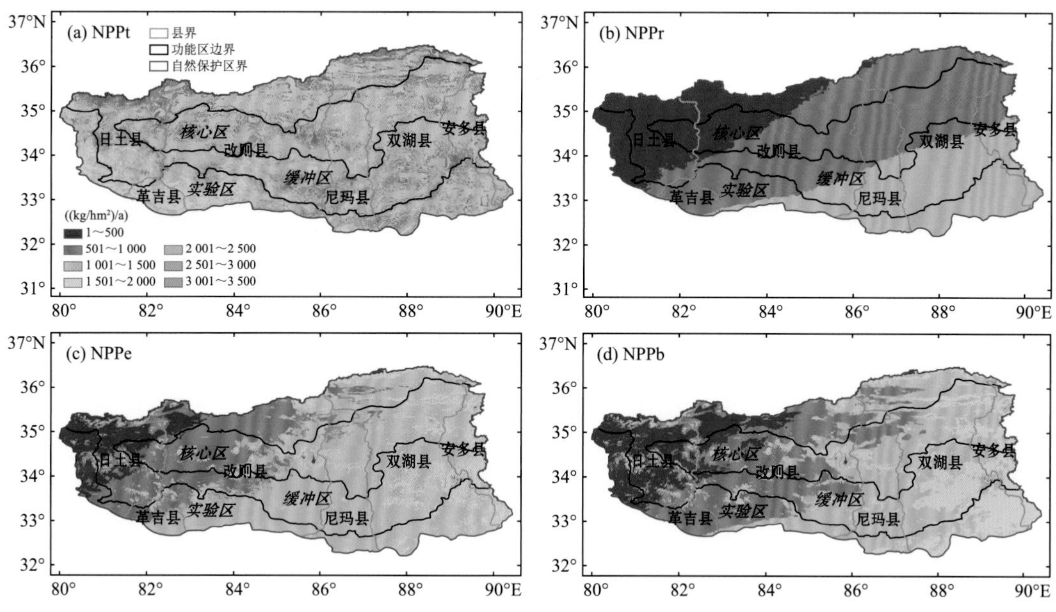

图 5.20 RCP4.5 情景下 21 世纪后期相对于 1960—1990 年自然保护区 NPP 变化的空间分布

变小，增加量在 1 001～1 500 (kg/hm²)/a 的面积明显变大(图 5.21b)；NPPe 与 RCP4.5 情景下同期比较，西部增加 200～500 (kg/hm²)/a 和 501～1000 (kg/hm²)/a 的区域面积明显缩小，而东部增加 1 501～2 500 (kg/hm²)/a 的区域面积明显变大，且东部局地增加 2 001～3 000 (kg/hm²)/a(图 5.21c)；与 RCP4.5 情景下同期比较，NPPb 增加 1 001～1 500 (kg/hm²)/a 的面积变化不大，但增加 2 001～2 500 (kg/hm²)/a 的区域明显变大(图 5.21d)。

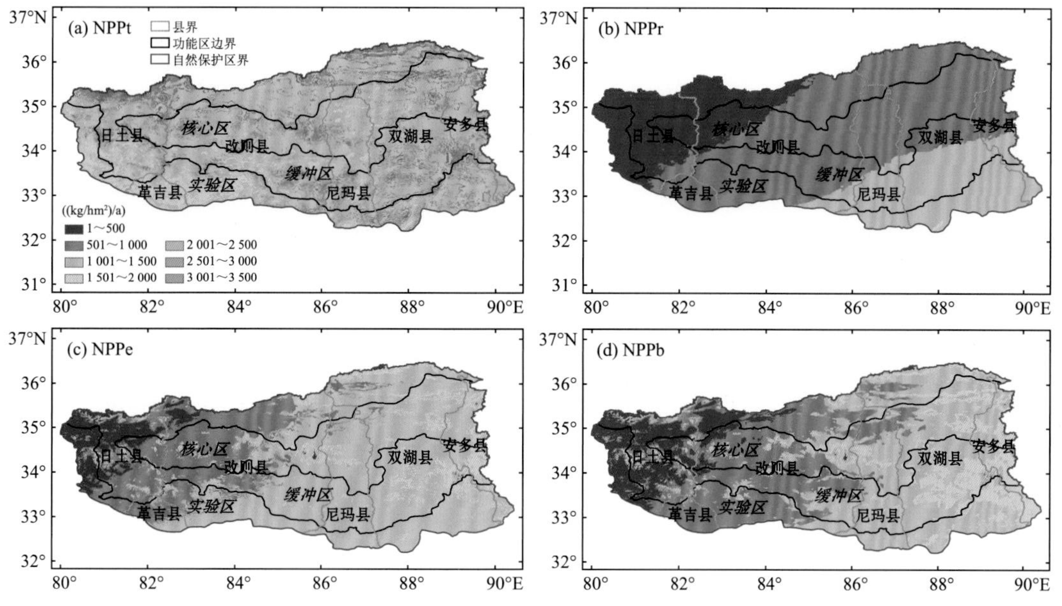

图 5.21 RCP8.5 情景下 21 世纪中期相对于 1960—1990 年自然保护区 NPP 变化的空间分布

21 世纪后期，植被 NPPt 在大部区域增加 1 501～3 000 (kg/hm²)/a，部分区域增加达 3 001～3 500 (kg/hm²)/a，增加量的分布呈斑块状镶嵌分布(图 5.22a)；在相同排放情景下，NPPr 较 21 世纪中期增加 200～500 (kg/hm²)/a 的面积明显缩小，增加 1 501～2 000 (kg/hm²)/a 的面积明显增大，实验区东南部少部分区域增加量达 2 001～2 500 (kg/hm²)/a(图 5.22b)；NPPe 较 21 世纪中期增加 1～1 000 (kg/hm²)/a 的面积明显缩小，增加 1 501～2 500 (kg/hm²)/a 的面积大幅增加，东南部出现增加 2 501～3 500 (kg/hm²)/a 的区域(图 5.22c)；NPPb 与 21 世纪中期相比增加值较小的面积明显变小，且出现了较大范围增加 2 001～3 000 (kg/hm²)/a 的区域(图 5.22d)。

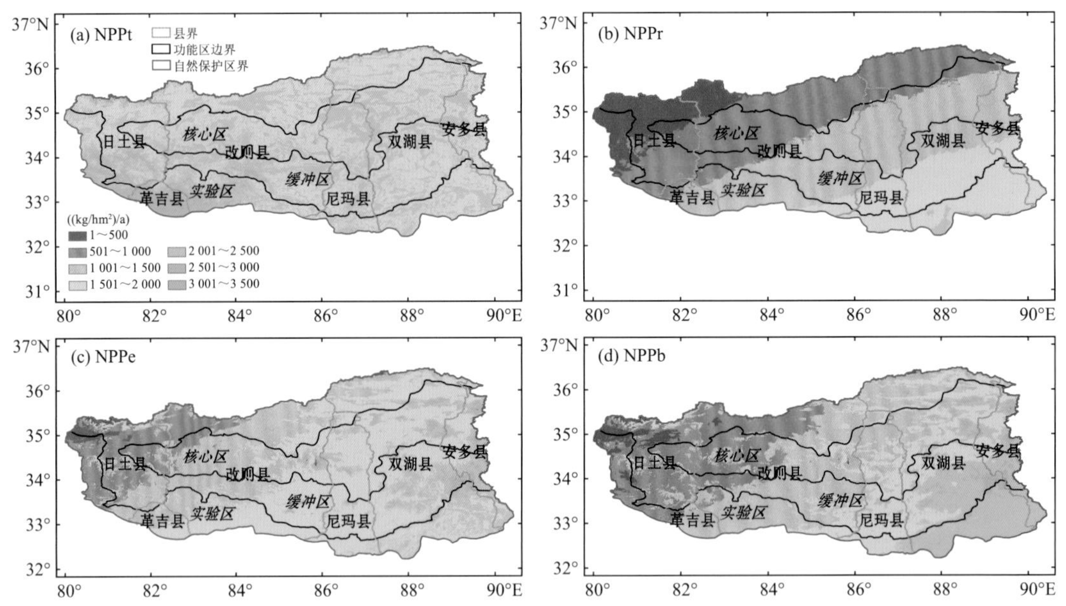

图 5.22　RCP8.5 情景下 21 世纪后期相对于 1960—1990 年自然保护区 NPP 增加值的空间分布

5.4　生态环境质量评价

生态指标与生态评价体系的建立是衡量一个地区生态环境质量的基础。依据各区域的特点，选取适用于该区域的生态指标参数有利于提高生态环境监测的精度。西藏作为国家生态安全屏障，具有重要的战略地位，通过生态指标筛选构建西藏高原生态环境的评价体系，对西藏生态环境的动态变化进行客观、全面的评价具有十分重要的意义。目前，诸多学者采用多种方法进行了各种生态环境的评价(朱丽 等，2009；张久华 等，2011；Vannier et al.，2011；Gan et al.，2017；刘盼 等，2018；张晓彤 等，2018；张学玲 等，2018)。对于羌塘国家级自然保护区这种人为干扰少、基本上为自然环境的区域，本研究基于植被和气象数据构建生态环境质量评价指数(EEq)。

5.4.1　数据来源

遥感数据采用全球陆表特征参量卫星(Global Land Surface Satellite)的产品，简称为 GLASS 产品，是中国首套拥有独立知识产权的全球陆表遥感高级产品，可用于全球变化研究的遥感数据集。本研究使用的数据包括叶面积指数(LAI)、植被覆盖度(FVC)、净植被初级生产力(NPP),数据均为 8 日合成,时段为 2000—2018 年。数据下载后均经过镶嵌、重投影和掩膜处理,统一分辨率为 0.01°×0.01°,在进行指标计算时,LAI、FVC 数据为 6—9 月最大值合成的多年平均,NPP 数据为 6—9 月累加后的多年平均。

气象数据来自中国气象局国家气象信息中心的 CLDAS2.0 产品,时段为 2008—2017 年,包括“CLDAS 大气驱动场产品 V2.0”的降水量和 2 m 气温、“CLDAS 地表温度分析产品 V2.0”的地表温度和“CLDAS 土壤体积含水量分析产品 V2.0”的 0～5 cm 土壤湿度。在对这 4 种数据分析后,发现地表温度与 2 m 气温的相关性很好,羌塘自然保护区 0～5 cm 土壤湿度信息很少。因此,气象数据最终选取了降水量(PRE)和 2 m 气温(TMP)。气象数据空间分辨率为 0.0625°×0.0625°,重新采样为 0.01°×0.01°,为了保持时间尺度一致,遥感和气象数据的时段统一采用 2008—2017 年,均剔除水体、裸地和常年雪覆盖区域。

5.4.2　生态环境评价方法

5.4.2.1　遥感及气象数据转化为真实值

经过重投影、掩膜,计算各指标年值和多年平均值等处理后,依照数据说明,将其转化为真实值。

LAI:2 000 是填充值,2 500 是水体,有效值范围是 0～1 000,单位是 m^2/m^2,对于非特殊的灰度值(DN),LAI 的计算为:LAI=DN×0.01。

FVC:255 是填充值,有效值范围是 0～250,对于非特殊的 DN 值,FVC 的计算为:FVC=DN×0.004。

NPP:65 535 是填充值,有效值范围是 0～3 000,单位是 gC/(m^2 · d),对于非特殊的 DN 值,NPP 的计算为:NPP=DN×0.01×8。

TMP:−999 是填充值,单位是 K,对于非特殊的 DN 值,TMP 的计算为:TMP=DN−273.15。

PRE:−999 是填充值,单位是 mm,PRE 就是 DN 值。

5.4.2.2　数据标准化

为消除多因子不同量纲的影响,首先将评价指标进行标准化处理。标准化的方法如下:

$$Z_{ij} = \frac{y_{ij} - y_j^{\min}}{y_j^{\max} - y_j^{\min}} \qquad i = 1,2,\cdots,n, j = 1,2,\cdots,m \tag{5.11}$$

式中,$y_j^{\max}$、$y_j^{\min}$ 分别为 G_j 指标的最大值和最小值。

5.4.2.3　均方差决策法计算权重

在羌塘自然保护区剔除裸地、湖泊、河流、冰雪外,共 284 866 个数据像元。计算方法为:各指标做标准化,然后计算各指标的均方差,将这些均方差归一化,其结果即为各指标的权重系数(表 5.8)。

表 5.8　各指标均方差及权重

指标	LAI	FVC	NPP	TMP	PRE
均方差	0.113	0.0495	0.1765	0.1425	0.0863
权重	0.20	0.09	0.31	0.25	0.15

生态环境质量评价指数(EEq)的计算为:

$$EEq = LAI \times 0.19 + FVC \times 0.07 + NPP \times 0.28 + TMP \times 0.23 + PRE \times 0.23 \tag{5.12}$$

参考高江波等(2016)的分级标准,本研究采用标准差的方法将 EEq 值分为 5 个等级,即低质量区(0.040≤EEq≤0.091)、较低质量区(0.091<EEq≤0.193)、中等质量区(0.193<EEq≤0.295)、较高质量区(0.295<EEq≤0.397)、高质量区(0.397<EEq≤0.758)。

稳定分析和趋势分析采用 5.3.1 节中的方法。

5.4.3 生态环境质量评价

5.4.3.1 空间分布

图 5.23 给出了近 10 年(2008—2017 年)羌塘自然保护区 EEq 的空间分布,总体来看,自然保护区 EEq 呈自东南向西北变小趋势。近 10 年自然保护区 EEq 平均值为 0.244。其中,低质量区的面积只占自然保护区植被总面积的 0.93%,主要分布在自然保护区北部边缘;较低质量区的面积占自然保护区植被总面积的比例最高,为 38.02%,主要分布在北部缓冲区、核心区中西部、南部缓冲区西北部以及实验区西北部;中等质量区的面积占自然保护区植被总面积的 32.43%,主要分布在核心区东部、南部缓冲区的西部和实验区西部;较高质量区的面积占自然保护区植被总面积的 17.38%,主要位于南部缓冲区的中东部和实验区中部;高质量区的面积占自然保护区植被总面积的 11.24%,主要分布于实验区东部。总体来看,低质量区和较低质量区的面积占自然保护区植被总面积的 38.95%,较高质量区和高质量区的面积占自然保护区植被总面积的 28.62%,这说明羌塘自然保护区生态质量中等偏差。

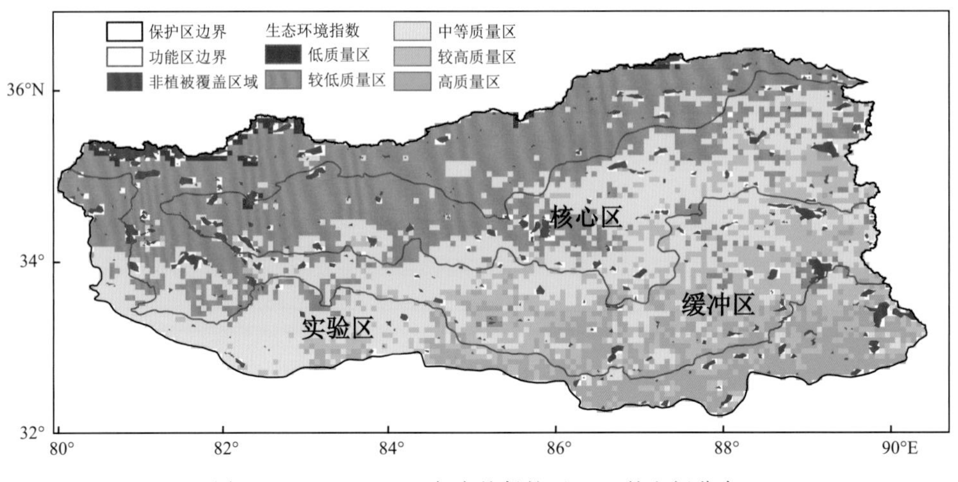

图 5.23 2008—2017 年自然保护区 EEq 的空间分布

从羌塘自然保护区 3 个功能区 EEq 来看(表 5.9),实验区、缓冲区、核心区中低质量区和较低质量区的面积占该区植被总面积比例分别为 12.06%、46.62%、46.98%;较高质量区和高质量区的面积占该区植被总面积比例分别为 50.28%、27.75%、13.23%。这表明实验区 EEq 明显好于缓冲区和核心区。

表 5.9　2008—2017 年自然保护区 EEq 所占比例(%)

分级	实验区	缓冲区	核心区
低质量区	0.00	1.81	0.14
较低质量区	12.06	44.81	46.84
中等质量区	37.66	25.62	39.79
较高质量区	19.89	19.56	11.74
高质量区	30.39	8.19	1.49

5.4.3.2　稳定性分析

利用 CV 分析了 2008—2017 年 EEq 稳定度的空间分布，从图 5.24 可知，羌塘自然保护区 EEq 低稳定度和较低稳定度主要分布在北部缓冲区的东部和西部，占自然保护区植被总面积的 23.37%；中等稳定度主要分布在缓冲区北支中部、核心区东部和西部、缓冲区南支中间区域，占自然保护区植被总面积的 43.28%；较高稳定度和高稳定度主要分布在实验区、缓冲区南支和核心区中部，占自然保护区植被总面积的 33.36%；总体来看，羌塘自然保护区 EEq 稳定度较高。

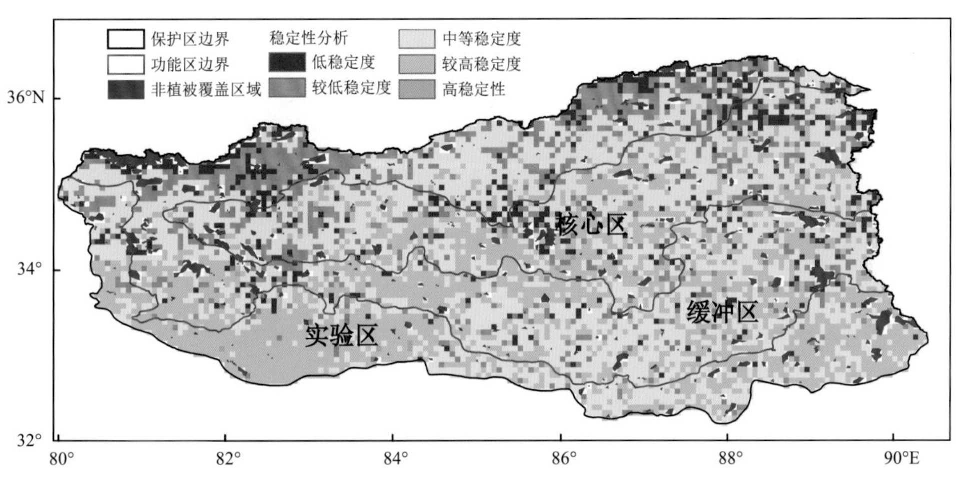

图 5.24　2008—2017 年自然保护区 EEq 稳定度的空间分布

从 3 个功能区来看(表 5.10)，实验区、缓冲区、核心区中低稳定度和较低稳定度的面积占该区植被总面积比例分别为 8.32%、29.09%、25.44%；较高稳定度和高稳定度的面积占该区植被总面积的比例分别为 57.02%、25.79%、27.64%，说明实验区 EEq 稳定度最高。

表 5.10　2008—2017 年自然保护区 EEq 稳定度在各区域所占比例(%)

分级	实验区	缓冲区	核心区
低稳定	1.61	8.55	8.27
较低稳定	6.71	20.54	17.17
中等稳定	34.66	45.12	46.92
较高稳定	56.77	25.76	27.50
高稳定	0.25	0.03	0.14

5.4.3.3 变化趋势分析

从2008—2017年羌塘自然保护区EEq的变化趋势来看(图5.25a)，自然保护区EEq下降趋势的面积略多于上升趋势的面积，两者分别占自然保护区植被总面积的55.39%和44.61%。其中，下降趋势大于0.019/10a的面积占自然保护区植被总面积的30.04%，主要位于自然保护区的南部和东部，可能与该区域人类放牧和野生动物数量增加有关；上升趋势大于0.019/10a的区域主要分布在自然保护区的西北部以及东部普若岗日冰川以北，占自然保护区植被总面积的21.30%。

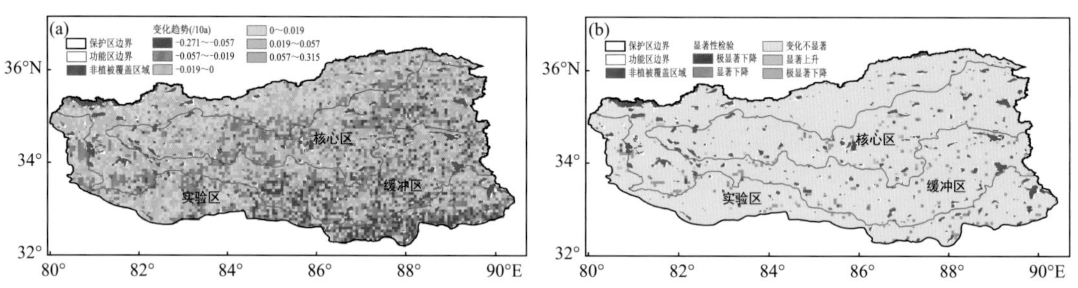

图5.25 2008—2017年自然保护区EEq变化的空间分布
(a. 变化趋势，b. 显著性)

从变化趋势的显著性检验来看(图5.25b)，下降趋势达到显著性检验($P<0.05$)的区域仅占自然保护区植被总面积的2.35%，其中达到极显著水平($P<0.01$)的区域占比为0.25%；而上升趋势达到显著性检验($P<0.05$)的区域占比为1.03%；其他绝大部分区域的变化趋势未达到显著性检验($P<0.05$)。

从2008—2017年羌塘自然保护区及3个功能区平均EEq变化(图5.26)来看，近10年自然保护区及3个功能区平均EEq波动较大。其中，2008—2011年和2013—2017年EEq趋于增大，2011—2013年为下降。实验区的EEq明显高于缓冲区和核心区，核心区的EEq最低。

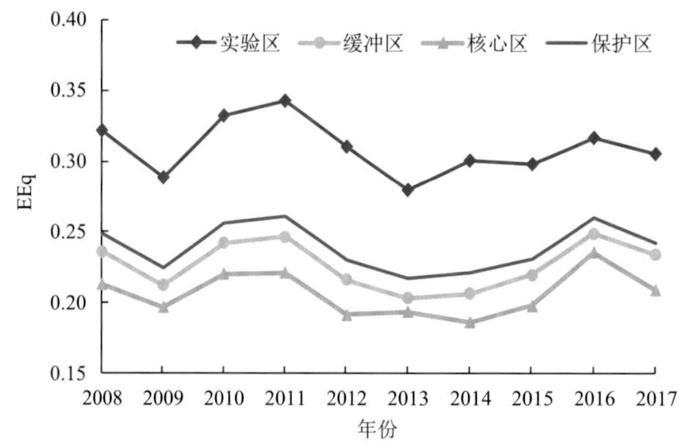

图5.26 2008—2017年自然保护区及各功能区EEq变化

参考文献

安宁,王开存,2013.利用MODIS卫星资料研究全球近10年云量变化[C]//第30届中国气象学会年会论文集.北京:中国气象学会.

蔡英,李栋梁,汤懋苍,等,2003.青藏高原近50年来气温的年代际变化[J].高原气象,22(5):464-470.

曹斌,张廷军,彭小清,等,2015.黑河流域年冻融指数及其时空变化特征分析[J].地球科学进展,30(3):357-366.

陈洁,刘玉洁,潘韬,等,2019.1961—2010年中国降水时空变化特征及对地表干湿状况影响[J].自然资源学报,34(11):2440-2453.

陈少勇,张康林,邢晓宾,等,2010.中国西北地区近47年日照时数的气候变化特征[J].自然资源学报,25(7):1142-1152.

程德瑜,1994.农业气候学[M].北京:气象出版社.

程国栋,王绍令,1982.试论中国高海拔多年冻土带的划分[J].冰川冻土,4:1-17.

程国栋,赵林,李韧,等,2019.青藏高原多年冻土特征、变化及影响[J].科学通报,64(27):2783-2795.

除多,洛桑曲珍,林志强,等,2018.近30年青藏高原雪深时空变化特征分析[J].气象,44(2):233-243.

丛振涛,倪广恒,杨大文,等,2008."蒸发悖论"在中国的规律分析[J].水科学进展,19(2):147-152.

崔志勇,周文明,2013.基于RS和GIS技术提取木孜塔格峰冰川面积变化[J].现代测绘,36(4):6-8.

代海燕,都瓦拉,王晓江,等,2018.内蒙古1981-2010年干湿气候类型和净第一性生产力演变[J].水土保持研究,25(4):222-226.

丁一汇,李霄,李巧萍,2020.气候变暖背景下中国地面风速变化研究进展[J].应用气象学报,31(1):1-12.

董斯扬,薛娴,尤全刚,等,2014.近40年青藏高原湖泊面积变化遥感分析[J].湖泊科学,26(4):535-544.

杜军,2003.西藏高原最高、最低气温的非对称变化[J].应用气象学报,14(4):437-443.

杜军,马玉才,2004.西藏高原降水变化趋势的气候分析[J].地理学报,59(3):375-382.

杜军,胡军,索朗欧珠,2005.西藏高原农业界限温度变化的气候特征分析[J].地理学报,60(2):289-298.

杜军,胡军,陈华,等,2006.雅鲁藏布江中游地表湿润状况的趋势分析[J].自然资源学报,21(2):196-204.

杜军,边多,胡军,等,2007a.西藏近35年日照时数的变化特征及其影响因素[J].地理学报,62(5):492-500.

杜军,胡军,张勇,2007b.西藏农业气候资源区划[M].北京:气象出版社.

杜军,胡军,刘依兰,等,2008a.近25年雅鲁藏布江中游蒸发皿蒸发量及影响因素的变化[J].自然资源学报,3(1):120-126.

杜军,胡军,唐述君,等,2008b.西藏羊卓雍湖流域气候干湿状况分析[J].生态学杂志,27(8):1379-1385.

杜军,杨志刚,刘建栋,2011.西藏自治区太阳能资源区划[M].北京:气象出版社.

杜军,石磊,次旺顿珠,2019a.1971—2017年羌塘自然保护区积雪对气候变化的响应[J].中国农学通报,35(5):130-138.

杜军,边多,黄晓清,等,2019b.西藏气候变化监测公报2018[M].北京:气象出版社.

杜军,周刊社,次旺顿珠,2020a.羌塘国家级自然保护区地表土壤冻结天数时空变化特征[J].生态学杂志,39(4):1121-1129.

杜军,牛晓俊,袁雷,等,2020b. 1971—2017 年羌塘国家级自然保护区陆地生态环境变化[J]. 冰川冻土,42(5):1017-1026.

段克勤,姚檀栋,王宁练,等,2008. 青藏高原南北降水变化差异研究[J]. 冰川冻土,30(5):726-732.

房巧敏,龚道溢,毛睿,2007. 中国近 46 年来冬半年日降水变化特征分析[J]. 地理科学,27(5):711-717.

冯松,1999. 青藏高原十到千年尺度气候变化的综合分析及原因探讨[D]. 兰州:中国科学院兰州高原大气物理研究所.

符传博,丹利,冯锦明,等,2019. 1960—2012 年中国地区总云量时空变化及其与气温和水汽的关系[J]. 大气科学,43(1):87-98.

高江波,侯文娟,赵东升,等,2016. 基于遥感数据的西藏高原自然生态系统脆弱性评估[J]. 地理科学,36(4):580-587.

高思如,曾文钊,吴青柏,等,2018. 1990—2014 年西藏季节冻土最大冻结深度的时空变化[J]. 冰川冻土,40(2):223-230.

高由禧,蒋世逵,张谊光,等,1984. 西藏气候[M]. 北京:科学出版社.

格桑,唐小萍,路红亚,2008. 近 35 年青藏高原雨量和雨日的变化特征[J]. 地理学报,63(9):924-930.

龚宇,刑开成,王璞,2007. 近 30 年来沧州地区日照时数与风速变化特征[J]. 中国农业气象,28(3):263-267.

巩崇水,曾淑玲,王嘉媛,等,2013. 近 30 年中国雷暴天气气候特征分析[J]. 高原气象,32(5):1442-1449.

贡觉群培,巴珠,2013. 近 40 年藏西北羌塘草原荒漠生态功能区大风时空分布特征分析[J]. 安徽农业科学,41(36):14171-14172.

郭万钦,刘时银,许君利,等,2012. 木孜塔格西北坡鱼鳞川冰川跃动遥感监测[J]. 冰川冻土,34(4):765-774.

韩世刚,唐琳,2012. 长江流域日照时数变化趋势分析[J]. 安徽农业科学,40(23):11769-11771.

韩熠哲,马伟强,王炳赟,等,2017. 青藏高原近 30 年降水变化特征分析[J]. 高原气象,36(6):1477-1486.

侯富强,李国明,阚瑷珂,2012. 基于 MODIS 数据的羌塘国家自然保护区荒漠化遥感反演与评价[J]. 物探化探计算技术,34(3):353-357.

侯光良,游松才,1990. 用筑后模型估算我国植物气候生产力[J]. 自然资源学报,5(1):60-65.

胡国杰,赵林,李韧,等,2014. 青藏高原多年冻土区土壤冻融期间水热运移特征分析[J]. 土壤,46(2):355-360.

胡琦,潘学标,邵长秀,等,2014. 1961—2010 年中国农业热量资源分布和变化特征[J]. 中国农业气象,35(2):119-127.

胡琦,董蓓,潘学标,等,2017. 1961—2014 年中国干湿气候时空变化特征及成因分析[J]. 农业工程学报,33(6):124-132.

胡芩,姜大膀,范广洲,2014. CMIP5 全球气候模式对青藏高原地区气候模拟能力评估[J]. 大气科学,38(5):924-938.

黄会平,曹明明,宋进喜,等,2015. 1957—2012 年中国参考作物蒸散量时空变化及其影响因子分析[J]. 自然资源学报,30(2):315-326.

黄菊梅,赖顶梅,向涛,等,2014. 1960—2012 年洞庭湖区日照时数的变化特征及其影响因素分析[J]. 生态学杂志,33(3):755-760.

黄瑞霞,王建光,刘志帅,等,2018. 基于主成分回归的草坪蒸散量与其影响因素的研究[J]. 草地学报,26(2):1454-1457.

黄小燕,张明军,贾文雄,等,2011. 中国西北地区地表干湿变化及影响因素[J]. 水科学进展,22(2):151-159.

加勇次成,次旺顿珠,措姆,2019. 气候变化背景下羌塘自然保护区冰雹日数时空变化特征[J]. 中国农学通报,35(18):103-109.

贾博文,侯书贵,王叶堂,2020. 1971—2015 年羌塘高原藏色岗日冰川变化[J]. 冰川冻土,42(2):307-317.

姜逢清,胡汝骥,李珍,2007. 青藏铁路沿线 1966-2004 年冻结与融化指数的变化趋势[J]. 地理学报,62(9):

935-945.

姜珊，杨太保，田洪阵，2012.1973—2010年基于RS和GIS的马兰冰川退缩与气候变化关系研究[J].冰川冻土，34(3)：522-529.

蒋宗立，张俊丽，张震，等，2019.1972—2011年东昆仑山木孜塔格峰冰川面积变化与物质平衡遥感监测[J].国土资源遥感，31(4)：128-136.

井哲帆，姚檀栋，王宁练，2003.普若岗日冰原表面运动特征观测研究进展[J].冰川冻土，25(3)：288-290.

康兴成，1996.青藏高原地区近40年来气候变化的特征[J].冰川冻土，18(增刊)：281-288.

孔锋，李颖，吕丽莉，2018a.全球变暖背景下中国大风天气气候演变特征研究[C]//中国气象学会.灾害天气监测、分析与预报.北京：中国气象学会.

孔锋，王一飞，吕丽莉，等，2018b.1961—2016年中国冰雹日数时空演变特征[J].水利水电技术，49(3)：7-16.

拉巴，格桑卓玛，拉巴卓玛，等，2016，1992—2014年普若岗日冰川和流域湖泊面积变化及原因分析[J].干旱区地理，39(4)：770-776.

拉巴次仁，来志云，索朗白玛，等，2014.近40年西藏地区雷暴事件的时空变化特征[J].高原气象，33(4)：1131-1134.

李德平，王利平，刘时银，等，2009.小冰期以来羌塘高原中西部冰川变化图谱分析[J].冰川冻土，31(1)：40-47.

李璠，徐维新，2017.2000—2015年青海省不同功能区NDVI时空变化分析[J].草地学报，25(4)：701-710.

李吉均，郑本兴，杨锡金，等，1986.西藏冰川[M].北京：科学出版社.

李景玉，张志果，徐宗学，等，2009.影响西藏地区蒸发皿蒸发量的主要气象因素分析[J].亚热带资源与环境学报，4(4)：20-29.

李林，陈晓光，王振宇，等，2010.青藏高原区域气候变化及其差异性研究[J].气候变化研究进展，6(3)：181-186.

李林，杨秀海，扎西央宗，等，2013.羌塘自然保护区湖泊变化及其原因分析[J].干旱区研究，30(3)：419-423.

李培基，1996.高亚洲积雪地理分布、季节变化与年际波动[C]//黄荣辉.灾害气候的形成过程及诊断研究.北京：气象出版社.

李述训，南卓铜，赵林，2002.冻融作用对地气系统能量交换的影响分析[J].冰川冻土，24(5)：506-511.

李帅，张勃，马彬，等，2020.基于格点数据的中国1961—2016年≥5 ℃、≥10 ℃有效积温时空演变[J].自然资源学报，35(5)：1216-1227.

李英年，赵新全，汪诗平，等，2007.黄河源区气候温暖化及其对植被生产力影响评价[J].中国农业气象，28(4)：374-377.

林云萍，赵春生，2009.中国地区不同强度降水的变化趋势[J].北京大学学报，2：18-25.

林振耀，赵昕奕，1996.青藏高原气温降水变化的空间特征[J].中国科学(D辑)，26(4)：354-358.

刘蓓，2014.青海不同地形下蒸发皿蒸发量变化及其影响因子分析[J].干旱区研究，31(3)：481-488.

刘昌明，张丹，2011.中国地表潜在蒸散发敏感性的时空变化特征分析[J].地理学报，66(5)：579-588.

刘桂芳，卢鹤立，2010.1961—2005年来青藏高原主要气候因子的基本特征[J].地理研究，29(12)：2281-2288.

刘磊，罗栋梁，2019.1977—2019年雅江流域中下游大气/地面冻融指数时空变化特征[J].冰川冻土，41(4)：1-11.

刘盼，任春颖，王宗明，等，2018.南瓮河自然保护区生态环境质量遥感评价[J].应用生态学报，29(10)：3347-3356.

刘务林，2002.世界上最后的净土——羌塘国家级自然保护区[J].森林公安，3：46-47.

刘晓东，侯萍，1998.青藏高原及其邻近地区近30年气候变暖与海拔高度的关系[J].高原气象，17(3)：245-249.

刘新伟，赵庆云，孙国武，2006.青藏高原东北侧夏季异常高温的环流特征及诊断[J].干旱气象，24(3)：42-46.

刘园，王颖，杨晓光，2010. 华北平原参考作物蒸散量变化特征及气候影响因素[J]. 生态学报，30(4)：923-932.

卢爱刚，2013. 全球变暖对中国区域相对湿度变化的影响[J]. 生态环境学报，22(8)：1378-1380.

陆晴，吴绍洪，赵东升，2017. 1982—2013 年青藏高原高寒草地覆盖变化及与气候之间的关系[J]. 地理科学，37(2)：292-300.

路红亚，林志强，洪健昌，2014. 西藏冰雹日数的时空分布特征[J]. 中国农学通报，30(20)：223-228.

罗骕翾，许永彬，2015. 西藏自治区雷暴时空分布特征[J]. 安徽农业科学，43(23)：173-176.

马晓玲，李德帅，胡淑娟，2020. 青海地区雷暴・冰雹空间分布及时间变化特征的精细化分析[J]. 气象，46(3)：301-312.

买苗，曾燕，邱新法，等，2006. 黄河流域近 40 年日照百分率的气候变化特征[J]. 气象，32(5)：62-66.

毛飞，卢志光，郑凌云，等，2006. 近 40 年那曲地区日照时数和风速变化特征[J]. 气象，32(9)：77-83.

毛万珍，娄仲山，郭连云，2019. 1961—2017 年青海湖南部大风日数的变化特征[J]. 中国农学通报，35(14)：115-121.

孟梦，牛铮，马超，等，2018. 青藏高原 NDVI 变化趋势及其对气候的响应[J]. 水土保持研究，25(3)：360-365.

尼玛央珍，央金，洛桑曲珍，2014. 近 30 年西藏地区雷暴日数的气候分布特征[J]. 高原山地气象研究，34(3)：36-40.

聂勇，张镱锂，刘林山，等，2010. 近 30 年珠穆朗玛峰国家自然保护区冰川变化的遥感监测[J]. 地理学报，65(1)：13-28.

欧阳海，郑步忠，王雪娥，等，1990. 农业气候学[M]. 北京：气象出版社.

蒲健辰，姚檀栋，王宁练，等，2002. 普若岗日冰原及其小冰期以来的冰川变化[J]. 冰川冻土，24(1)：88-92.

普宗朝，张山清，王胜兰，2009. 近 47 年天山山区自然植被净初级生产力对气候变化的响应[J]. 中国农业气象，30(3)：283-288.

祁栋林，苏文将，李璠，等，2015. 近 50 年青海高原生长季日照时数的变化特征[J]. 中国农学通报，31(20)：186-194.

祁如英，李应业，汪青春，2011. 青海近 30 年来霜对气温、降水变化的响应[J]. 气候与环境研究，16(3)：347-352.

秦大河，王绍武，董光荣，2002. 中国西部环境演变评估(第一卷)[M]. 北京：科学出版社.

邱新法，王喆，曾燕，等，2017. 1960—2013 年中国≥10 ℃积温时空变化特征及其主导因素分析[J]. 江苏农业科学，45(2)：220-225.

全国气候与气候变化标准化技术委员会，2006. 气象干旱等级：GB/T 20481—2006[S]. 北京：中国标准化出版社.

任国玉，初子莹，周雅清，等，2005. 中国气温变化研究最新进展[J]. 气候与环境研究，10(4)：701-716.

沈永平，王国亚，2013. IPCC 第一工作组第五次评估报告对全球气候变化认知的最新科学要点[J]. 冰川冻土，35(5)：1068-1076.

施雅风，2000. 中国冰川与环境——现在、过去和未来[M]. 北京：科学出版社.

施雅风，2005. 简明中国冰川目录[M]. 上海：上海科学普及出版社.

施雅风，崔之久，苏珍，等，2005. 中国第四纪冰川与环境变化[M]. 石家庄：河北科学技术出版社.

史晓亮，杨志勇，王馨爽，等，2016. 黄土高原植被净初级生产力的时空变化及其与气候因子的关系[J]. 中国农业气象，37(4)：445-453.

宋辞，裴韬，周成虎，2012. 1960 年以来青藏高原气温变化研究进展[J]. 地理科学进展，31(11)：1503-1509.

宋善允，王鹏祥，杜军，等，2013. 西藏气候[M]. 北京：气象出版社.

孙鸿烈，郑度，姚檀栋，等，2012. 青藏高原国家生态安全屏障保护与建设[J]. 地理学报，67(1)：3-12.

孙善磊，周锁铨，石建红，等，2010. 应用三种模型对浙江省植被净第一性生产力(NPP)的模拟与比较[J]. 中国农业气象，31(2)：271-276.

汪步惟，张雪芹，2019. 1971—2014 年青藏高原参考蒸散变化及其归因[J]. 干旱区研究，36(2)：269-279.

汪箫悦，王思远，尹航，等，2016. 2002—2012 年青藏高原积雪物候变化及其对气候的响应[J]. 地球信息科学学报，18(11)：1573-1579.

王传辉，周顺武，唐晓萍，等，2011. 近 48 年青藏高原强降水量的时空分布特征[J]. 地理科学，31(4)：470-477.

王佃来，刘文萍，黄心渊，等，2013. 基于 Sen Mann-Kendall 的北京植被变化趋势分析[J]. 计算机工程与应用，49(5)：13-17.

王根绪，李元寿，吴青柏，等，2006. 青藏高原冻土区冻土与植被的关系及其对高寒生态系统的影响[J]. 中国科学 D 辑：地球科学，36：743-754.

王康，张廷军，2013. 中国 1956—2006 年地表土壤冻结天数时空分布及其变化特征[J]. 地球科学进展，28(11)：1269-1275.

王利平，谢自楚，刘时银，等，2011. 1970—2000 年羌塘高原冰川变化及其预测研究[J]. 冰川冻土，33(5)：979-990.

王楠，游庆龙，刘菊菊，2019. 1979—2014 年中国地面风速的长期变化趋势[J]. 自然资源学报，34(7)：1531-1542.

王青霞，吕世华，鲍艳，等，2014. 青藏高原不同时间尺度植被变化特征及其与气候因子的关系分析[J]. 高原气象，33(2)：301-312.

王苏民，窦鸿身，1998. 中国湖泊志[M]. 北京：科学出版社.

王兮之，杜国桢，梁天刚，等，2001. 基于 RS 和 GIS 的甘南草地生产力估测模型构建及其降水量空间分布模式的确立[J]. 草业学报，10(2)：95-102.

王亚俊，李俊，林忠辉，等，2013. 气候变化对黄河中上游地区潜在蒸散影响的估算[J]. 中国水土保持科学，11(5)：48-56.

王颖，施能，顾骏强，等，2006. 中国雨日的气候变化[J]. 大气科学，30(1)：162-170.

王宇坤，2016. 羌塘高原寒旱核心区土壤——环境关系解析及土壤推理制图[D]. 西宁：青海师范大学.

王允，刘普幸，曹立国，等，2014. 基于湿润指数的 1960—2011 年中国西南地区地表干湿变化特征[J]. 自然资源学报，29(5)：830-838.

魏子谦，徐增让，2020. 羌塘高原藏羚羊栖息地分布及影响因素[J]. 生态学报，40(23)：8763-8772.

韦志刚，黄荣辉，董文杰，2003. 青藏高原气温和降水的年际和年代际变化[J]. 大气科学，27(2)：157-170.

吴芳营，游庆龙，谢文欣，等，2019. 全球变暖 1.5 ℃和 2 ℃阈值时青藏高原气温的变化特征[J]. 气候变化研究进展，15(2)：130-139.

吴晓萍，杨武年，李国明，2014. 羌塘国家自然保护区近十年归一化植被指数的研究[J]. 测绘科学，39(2)：55-58.

西藏自治区农牧厅，2018. 西藏自治区草地资源与生态[M]. 北京：中国农业出版社，农村读物出版社.

肖风劲，张旭光，廖要明，等，2020. 中国日照时数时空变化特征及其影响分析[J]. 中国农学通报，36(20)：92-100.

肖莲桂，祁栋林，石明章，2017. 1961—2013 年青海省柴达木盆地日照时数的变化特征及其影响因素[J]. 中国农学通报，33(2)：106-114.

谢欣汝，游庆龙，林厚博，2018. 近 10 年青藏高原中东部地表相对湿度减少成因分析[J]. 高原气象，37(3)：642-650.

徐丽娇，胡泽勇，赵亚楠，等，2019. 1961—2010 年青藏高原气候变化特征分析[J]. 高原气象，38(5)：911-919.

徐增让，郑鑫，靳茗茗，2018. 自然保护区土地利用冲突及协调——以羌塘国家自然保护区为例[J]. 科技导报，36(7)：8-13.

徐志高，王晓燕，宗嘎，等，2010. 羌塘自然保护区野生动物保护与牧业生产的冲突及对策[J]. 中南林业调查规划，29(1)：33-37.

徐宗学,赵芳芳,2005.黄河流域日照时数变化趋势分析[J].资源科学,27(51):153-155.

许艳,王国复,王盘兴,2009.近50a中国霜期的变化特征分析[J].气象科学,29(4):427-433.

闫立娟,郑绵平,魏乐军,2016.近40年来青藏高原湖泊变迁及其对气候变化的响应[J].地学前缘,23(4):311-323.

杨惠安,1990.昆仑山木孜塔格峰区的现代冰川[J].冰川冻土,12(4):335-340.

杨淑华,吴通华,李韧,等,2018.青藏高原近地表土壤冻融状况的时空变化特征[J].高原气象,37(1):43-53.

杨司琪,张强,奚小霞,等,2018.夏季风影响过渡区与非夏季风影响过渡区蒸发皿蒸发趋势的对比分析[J].高原气象,37(4):1017-1024.

杨文才,多吉顿珠,范春捆,等,2016.西藏地区近40年温度和降水量变化的时空格局分析[J].生态环境学报,25(9):1476-1482.

杨逸畴,李炳元,尹泽生,1983.西藏地貌[M].北京:科学出版社.

姚慧茹,李栋梁,2016.1971—2012年青藏高原春季风速的年际变化及对气候变暖的响应[J].气象学报,74(1):60-75.

姚慧茹,李栋梁,2019.青藏高原风季大风集中期、集中度及环流特征[J].中国沙漠,39(2):122-133.

姚檀栋,焦克勤,章新平,等.1992.古里雅冰帽冰川学研究[J].冰川冻土,14(3):233-241.

姚檀栋,刘晓东,王宁练,2000.青藏高原地区的气候变化幅度问题[J].科学通报,45(1):98-106.

余田野,冯又华,余秋实,2019.青藏高原雷暴气候特征及其变化研究[J].湖北农业科学,58(S1):51-53.

岳元,申双和,金宇,等,2017."蒸发悖论"在吉林省的表现及成因分析[J].生态学杂志,36(7):1993-2002.

云文丽,侯琼,乌兰巴特尔,2008.近50年气候变化对内蒙古典型草原净第一性生产力的影响[J].中国农业气象,29(3):294-297.

曾丽红,宋开山,张柏,等,2010.东北地区参考作物蒸散量对主要气象要素的敏感性分析[J].中国农业气象,31(1):11-18.

翟盘茂,任福民,1997.中国近四十年最高最低温度变化[J].气象学报,55(4):418-429.

张久华,2012.羌塘国家自然保护区植被覆盖与土地荒漠化研究[D].成都:成都理工大学.

张久华,其米次仁,丹增尼玛,等,2011.羌塘自然保护区生态环境综合评价研究[J].西藏科技,11:34-36.

张伟华,德吉央宗,平措旺丹,等,2021.藏西北高原郭扎错湖泊面积变化与气候响应分析[J].农学学报,11(10):57-62.

张明杰,秦翔,杜文涛,等,2013.1957—2009年祁连山老虎沟流域冰川变化遥感研究[J].干旱区资源与环境,27(4):70-75.

张宪洲,1993.我国自然植被净第一性生产力的估算与分布[J].自然资源,1:15-21.

张晓彤,谭衢霖,董晓峰,等,2018.MODIS卫星数据中亚地区生态承载力评价应用[J].遥感信息,33(4):55-63.

张学玲,余文波,蔡海生,等,2018.区域生态环境脆弱性评价方法研究综述[J].生态学报,38(16):5970-5981.

张雪芹,彭莉莉,郑度,等,2007.1971—2004年青藏高原总云量时空变化及其影响因子[J].地理学报,62(9):959-969.

张占峰,张焕平,马小萍,2014.柴达木盆地平均风速与大风日数的变化特征[J].干旱区资源与环境,28(10):90-94.

赵东升,吴绍洪,2010.近40年青藏高原主要生物温度指标的变化趋势[J].地理研究,29(3):431-439.

赵红岩,江灏,王可丽,等,2008.青藏铁路沿线地表融冻指数的计算分析[J].冰川冻土,30(4):617-622.

赵俊芳,郭建平,徐精文,等,2010.基于湿润指数的中国干湿状况变化趋势[J].农业工程学报,26(8):18-24.

赵林,盛煜,2019.青藏高原多年冻土及其变化[M].北京:科学出版社.

郑度,2003.青藏高原形成演化与发展[M].石家庄:河北科学技术出版社.

中国气象局,2008.太阳能资源评估方法:QX/T 89—2008[S].北京:气象出版社.

周广胜，张新时，1996. 全球气候变化的中国自然植被的净第一性生产力研究[J]. 植物生态学报，20(1)：11-19.

周宁芳，秦宁生，屠其璞，等，2005. 近 50 年青藏高原地面气温变化的区域特征分析[J]. 高原气象，24(3)：344-349.

周幼吾，郭东信，1982. 我国多年冻土的主要特征[J]. 冰川冻土，4(1)：1-19.

朱飙，李春华，方锋，2010. 甘肃省太阳能资源评估[J]. 干旱气象，28(2)：217-221.

朱丽，查良松，2009. 城市生态环境质量评价研究进展[J]. 湖北经济学院学报，6(2)：36-38.

朱文泉，潘耀忠，张锦水，2007. 中国陆地植被净初级生产力遥感估算[J]. 植物生态学报，31(3)：413-424.

朱志辉，1993. 自然植被净初级生产力估计模型[J]. 科学通报，38(15)：1422-1426.

卓嘎，陈思蓉，周兵，2018. 青藏高原植被覆盖时空变化及其对气候因子的响应[J]. 生态学报，38(9)：3208-3218.

CHEN S B，LIU Y F，THOMAS A，2006. Climatic change on the Tibetan Plateau：Potential evapotranspiration trends from 1961—2000[J]. Climatic Change，76(3-4)：291.

CHENG G D，WU T，2007. Responses of permafrost to climate change and their environmental significant，Qinghai-Tibet Plateau[J]. Journal of Geophysical Reseach，112.

GAN X，FERNANDEZ I C，GUO J，et al，2017. When to use what：Methods for weighting and aggregating sustainability indicators[J]. Ecological Indicators，81：491-502.

GENSINI V A，MOTE T L，2014. Estimations of hazardous convective weather in the United States using dynamical downscaling[J]. Journal of Climate，27(17)：6581-6589.

GIANNA KITSARA，GEORGIA P，2013. Dimming brightening in Athens：trends in sunshine duration，cloud cover and reference evapotranspiration[J]. Water Resource Management，27：1623-1633.

GUO W Q，LIU S Y，YAO X J，et al，2014. The second glacier inventory dataset of China (Version 1. 0) [DB/OL]. Cold and Arid Regions Science Data Center at Lanzhou. DOI：10. 3972/glacier. 001. 2013. db. -9470-2b357ccb4246. http：//westdc. westgis. ac. cn/ data/f92a4346-a33f-497d.

HARRIS R B，2010. Rangeland degradation on the Qinghai-Tibetan plateau：A review of the evidence of its magnitude and causes[J]. Journal of Arid Environments，4：1-12.

HARTMANN D L，KLEIN A M G，RUSTICUCCI M，et al，2013. Observations：atmosphere and surface // IPCC. Climate change 2013[M]：The physical science basis：Contribution of Working Group I to the Fifth Assessment Report of the Intergovernmental Panel on Climate Change. New York：Cambridge University Press.

HIJMANS R J，CAMERON S E，PARRA J L，et al，2005. Very high resolution interpolated climate surfaces for global land areas[J]. International Journal of Climatology，25(15)：1965-1978.

KLEIN J A，HARTE J，ZHAO X Q，2004. Experimental warming causes large and rapid species loss，dampened by simulated grazing，on the Tibetan Plateau[J]. Ecology Letters，7(12)：1170-1179.

LI W，HOU M，XIN J，2011. Low-cloud and sunshine duration in the low latitude belt of South China for the period 1961-2005[J]. Theoretical and Applied Climatology，104：473-478.

LI X，JIN R，PAN X，et al，2012. Changes in the near-surface soil freeze-thaw cycle on the Qinghai-Tibetan Plateau[J]. International Journal of Applied Earth Observation and Geoinformation，17：33-42.

LIETH H，WHITTAKER R H，1975. Primary productivity of the biosphere[M]. New York：Springer-Verlag Press.

LIETH H，BOX E，1972. Evapotranspiration and primary production：C W Thornthwaite Memorial Mode[J]. Publications in Climatology，25(2)：37-46.

LIETH H，1972. Modeling the primary productivity of the world[J]. Nature and Resources，8(2)：5-10.

LIU X D,YIN Z Y,SHAO X M,et al,2006. Temporal trends and variability of daily maximum and minimum, extreme temperature events,and growing season length over the eastern and central Tibetan Plateau during 1961-2003[J]. Journal of Geographical Research,111:D19109.

LIU X M,ZHENG H X,ZHANG M H,et al,2011. Identification of dominant climate factor for pan evaporation trend in the Tibetan Plateau[J]. Journal of Geographical Sciences,21(4):594-608.

MATZARAKIS A,KATSOULIS V,2006. Sunshine duration hours over the Greek region[J]. Theoretical and Applied Climatology,83:107-120.

MICHAEL L R,GRAHAM D F,2002. The cause of decreased pan evaporation over the past 50 years[J]. Science,298:1410-1411.

MOSS R H,EDMONDS J A,HIBBARD K A,et al,2010. The next generation of scenarios for climate change research and assessment[J]. Nature,463:747-756.

NECKEL N,KROPACEK J,BOLCH T,et al,2014. Glacier mass changes on the Tibetan Plateau 2003-2009 derived from ICESat laser altimetry measurements[J]. Environmental Research Letters,9(1):1-7.

NIE Y,YANG C,ZHANG Y L,et al,2017. Glacier changes on the Qiangtang Plateau between 1976 and 2015: A case study in the Xainza Xiegang Mountains[J]. Journal of Resources and Ecology,8(1):97-104.

PETERSON T C,GOLUBEV V S,GROISMAN P Y,1995. Evaporation losing its strength[J]. Nature,377: 687-688.

PETERSON T C,FOLLAND C,GRUZA G,et al,2001. Report on the activities of the working group on climate change detection and related rapporteurs 1998—2001[M]. World Meteorological OrganisationRep. WCDMP-No. 47,WMO-TD 1071,Geneva,Switzerland.

POWER H,2003. Trends in solar radiation over Germany and an assessment of the role of aerosols and sunshine duration[J]. Theoretical and Applied Climatology,76:47.

QIAO B J,ZHU L P,WANG J B,et al,2019,Estimation of lake water storage and changes based on bathymetric data and altimetry data and the association with climate change in the central Tibetan Plateau[J]. Journal of Hydrology,578:124052.

RODERICK M L,FARQUHAR G D,2004. Changes in Australian pan evaporation from 1970 to 2002[J]. International Journal of Climatology,24:1077-1090.

RODERICK M,FARQUHAR G D,2005. Changes in New Zealand pan evaporation since the 1970s[J]. International Journal of Climatology,25:2031-2039.

SHI Y F,LIU S Y,YE B S,et al,2008. Concise glacier inventory of China[M]. Shanghai:Shanghai Popular Science Press.

SINHA T,CHERKAUER K A,2008. Time series analysis of soil freeze and thaw processes in Indiana[J]. Journal of Hydrometeorology,9:936-950.

SONG Y F,LIU Y J,DING Y H,2012. A study of surface humidity changes in china during the recent 50 years [J]. Acta Meteorologica Sinica,26(5):541-553.

STANHILL G,COHEN S,2001. Global dimming:A view of the evidence for a widespread and significant reduction in global Radiation with discussion of its probable causes and possible agricultural consequences [J]. Agricultural and Forest Meteorology,107:255-278.

TAYLOR K E,STOUFFER R J,MEEHL G A,2012. An overview of CMIP5 and the experiment design[J]. Bulletin of the American Meteorological Society,93(4):485-498.

TIAN H Z,YANG T B,LIU Q P,2014. Climate change and glacier area shrinkage in the Qilian mountains, China,from 1956 to 2010[J]. Annals of Glaciology,55(66):187-197.

UCHIJIMA Z,SEINO H,1985. Agroclimatic evaluation of net primary productivity of natural vegetations(1):

Chikugo Model for evaluating net primary productivity[J]. Journal of Agricultural Meteorology,40(4):343-352.

URBAN G,MIGALA K,PAWLICZEK P,2018. Sunshine duration and its variability in the main ridge of the Karkonosze Mountains in relation to with atmospheric circulation[J]. Theoretical and Applied Climatology,131:1173-1189.

USHIO T,WU T,YOSHIDA S,2015. Review of recent progress in lightning and thunderstorm detection techniques in Asia[J]. Atmospheric Research,154(2):89-102.

VANNIER C,VASSEUR C,HUBERT-MOY L,et al,2011. Multiscale ecological assessment of remote sensing images[J]. Landscape Ecology,26(8):1053-1069.

VUUREN D P V,EDMONDS J,KAINUMA M,et al,2011. The representative concentration pathways:an overview[J]. Climatic Change,109(1-2):5-31.

WATSON R T,the core writing team,2001. Climate change 2001:Synthesis Report[M]. New York:Cambridge University Press.

WANG K,ZHANG T J,ZHONG X H,2015. Changes in the timing and duration of the near-surface soil freeze /thaw status from 1956 to 2006 across China[J]. The Cryosphere,9:1321-1331.

WANG R,ZHU Q K,MA H,2018. Changes in freezing and thawing indices over the source region of the Yellow River from 1980 to 2014[J]. Journal of Forestry Research,F2:1-12.

WILD M,GILGEN H,ROESCH A,et al,2005. From dimming to brightening:Decadal changes in solar radiation at Earth's surface[J]. Science,308:847-850.

WU S H,YIN Y H,ZHENG D,et al,2007. Climatic trends over the Tibetan Plateau during 1971-2000[J]. Journal Geographical Sciences,17(2):141-151.

WU T H,QIN Y H,WU X D,et al,2018. Spatiotemporal changes of freezing/thawing indices and their response to recent climate change on the Qinghai-Tibet Plateau from 1980 to 2013[J]. Theoretical and Applied Climatology,132(3):1187-1199.

WU X D,FANG H B,ZHAO Y H,et al,2019. A conceptual model of the controlling factors of soil organic carbon and nitrogen densities in a permafrost-affected region on the eastern Qinghai-Tibetan Plateau[J]. Journal of Geophysical Research:Biogeo Sciences,122(7):1705-1717.

YANG Y H,ZHAO N,HAO X H,et al,2009. Decreasing trend of sunshine hours and related driving forces in North China[J]. Theoretical and Applied Climatology,97(1/2):91-98.

YAO T D,THOMPSON L,YANG W,et al,2012. Different glacier status with atmospheric circulations in Tibetan Plateau andsurroundings[J]. Nature Climate Change,2(9):663-667.

YIN Y H,WU S H,ZHAO D S,et al,2013. Modeled effects of climate change on actual evapotranspiration in different eco-geographical regions in the Tibetan Plateau[J]. Journal of Geographical Sciences,23(2):195-207.

YOU Q L,MIN J Z,LIN H B,et al,2015. Observed climatology and trend in relative humidity in the central and eastern Tibetan Plateau [J]. Journal of Geophysical Research:Atmospheres,120(9):3610-3621.

ZHU G F,HE Y Q,PU T,et al,2012. Spatial distribution and temporal trends in potential evapotranspiration over Hengduan Mountains region from 1960 to 2009[J]. Journal of Geographical Sciences,22(1):71-85.

ZHU X,WU T,LI R,et al,2019. Impacts of summer extreme precipitation events on the hydrothermal dynamics of the active layer in the Tanggula permafrost region on the Qinghai-Tibetan Plateau[J]. Journal of Geophysical Research:Atmospheres,122(21):11549-11567.

ZONG X L,QI F,WEI Z,et al,2012. Decreasing trend of sunshine hours and related driving forces in southwestern China[J]. Theoretical and Applied Climatology,109:305.